이 책은 경이로운 과학자가 쓴 경이로운 책이다. 자신의 연구를 포함해 점점 더 많이 쌓이고 있는 연구 결과를 바탕으로 프란스 드 발은 코끼리와 침팬지에서부터 무척추동물에 이르기까지 동물들이 우리가 생각했던 것보다 훨씬 똑똑할 뿐만 아니라, 우리가 이제 막 이해하기 시작한 형태의 생각을 한다는 것을 보여준다. **—에드워드 O. 윌슨, 하버드 대학 명예교수**

일반 대중에게 동물이 얼마나 똑똑한지 알게 하려고 자신의 모든 연구 경력을 쏟아부은 유명한 연구자가 아름다운 필치와 흥미로운 착상으로 쓴 대중과학서. 《동물의 생각에 관한 생각》은 프란스 드 발의 선구적인 저서 《침팬지 폴리틱스》에 필적할 만한 명작이다. 이 책은 읽기에 아주 매력적인 책인 동시에 도발적인 전제 때문에 비평가에게 반감을 살 수도 있는 책이다.
—《사이언스》

이 책에서 저자는 우리를 데리고 다니면서 많은 동물들이 실제로 어떤 일을 할 수 있는지 보여주는 연구들을 소개한다. 이 모든 이야기는 우리가 특별한 존재라는 개념을 뿌리째 뒤흔든다.
—「뉴욕타임스」

내가 자랄 때는 박물학자나 행동과학자가 되려는 사람들에게는 영감을 주기 위해 콘라트 로렌츠의 《솔로몬의 반지》를 읽으라고 권했다. 광범위한 내용을 다루고 시사하는 바가 큰 이 책은 《솔로몬의 반지》를 대체할 21세기의 권장 도서라 할 만하다. 동물이나 사람 또는 다른 존재로 살아가는 삶이 어떤 것인지에 흥미를 느낀다면, 이 책을 꼭 읽어보라. **—「가디언」**

《동물의 생각에 관한 생각》은 동물의 능력에 관한 여러분의 생각을 확 바꿔놓을 것이다. 이 책은 독자를 데리고 동물의 문제 해결 세계를 향해 흥미로운 발견 여행에 나선다.
— 템플 그랜딘, 《동물과의 대화》와 《우리를 인간으로 만드는 동물들》의 저자

사려 깊고 균형 잡힌 주장…… 비전문가도 충분히 읽을 수 있게 썼지만, 자신의 전문 분야 밖의 분야를 간결하게 개관해주길 원하는 학계 사람들도 푹 빠져들 만큼 자세한 전문 내용을 포함하고 있는 책. 이 책이 전달하는 주요 메시지는 인간이 과연 다른 동물의 지능을 평가할 만큼 충분히 똑똑한가 하는 것뿐만이 아니라, 우리가 이 세상을 함께 공유하는 다른 동물들보다 때로는 더 우월하지 않을 수도 있다는 사실을 받아들일 만큼 마음이 열려 있는가라는 것이다.
— 아이린 페퍼버그, 《앨릭스와 나》의 저자

그래서 우리는 동물이 얼마나 똑똑한지 알 만큼 충분히 똑똑한가?
놀랍도록 광범위한 주제를 다룬 이 책에서 프란스 드 발이 소개한 과학의 정수를 읽다 보면,
이 질문이 자주 떠오를 것이다. 나는 적어도 한 가지는 보장할 수 있다. 이 책을 읽고 나면
독자들은 훨씬 더 똑똑해질 것이다. 이 책이 보여주듯이, 이곳 지구에는 우리와 함께 살아가는
지능이 높은 동료들이 아주 많다. — **칼 사피나, 《소리와 몸짓》의 저자**

프란스 드 발의 획기적인 연구는 오래전부터 전략적 '정치' 행동과 공감 능력, 정의 감각,
높은 지능을 보여주는 종이 우리뿐만이 아님을 보여주면서 과학자와 철학자, 신학자에게 자연계에
서 인간의 위치를 다시 생각해보라고 촉구했다. 이 책에서 드 발은 단지 영장류뿐만 아니라 훨씬
광범위한 종들을 다루는데, 최근에 일어난 발견들을 분별 있는 대중을 위해 재기 넘치고
읽기 쉬우면서도 자극적인 책으로 옮기는 능력을 유감없이 보여준다.
— 로버트 새폴스키, 《스트레스》의 저자

매력적이고 자극적인 책. 드 발은 동물의 마음과 감정에 관한 최신 개념들과 생각들을 자세히
소개한다. 그는 우리에게 이 연구 분야에서 일어난 궁극적인 발견들을 받아들이라고 촉구한다.
즉 우리의 정신적 기술은 진화의 산물이며, 거미와 문어에서부터 큰까마귀와 유인원에
이르기까지 모든 동물은 각자 나름의 방식으로 생각하며 살아간다는 것이다.
그리고 아마도 모든 질문 중에서 가장 중대한 질문을 던진다. 우리는 다른 동물의
마음을 이해할 수 있을 만큼 정말로 충분히 똑똑한가? **— 버지니아 모렐, 《동물을 깨닫는다》의 저자**

드 발이 행동주의의 관에 못을 하나 더 박았다는 느낌을 지울 수 없다.
드 발은 동물들을 차례로 살펴보면서 각 동물의 높은 지능을 보여주고는, 그렇다,
우리는 그것을 볼 수 있을 만큼 충분히 똑똑하며, 그 단서들은 늘 거기에 있었다고
의기양양하게 단언한다. — **그레고리 번스, 《반려견은 인간을 정말 사랑할까?》의 저자**

프란스 드 발은 과학적 증거와 감동적인 이야기와 상식을 통해 지능—상황 파악, 추론, 학습,
정서적 및 공감적 지식, 의사소통, 계획, 창조성, 문제 해결—과 다양한 종들에게 각자 나름의
방식으로 잘 살아남게 해준 그 밖의 놀라운 인지 기술들을 낳은 연속적 진화 과정을 우리가
제대로 이해해야 할 필요가 있음을 훌륭하게 보여준다. 인간 중심주의와 의인화 부정의 편견을
모두 극복하길 원하는 사람들이 꼭 읽어야 할 책!
— 마티외 리카르, 《이타심》의 저자

이 책은 단지 유익한 정보가 넘치고 많은 것을 생각하게 할 뿐만 아니라,
읽는 재미도 쏠쏠하다. —**「워싱턴 포스트」**

사려 깊고, 쉽게 읽히고, 자세한 경험 연구에서 나온 정보가 가득 찬 책이자,
자신이 잘 아는 비인간 영장류 세계를 넘어서서 그 영역을 확장한 드 발의 가장 뛰어난
비교 연구 중 하나. —**《사이콜로지 투데이》**

동물의 마음들이 매우 정교하고 복잡하다는 것을 열정적이고
설득력 있게 뒷받침하는 주장 —**《더 애틀랜틱》**

놀라운 작품이다. 이 책은 고전으로서도 손색없을 요소를 모두 갖추고 있으며,
읽기에도 아주 재미있다. —**《피플》**

경이로운 책이다. 드 발의 글은 아주 명료하여 읽기에 아주 좋다.
이제 동물원에 가면 이전과 느낌이 확 다를 것이다. —**《커커스 리뷰》**

완전히 매력적이고, 놀라울 정도로 유익하고, 매우 깊은 통찰이 넘치는 책.
드 발은 독자에게 우리의 비인간 친척들뿐만 아니라 인간에 대해서도 많은 것을 가르쳐준다.
—**《퍼블리셔스 위클리》**

영장류에 관한 새로운 생각과 그것이 인간에게 의미하는 것이 무엇인지를 최전선에서 탐구해온
과학자의 통찰력 넘치고 흥미진진한 이 연구는 모두에게 적극 추천할 만하다. 드 발의 팬들과
동물인지 분야에 관심이 있는 일반 독자들이 매우 기뻐할 책이다. —**《리터러리 저널》**

TV를 보거나 비디오 게임을 하는 대신에 이 책을 읽어라.
그러면 온 세상이 더 좋아질 것이다. —**《허핑턴 포스트》**

동물의 행동과 인지 연구에 관한 흥미진진한 역사 —**《바크》**

동물의
생각에 관한
생각

ARE WE SMART ENOUGH TO KNOW HOW SMART ANIMALS ARE?

First Edition

동물의 생각에 관한 생각

우리는 동물이 얼마나 똑똑한지 알 만큼 충분히 똑똑한가?

프란스 드 발 지음
이충호 옮김

캐롤라인에게.

나는 그녀와 결혼할 만큼 충분히 똑똑했다

Contents

인간과 고등동물 사이에 존재하는 마음의 차이는
비록 크기는 하지만, 분명히 정도의 문제이지 종류의 문제는 아니다.

— 찰스 다윈(1871)[1]

프롤로그

하루가 다르게 쌀쌀해지는 11월의 어느 날 이른 아침, 나는 암컷 침팬지 프란여가 자신의 잠자리에 있던 짚을 모으는 것을 눈치 챘다. 프란여는 짚을 들고 네덜란드 아른험의 뷔르허르스동물원 안에 있는 큰 섬으로 갔다. 나는 프란여의 행동에 깜짝 놀랐다. 첫째, 프란여는 지금까지 이런 행동을 한 적이 없었고, 우리 역시 다른 침팬지가 짚을 밖으로 가져가는 것을 본 적이 한 번도 없었다. 둘째, 만약 프란여가 우리의 짐작대로 낮 동안 따뜻하게 지내려고 짚을 가져가는 것이라면, 난방이 되는 건물 안의 아늑한 온도에서 짚을 모았다는 사실에 주목하지 않을 수 없었다. 프란여는 당장 눈앞에 닥친 추위에 반응한 것이 아니라 실제로 느낄 수 없는 온도에 미리 대비했다는 이야기가 되기 때문이다. 가장 합리적인 설명은 프란여가 전날 경험한 추위를 바탕으로 오늘도 추울 것이라고 유추했다는 것이다. 어쨌든 나중에 프란여는 짚으로 만든 둥지에서 아들 폰스와 함께 편안하고 따뜻하게 지냈다.

나는 동물들의 정신 수준이 늘 궁금하다. 물론 단 한 가지 이야기만으로는 결론을 이끌어내기에 부족하다는 것을 잘 알지만, 그래도 여전히 궁금증이 인다. 하지만 이 이야기들은 실제로 어떤 일이 일어나는지 밝혀내는 관찰과 실험에 영감을 준다. SF 작가 아이작 아시모프는 "과학에서 새로운 발견을 예고하는 가장 흥미로운 표현은 '유레카!'가 아니라 '그것 참 재미있군'이다"라고 말한 적이 있다. 나는 이 심정을 너무나도 잘 안다. 우리는 동물들을 관찰하고, 그들의 행동에 호기심을 느끼거나 놀라고, 우리가 생각한 개념을 체계적으로 시험하고, 실험 데이터가 실제로 무엇을 의미하는지를 놓고 동료들과 논쟁을 벌이는 긴 과정을 거친다. 그렇기에 우리가 어떤 결론을 받아들이기까지는 시간이 꽤 걸리며, 결과를 이끌어내는 순간순간마다 의견 충돌이 일어날 가능성이 숨어 있다. 설사 처음에 관찰한 것(한 유인원이 짚 더미를 모으는 것)이 단순한 것이라 하더라도, 이것이 큰 반향을 불러일으킬 수 있다. 프란여가 보여준 행동처럼 동물이 장래에 대비해 계획을 세울 수 있느냐 하는 것은 현재 과학이 깊은 관심을 갖고 조사하는 질문이다. 전문가들은 **정신적 시간 여행**(영어로는 mental time travel 또는 chronesthesia)과 **시간 속에서의 자기 존재 인식**autonoesis을 이야기하지만, 나는 그렇게 난해한 용어를 피하고, 진전 상황을 일상 언어로 번역해 전달하려고 노력할 것이다. 나는 동물들이 일상적으로 지능을 사용하는 이야기를 들려줄 것이며, 그와 함께 통제된 실험에서 나온 실제 증거도 제시할 것이다. 전자는 인지 능력이 어떤 목적에 도움이 되는지 말해주며, 후자는 대안 설명을 배제하는 데 도움을 준다. 나는 두 가지를 똑같이 소중하게 여기지만, 실험보다 이야기 쪽이 읽기 더 편하다는 사실을 잘 알고 있다.

이것과 관련된 질문으로 동물들이 만날 때뿐만 아니라 헤어질 때에도 인사를 하는가라는 문제를 생각해보자. 만날 때 하는 인사는 비교적 쉽게 알아챌 수 있다. 인사는 잘 아는 상대를 한동안 보지 못하다가 다시 만났을 때 나오는 반응이다. 여러분이 문을 열고 들어오자마자 개가 달려들면서 반기는 것이 바로 이에 해당한다. 해외에서 귀환한 군인에게 애완동물이 경례를 하는 인터넷 비디오는 떨어져 있었던 기간과 인사의 강도 사이에 상관관계가 있음을 시사한다. 우리가 이 상관관계를 언급할 수 있는 이유는 이것이 우리에게도 적용되기 때문이다. 이런 관계를 설명하기 위해 무슨 대단한 인지 이론을 동원할 것까지는 없다. 하지만 작별 인사는 어떨까?

우리는 사랑하는 사람을 떠나보내면서 하는 작별 인사를 끔찍이 싫어한다. 내가 대서양 건너편으로 떠날 때, 내가 영영 떠나는 게 아님을 알면서도 어머니는 울었다. 작별 인사는 장래에 한동안 상대와 떨어져 있어야 한다는 사실을 안다는 것을 전제로 하는데, 동물에게서 작별 인사를 보기 드문 이유는 이 때문이다. 하지만 이 주제에 관해서도 나는 들려줄 이야기가 있다. 나는 카위프라는 암컷 침팬지를, 친자식이 아닌 새끼에게 젖병으로 우유를 먹이도록 훈련시킨 적이 있다. 카위프는 모든 면에서 새끼의 친어미인 양 행동했지만, 젖이 충분히 나오지 않았다. 우리가 카위프에게 따뜻한 우유가 든 병을 건네면, 카위프는 이것을 새끼에게 조심스럽게 먹였다. 카위프는 이 일에 아주 능숙해져서 새끼가 트림을 할 것 같으면 잠시 젖병을 입에서 떼기도 했다. 새끼에게 우유를 먹이기 위한 이 계획을 실행하려면, 낮에 나머지 침팬지 무리가 밖에 머무는 동안에 카위프와 카위프가 낮이고 밤이고 끼고 다니는 새끼를 안으로 불러들일 필요가 있었다. 얼마 후, 우리는 카위프가 건물을 향해 곧장 오지 않고 빙 둘러서 온다는 사실을 알아챘다. 카위프는 섬 이곳저곳을 돌아다니면서 알파 수컷과 알파 암컷 그리고 여러 친구를 일일이 만나 키스를 하고 나서 건물 안으로 걸어 들어왔다. 만약 자고 있는 침팬지가 있으면 흔들어 깨워서 작별 인사를 했다. 이 행동 자체는 단순했지만, 이 일이 일어난 상황은 우리에게 침팬지는 왜 이런 행동을 할까 하는 궁금증을 불러일으켰다. 프란여처럼 카위프도 앞일을 생각하는 것처럼 보였다.

그러나 동물은 정의상 현재에 갇혀 있고 오직 인간만이 미래에 대해 숙고할 수 있다고 믿는 사람들이 있다. 이들은 왜 그렇게 생각할까? 이들은 합리적인 추정을 하는 것일까, 아니면 편견에 사로잡혀 동물의 능력을 보지 못하는 것일까? 그리고 인간은 왜 그토록 동물의 지능을 경시하는 경향이 강할까? 스스로에게는 당연하게 여기는 능력을 동물에게는 인정하려 하지 않는 일이 비일비재하다. 이런 태도 뒤에는 어떤 배경이 있을까? 다른 종들의 정신 수준을 파악하려는 노력에서 맞닥뜨리는 어려운 문제의 원인은 동물 자신에게만 있는 게 아니라 우리 내면에도 있다. 인간의 태도와 창조성, 상상력도 이 이야기에서 아주 중요한 부분을 차지한다. 동물이 특정 종류의 지능, 특히 우리가 자신에게서 소중하게 여기는 지능을 가지고 있느냐고 묻기 전에 이런 가능성 자체를 고려하는 것에 심리적 저항을 느끼는 태도를 극복할 필요가 있다. 그래서 이 책이 던지는 핵심 질문은 "우리는 동물이 얼마나 똑똑한지 알 만큼 충분히 똑똑한가?"이다.

짧게 답한다면 "그렇다, 하지만 여러분은 동물이 얼마나 똑똑한지 상상도 하지 못했을 것이다"라고 말할 수 있다. 지난 세기 중 대부분의 기간에 과학은 동물의 지능에 대해 지나치게 조심스럽고 의심하는 태도를 취했다. 동물에게도 의도와 감정이 있다는 주장은 '민간'에 떠도는 낭설로 취급받았다. 아무렴, 과학자인 우리가 더 잘 알지 않겠는가! 우리는 "내 개는 질투심이 강해요"라거나 "내 고양이는 자신이 뭘 원하는지 알아요"와 같은 말에는 관심도 기울이지 않았다. 동물이 과거를 반추할 수 있다거나 서로의 고통을 느낄 수 있다는 이야기처럼 훨씬 복잡한 일은 더 말할 나위도 없었다. 동물 행동을 연구하는 사람들은 인지에 대해서는 신경도 쓰지 않거나 이 개념 자체를 적극적으로 부정했다. 대부분은 이 주제를 다루는 것조차 꺼렸다. 다행히도 예외들(나는 이 예외들도 비중 있게 다룰 텐데, 나는 내 분야의 역사를 좋아하기 때문이다)이 있었지만, 지배적인 두 학파는 동물을 보상을 원하고 처벌을 피하는 단순한 자극-반응 기계로 보거나 유익한 본능을 유전적으로 부여받은 로봇으로 보았다. 두 학파는 서로 싸우면서 상대방을 너무 편협하다고 간주했지만, 기본적으로는 기계론적 견해를 공유했다. 동물의 내면적 삶에 대해서는 전혀 신경 쓸 필요가 없다고 생각했고, 거기에 신경 쓰는 사람들은 의인관擬人觀(인간 이외의 존재에게 인간의 정신적 특성을 부여하는 경향_옮긴이)을 가졌거나 낭만적이거나 비과학적이라고 간주했다.

우리는 이 암울한 시기를 꼭 거쳐야 했을까? 그 이전 시기에는 분명히 생각이 훨씬 자유로웠다. 찰스 다윈은 인간과 동물의 감정을 다룬 글을 광범위하게 썼고, 19세기에 많은 과학자들은 동물에게서 더 높은 지능을 찾으려고 열심히 애썼다. 왜 이런 노력들이 일시적으로 멈췄는지, 그리고 왜 우리가 자발적으로 생물학의 목에 맷돌을 매달았는지(위대한 진화론자 에른스트 마이어가 동물을 멍청한 자동 기계로 간주한 데카르트의 견해를 이렇게 표현했다)[2]는 수수께끼로 남아 있다. 하지만 이제 시대가 변하고 있다. 지난 수십 년 동안 인터넷을 통해 급속하게 확산되면서 밀려온 지식의 눈사태는 누구나 목격했을 것이다. 거의 매주 동물의 정교한 인지에 관한 발견이 새로 일어나고 있으며, 이것을 설득력 있게 뒷받침하는 비디오까지 있는 경우가 많다. 우리는 자기 결정을 후회하는 쥐, 도구를 만드는 까마귀, 인간의 얼굴을 알아보는 문어, 상대의 실수를 통해 학습하는 원숭이의 특별한 신경세포 등에 관한 이야기를 듣는다. 우리는 동물의 문화와 공감과 우정에 관한 이야기를 공공연하게 한다. 이제 접근 금지 구역은 없으며, 심지어 한때 인간의 전유물로 여겼던 합리성도 예외가 아니다.

이 모든 사례에서 우리는 자신을 기준으로 삼아 동물과 인간의 지능을 비교하고 대조하기를 좋아한다. 하지만 이런 자세는 낡은 방식이라는 사실을 알아두는 게 좋다. 이러한 비교는 인간과 동물 사이의 비교가 아니라 한 동물 종(우리)과 광범위한 종들 사이의 비교이다. 비록 나는 대개 후자를 편의상 '동물'이라고 부르지만, 인간도 동물이라는 것은 부인할 수 없는 사실이다. 따라서 우리는 별개의 두 지능 범주를 비교하는 것이 아니라 한 지능 범주 내에서 변이를 살펴보는 것이다. 나는 인간의 인지를 동물인지의 한 종류로 바라본다. 심지어 우리의 인지가 각자 나름의 신경망을 가지고 독립적으로 움직이는 여덟 개의 팔에 나뉘어 있는 인지나, 하늘을 날면서 자신이 낸 소리의 메아리를 듣고서 움직이는 먹이를 붙잡게 해주는 동물의 인지보다 얼마나 더 특별한지도 확실하지 않다.

우리는 분명히 추상적 사고와 언어에 큰 중요성을 부여하지만(이것은 책을 쓰는 동안에는 나도 절대로 비웃을 수 없는 경향이다), 더 큰 사물의 구도에서 보면 이것은 그저 생존 문제에 대응하는 한 가지 방법일 뿐이다. 개미와 흰개미는 엄청난 수와 생물량으로 개개의 생각보다는 군집 구성원들 사이의 긴밀한 협응에 집중함으로써 우리보다 훨씬 훌륭한 성과를 거둘 수도 있다. 각각의 사회는 비록 수천 개의 작은 발로 이리저리 바쁘게 돌아다니지만, 자기 조직된 하나의 마음처럼 작동한다. 정보를 처리하고 조직하고 전달하는 방법은 아주 많은데, 과학이 이 모든 방법들을 묵살하고 부인하는 대신에 경이로움과 놀라움의 눈으로 바라보면서 다룰 만큼 충분히 열린 마음을 보인 것은 최근에 와서야 일어난 일이다.

따라서 우리는 다른 종들을 평가할 만큼 충분히 똑똑하지만, 이 단계에 이르기까지는 우리의 두꺼운 머리뼈를 처음에 과학이 코웃음친 수백 가지 사실들로 꾸준히 두드리는 것이 필요했다. 그동안 우리가 배운 모든 것을 살펴보는 동시에 우리가 인간 중심적 생각과 편견에서 어떻게 그리고 왜 벗어날 수 있게 되었는가 하는 것도 돌아볼 가치가 있다. 이 진전 과정들을 소개하는 과정에서 나는 불가피하게 내 견해를 독자에게 주입할 수밖에 없는데, 이 견해는 전통적인 이원론에 등을 돌리고 진화의 연속성을 강조한다. 몸과 마음, 인간과 동물, 이성과 감정 사이의 이원론은 유용한 것처럼 보이지만 더 큰 그림으로부터 시선을 돌리게 하는 심각한 부작용이 있다. 생물학자와 동물행동학자로 훈련받은 나는 건전한 사고를 마비시키는 과거의 회의적 견해를 참을 수가 없다. 나 자신을 포함해 우리가 이 일에 이렇게 막대한 잉크를 낭비할 가치가 있었는지 의심스럽다.

이 책을 쓰면서 나는 진화인지 분야를 포괄적이고 체계적으로 소개하려고 하지는 않았다. 궁금한 독자들은 더 전문적인 책들에서 진화인지를 소개한 내용을 찾아볼 수 있을 것이다.[3] 대신에 나는 많은 발견들과 종들과 과학자들을 선별적으로 취사선택하여 지난 20년 동안 일어난 '흥분'을 소개하고자 한다. 내 전문 분야는 영장류의 행동과 인지인데, 이 분야는 그동안 선봉에 서서 새로운 발견을 이끌어왔으므로 다른 분야들에도 큰 영향을 미쳤다. 나는 1970년대부터 이 분야에 뛰어들어 일원으로 활동해온 덕분에 많은 주인공들(동물들뿐만 아니라 사람들도)을 직접 접했으므로 개인적인 일화도 추가할 수 있다. 실제로 음미할 만한 이야기가 아주 많다. 그동안 성장해온 과정은 하나의 모험(어떤 사람들은 롤러코스터를 타는 것과 같다고 말하겠지만)이었지만, 이 분야는 아직도 끝없이 흥미진진한 분야로 남아 있다. 오스트리아의 동물행동학자 콘라트 로렌츠가 한 말처럼 행동은 살아 있는 모든 것 중에서 가장 활기 넘치는 측면이기 때문이다.

제1장

ARE WE SMART
ENOUGH
TO KNOW
HOW SMART
ANIMALS ARE?

마법의 우물

우리가 관찰하는 것은 자연 그 자체가 아니라,
우리의 질문 방법에 노출된 자연이다.

– 베르너 하이젠베르크(1958) [1]

벌레가 된다면

아침에 눈을 뜬 그레고어 잠자는 자신이 알 수 없는 동물 몸속에 들어가 있다는 사실을 알아챘다. 딱딱한 외골격으로 둘러싸인 이 '끔찍한 벌레'는 소파 밑으로 들어가 숨고, 벽과 천장을 타고 기어다니며 썩은 음식을 좋아했다. 가족은 불쌍한 그레고어의 변신에 너무나도 큰 불편과 혐오감을 느껴 그가 죽자 오히려 안도한다.

1915년에 출판된 프란츠 카프카의 《변신》은 인간 중심주의가 줄어든 세기를 향해 기묘한 일제 사격을 가한 작품이었다. 작가는 변신 효과를 돋보이게 하려고 역겨운 동물을 선택함으로써 첫 페이지부터 우리에게 벌레가 되어 살아가는 삶이 어떤 것인지 상상하도록 강요한다. 거의 같은 시기에 독일 생물학자 야코프 폰 윅스퀼은 동물의 관점에 사람들의 주의를 촉구하면서 이것을 '움벨트Umwelt'라고 불렀다. 이 새로운 개념(독일어로는 한 개인이 처한 '주변 세계' 또는 '환경'이라는 뜻)을 설명하기 위해 윅스퀼은 우리를 데리고 다니면서 다양한 세계들을 보여준다. 모든 생물은 각자 나름의 방식으로 환경을 감지한다. 진드기 중에서 눈이 없는 종은 풀줄기 위로 기어올라가 포유류 피부에서 나오는 부티르산 냄새를 기다린다. 거미강에 속하는 이 동물은 먹이를 먹지 않고 18년이나 버틸 수 있다는 사실이 실험에서 밝혀졌는데, 이런 특성 때문에 그때가 언제가 될지 몰라도 포유류 몸 위로 떨어져 따뜻한 피를 쭉쭉 빨아먹을 때까지 얼마든지 자리를 잡고 기다릴 수 있다. 마침내 포유류를 만난 진드기는 피를 빨고 살아가다가 알을 낳고 죽는다. 우리는 진드기의 '움벨트'를 이해할 수 있을까? 우리의 움벨트와 비교하면 진드기의 움벨트는 형편없이 초라해 보이지만, 윅스퀼은 이런 단순성을 강점으로 보았다. 진드기의 목표는 잘 정의되어 있으며, 다른 데 한눈을 팔 거리가 별로 없다.

윅스퀼은 다른 사례들도 검토하면서 하나의 환경이 각각의 종에 고유한 현실을 수백 가지나 제공한다는 것을 보여주었다. 움벨트는 각 종의 생존에 필요한 서식지와 밀접한 관련이 있는 개념인 **생태적 지위**ecological niche하고는 상당히 다른 개념이다. 대신에 움벨트는 해당 생물에게 이용 가능한 모든 세계들 중에서 아주 작은 조각만을 대표하는 자기중심적이고 주관적인 세계를 강조한다. 윅스퀼에 따르면, 다양한 조각들을 구성하는 모든 종들은 이들 조각을 모두 다 "파악하지 못하며 구별하지도 못한다".[2] 예를 들면, 어떤 동물은 자외선을 지각하는 반면, 어떤 동물은 냄새의 세계에서 살아가며, 별코두더지 같은 동물은 땅속에서 더듬거리며 돌아다닌다. 어떤 동물은 떡갈나무 가지에 내려앉는가 하면, 나무껍질 밑에서 살아가는 동물도 있고, 여우 가족은 나무뿌리 사이에 굴을 파서 보금자리를 만든다. 동물들은 저마다 같은 나무를 서로 다르게 지각한다.

인간은 다른 생물의 움벨트를 상상하려고 시도해볼 수 있다. 시각 능력이 아주 뛰어난 종인 우리는 스마트폰 앱을 이용해 컬러 이미지를 색맹의 눈에 보이는 이미지로 변환시킬 수 있다. 시신경이 손상된 사람의 처지를 공감하기 위해 눈을 가리고 걸어 다니면서 그 사람의 움벨트를 모방할 수도 있다. 하지만 내가 개인적으로 다른 동물의 세계를 경험한 것 중 가장 기억에 남는 것은 까마귓과에 속하는 갈까마귀를 키울 때 얻었다. 내 방은 학생 기숙사 4층에 있었는데, 방 창문을 통해 갈까마귀 두 마리가 가끔 드나들었다. 그래서 나는 이들이 어떻게 살아가는지 위에서 내려다보며 관찰할 수 있었다. 이들이 어리고 경험이 없을 때에는 나는 좋은 부모처럼 걱정하는 마음으로 지켜보았다. 우리는 새가 비행을 당연히 아주 쉽게 할 것이라고 생각하지만, 사실 비행은 학습을 통해 터득해야 하는 기술이다. 가장 어려운 부분은 착륙인데, 나는 혹시라도 갈까마귀가 달리는 차에 충돌하지나 않을까 늘 염려했다. 나는 새처럼 생각하기 시작했다. 완벽한 착륙 지점을 찾듯이 주변 환경을 지도로 만들고, 착륙이라는 목적을 염두에 두고 멀리 있는 물체(나뭇가지나 발코니 등)를 판단했다. 안전하게 착륙하고 나면, 내 새들은 즐거운 듯이 "까악까악" 소리를 질렀다. 그러면 나는 새들을 다시 돌아오라고 불렀고, 전체 과정이 처음부터 다시 반복되었다. 일단 새들이 비행에 능숙해지자, 나는 마치 내가 함께 날고 있는 것처럼 새들이 바람을 타고 즐겁게 공중제비를 하는 모습을 즐겼다. 나는 비록 완전한 것은 아닐지라도 갈까마귀의 움벨트로 들어갔다.

웍스퀼은 과학이 다양한 종의 움벨트를 탐구하고 이것을 지도로 작성하기를 원했던 반면, 동물의 행동을 연구한 지난 세기의 철학자들인 동물행동학자들에게 큰 영감을 준 개념은 다소 비관적인 것이었다. 1974년, 토머스 네이걸은 "박쥐로 살아가는 삶은 어떤 것일까?"라는 질문을 던지고는 우리는 결코 그것을 알 수 없을 것이라고 결론 내렸다.[3] 네이걸은 우리는 다른 종의 주관적 삶 속으로 들어갈 방법이 없다고 말했다. 그는 인간이 박쥐로 살아가는 삶을 어떤 식으로 느끼는지는 알려고 하지 않았다. 단지 박쥐가 박쥐로서 살아가는 삶을 어떤 식으로 느끼는지 알고 싶었을 뿐이다. 이것은 분명히 우리의 이해 범위를 벗어나는 일이다. 오스트리아 철학자 루트비히 비트겐슈타인도 다른 동물과 우리 사이에 존재하는 동일한 벽을 지적하면서 "사자가 말을 할 수 있다고 하더라도 우리는 사자를 이해할 수 없다"라는 유명한 말을 남겼다. 일부 학자들은 비트겐슈타인이 동물 의사소통의 미묘함을 전혀 모른다면서 발끈했지만, 비트겐슈타인이 하고 싶었던 말은 우리 자신의 경험은 사자와는 아주 다르기 때문에 설사 사자가 우리와 같은 말을 한다 하더라도 우리는 백수의 왕을 이해할 수 없다는 것이다. 사실, 비트겐슈타인의 성찰은 다른 문화권의 사람들을 만났을 때, 설사 그들의 언어를 우리가 안다 하더라도 그들에게 '완전히 익숙해지는 데' 실패하는 사례에도 적용된다.[4] 중요한 점은 외국인이건 다른 생물이건, 우리가 다른 존재의 내면적 삶으로 들어가는 능력에는 한계가 있다는 것이다.

나는 이 난해한 문제를 해결하려고 노력하는 대신에 동물이 사는 세계 자체와 그 복잡한 세계 속에서 동물이 어떻게 살아가는가 초점을 맞추려고 한다. 비록 우리는 동물이 느끼는 것을 그대로 느낄 수는 없지만, 그래도 우리 자신의 좁은 움벨트에서 벗어나 우리의 상상력을 그들의 움벨트로 확대하려고 노력할 수는 있다. 사실 네이걸은 박쥐의 반향정위에 관한 이야기를 듣지 않았더라면 자신의 예리한 성찰을 글로 옮기지 못했을 것이다. 반향정위는 과학자들이 박쥐로 살아가는 삶이 어떤 것인지 상상하려고 노력하여 실제로 이를 상상하는 데 성공한 결과로 발견되었다. 이것은 우리 종이 자신이 갇힌 지각의 틀에서 벗어나 생각하려는 노력이 거둔 성공 가운데 하나이다.

위트레흐트 대학에 다니던 시절 나는 학과장이던 스벤 데이크흐라프에게서 경이로운 이야기를 들었다. 그가 내 나이였을 무렵 박쥐가 초음파를 발사할 때 희미하게 찰칵거리는 소리를 함께 낸다는 사실을 알게 된 이야기였다. 그날 데이크흐라프는 박쥐가 내는 또 다른 소리를 들을 수 있었던, 세상에서 몇 안 되는 사람 가운데 한 명이 되었다. 그의 청력은 아주 놀라웠다. 박쥐는 눈이 멀어도 여전히 길을 잘 찾아 벽과 천장에 안전하게 내려앉을 수 있는 반면, 귀가 먼 박쥐는 그렇게 하지 못한다는 사실은 100년도 더 전부터 알려져 있었다. 청력을 상실한 박쥐는 시력을 상실한 인간과 같다. 어떻게 이런 일이 일어나는지 제대로 이해한 사람은 아무도 없었고, 박쥐의 능력은 '여섯 번째 감각'으로 일어난다고 설명할 수밖에 없었다. 하지만 과학자들은 초감각 지각을 믿지 않았으므로 데이크흐라프는 대안 설명을 찾으려고 했다. 그는 박쥐 소리를 감지할 수 있었고, 박쥐가 장애물을 만나면 내는 소리의 횟수가 증가한다는 사실을 알고는 이 소리가 박쥐가 환경 속에서 이동하는 데 도움을 준다고 주장했다. 그러나 그의 목소리에는 늘 반향정위의 발견자로 인정받지 못한 데 대한 유감이 섞여 있었다.

이 영예는 도널드 그리핀에게 돌아갔는데, 이는 당연한 결과였다. 이 미국인 동물행동학자는 인간의 가청 주파수 범위인 20킬로헤르츠가 넘는 음파를 탐지하는 장비를 사용해 궁극적인 실험을 했고, 그럼으로써 반향정위가 단순히 충돌 경고 시스템에 불과한 게 아님을 보여주었다. 초음파는 박쥐가 큰 나방에서부터 작은 파리에 이르기까지 먹이를 찾고 쫓는 데 도움을 준다. 박쥐는 놀랍도록 쓸모가 많은 사냥 도구를 가지고 있다.

그리핀이 '동물인지animal cognition(이것은 1980년대까지만 해도 모순 어법으로 간주된 용어였다)'를 초기부터 강력하게 옹호하고 나선 것은 놀라운 일이 아닌데, 사실 정보 처리 작업을 담당하지 않는다면 인지가 무슨 역할을 하겠는가? **인지**는 감각 입력 정보를 환경에 대한 지식으로 변환하는 정신 능력과 이 지식을 유연하게 적용하는 능력이다. **인지**라는 용어가 이 과정을 가리킨다면, **지능** 은 이것을 성공적으로 수행하는 능력과 더 관련이 있다. 박쥐는 비록 우리에게는 이질적인 것이라 하더라도, 많은 감각 입력 정보를 사용한다. 박쥐의 청각 피질은 물체에 반사되어 돌아오는 소리를 평가하고, 이 정보를 이용해 표적까지의 거리뿐만 아니라 표적의 움직임과 속도까지도 계산한다. 이것만으로는 성에 차지 않다는 듯이, 박쥐는 자신의 비행경로를 수정하고, 자신이 낸 소리가 물체에 반사되어 돌아오는 메아리를 근처에 있는 다른 박쥐들의 메아리와 구별한다. 박쥐에게 발견되는 것을 피하려고 곤충의 청각이 진화하자, 일부 박쥐는 먹이 동물의 가청 주파수 범위보다 낮은 '스텔스' 발성으로 대응했다.

여기서 우리는 아주 정교한 정보 처리 시스템을 볼 수 있는데, 이것은 메아리를 정확한 지각으로 변환시키도록 전문화된 뇌의 지원을 받아 작동한다. 그리핀은 꿀벌이 8자 춤을 사용해 멀리 있는 먹이의 위치를 동료들에게 알려준다는 사실을 발견한 선구적인 실험과학자 카를 폰 프리슈의 뒤를 따랐다. 폰 프리슈는 "벌의 삶은 마법의 우물과 같다. 거기서 많은 것을 꺼낼수록 여전히 꺼낼 것이 더 많이 있다"라고 말했다.[5] 그리핀은 반향정위에 대해서도 똑같이 느꼈는데, 이 능력을 또 다른 불가사의와 경이로움의 무한한 원천으로 본 것이다. 그래서 그는 이것 역시 '마법의 우물'이라고 불렀다.[6]

나는 침팬지와 보노보를 포함해 영장류를 연구하기 때문에, 내가 인지에 대해 이야기하더라도 사람들이 나를 괴롭히는 일은 드물다. 사람도 영장류이기 때문에 우리는 비슷한 방식으로 주변 환경을 처리한다. 입체 시각과 물체를 붙잡는 손, 기어오르고 점프하는 능력, 얼굴 근육을 통한 감정적 의사소통 능력을 지닌 우리는 다른 영장류와 동일한 움벨트에서 살아간다. 아이들이 '원숭이 감옥monkey bars(원래는 '정글짐'이라는 뜻이지만, '원숭이'라는 단어를 강조하고자 한 저자의 의도를 살려 이렇게 옮겼다_옮긴이)'에서 놀고, 우리가 모방을 '원숭이처럼 흉내 내기aping'라 부르는 이유는 바로 우리가 이러한 유사성을 인식하기 때문이다. 이와 동시에 우리는 영장류에게서 위협도 느낀다. 우리가 영화나 시트콤에 나오는 유인원을 보면서 발작적으로 웃는 이유는 유인원이 본질적으로 우습기 때문이 아니라(기린이나 타조처럼 더 우스꽝스럽게 생긴 동물이 많다), 우리가 동료 유인원과 멀찌감치 거리를 두고 싶어 하기 때문이다. 이것은 서로 가장 닮은 이웃 나라 사람들끼리 상대를 희화화하는 농담을 즐기는 이유와 비슷하다. 네덜란드 사람들은 중국 사람들이나 브라질 사람들에 대해서는 농담할 거리를 찾지 못하지만, 벨기에 사람들에 대해서는 농담하기를 즐긴다.

그런데 인지를 생각할 때 왜 영장류에서 걸음을 멈춰야 할까? 각 종은 환경에 유연하게 대처하며, 환경에서 맞닥뜨린 문제에 대응하는 해결책을 찾아낸다. 종들은 저마다 다른 방식으로 이 일을 처리한다. 따라서 종들의 능력을 이야기할 때에는 복수형을 사용하는 게 좋고, 지능과 인지 역시 마찬가지이다(영어로 표현할 때 capacity, intelligence, cognition이라는 단수형 대신에 capacities, intelligences, cognitions라는 복수형을 써야 한다는 주장임_옮긴이). 이것은 신과 천사부터 시작해 인간이 맨 꼭대기에 있고 그 아래로 포유류, 조류, 어류, 곤충, 그리고 맨 아래에 연체동물이 있는 아리스토텔레스의 '스칼라 나투라이*scala naturae*', 즉 자연의 사닥다리를 바탕으로 한 단일 척도로 인지를 서로 비교하지 않도록 하는 데 도움을 준다. 이 거대한 사닥다리에서 위와 아래에 있는 것들을 비교하는 것은 인지과학에서 인기 있는 오락거리였지만, 나는 여기서 심오한 통찰이 나온 사례가 단 하나도 떠오르지 않는다. 이것이 한 일이라고는 우리에게 동물들을 인간의 기준에 따라 측정하도록, 그리고 그럼으로써 생물들의 움벨트에 존재하는 엄청난 변이를 무시하도록 한 것뿐이다. 만약 수를 세는 것이 다람쥐의 삶과 별로 관계가 없는 것이라면, 다람쥐에게 열까지 셀 수 있느냐고 묻는 것은 매우 불공정해 보인다. 하지만 다람쥐는 숨겨놓은 도토리를 되찾는 능력이 아주 뛰어나며, 일부 새들은 완벽한 전문가이다. 클라크잣까마귀는 가을에 수 평방킬로미터 면적의 땅에서 수백 군데에 잣을 2만 개 이상 숨겨놓는다. 그리고 겨울과 봄에 그중 대부분을 회수한다.[7]

이런 과제 해결 능력에서 우리가 다람쥐나 잣까마귀와 경쟁이 되지 않는다는 사실(심지어 나는 내 차를 주차한 곳조차 까먹는다)을 지적하는 것은 부적절하다. 숲속 동물들은 겨울의 추위에 용감하게 맞서서 살아남으려면 이런 종류의 기억력이 반드시 필요하지만, 우리 종에게는 그런 것이 필요 없기 때문이다. 우리는 박쥐처럼 어둠 속에서 방향을 알기 위해 반향정위가 필요하지 않으며, 물총고기처럼 수면에 떠 있는 곤충을 향해 물방울을 발사할 때 공기와 물 사이에서 빛의 굴절률을 감안해 시각을 보정할 이유도 없다. 이처럼 우리가 갖지 않거나 우리에게 필요 없는 것이지만 놀라운 인지 적응 사례는 자연계에서 아주 많이 볼 수 있다. 단일 척도로 인지의 순위를 매기는 것이 쓸데없는 짓인 이유는 이 때문이다. 인지의 진화에는 전문화의 봉우리가 곳곳에 널려 있다. 여기서 중요한 것은 각 종의 생태이다.

지난 세기에는 다른 종들의 움벨트로 들어가려는 시도가 과거 그 어느 때보다도 많았다. 이런 시도는 《재갈매기의 세계》, 《유인원의 영혼》, 《원숭이는 어떻게 세계를 보는가》, 《개의 사생활》, 《개미언덕》 같은 책들의 제목에 잘 반영되어 있다. 《개미언덕》에서 E. O. 윌슨은 감히 흉내 내기 어려운 특유의 방식으로 개미의 사회생활과 서사시적 전투를 개미의 눈으로 본 시각을 제공한다.[8] 우리는 카프카와 윅스퀼의 뒤를 따라 다른 종들의 피부 아래로 들어가려고 시도하면서 그들의 방식으로 그들을 이해하려고 노력하고 있다. 그리고 더 많은 성공을 거둘수록 우리는 마법의 우물들이 곳곳에 널려 있는 자연 풍경을 더 많이 발견한다.

맹인이 코끼리 만지듯

인지 연구는 불가능한 것보다는 가능한 것을 다루는 분야이다. 그럼에도 불구하고 많은 사람들은 자연의 사닥다리 개념에 혹해 동물에게는 특정 인지 능력이 없다는 결론을 내렸다. 우리는 "오직 인간만이 이런저런 일을 할 수 있다"라는 유의 주장을 많이 듣는데, 이런 주장은 미래 내다보기(오직 인간만이 앞일을 생각한다는 주장)와 타자 배려하기(오직 인간만이 다른 사람들의 행복에 신경을 쓴다는 주장)에서부터 휴가 가기(오직 인간만이 여가를 즐길 줄 안다는 주장)에 이르기까지 아주 다양하다. 나 스스로도 놀랍게도, 나는 마지막 주장과 관련해 해변에서 피부를 그을리는 관광객과 낮잠을 자는 코끼리물범의 차이를 놓고 네덜란드의

한 신문지상에서 한 교수와 논쟁을 벌였다. 그 철학자는 이 둘이 근본적으로 다르다고 생각했다.

사실, 나는 인간 예외주의에 관한 주장 중 가장 훌륭하고 가장 오래 지속되는 것들은 마크 트웨인이 말한 "인간은 유일하게 얼굴을 붉히는 동물 또는 그럴 필요가 있는 동물이다"와 같은 주장처럼 재미있는 것들이라고 생각한다. 물론 이런 주장들은 대부분 매우 진지하고 자화자찬적이다. 이 명단은 계속 추가되고 10년마다 변하지만, 부정명제를 증명하는 것이 얼마나 어려운지 감안한다면 이런 주장은 의심하지 않으면 안 된다. 실험과학의 신조는 여전히 증거의 부재가 부재의 증거는 아니라는 것이다. 만약 우리가 어떤 종에서 특정 능력을 발견하지 못한다면, 맨 먼저 생각해야 할 것은 "우리가 무엇인가를 간과한 것은 아닐까?"여야 한다. 그 다음에 생각해야 할 것은 "우리가 한 테스트가 그 종에 적합한 것이었는가?"이다.

긴팔원숭이가 아주 좋은 예를 제공한다. 긴팔원숭이는 한때 퇴화한 영장류로 간주되었다. 긴팔원숭이에게 다양한 컵과 끈, 막대 사이에서 하나를 선택해야 하는 과제를 내준 적이 있다. 테스트할 때마다 긴팔원숭이는 다른 영장류에 비해 점수가 아주 낮았다. 예를 들면, 우리 밖에 바나나를 놓아두고 가까이에 막대가 있는 상황에서 도구 사용 능력을 테스트한 적이 있었다. 침팬지는 조금도 망설이지 않고 과제를 성공적으로 수행하며, 손을 잘 쓰는 많은 원숭이 종들 역시 성공한다. 하지만 긴팔원숭이는 그렇지 않았다. 긴팔원숭이('소형 유인원'이라고도 함)가 인간과 유인원과 함께 뇌가 큰 동일한 과에 속한다는 사실을 감안하면 이것은 아주 이상한

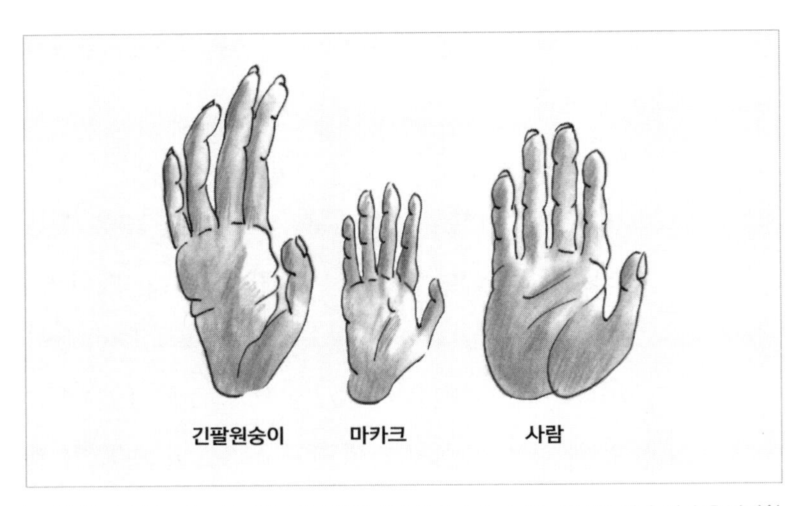

긴팔원숭이의 손에는 나머지 손가락들과 완전히 마주 볼 수 있는 엄지가 없다. 이 손은 반반한 표면에서 물건을 집어 올리기보다는 나뭇가지를 붙잡는 데 더 적합하다. 이러한 손의 형태를 감안할 때에만 긴팔원숭이는 특정 지능 테스트를 통과했다. 위 그림은 긴팔원숭이와 마카크, 사람의 손을 비교해 보여준다. Benjamin Beck(1967)에 나오는 내용을 바탕으로 그렸음.

일이었다.

1960년대에 미국 영장류학자 벤저민 벡은 새로운 접근법을 사용해 이 문제를 생각해보았다.[9] 긴팔원숭이는 완전히 나무 위에서만 살아간다. **팔그네이동 동물**brachiator로 알려진 긴팔원숭이는 팔과 손으로 나뭇가지를 붙잡고 매달려 나무와 나무 사이를 이동한다. 작은 엄지와 기다란 나머지 손가락들로 이루어진 손은 이런 종류의 이동 방식에 최적화되어 있다. 긴팔원숭이의 손은 나머지 대부분의 영장류에게서 볼 수 있는, 물체를 붙잡고 촉각을 느끼는 다재다능한 기관보다는 갈고리에 더 가까운 기능을 한다. 벡은 긴팔원숭이의 움벨트에는 지면이 거의 포함되어 있지 않다는 사실과 이들의 손은 반반한 표면에서 물체를 집어 올리기 힘들다는 사실을 깨닫고, 전통적인 끈 당기기 과제를 재설계했다. 이전에 했던 것처럼 끈을 표면 위에 놓아두는 대신에 긴팔원숭이의 어깨 높이로 높여 붙잡기 더 쉽도록 조건을 바꾸었다. 세부 과정(이 과제는 끈이 먹이에 어떻게 연결되어 있는지 자세하게 살피는 게 필요했다)을 생략하고 간단히 말한다면, 긴팔원숭이는 모든 문제들을 금방 그리고 효율적으로 해결했고 다른 유인원과 동등한 지능을 가졌음을 입증했다. 이전에 성적이 나빴던 이유는 긴팔원숭이의 정신 능력보다는 테스트 방식에 문제가 있었기 때문이다.

코끼리도 또 하나의 좋은 예를 제공한다. 오랫동안 과학자들은 코끼리가 도구를 사용할 줄 모른다고 믿었다. 이 후피동물厚皮動物(가죽이 두꺼운 동물)은 위와 동일한 바나나 테스트에서 막대를 사용하지 않아 과제 수행에 실패했다. 코끼리가 실패한 것은 반반한 표면에서 물체를 집어 올리는 능력이 없어서가 아니었다. 왜냐하면 코끼리는 바닥에 붙어 살아가며 늘 물건을(때로는 아주 작은 것도) 집어 올리기 때문이다. 연구자들은 코끼리가 그냥 문제를 이해하지 못했다고 결론 내렸다. 연구자들이 코끼리를 이해하지 못했다는 생각은 아무도 하지 못했다. 여섯 맹인처럼 우리는 이 큰 동물의 주위를 빙빙 돌면서 계속 만지지만, 베르너 하이젠베르크가 "우리가 관찰하는 것은 자연 그 자체가 아니라, 우리의 질문 방법에 노출된 자연이다"라고 한 말을 기억할 필요가 있다. 독일 물리학자 하이젠베르크는 양자역학과 관련해 이런 말을 했지만, 이것은 동물의 마음을 탐구할 때에도 성립한다.

영장류의 손과는 대조적으로 코끼리가 물체를 붙잡는 기관은 자신의 코이기도 하다. 코끼리는 자신의 코를 먹이를 붙잡는 데 사용할 뿐만 아니라 냄새를 맡고 만지는 데에도 사용한다. 코끼리는 뛰어난 후각으로 자신의 코가 무엇에 다가가는지를 정확하게 안다. 하지만 막대를 집어 들면 콧구멍이 막힌다. 막대를 먹이 가까이에 가져갈 때에도 막대는 먹이를 촉감으로 느끼고 냄새를 맡는 것을 방해한다. 이것은 아이의 눈을 가린 채 부활절 달걀 찾기에 내보내는 것과 같다.

그렇다면 어떻게 실험해야 코끼리의 특별한 해부학적 구조와 능력을 감안한 공정한 실험이 될 수 있을까?

나는 워싱턴 D. C.의 국립동물원을 방문했을 때, 프레스턴 포더와 다이애나 라이스가 이 문제를 다른 방식으로 제시한 덕분에 어린 수코끼리 칸둘라가 이 과제를 어떻게 해결하는지 볼 수 있었다. 두 사람은 우리에서 칸둘라의 코가 미치지 않는 높이에 열매를 매달아두었다. 그리고 칸둘라에게 막대 여러 개와 튼튼한 정육면체 상자를 주었다. 칸둘라는 막대를 무시했지만, 잠시 후 상자를 발로 차기 시작했다. 여러 차례 직선 방향으로 상자를 찬 끝에 마침내 상자가 과일 바로 밑에 왔다. 그러고 나서 칸둘라는 앞발로 상자 위에 서서 긴 코로 열매를 붙잡았다. 결국 적절한 도구를 제공하기만 한다면 코끼리는 도구를 사용할 줄 안다는 사실이 드러났다.

칸둘라가 자신의 보상을 우물우물 씹어 먹고 있을 때, 연구자들은 코끼리의 과제 수행을 더 힘들게 하기 위해 설정 조건을 여러 가지로 변화시킨 결과를 내게 설명했다. 그들은 상자를 우리 안에서 눈에 보이지 않는 여러

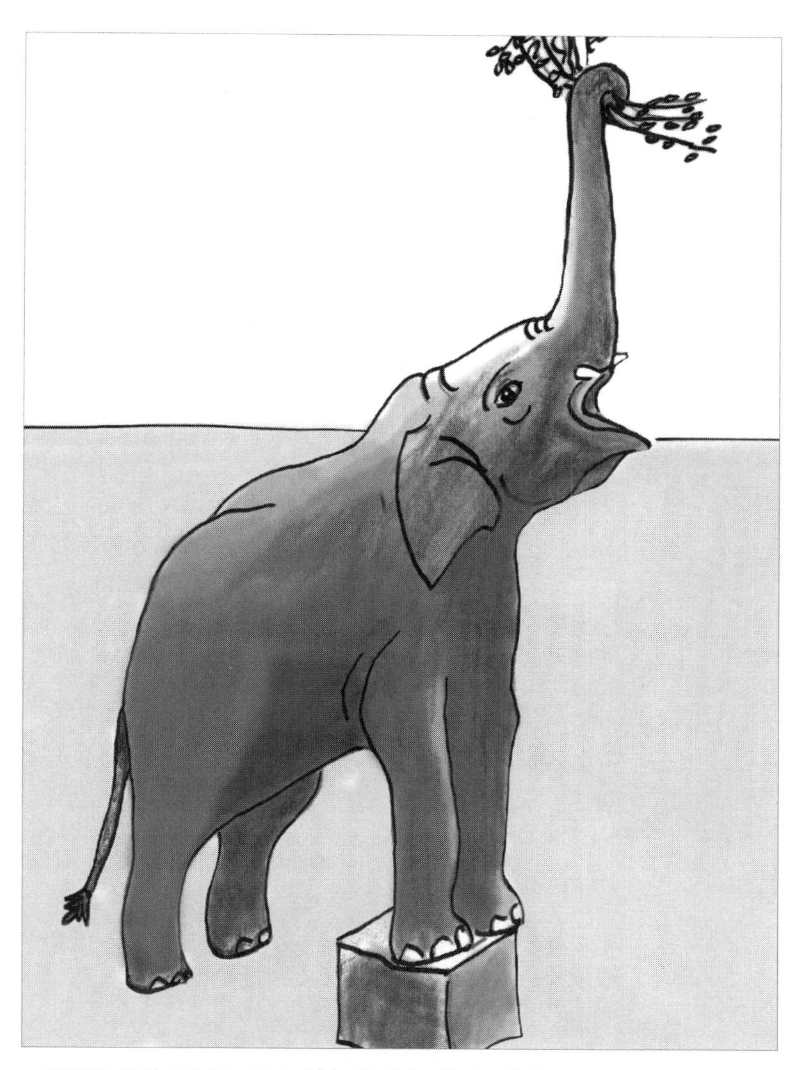

코끼리는 코를 사용해야 한다는 가정 때문에 도구를 사용할 줄 모르는 동물로 간주되어왔다. 하지만 코의 사용을 배제한 도구 사용 과제에서 칸둘라는 아무 어려움 없이 머리 위에 높이 매달린 먹이를 붙잡을 수 있었다. 칸둘라는 상자를 먹이 아래로 가져와 그 위에 올라서서 먹이를 따는 놀라운 재주를 보여주었다.

곳에 놓아두어 보았다. 그래서 칸둘라가 유혹을 느끼는 먹이를 올려다볼 때, 목표물에서 시선을 돌려 도구를 가져오는 해결책을 떠올려야 할 필요가 있게 만들었다. 사람과 유인원, 돌고래처럼 뇌가 큰 일부 종을 제외하고는 이것을 해내는 동물은 별로 많지 않지만, 칸둘라는 조금도 망설이지 않고 멀리서 상자를 가져와 이 일을 해냈다.[10]

분명히 이들은 그 종에 적합한 테스트 방법을 발견했다. 그런 방법을 찾을 때에는 크기처럼 아주 단순한 요소도 중요할 수 있다. 몸집이 가장 큰 육상 동물을 항상 사람에게 적합한 크기의 도구로만 테스트해서는 안 된다. 한 실험에서 연구자들은 거울 테스트를 실시했다. 동물이 거울에 반사된 자신의 모습을 인식하는지 평가하기 위해 코끼리 우리 밖의 바닥에 거울을 세워두었다. 크기가 가로 104cm, 세로 214cm밖에 안 되는 거울을 비스듬히 기울여 놓아두었는데, 코끼리는 아마도 두 겹의 창살들(창살들이 거울에 비쳐 이중으로 보이므로) 뒤에서 자신의 다리들이 움직이는 모습만 보았을 것이다. 거울의 도움을 받아야만 볼 수 있는 표시를 코끼리 몸에 했을 때, 코끼리는 그것을 만지지 않았다. 그 결과, 연구자들은 코끼리는 자기 인식 능력이 없다고 결론 내렸다.[11]

그러나 당시 내 제자였던 조슈아 플로트닉은 이 테스트 방법을 변형시켜 보았다. 브롱크스동물원에서 가로, 세로 2.4m의 정사각형 거울을 직접 우리 안에 설치해 코끼리들이 이것을 보게 했다. 그러자 코끼리들은 거울을 만지고 냄새 맡고 그 뒤쪽을 살펴보았다. 근접 탐구는 유인원과 인간 모두에게 중요한 단계이다. 이전 연구에서는 근접 탐구 기회가 아예 막혀 있었다. 우리는 코끼리의 호기심 때문에 많이 염려했는데, 거울을 올려놓은 나무 벽이 코끼리의 무게를 지탱하도록 설계된 것이 아니었기 때문이다. 코끼리는 보통은 자신을 막아선 물체 앞에 떡 버티고 서 있으려 하지 않기 때문에, 무게가 4톤이나 나가는 동물이 거울 뒤에 뭐가 있는지 보고 냄새 맡으려고 연약한 벽을 몸으로 밀 게 뻔한 이 실험을 하면서 우리는 불안에 떨며 간이 콩알만 해졌다. 분명히 코끼리는 거울의 정체가 무엇인지 알아내고 싶은 동기를 느낄 텐데, 만약 벽이 무너진다면 교통이 혼잡한 뉴욕 시내에서 코끼리들을 쫓느라 한바탕 소동이 벌어질 게 뻔했다! 다행히도 벽은 잘 버텨주었고, 코끼리들은 거울에 익숙해졌다.

해피라는 이름의 아시아코끼리는 거울에 비친 자신의 모습을 알아보았다. 왼쪽 눈 위의 이마에 흰 십자 표시가 있는 해피는 거울 앞에 서서 그 표시를 반복해서 문질렀다. 그러니까 거울에 비친 모습을 자신의 몸과 연결 지었던 것이다.[12] 몇 년이 지난 지금 플로트닉은 태국의 싱크엘러펀츠 인터내셔널재단에서 그동안 더 많은 동물들을 시험하면서 우리의 결론이 옳음을 확인했다. 즉, 일부 아시아코끼리들은 거울에 비친 자신의 모습을 알아보았다. 아프리카코끼리도 그런지는 아직 확실치 않다. 이 종은 새로운 물체를 상아로 적극적으로 조사하려는 경향이 있어 지금까지 시도한 실험들에서 수많은 거울을 부수는 결과를 낳았기 때문이다. 이 때문에 그 원인이 나쁜 수행 능력에 있는지 나쁜 장비에 있는지 판단하기가 쉽지 않다. 그러나 거울이 파괴된 결과를 가지고는 거울 자기 인식 능력이 없다고 결론 내릴 수 없다는 것은 분명하다. 우리는 그저 어떤 종이 새로운 물체를 다루는 방식을 보고 있을 뿐이다.

여기서 우리가 해결해야 할 과제는 동물의 기질과 흥미, 해부학적 특징, 감각 능력에 적합한 테스트 방법을 찾는 것이다. 부정적 결과가 나왔을 때에는 동기와 주의의 차이에 주목할 필요가 있다. 흥미를 불러일으키지 못하는 과제에서는 좋은 성과를 기대할 수 없다. 우리는 침팬지의 얼굴 인식 능력을 연구할 때 이 문제에 부닥쳤다. 그 당시 과학은 인간이 독특한 존재라고 선언했는데, 얼굴 확인 능력이 어떤 영장류보다 훨씬 뛰어났기 때문이다. 다른 영장류들을 대상으로 테스트를 할 때 그 종의 얼굴이 아니라 사람의 얼굴을 대상으로 테스트를 했다는 사실에는 아무도 신경 쓰지 않는 것처럼 보였다. 내가 이 분야의 한 선구자에게 왜 사람의 얼굴에서 벗어날 생각을 전혀 하지 않느냐고 묻자, 그는 사람은 서로 너무나도 다르기 때문에 우리 종의 구성원들을 구별하지 못하는 영장류는 자기 종의 구성원들 역시 구별하지 못할 게 틀림없다고 대답했다.

그러나 애틀랜타에 있는 여키스국립영장류연구센터에서 일하는 내 동료 리자 파가 침팬지를 대상으로 침팬지의 사진들을 가지고 테스트를 한 결과, 침팬지가 자기 종의 구성원들을 구별하는 데 아주 뛰어나다는 사실을 발견했다. 침팬지는 컴퓨터 화면에서 이미지를 선택하는 과제를 수행했는데, 한 침팬지 사진이 나타난 다음에 곧이어 한 쌍의 침팬지 사진이 나타났다. 한 쌍의 사진 중 하나는 앞에 나왔던 침팬지의 다른 모습을 찍은 사진인 반면, 다른 하나는 다른 침팬지 사진이었다. 닮은 점을 찾아내도록('표본 대응matching to sample'이라고 부르는 절차) 훈련받은 침팬지는 별 어려움 없이 어떤 사진이 첫 번째 사진을 더 닮았는지 알아보았다. 유인원들은 심지어 가족 관계도 알아보았다. 한 암컷의 사진을 보여준 뒤에 두 어린 유인원 사진 중에서 하나를 선택하는 실험을 했는데, 두 사진 중 하나는 먼저 보여준 암컷의 새끼였다. 이들은 순전히 신체적 유사성만을 바탕으로 암컷의 새끼를 제대로 골랐는데, 이들은 실생활에서 사진의 유인원들을 만난 적이 전혀 없었기 때문이다.[13] 이와 아주 비슷한 방식으로 우리는 다른 사람의 가족 앨범을 보면서 누가 친족이고 누가 외척인지 금방 알아챌 수 있다. 연구를 통해 밝혀진 것처럼 침팬지의 얼굴 인식 능력은 우리만큼 아주 뛰어나다. 이제 이 능력은 사람과 유인원이 공통적으로 지닌 것으로 널리 받아들여지고 있는데, 이 작업에는 사람이나 다른 영장류나 뇌에서 동일한 지역이 관여하기 때문에 특히 그렇다.[14]

다시 말해서, 우리 자신의 얼굴 특징처럼 우리가 중요하게 여기는 특징은 다른 종에게는 중요한 것이 아닐 수도 있다. 동물은 **알아야 할 필요가 있는** 것만 아는 경우가 많다. 관찰의 대가인 콘라트 로렌츠는 사랑과 존중에 기반한 직관적 이해가 없이는 동물을 효과적으로 조사할 수 없다고 믿었다. 그는 이러한 직관적 통찰이 자연과학의 방법론과는 완전히 별개의 것이라고 보았다. 이것을 체계적 연구와 생산적으로 결합하는 것은 동물 연구의 도전 과제이자 즐거움이다. 로렌츠는 자신이 **전체적 고찰**(간츠하이츠베트라흐퉁Ganzheitsbetrachtung)이라고 부른 방법을 권장하면서 우리에게 동물의 다양한 부분들을 자세히 들여다보기 전에 전체 동물을 이해하라고 촉구했다.

한 부분만을 관심의 초점으로 삼는다면 연구 과제들을 완전히 설정할 수 없다. 대신에 끊임없이 한 부분에서 다른 부분으로 빠르게 옮겨 가야 하며—엄격한 논리적 순서를 중시하는 일부 사람들에게는 매우 변덕스럽고 비과학적으로 보이는 방식으로—각 부분에 대한 지식이 동일한 속도로 발전해야 한다.[15]

홍미롭게도 유명한 연구를 재현하려고 한 결과가 이 충고를 무시할 때 따르는 위험을 잘 보여주었다. 이 연구에서는 고양이들을 작은 우리에 가두었다. 고양이들은 불안한 기색을 감추지 못하고 야옹거리며 왔다 갔다 했는데, 이 과정에서 우리 안쪽에 몸을 대고 비볐다. 그러다가 우연히 걸쇠를 건드려 문이 열렸고, 그 덕분에 우리에서 나와 가까이 있던 생선을 먹을 수 있었다. 실험 횟수를 늘릴수록 고양이가 우리를 탈출하는 속도가 더 빨라졌다. 연구자들은 모든 고양이가 동일하게 정형화된 몸 비비기 패턴을 나타내는 것에 깊은 인상을 받았는데, 먹이 보상을 통해 학습한 결과라고 생각했다. 에드워드 손다이크가 1898년에 처음 개발한 이 실험은 겉보기에 지능적 행동처럼 보이는 것(우리에서 탈출하는 것처럼)도 시행착오 학습으로 완전히 설명할 수 있음을 보여주는 증거로 간주되었다. 이것은 즐거운 결과를 낳는 행동은 반복될 가능성이 높다는 '효과의 법칙law of effect'이 옳음을 입증했다.[16]

하지만 수십 년 뒤 이 연구를 다시 해본 미국 심리학자 브루스 무어와

에드워드 손다이크의 고양이들은 '효과의 법칙'을 입증한 것으로 간주되었다. 고양이는 우리 안쪽의 걸쇠에 대고 몸을 비빔으로써 문을 열고 탈출할 수 있었고, 그럼으로써 생선을 얻을 수 있었다. 하지만 수십 년 뒤 고양이의 행동은 보상에 대한 전망과는 아무 관계가 없다는 사실이 밝혀졌다. 생선이 없어도 고양이는 우리를 잘 탈출했다. 고양이에게서 몸을 비비는 행동을 유도하는 데에는 가까이에 친밀한 사람이 있는 것만으로 충분했다. 이 동작은 모든 고양잇과 동물의 인사 행동에 해당한다. Thorndike(1898)에 나오는 내용을 바탕으로 그렸음.

수전 스튜터드는 고양이의 행동은 전혀 특별한 게 아니라는 사실을 발견했다. 고양이는 모든 고양잇과 동물(고양이에서부터 호랑이에 이르기까지)이 인사와 구애를 할 때 사용하는 의례적인 '쾨프헨게벤Köpfchengeben(독일어로 '머리 주기'라는 뜻)' 행동을 한 것뿐이었다. 이들은 머리나 옆구리를 좋아하는 대상에게 갖다 비벼대는데, 만약 좋아하는 대상에게 다가가지 못할 경우에는 비벼대는 대상을 테이블 다리 같은 무생물 물체로 옮긴다. 두 사람은 먹이 보상은 전혀 필요 없다는 것을 보여주었다. 유일하게 유의미한 요소는 친밀한 사람의 존재였다. 훈련 과정을 거치지 않아도 우리에 갇힌 고양이는 인간 관찰자를 보면 모두 자신의 머리와 옆구리와 꼬리를 걸쇠에 대고 비벼댔고, 우리에서 탈출했다. 하지만 혼자 내버려두었을 때에는 탈출하지 못했는데, 몸을 비벼대는 행동을 전혀 하지 않았기 때문이다.[17] 고전적인 이 연구는 학습에 관한 실험이 아니라 인사에 관한 실험이었던 것이다! 이 재현 연구 결과는 '고양이에 걸려 넘어지다Tripping over the Cat'라는, 눈길을 끄는 제목으로 발표되었다.

이 사례는 과학자들이 어떤 동물을 테스트하기 전에 그 동물의 전형적인 행동을 알 필요가 있다는 교훈을 준다. 조건 형성conditioning(자극과 자극, 또는 자극과 반응의 관계를 형성하는 절차나 과정. 고전적 조건 형성과 도구적 조건 형성이 있다_옮긴이)의 힘은 의심할 여지가 없지만, 초기 연구자들은 한 가지 핵심 정보를 완전히 간과했다. 그들은 로렌츠의 충고를 무시하고 전체 동물을 고려하지 않았다. 동물들은 무조건 반응, 즉 같은 종의 모든 구성원에게 자연적으로 발달하는 행동을 많이 보인다. 보상과 처벌은 이런 행동에 영향을 미칠 수 있지만, 이 행동을 만들어내는 원인이 될 수는 없다. 모든 고양잇과 동물이 동일한 방식으로 반응한 이유는 조작적 조건 형성operant conditioning이 아니라, 고양잇과 동물의 자연스러운 의사소통 방식에서 비롯되었다.

진화인지 분야는 모든 종들을 빠짐없이 고려할 것을 요구한다. 손의 해부학적 구조를 연구하든 아니면 코끼리 코의 다기능성이나 얼굴 인식 또는 인사 의식을 연구하든, 그 정신 수준을 짐작하려고 시도하기 전에 해당 동물의 모든 측면과 자연사를 잘 알 필요가 있다. 그리고 **우리가** 특히 잘

하는 능력(예컨대 우리 종이 지닌 마법의 우물인 언어)을 대상으로 동물을 테스트하는 대신에 **그 동물**의 전문화된 기술을 테스트하는 게 어떨까? 그렇게 하면, 우리는 아리스토텔레스가 주장한 자연의 계층 구조를 무너뜨릴 뿐만 아니라 이것을 가지가 많이 달린 관목으로 변화시킬 것이다. 이러한 관점 변화 때문에 이제 지능 생명체를 꼭 많은 비용을 들여가며 저 밖의 우주에서만 찾을 게 아니라는 주장이 큰 호응을 얻고 있다.[18]

의인화에 반대한다

고대 그리스인은 바로 자신들이 사는 곳이 우주의 중심이라고 믿었다. 따라서 현대 학자들이 우주에서 인간성의 장소가 어디일까 생각했을 때 그리스보다 더 나은 곳이 떠오르지 않은 것은 당연한 일이었다. 1996년의 화창한 어느 날, 한 국제 학자 집단이 세계의 옴팔로스*omphalos*(배꼽)를 방문했다. 벌집 모양의 큰 돌인 옴팔로스는 파르나소스산의 신전 유적 사이에 있었다. 나는 오랫동안 소식이 끊긴 친구를 만난 것처럼 이 돌을 만졌다. 내 옆에는 반향정위를 발견하고 《동물 인식에 관한 문제》를 쓴 '배트맨' 도널드 그리핀이 서 있었다. 이 책에서 그리핀은 세상의 모든 것이 우리를 중심으로 돌아가며, 의식을 가진 존재는 우리뿐이라는 잘못된 견해를 개탄했다.[19]

아이러니하게도 워크숍의 주요 주제는 우주가 지능 생명체, 즉 우리가 살기에 특별히 적합하도록 만들어졌다는 인간 중심 원리였다.[20] 가끔 인간 중심주의 철학자들의 담론은 마치 세계가 우리를 위해 만들어졌다고 (그 반대가 아니라) 생각하는 것처럼 들렸다. 행성 지구는 인간이 살아가기에 알맞은 온도를 유지하기 위해 태양에서 적절한 거리에 위치하고, 지구의 대기에 포함된 산소는 이상적인 농도를 유지한다. 이 얼마나 편리한 주장인가! 하지만 생물학자라면 이 상황에서 목적을 보는 대신에 인과관계를 거꾸로 뒤집어 우리 종이 지구의 환경에 잘 적응했다는 데 주목할 것이다. 이것은 왜 지구의 환경이 우리가 살아가기에 완벽한지 잘 설명한다. 심해의 열수 분출공은 거기서 분출되는 아주 뜨거운 황 화합물을 이용하는 세균이 살아가기에 최적의 환경이지만, 열수 분출공이 호열성 세균을 위해 만들어졌다고 생각하는 사람은 아무도 없다. 대신에 우리는 자연선택을 통해 거기서 살아갈 수 있는 세균이 진화했다고 생각한다.

이 철학자들의 거꾸로 된 논리를 들으면서 나는 텔레비전에서 본 어느 창조론자가 떠올랐다. 그 사람은 바나나 껍질을 벗기면서, 이 과일은 우리가 손에 쥐었을 때 편리하게도 사람의 입을 향하도록 구부러져 있다고 설명했다. 또, 두께도 우리 입에 딱 들어맞는다. 그는 하느님이 바나나를 인간 친화적인 모양으로 만들었다고 생각했는데, 자기가 손에 쥔 바나나가 인간의 소비를 위해 개량된 품종이라는 사실을 모르는 게 분명했다.

이러한 논의가 벌어지던 중에 그리핀과 나는 회의실 창문 밖으로 날아다니는 제비를 보았다. 제비들은 둥지를 지으려고 입에 진흙을 물고 이리저리 분주히 날아다녔다. 나보다 적어도 서른 살은 위인 그리핀은 그 새들의 라틴어 학명과 부화 기간, 세부적인 생물학적 특성 등을 설명해줄 만큼 인상적인 지식을 지니고 있었다. 워크숍 동안 그리핀은 의식에 관한 견해를 발표했는데, 의식이 동물을 포함해 모든 인지 과정에서 핵심 부분을 차지하는 것이 분명하다고 주장했다. 의식처럼 정의가 확실하지 않은 개념에 대해 단호한 진술을 하지 않는 쪽을 선호하는 내 견해와는 약간 차이가 있었다. 의식이 무엇인지 분명히 아는 사람은 아무도 없는 것처럼 보인다. 하지만 같은 이유로 나는 어떤 종에서도 의식의 존재를 부정하지 않는다고 서둘러 덧붙인다. 내가 아는 한, 개구리는 의식이 있을 것이다. 그리핀은 더 적극적인 견해를 펼쳤는데, 많은 동물에게서 의도적이고 지능적인 행동을 관찰할 수 있기 때문에, 그리고 우리 종의 경우 그런 행동이 인식과 결부되기 때문에, 다른 종들의 경우에도 비슷한 정신 상태가 존재한다고 가정하는 것이 합리적이라고 말했다.

크게 존경받는 훌륭한 과학자가 이런 주장을 한 것은 많은 사람들에게 부담을 덜어주는 효과를 발휘했다. 비록 그리핀은 구체적인 데이터로 뒷받침되지 않는 주장을 한다는 이유로 비판을 받긴 했지만, 많은 비판자들은 그 주장의 핵심을 간과했다. 바로 동물이 의식적 마음이 없다는 의미에서 '멍청하다는' 가정은 그냥 가정에 불과하다는 것이었다. 그리핀은 인간과 다른 동물들 사이의 정신적 차이는 종류의 차이라기보다는 정도의 차이라고 한 찰스 다윈의 유명한 발언을 상기시키면서 모든 영역에서 연속성을 가정하는 것이 훨씬 논리적이라고 말했다.

이렇게 마음이 맞는 사람을 알게 된 것과 그 회의에서 또 하나의 주제였던 **의인관**anthropomorphism에 관한 내 의견을 발표한 것은 큰 영광이었다. 'anthropomorphism'이라는 단어는 '사람의 형태'라는 뜻의 그리스어에서 유래했는데, 기원전 570년에 크세노파네스가 신을 사람처럼 생긴 것으로 묘사했다는 이유로 호메로스의 시에 반대하면서 사용했다. 크세노파네스는 이 가정 뒤에 숨어 있는 오만함을 조롱하면서, 왜 신들은 말처럼 생기지 않고 하필이면 사람처럼 생겼는가 하고 되물었다. 그러나 신들은 어디까지나 지고한 존재이기 때문에, 오늘날 인간과 동물을 비교하는 주장은 아무리 조심스러운 것이라 하더라도 무조건 비난하기 위한 경구로 자유롭게 사용되는 단어인 의인관을 신들에게까지 사용하는 경우는 거의 없다.

내 의견을 말한다면, 의인관은 우리를 우리와 아주 먼 종에 비교하는 경우처럼 견강부회에 가까운 비교를 하는 경우에만 문제가 된다. 예를 들면, 키싱구라미라는 물고기는 실제로는 키스를 하는 방식과 이유가 우리와 다르다. 어른 키싱구라미는 가끔 분쟁을 해결하기 위해 돌출한 주둥이를 서로 맞댄다. 이 버릇을 '키스'라고 부르는 것은 분명히 오해를 불러일으킬 소지가 있다. 반면에 유인원은 헤어졌다가 다시 만났을 때 상대의 입이나 어깨에 자기 입을 가볍게 갖다 대면서 인사하는데, 이는 어떤 면에서는 키스를 하는 것이며, 또 사람들이 키스를 하는 것과 아주 비슷한 상황에서 이런 행동을 한다. 보노보는 여기서 한 발 더 나아간 행동을 보인다. 침팬지에 익숙하지만 보노보에 대해서는 잘 모르던 한 사육사는 순진하게 보노보의 키스를 받아들였다가 혀가 입 속으로 아주 깊숙이 쑥 들어오는 바람에 깜짝 놀랐다!

유인원의 제스처는 사람의 제스처와 비슷하다. 이 동작들은 놀랍도록 비슷해 보일 뿐만 아니라, 이 몸짓이 나타나는 상황도 대체로 비슷하다. 이 그림은 싸움을 한 뒤 화해를 하면서 암컷 침팬지(오른쪽)가 머리가 희끗희끗한 알파 수컷의 입에 키스를 하는 장면이다.

또 다른 예가 있다. 어린 유인원을 간질이면 리드미컬한 숨소리를 내는데, 이는 사람의 웃음과 비슷하게 들린다. 이 행동을 **웃음**이라는 용어로 표현하는 것은 지나친 의인화라고 그냥 묵살할 수 없는데(일부 사람들은 묵살했다), 유인원은 사람 아이를 간질일 때와 같은 소리를 낼 뿐만 아니라 이것에 대해 아이와 동일한 양가감정을 보이기 때문이다. 나도 직접 이런 장면을 자주 목격했다. 유인원은 간질이는 내 손가락을 밀어내다가도 이내 다시 더 해달라고 조르곤 하는데, 이때는 숨을 죽이고 자신의 배를 다시 만져주길 기다린다. 이 경우, 나는 사람에게만 사용하는 용어를 유인원에게 쓰기를 꺼리는 사람들에게 증명의 책임을 떠넘기고 싶다. 간질임을 당해 쉰 목소리로 낄낄거리며 웃다가 거의 숨이 막힐 지경이 되는 유인원의 마음 상태가 사실은 간질임을 당한 아이와 다르다는 것을 먼저 증명해보라고 말이다. 아무런 증거가 없는 상태에서는, **웃음**은 양쪽의 행동을 모두 표현하는 최선의 이름으로 보인다.[21]

내 생각을 명확하게 표현하려면 새로운 용어가 필요하다는 생각이 들어 나는 **의인화 부정**anthropodenial이라는 용어를 만들었다. 이것은 다른 동물에게 존재하는 인간의 특성이나 우리에게 존재하는 동물의 특성을 선험적으로 거부하는 태도를 뜻한다. 의인관과 의인화 부정 사이에는 반비례 관계가 성립한다. 우리와 가까운 종일수록 우리가 그 종을 이해하는 데 의인관이 더 큰 도움을 주는 반면, 의인화 부정의 위험은 더 커진다.[22] 반대로 우리와 먼 종일수록 각자 독자적으로 나타난 특성에 대해 의인관이 미심쩍은 유사성을 제기할 위험이 더 커진다. 개미 집단에 '여왕'과 '병정'과 '노예'가 있다고 말하는 것은 단순한 의인화 표현에 불과하다. 이럴 때 우리는 태풍에 사람 이름을 붙이거나 마치 컴퓨터가 자유의지를 가졌다는 듯이 컴퓨터를 욕할 때 그러는 것보다 더 큰 의미를 부여하지 않는다.

요점은 의인관이 사람들이 생각하는 것처럼 항상 문제가 되는 것은 아니라는 점이다. 과학적 객관성을 위해 의인관을 비난하는 태도 뒤에는 사람도 동물이라는 개념을 불편하게 여기는 다윈 이전의 사고방식이 숨어 있는 경우가 많다. 하지만 유인원(유인원은 영어로 앤스러포이드anthropoid라고 하는데, '사람을 닮은'이라는 뜻의 그리스어 안트로포이데스anthropoeides에서 유래했다) 같은 종들을 고려할 때 의인관은 사실 논리적 선택이다. 의인화를 의도적으로 피하기 위해 원숭이의 키스를 '구강 대 구강 접촉'이라고 부르는 것은 그 행동의 의미를 알기 어렵게 만든다. 이것은 단지 우리가 생각하기에 지구가 특별하다는 이유로 지구의 중력을 달의 중력과 다른 이름으로 부르자는 것과 같다. 정당하지 않은 언어 장벽은 자연이 우리에게 제시하는 통일성을 산산이 부수고 만다. 유인원과 인간은 인사를 할 때 입술을 접촉하거나 간질임에 반응하여 숨소리가 섞인 소리를 시끄럽게 내는 것처럼 놀랍도록 서로 비슷한 행동이 각자 독립적으로 진화할 시간이 충분하지 않았다. 그러니 우리가 사용하는 용어들은 명백한 진화적 연결 관계를 존중해야 한다.

반면에 인간의 행동에 사용하는 용어를 단순히 동물의 행동에 적용하는 데 그친다면, 의인화는 다소 헛된 노력이 되고 말 것이다. 미국의 생물학자이자 파충류학자인 고든 버가트는 **비판적 의인관**critical anthropomorphism을 요구했는데, 이것은 연구에서 다루는 문제들을 기술할 때 해당 동물의 자연사에 대한 인간의 직관과 지식을 사용하라는 것이다.[23] 따라서 동물이 미래를 '계획'한다거나 싸우고 나서 '화해'를 한다고 말하는 것은 단순히 의인적 표현에 그치는 것이 아니다. 이 용어들은 검증 가능한 개념을 제안한다. 예를 들어 만약 영장류가 계획을 세우는 능력이 있다면, 오직 장래에만 사용할 수 있는 도구를 버리지 않고 계속 지니고 있을 것이다. 만약 영장류가 싸우고 나서 '화해'를 한다면, 서로 싸우던 당사자들이 우호적인 접촉을 통해 화해한 뒤에 긴장 완화와 사회적 관계 개선까지 나타나야 할 것이다. 이 당연한 예측들은 지금까지 실제 실험과 관찰을 통해 입증되었다.[24] 목적보다는 수단으로 사용되는 비판적 의인관은 가설들의 소중한 원천이다.

동물의 인지를 진지하게 생각해보자는 그리핀의 제안이 계기가 되어 이 분야는 **인지동물행동학**cognitive ethology이라는 새로운 이름으로 불리게 되었다. 이것은 훌륭한 이름으로 나는 동물행동학자이기 때문에 그리핀이 의미한 바가 정확하게 무엇인지 안다. 불행하게도 동물행동학을 뜻하는 영어 단어 ethology는 널리 유행하지 못했고, 철자 검사 프로그램들은 아직도 이 단어를 입력하면 ethnology(민족학)나 etiology(병원학), 혹은 심지어 theology(신학)로 수정하기 일쑤이다. 그러니 오늘날 많은 동물행동학자들이 자신을 행동생물학자behavioral biologist라고 부르는 것도 놀라운 일이 아니다. 인지동물행동학을 달리 부르는 이름으로는 **동물인지**animal cognition와 **비교인지**comparative cognition가 있다. 그러나 이 두 용어는 단점도 있다. 동물인지란 용어는 인간을 포함하지 못하는데, 그래서 의도치 않게 인간과 다른 동물 사이에 큰 간극이 있다는 개념을 고착화시킨다. 반면에 **비교**라는 용어는 우리가 비교를 어떻게 그리고 왜 하는지에 대해 분명한 견해를 드러내지 않는다. 유사점과 차이점을 해석하는 데 어떤 틀도 암시하지 않으며, 특히 진화적 틀은 전혀 암시하지 않는다. 심지어 이 분야 내에서도 동물들을 '고등' 형태와 '하등' 형태로 나누는 버릇뿐만 아니라 이론의 결핍에 대해 불평이 제기되었다.[25] 비교인지라는 용어는 전통적으로 동물을 인간의 대역에 불과한 것으로 간주해온(원숭이는 인간을 단순하게 만든 것이고, 쥐는 원숭이를 단순하게 만든 것이고, 나머지도 그런 식으로 보는)

분야인 **비교심리학** comparative psychology에서 유래했다. 연합 학습associative learning이 모든 종의 행동을 설명한다고 간주되었기 때문에, 비교심리학의 창시자 중 한 명인 B. F. 스키너는 연구하는 동물의 종류는 별로 중요하지 않다고 여겼다.[26] 자신의 주장이 옳음을 입증하기 위해 스키너는 알비노 쥐와 비둘기만 다룬 책의 제목을《생물들의 행동》이라고 지었다.

이런 이유들 때문에 로렌츠는 비교심리학에는 비교할 것이 전혀 없다고 농담을 한 적이 있다. 그는 자신이 무슨 말을 하는지 잘 알았는데, 오리 스무 종의 구애 행동 패턴에 관해 중요한 연구를 발표했기 때문이다.[27] 종들 사이의 사소한 차이에도 아주 민감했던 로렌츠는 비교심리학자들이 동물들을 '인간 행동의 비인간 모형들'로 뭉뚱그리는 것과는 정반대의 입장을 보였다. 심리학에 너무 깊이 뿌리를 내렸기 때문에 이제 아무도 신경 쓰지 않는 이 용어에 대해 잠시 생각해보자. 이 용어의 첫 번째 함의는 물론 동물을 연구하는 유일한 이유가 우리 자신에 대해 배우기 위해서라는 것이다. 또한, 이 용어는 모든 종은 각자 자신의 생태적 환경에 독특하게 적응한다는 사실을 무시하는데, 그렇지 않다면 어떻게 한 종이 다른 종의 모델이 될 수 있겠는가? 내게는 **비인간**이라는 용어도 몹시 거슬린다. 어떤 속성이 없다는 이유로 수백만이나 되는 종들을 하나로 뭉뚱그리기 때문인데, 그럼으로써 이들 모두를 마치 뭔가 부족한 존재인 것처럼 여긴다. 불쌍한 것들, 그들의 이름은 비인간이로다! 학생들이 글을 쓰면서 이 용어를 사용하면, 나는 빈정거리는 투의 평을 하고 싶은 충동을 참지 못하고, 공평하게 하려면 해당 동물이 비인간일 뿐만 아니라 비펭귄, 비하이에나, 기타 등등이기도 하다고 덧붙여야 할 것이라고 여백에 적어 넣는다.

비록 비교심리학은 더 나은 쪽으로 변하고 있지만, 나는 이 무거운 짐을 피해 새로운 분야를 **진화인지**evolutionary cognition라 부르자고 제안하고 싶다. 이 분야는 진화론의 관점에서 모든 인지(사람과 동물 모두를 포함하는)를 연구하기 때문이다. 연구하는 종이 무엇인가 하는 것은 분명히 아주 중요하며, 인간은 모든 비교에서 반드시 중심적인 존재가 아니다. 로렌츠가 물새에 대해 아주 아름답게 보여준 것처럼 유사점들이 공통 조상 때문에 나타나는 것인지 결정하기 위해 진화 계통수에서 특성들을 추적할 때, 이 분야는 계통발생phylogeny도 포함한다. 우리는 또한 인지가 생존에 도움을 주기 위해 어떻게 형성되었는지도 묻는다. 인지 연구를 인간 중심주의가 덜한 기반 위에 올려놓기를 추구한다는 점에서 이 분야의 의제는 그리핀과 윅스퀼이 염두에 두었던 바로 그것이다. 윅스퀼은 우리에게 동물의 관점에서 세계를 바라보라고 촉구했는데, 이것이야말로 동물의 지능을 제대로 이해하는 유일한 방법이라고 말했다.

그리고 100년이 지난 뒤, 우리는 그의 말에 귀를 기울일 준비가 되었다.

제 2장

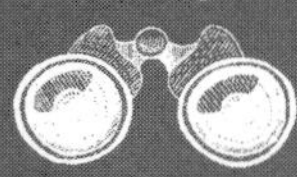

ARE WE SMART
ENOUGH
TO KNOW
HOW SMART
ANIMALS ARE?

두 학파 이야기

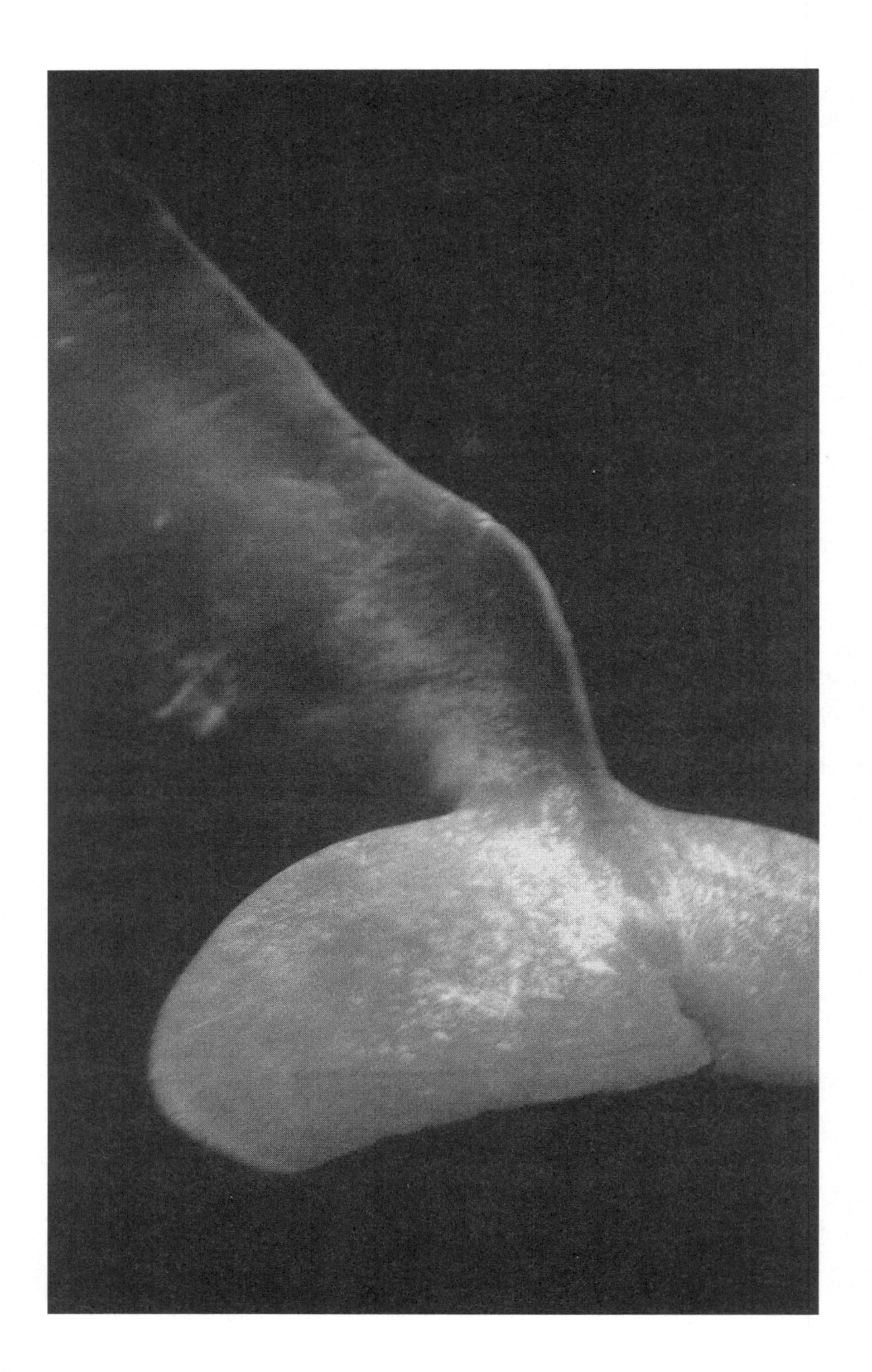

개도
욕망할까?

갈까마귀와 작은 은빛 물고기인 큰가시고기(내가 어린 시절에 아주 좋아한 동물들)가 초기의 동물행동학에서 중요한 역할을 담당했다는 사실을 고려하면, 내가 이 분야에 아주 쉽게 푹 빠져든 것은 너무나도 당연한 일이었다. 내가 이 분야를 처음 알게 된 것은 생물학과 학생 시절에 어느 교수님이 큰가시고기의 갈지자형 춤을 설명하는 것을 들었을 때였다. 나는 큰 충격을 받았는데, 이 작은 물고기의 행동 때문이 아니라 과학이 물고기의 행동을 아주 진지하게 대하는 태도 때문이었다. 당시 나는 내가 가장 좋아하는 일(동물의 행동을 관찰하는 것)을 직업으로 삼을 수도 있다는 사실을 처음 알았다. 소년 시절에 나는 직접 잡은 수생 동물을 뒤뜰의 물통이나 수조에 넣어두고 관찰하느라 많은 시간을 보냈다. 가장 즐거웠던 일은 큰가시고기를 번식시켜, 부모 물고기를 잡았던 개천에 어린 물고기를 풀어주는 것이었다.

동물의 행동을 생물학적으로 연구하는 분야인 동물행동학은 제2차 세계대전 직전과 이후에 유럽 대륙에서 일어났다. 그리고 창시자 중 한 명인 니콜라스(니코) 틴베르헌이 영국해협을 건너가면서 영어권 세계에도 알려지게 되었다. 네덜란드 동물학자 틴베르헌은 레이던 대학에서 일을 시작했다가 1949년부터 옥스퍼드 대학에서 교수로 일하기 시작했다. 그는 수컷 큰가시고기의 갈지자형 춤을 아주 자세히 묘사했다. 수컷 큰가시고기는 이 행동으로 암컷을 둥지로 유혹해 알을 낳게 하고 그 알을 수정시킨다. 그러고 나서 수컷은 암컷을 쫓아 보내고 알이 부화할 때까지 보호하는데, 지느러미로 부채질을 하면서 신선한 공기를 공급하기까지 한다. 나는 버려진 수족관(거기서 무성하게 자라는 조류는 바로 큰가시고기에게 꼭 필요한 것이었다)에서 은빛으로 빛나던 수컷의 몸이 과시를 위해 놀랍게도 선홍색과 파란색으로 변하는 것을 포함해 이 모든 과정을 내 눈으로 직접 보았다. 틴베르헌은 레이던 대학의 자기 연구실 창턱에 놓여 있던 수조 속의 수컷들이 연구실 아래 거리를 빨간색 우유 트럭이 지나갈 때마다 동요한다는 사실을 알아챘다. 물고기 모형을 사용해 수컷 큰가시고기의 구애 행동과 공격성을 촉발함으로써 틴베르헌은 빨간색 신호의 중요한 역할을 확인했다.

동물행동학은 분명히 내가 가기 원한 방향이었지만, 나는 이 목표를 향해 나아가기 전에 잠시 경쟁 분야로 눈길을 돌렸다. 나는 20세기 중 대부분의 기간에 비교심리학을 지배했던 **행동주의**의 전통을 따른 한 심리학

교수의 연구실에서 공부했다. 이 학파는 주로 미국에서 번성했지만, 분명히 내가 다닌 네덜란드 대학에도 건너온 것으로 보였다. 나는 아직도 이 교수의 강의가 기억나는데, 그는 동물이 무엇을 '원한다'거나 '좋아한다'거나 '느낀다'고 믿는 사람을 조롱했으며, 거기에 물음표를 붙임으로써 이들 용어를 세심하게 무력화시켰다. 만약 개가 테니스공을 물고 와 꼬리를 흔들면서 당신을 올려다본다면, 당신은 개가 함께 놀길 원한다고 생각하는가? 순진하기는! 누가 개가 욕망이나 의도를 가졌다고 말한단 말인가? 개의 행동은 '효과의 법칙'의 산물이다. 개는 과거에 그 행동 때문에 보상을 받은 적이 분명히 있을 것이다. 개의 마음은, 만약 그런 게 정말로 있다면, 블랙박스로 남아 있다.

행동주의는 행동 말고는 어떤 것에도 관심을 두지 않기 때문에 이런 이름이 붙었지만, 나는 동물의 행동을 동기의 역사로 환원할 수 있다는 개념을 받아들이는 데 어려움을 겪었다. 행동주의는 동물을 수동적인 존재로 간주하지만, 나는 동물이 추구하고 원하고 노력한다고 본다. 행동의 결과를 바탕으로 동물의 행동이 변하는 것은 사실이지만, 동물이 처음부터 임의적으로 또는 우연히 행동하는 것은 결코 아니다.

개와 개가 가지고 노는 공의 사례를 살펴보자. 개에게 공을 던지면, 개는 그것을 간절히 원하는 포식 동물처럼 달려갈 것이다. 먹잇감과 먹잇감의 도피 전술(혹은 당신과 당신의 던지기 속임수 동작)에 대해 더 많은 것을 배울수록 개는 사냥 기술이나 공을 가져오는 기술이 더 나아질 것이다. 하지만 그래도 이 모든 것의 뿌리에는 목표물을 쫓는 것을 추구하는 개의 무한한 열정이 있으며, 이 때문에 개는 덤불을 뚫고 지나가고 물속으로 뛰어들고 때로는 유리문을 통과한다. 이러한 열정은 어떤 기술이 발달하기 전부터 나타난다.

이번에는 이 행동을 애완 토끼의 행동과 비교해보자. 토끼를 향해 공을 몇 개를 던지건 개가 보여준 것과 같은 학습 행동은 전혀 일어나지 않는다. 사냥 본능이 없는 토끼가 여기서 습득해야 할 것이 뭐가 있겠는가? 설사 공을 주워올 때마다 토끼에게 군침 도는 당근을 주려고 한다 해도, 여러분은 지루하고 긴 훈련 프로그램에 지치고 말 것이고, 고양이와 개가 작은 운동 물체에 보이는 열정 비슷한 것은 결코 볼 수 없을 것이다. 행동주의자들은 날개를 퍼덕이고, 굴을 파고, 막대를 조작하고, 나무를 물어뜯고, 나무를 기어오르는 등의 행동을 통해 모든 종이 자기 나름의 학습 기회를 만든다는 사실을 깜빡하고서 이러한 선천적 성향을 완전히 간과했다. 새끼 염소가 박치기를 연습하거나 아이가 일어서서 걸으려는 충동을 억제하지 못하는 것처럼 많은 동물은 자신이 알 필요가 있거나 알 필요가 있는 일들을 배우려는 충동을 느낀다. 이것은 심지어 무균 상자에 들어 있는 동물에게서도 볼 수 있다. 쥐가 앞발로 막대를 누르도록 훈련받고, 비둘기가 부리로 열쇠를 집도록 훈련받고, 고양이가 옆구리를 걸쇠에 대고 비비도록 훈련받는 것은 우연한 일이 아니다. 조작적 조건 형성은 이미 존재하는 것을 강화하는 경향이 있다. 이것은 행동의 전능한 창조자가 아니라, 행동의 미천한 종이다.

이것을 보여주는 최초의 실례 중 하나는 틴베르헌 밑에서 박사 과정을 밟던 에스터 컬런이 세가락갈매기를 대상으로 실시한 연구에서 나왔다. 세가락갈매기는 갈매깃과에 속한 바닷새인데, 다른 갈매기들과는 달리 좁은 절벽에 둥지를 짓는 방법으로 포식 동물을 피한다. 이들은 경고 소리를 내는 일이 드물며 둥지를 격렬하게 지키려고 하지도 않는데, 그럴 필요가 없기 때문이다. 하지만 무엇보다 흥미로운 것은 세가락갈매기가 자기 새끼를 알아보지 못한다는 점이다. 땅에 둥지를 짓는 갈매기들(이들의 새끼는 알에서 깨어난 뒤에 이리저리 돌아다닌다)은 자기 새끼를 알에서 깨어난 지 며칠 지나지 않아 알아보며, 과학자들이 몰래 둥지에 집어넣은 다른 새끼를 망설이지 않고 쫓아낸다. 반면에 세가락갈매기는 자기 새끼와 다른 새끼를 구별하지 못해 다른 새끼를 자기 새끼처럼 대한다. 세가락갈매기가 이런 행동을 보이는 이유는 이런 상황을 염려할 필요가 전혀 없기 때문이다. 보통 상황에서 새끼는 부모의 둥지에서 가만히 머무르며 지낸다. 물론 이것은 생물학자들이 세가락갈매기에게는 개체 인식 능력이 없다고 생각하는 바로 그 이유이기도 하다.[1]

하지만 이 발견은 행동주의자들에게는 매우 곤혹스러운 것이었다. 서로 비슷한 두 새가 학습 행동에서 이토록 큰 차이가 난다는 것은 말이 되지 않는데도 학습은 보편적인 것이라고 추정했기 때문이다. 행동주의는 생태학을 무시하기 때문에 각 생물의 특정 필요에 맞추어 학습이 조정된다는 사실을 수용할 수가 없다. 세가락갈매기의 경우나 성별 차이 같은 다른 생물학적 차이의 경우처럼 학습의 부재를 받아들일 여지는 더더욱 없다. 예를 들면, 일부 종들에서 수컷은 짝을 찾아 넓은 지역을 돌아다니는 반면,

암컷은 더 좁은 행동권에서 살아간다. 이런 조건에서 수컷은 더 나은 공간 능력을 가질 것으로 예상된다. 수컷은 언제 어디서 이성을 만났는지 기억할 필요가 있다. 수컷 대왕판다는 축축한 대나무 숲에서 넓은 지역을 돌아다니는데, 대나무 숲은 온 사방이 똑같이 초록색 풍경만 펼쳐져 있다. 암컷이 1년에 딱 한 번만 배란을 하고 단 이틀간만 수컷을 받아들일 수 있다는 사실(이것은 동물원들이 이 거대한 동물을 번식시키는 데 큰 어려움을 겪는 이유이다)을 감안하면, 수컷은 제때 정확한 장소에 있는 것이 아주 중요하다. 수컷이 암컷보다 공간 능력이 더 뛰어나다는 사실은 미국 심리학자 보니 퍼듀가 중국의 청두대왕판다번식연구기지에서 대왕판다를 연구하면서 확인했다. 퍼듀 박사는 실외 지역 여기저기에 음식 상자를 흩어놓는 방법으로 이를 확인했다. 수컷 판다는 암컷보다 최근에 어떤 상자들을 뒤졌는지 기억하는 능력이 훨씬 뛰어나다. 이와는 대조적으로 육식동물 중 같은 곰하목*Arctoidea*에 속한 작은발톱수달을 대상으로 비슷한 과제를 시험했더니, 암컷과 수컷 모두 동일한 수행 능력을 보여주었다. 작은발톱수달은 일부일처제를 따르기 때문에 암컷과 수컷이 동일한 세력권에서 살아간다. 이와 마찬가지로, 성적으로 문란한 설치류 종들은 수컷이 암컷보다 미로에서 길을 훨씬 잘 찾는 반면, 일부일처제를 따르는 설치류 종들에서는 성별 차이가 나타나지 않는다.[2]

만약 학습 능력이 자연사와 짝짓기 전략의 산물이라면, 보편성이라는 개념 전체가 와르르 무너지기 시작한다. 아주 많은 변이가 나타나리라고 예상할 수 있다. 선천적 학습 전문화를 뒷받침하는 증거가 꾸준히 쌓이고 있다.[3] 새끼 오리가 태어나서 처음으로 본 움직이는 물체(자기 어미이건 수염을 기른 동물학자이건)를 각인하는 방식에서부터 새와 고래가 노래를 배우는 방식과 영장류가 서로의 도구 사용을 모방하는 방식에 이르기까지 그 종류는 아주 다양하다. 더 많은 변이가 발견될수록 모든 학습은 본질적으로 동일하다는 주장은 점점 더 그 기반이 흔들릴 수밖에 없다.[4]

그러나 내가 학생이던 시절에는 적어도 심리학에서는 행동주의가 여전히 맹위를 떨치고 있었다. 내게는 다행스럽게도 그 교수의 동료로 파이프 담배를 즐기던 파울 티메르만스가 자주 나를 따로 불러 내가 받던 세뇌교육에 절실히 필요했던 반성을 일부 유도했다. 우리는 어린 침팬지 두 마리를 연구했는데, 그것은 내가 같은 종이 아닌 영장류를 처음으로 접촉한 사건이었다. 나는 이들을 보자마자 첫눈에 반했다. 자신의 마음을 이토록 분명하게 가진 동물은 그때까지 만난 적이 없었다. 담배 연기를 뿜어내는 사이사이에 파울은 눈을 반짝이며 웅변적으로 묻곤 했다.

"자네, 정말로 침팬지는 감정이 없다고 생각하는가?"

파울 교수는 침팬지들이 일이 뜻대로 풀리지 않자 소리를 지르며 짜증을 내거나 야단법석을 떨면서 놀다가 쉰 목소리로 낄낄 웃는 걸 보면 곧잘 이런 질문을 던졌다. 또 파울 교수는 짓궂게도, 그 동료 교수가 틀렸다고 말하지 않으면서 다른 금기 주제들을 내가 어떻게 생각하는지 의견을 묻곤 했다. 어느 날 밤, 침팬지들이 탈출해 건물을 휘젓고 다니다가 결국은 우리로 돌아와 조심스럽게 문을 닫고 잠을 잤다. 다음 날 아침에 침팬지들이 짚으로 만든 둥지에서 웅크린 채 자고 있는 모습을 발견한 우리는, 복도에서 냄새 고약한 똥을 비서가 발견하지 않았더라면 침팬지가 이런 난리를 피웠다는 사실을 조금도 의심하지 않았을 것이다. 침팬지들이 왜 우리 문을 닫았을까 내가 생각하고 있을 때, 파울이 이렇게 물었다.

"유인원이 앞일을 미리 생각한다는 게 가능할까?"

의도와 감정이 있다고 생각하지 않는다면, 이토록 교활하고 변덕스러운 성격을 가진 존재를 어떻게 제대로 다룰 수 있겠는가?

이 점을 좀 더 직설적으로 이해하고 싶다면, 내가 매일 그러는 것처럼 여러분이 침팬지들과 함께 시험실로 들어가기를 원한다고 상상해보라. 의도성을 부정하는 행동 부호화 체계에 의존하는 대신에 침팬지들의 기분과 감정에 주의를 기울이면서 다른 사람의 기분과 감정을 살피는 방식으로 이들을 파악하고, 이들의 속임수를 경계하라고 권하고 싶다. 그러지 않으면, 여러분은 내 동료 학생 중 한 사람이 마주친 것과 같은 결과를 맞이하게 될지 모른다. 우리는 이 학생에게 이 일을 하려면 어떠어떠한 옷을 입고 오라고 충고했는데도, 침팬지를 처음 만나는 날 그는 정장 차림에 넥타이까지 매고 왔다. 자신이 개를 얼마나 잘 다루는지 언급한 것으로 보아 그는 비교적 작은 그 동물을 충분히 다룰 수 있다고 확신한 것이 분명했다. 침팬지 두 마리는 당시에 각각 네 살과 다섯 살밖에 안 되어 사람으로 치면 청소년에 해당했다. 하지만 이들은 이미 어떤 남자 어른보다도 힘이 셌고, 개보다 열 배 이상 교활했다. 그 학생이 자기 다리를 꽉 붙잡고 들러붙는 두 침팬지를 떼어내느라 애를 먹은 뒤에 시험실에서 비틀거리며 나오던 모습이 아직도 기억난다. 재킷은 양쪽 소매가 다 찢겨나가고 너덜너덜한 상태였다. 침팬지들이 목을 조르는 넥타이의 기능을 발견하지 못한 게 천만다행이었다.

이 연구실에서 내가 배운 한 가지는 더 높은 지능이 반드시 더 나은 테스트 결과를 낳지는 않는다는 사실이었다. 우리는 레서스원숭이(붉은털원숭이)와 침팬지에게 촉각 구별이라 부르는 간단한 과제를 주었다. 구멍으로 손을 집어넣어 두 가지 형태의 차이를 촉각으로 구별하고 정확한 형태를 선택하는 과제였다. 우리가 세운 목표는 한 번 실험을 할 때마다 수백 번의 시행을 하는 것이었다. 레서스원숭이의 경우에는 이 목표를 달성하는 데 문제가 없었지만, 침팬지는 우리와 생각이 달랐다. 처음 10여 차례 시행은 잘 굴러가서, 침팬지는 형태를 구별하는 데 아무 문제가 없음을 보여주었다. 하지만 그 다음부터는 주의를 딴 데로 돌렸다. 손을 나한테까지 더 멀리 뻗어 내 옷을 끌어당기는가 하면, 웃는 얼굴을 지어 보이고, 우리 사이에 있던 창문을 치고, 나를 놀이에 끌어들이려고 했다. 팔짝팔짝 뛰면서 심지어 마치 내가 자신의 곁으로 가는 법을 모른다는 듯이 문 쪽을 가리키는 몸짓을 하기까지 했다. 때로는 전문가답지 않게 나는 그만 테스트를 포기하고 함께 놀기도 했다. 말할 필요도 없이, 침팬지의 과제 수행 성적은 레서스원숭이보다 훨씬 낮았는데, 지능이 낮아서 그런 게 아니라 과제 수행을 너무 지루하게 느껴서 그런 것이었다.

단지 그 과제가 그들의 지적 수준에 맞지 않았을 뿐이다.

헝거 게임

우리는 다른 종들도 정신적 삶이 있다고 생각할 만큼 충분히 마음이 열려 있을까? 우리는 이를 조사할 만큼 충분히 창조적일까? 우리는 주의와 동기와 인지의 역할을 따로 분리해낼 수 있을까? 이 세 가지는 동물이 하는 모든 일과 연관이 있다. 따라서 나쁜 수행 결과는 이 셋 중 어느 하나로 설명할 수 있다. 위에 나왔던 장난기 많은 두 유인원의 경우, 나는 이들의 나쁜 수행 결과를 설명하는 요인으로 지루함을 선택했지만, 정말로 그렇다고 어떻게 확신할 수 있을까? 어떤 동물이 얼마나 똑똑한지 정말로 알려면 인간의 독창성이 필요하다.

상대에 대한 존중도 마찬가지로 필요하다. 만약 강압 상태의 동물을 시험한다면 어떤 결과를 기대할 수 있을까? 어린이가 어디로 빠져나와야 하는지를 기억하는지 알아보기 위해 어린이를 수영장에 밀어 넣고서 기억력을 테스트하려는 사람이 있을까? 그러나 매일 수백 군데의 연구소에서 사용되는 표준 기억력 테스트인 모리스 수중 미로Morris Water Maze 테스트에서, 쥐는 벽이 높은 수조에서 미친 듯이 헤엄을 치다가 물속에 잠긴 단을 발견하면 밖으로 빠져나올 수 있다. 계속 이어지는 시행들에서 쥐는 물에서 빨리 나오려면 단의 위치를 기억할 필요가 있다. 컬럼비아 장애물 방법도 있는데, 여기서 동물들은 다양한 박탈 기간을 거친 뒤에 전기가 흐르는 격자 장애물을 지나가야 한다. 먹이나 짝(혹은 어미 쥐의 경우에는 새끼)을 향해 다가가고 싶은 충동이 고통스러운 전기 충격의 두려움을 능가하는지 알아보기 위해 이런 실험을 한다. 많은 연구실에서는 음식물 동기를 유발하기 위해 동물의 체중을 정상 체중의 85퍼센트 상태로 유지한다. 음식물을 박탈당한 닭이 미로 과제의 세밀한 차이를 알아채는 데 그다지 좋은 점수를 얻지 못한 실험 결과가 나온 '너무 배가 고프면 배우는 데 지장이 있을까?'라는 제목의 논문이 기억나기는 하지만, 배고픔이 동물의 인지에 미치는 영향에 관한 데이터는 비참할 정도로 적다.[5]

공복이 학습 능력을 높인다는 가정은 흥미롭다. 자신의 삶을 한번 돌아보자. 우리는 도시의 배치를 익히고 새 친구들을 사귀고 피아노 연주법을 배우거나 맡은 일을 하면서 살아간다. 여기서 음식이 어떤 역할을 할까? 대학생들을 대상으로 지속적인 음식 박탈 실험을 해보자고 제안한 사람은 아무도 없다. 동물은 우리와 다르다고 생각할 이유가 있을까? 미국의 유명한 영장류학자 해리 할로는 배고픔 감소 모형hunger reduction model을 처음부터 비판했다. 할로는 지능이 높은 동물은 주로 호기심과 자유로운 탐구를 통해 배우는데, 음식물에 편협하게 집착하게 하는 것은 이 두 가지를 죽일 가능성이 높다고 주장했다. 그는 스키너 상자Skinner box를 조롱했는데, 이 상자가 복잡한 행동을 연구하는 데 도움을 주는 도구가 아니라 음식물 보상의 효과를 보여주는 데 탁월한 도구라고 여겼다. 할로는 이를 비꼬면서 주옥같은 명언을 덧붙였다.

"나는 심리학 연구 대상으로서 쥐의 가치를 절대로 폄하하지 않는다. 실험자들의 교육을 통해 극복할 수 없는 쥐의 문제는 거의 없다."[6]

나는 세워진 지 약 100년이나 된 여키스국립영장류연구센터의 초기 시절에 침팬지를 대상으로 음식물 박탈 실험을 한 적이 있었다는 사실을 알고 놀랐다. 여키스국립영장류연구센터가 애틀랜타로 옮겨 가 생물의학과 행동신경과학을 연구하는 주요 연구소가 되기 전에 아직 플로리다주 오렌지파크에 있던 시절이었다. 그때 1955년에 여키스국립영장류연구센터는 쥐를 대상으로 한 절차를 모델로 삼아 조작적 조건 형성 프로그램을 실시했는데, 이 절차에는 급격한 체중 감소와 침팬지의 이름을 숫자로 바꾸는 것 등이 포함되어 있었다. 하지만 유인원을 쥐처럼 다룬 방법은 성공적인 결과를 낳지 못했다. 이 프로그램은 막대한 긴장을 초래하는 바람에 2년 동안만 계속되다가 중단되었다. 프로그램 관리자와 대부분의 연구원들은 유인원에게 강요된 금식을 매우 마음 아프게 여겼고, 이 방법만이 유인원에게 '삶의 목적'을 줄 수 있다고 즐거운 듯이 주장한 완고한 행동주의자들과 늘 논쟁을 벌였다. 그들은 인지(그들은 그 존재조차 인정하지 않았다)에 아무 관심도 보이지 않으면서 강화 계획과 일시 중단의 처벌 효과를 연구했다. 연구원들이 밤중에 몰래 유인원에게 먹이를 줌으로써 그들의 계획을 방해했다는 소문이 나돌았다. 행동주의자들은 자신들이 환영받지 못하고 제대로 인정받지 못한다고 느끼면서 떠났는데, 훗날 스키너가 표현한 것처럼 "마음이 여린 동료들이 침팬지를 만족스러운 수준의 박탈 상태로 만들려는 〔그들의〕 노력을 좌절시켰기" 때문이다.[7] 오늘날 우리는 그 마찰이 단지 방법론에 관한 문제가 아니라 윤리에 관한 문제임을 알 수 있다. 굶김으로써 시무룩하고 성질 나쁜 유인원을 만드는 과정이 불필요했다는 사실은 한 행동주의자가 다른 유인책을 사용한 시도에서 분명하게 드러났다. 그가 141번 침팬지라고 부른 침팬지는 올바른 선택을 할 때마다 실험자의

팔을 쓰다듬을 기회를 보상으로 제공하자, 주어진 과제를 성공적으로 학습했다.[8]

행동주의와 동물행동학의 차이는 늘 '인간의 통제' 대 '자연적 행동'의 차이였다. 행동주의자들은 동물을 실험자가 원하는 것 외에 다른 것은 거의 아무것도 할 수 없는 빈약한 환경에 둠으로써 그 행동에 영향을 미치려고 했다. 만약 동물이 실험자가 원하는 행동을 하지 않으면, 그런 행동은 '잘못된 행동'으로 분류했다. 예를 들면, 너구리는 동전을 상자 속으로 떨어뜨리도록 훈련시키는 게 거의 불가능한데, 너구리는 동전들을 꼭 붙들고 미친 듯이 서로 비벼대는 것(이 종에게는 완전히 정상적인 먹이 채집 행동)을 선호하기 때문이다.[9] 하지만 스키너는 이런 선천적 성향을 보는 눈이 없었고, 통제와 지배의 언어를 선호했다. 그는 행동 공학과 조작을 이야기했는데, 단지 동물과 관련해서만 그런 게 아니었다. 말년에 그는 인간을 행복하고 생산적이고 '최대로 효율적인' 시민으로 개조하려고 시도했다.[10] 조작적 조건 형성이 확실하고 소중한 개념이며 강력한 행동 변화 인자라는 사실은 의심의 여지가 없지만, 행동주의의 큰 실수는 이것이 유일한 방법이라고 선언한 데 있었다.

반면에 동물행동학자들은 자발적 행동에 더 큰 관심을 보였다. 최초의 동물행동학자들은 19세기의 프랑스 사람들이었다. 이들은 이미 종 특이적 특성들을 연구하는 분야를 가리키는 데 '성격'을 뜻하는 그리스어 'ethos'에서 유래한 'ethology(동물행동학)'를 사용했다. 1902년에 미국의 위대한 박물학자 윌리엄 모턴 휠러는 이 영어 단어를 '습관과 본능'을 연구하는 분야라는 뜻으로 널리 쓰이게 하는 데 기여했다.[11] 동물행동학자는 실험을 하며 포획 동물을 대상으로 실험하는 것에 거부감을 느끼지 않지만, 하늘을 나는 갈까마귀를 불러 내려오게 하고 뒤뚱거리는 새끼 거위들을 졸졸 뒤따르게 하는 로렌츠와 비둘기가 한 마리씩 갇힌 우리들 앞에 서서 단호하게 한 비둘기의 날개를 붙잡는 스키너 사이에는 여전히 큰 간극이 있었다.

동물행동학은 본능과 고정 행동 패턴(개가 꼬리를 흔드는 것처럼 어떤 종의 전형적인 행동), 생득적 해발 자극解發 刺戟(동물에게 특정 행동을 유발시키는 자극. 갈매기 부리의 붉은 점이 배고픈 병아리에게 쪼는 행동을 유발하는 경우가 그런 예이다), 전위轉位 행동(두 가지 성향이 서로 충돌할 때 나타나는, 겉보기에 부적절한 행동. 결정을 내리기 전에 머리를 긁적이는 경우가 그런 예이다) 등에 대해 자기 나름의 전문 용어들을 발전시켰다. 그 고전적인 체계의 각론을 자세히 언급하지 않고 간단히 소개하자면, 동물행동학은 어떤 종의 모든 구성원들에게서 자연적으로 발달하는 행동에 초점을 맞추었다. 한 가지 핵심 문제는 어떤 행동이 무슨 목적에 도움이 되느냐 하는 것이었다. 처음에 동물행동학의 위대한 건축가는 로렌츠였지만, 1936년에 로렌츠와 틴베르헌이 만난 이후에 개념들을 정밀하게 다듬고 중요한 실험들을 개발한 사람은 틴베르헌이었다. 두 사람 중에서 틴베르헌이 더 분석적이고 실증적이었으며, 관찰할 수 있는 행동 뒤에 숨어 있는 질문들을 파악하는 눈도 탁월했다. 행동의 기능을 정확하게 알아내기 위해 벌잡이벌과 큰가시고기, 갈매기를 대상으로 현장 실험도 했다.[12]

두 사람 사이에 상보적 관계와 우정이 발전했지만, 제2차 세계대전은 서로 다른 진영에 속해 있던 두 사람의 관계에 시련을 가져다주었다. 로렌츠는 독일 육군 군의관으로 근무했고 기회주의적 태도로 나치의 이념에 동조했다. 틴베르헌은 같은 대학에서 일하던 유대인 동료들의 부당한 대우에 항의하는 시위에 가담했다가 네덜란드를 점령한 독일군에게 체포되어 2년 동안 수감 생활을 했다. 놀랍게도 두 사람은 전쟁이 끝난 뒤에 동물의 행동에 대한 사랑을 위해 불편한 과거를 덮고 화해했다. 로렌츠는 카리스마가 넘치고 대담한 사상가(그는 평생 동안 통계 분석은 단 한 번도 하지 않았다)였던 반면, 틴베르헌은 실제로 데이터를 수집하는 핵심 연구를 수행했다. 나는 두 사람이 말하는 것을 모두 보았고 그 차이점을 증언할 수 있다. 틴베르헌이 학구적이고 냉담하고 심사숙고하는 스타일인 반면, 로렌츠는 자신의 열정과 동물에 관한 해박한 지식으로 청중의 마음을 사로잡는 재주가 있었다. 틴베르헌의 제자로 《털 없는 원숭이》를 비롯한 여러 저서로 유명한 데즈먼드 모리스는, 로렌츠가 자신이 만난 어느 누구보다도 동물을 더 잘 안다며 이 오스트리아인에게 크게 감동했다고 말했다. 모리스는 로렌츠가 1951년에 브리스틀 대학에서 한 강연을 놓고 이렇게 이야기했다.

> 그의 업적을 역작이라고 묘사하는 것은 절제된 표현이다. 하느님과 스탈린을 섞어놓은 것처럼 보이는 그는 압도적인 존재감을 뿜어냈다. 그는 "여러분의 셰익스피어와는 반대로 내 방법에는 광기가 있습니다"라고 우렁차게 외쳤다. 그리고 정말로 그랬다. 그가 이룬 발

> 견은 거의 다 우연히 일어났고, 그의 삶은 주로 자신의 주위에 있던 동물들에게 일어난 일련의 불행들로 이루어졌다. 동물의 의사소통과 과시 행동 패턴에 대한 그의 이해는 계시에 가까운 것이었다. 물고기에 대해 말할 때 그의 손은 지느러미가 되었고, 늑대에 대해 말할 때 그의 눈은 포식 동물의 눈이 되었으며, 자신의 거위 이야기를 할 때 그의 팔은 양옆으로 밀어 넣은 날개가 되었다. 그는 동물을 의인화한 것이 아니라 오히려 그 반대인 의수화擬獸化를 보여주었는데, 즉 자신이 묘사하는 바로 그 동물이 되었다.[13]

한 기자는 로렌츠가 자신을 기다리고 있다는 안내원의 말을 듣고 로렌츠의 사무실로 들어갔을 때 어떤 일이 벌어졌는지 이야기한 적이 있다. 사무실은 텅 비어 있었다. 주변 사람들에게 물어봐도 로렌츠는 방을 떠난 적이 없다고 확인해주었다. 잠시 후, 기자는 사무실 벽에 설치된 거대한 수족관에서 몸이 반쯤 잠겨 있는 이 노벨상 수상자를 발견했다. 우리는 동물행동학자의 이런 모습, 즉 최대한 동물에게 가까이 다가간 모습을 좋아한다. 이 이야기를 하다 보니, 내가 네덜란드 동물행동학의 우두머리이자 틴베르헌의 첫 번째 제자인 헤라르트 바런츠를 만났던 일이 생각난다. 나는 행동주의자 교수의 연구실에서 잠깐 머문 뒤에 흐로닝언 대학의 바런츠 밑에서 동물행동학 과정을 밟으려고 했다. 그 연구실의 둥지 상자들 주위를 날아다니는 갈까마귀 무리를 연구하고 싶어서였다. 모든 사람이 내게 바런츠는 매우 엄격하여 아무나 받아들이지 않는다고 경고했다. 그의 연구실에 들어갔을 때, 나는 컨빅트 시클리드(중앙아메리카 원산의 관상어. 흔히 니그로negro라고 부른다_옮긴이)가 들어 있는 크고 관리가 잘 된 수조에 눈길이 끌렸다. 나도 수족관에서 물고기를 키우는 데 열렬한 취미가 있었기 때문에, 소개를 하는 둥 마는 둥 우리는 곧장 이 물고기들이 새끼를 어떻게 키우고 보호하는지(컨빅트 시클리드는 새끼를 정말로 잘 키운다)를 놓고 열띤 토론에 들어갔다. 바런츠는 이러한 나의 열정을 좋게 본 게 분명한데, 아무 문제 없이 나를 받아들여주었기 때문이다.

동물행동학에서 아주 새로운 측면은 형태학과 해부학의 관점을 행동에 적용한 것이었다. 이것은 자연스러운 일이었는데, 행동주의자들은 대부분 심리학자인 반면, 동물행동학자들은 대부분 동물학자였기 때문이다. 그들은 행동이 겉보기만큼 그렇게 유동적이거나 정의하기 어렵지 않다는 사실을 발견했다. 행동에는 어떤 구조가 있는데, 이것은 어린 새가 입을 벌리고 먹이를 달라고 간청하면서 날개를 퍼덕이거나 일부 물고기가 수정된 알을 부화할 때까지 입 속에 보관하는 방식처럼 매우 틀에 박힌 것일 수 있다. 그 종의 특유한 행동은 모든 신체적 특성처럼 알아볼 수 있고 측정할 수 있다. 그 변함없는 구조와 의미를 고려할 때, 사람의 얼굴 표정은 또 하나의 좋은 예가 된다. 사람의 표정을 신뢰할 수 있게 인식하는 소프트웨어가 개발된 이유는 우리 종의 모든 구성원이 비슷한 정서적 환경에서 동일한 얼굴 근육들이 수축되기 때문이다.

로렌츠는 행동 패턴이 생득적인 것인 한 신체적 특성과 동일한 자연선택의 규칙을 따라야 하며, 계통수 전체의 종들에서 추적할 수 있다고 주장

콘라트 로렌츠와 여러 동물행동학자들은 동물이 자발적으로 어떻게 행동하며, 그 행동이 그 동물의 생태와 어떻게 어울리는지 알고 싶었다. 물새의 부모-자식 간 유대를 이해하기 위해 로렌츠는 새끼 거위들에게 자신을 각인시켰다. 그러자 새끼 거위들은 파이프 담배를 피우는 동물학자가 어디를 가든 뒤를 졸졸 따라다녔다.

했다. 이것은 영장류의 얼굴 표정뿐만 아니라 특정 물고기가 입 속에서 알을 부화시키는 행동에도 마찬가지로 적용된다. 사람과 침팬지의 얼굴 근육 조직이 거의 동일하다는 점을 감안하면, 두 종이 웃거나 크게 웃거나 입술을 삐죽 내미는 행동의 유래는 공통 조상으로 거슬러 올라갈 가능성이 높다.[14] 해부학적 구조와 행동 사이의 이 유사점을 인식한 것은 아주 큰 발전이었는데, 오늘날에는 이것을 당연한 것으로 여긴다. 이제 우리는 모두 행동의 진화를 믿으며, 이렇게 함으로써 우리는 로렌츠주의자가 된다. 틴베르헌의 역할은 그 자신이 표현한 것처럼 이 이론들을 더 정확하게 기술하고, 이것들을 검증하는 방법을 개발함으로써 새로운 분야의 '양심'으로 행동하는 것이었다. 하지만 그렇게 말하면서 틴베르헌은 지나친 겸손을 보인 셈인데, 결국 동물행동학의 의제를 가장 잘 제시하고 이 분야를 존경받을 만한 과학으로 만든 사람이 바로 그였기 때문이다.

간단한 설명이 좋은 이유

동물행동학과 행동주의는 매우 다른데도 불구하고, 이 두 학파는 한 가지 공통점이 있었다. 두 학파 모두 동물 지능의 과대 해석에 반발해 탄생했다는 점이 그것이다. 이들은 '민간' 견해를 의심했고, 일화적 보고들을 일축했다. 과대 해석의 거부에는 행동주의가 더 격렬하게 나서, 길잡이로 삼아야 할 것은 오로지 행동뿐이며 내부 과정들은 무시해도 된다고 주장했다. 행동주의자가 외부 단서들에만 완전히 의존하는 태도를 비꼬는 농담이 있다. 사랑을 나누고 나서 한 행동주의자가 다른 행동주의자에게 이렇게 묻는다.

"우리가 나눈 사랑은 당신에게는 아주 좋은 것이었어. 나는 어땠어?"

19세기에는 동물의 정신적 삶과 감정적 삶에 대해 자유롭게 이야기할 수 있었다. 찰스 다윈도 인간과 동물 사이의 감정 표현의 유사점에 대해 두꺼운 책을 한 권 썼다. 하지만 다윈은 세심한 과학자여서 자신의 자료원을 재확인하고 직접 관찰을 했지만, 다른 사람들은 마치 누가 가장 터무니없는 주장을 하나 하는 대회에 참여한 사람들처럼 흥분을 누르지 못하고 지나친 주장을 했다. 다윈이 캐나다 출신의 조지 로메인스를 제자이자 후계자로 선택하는 순간, 잘못된 정보의 눈사태가 쏟아져 내릴 무대가 마련되었다. 로메인스가 수집한 동물 이야기 가운데 절반쯤은 충분히 타당해 보였지만, 나머지는 지나치게 윤색되거나 명백히 터무니없었다. 이 이야기들은 훔친 달걀들을 앞발로 조심스럽게 건네주면서 벽에 난 쥐구멍까지 보급선을 만드는 쥐들에 관한 이야기에서부터 사냥꾼의 총탄에 맞은 원숭이가 사냥꾼에게 죄책감을 느끼게 하려고 손에 피를 묻혀 사냥꾼을 향해 내민 이야기에 이르기까지 아주 다양했다.[15]

로메인스는 이런 행동에 필요한 정신 활동이 어느 수준인지 자신의 경험을 바탕으로 추정하여 안다고 말했다. 당연히, 그의 내성적 접근 방식은 일회성 사건과 개인적 경험에 대한 신뢰에 의존하는 약점이 있을 수밖에 없었다. 나는 일화에 대해 반감이 전혀 없다. 특히 카메라에 찍힌 것이거나 자신의 동물을 잘 아는 존경할 만한 관찰자에게서 나온 것이라면 더욱 그렇다. 하지만 나는 일화를 연구의 출발점으로 보지 종점으로 보지 않는다. 일화를 아예 무시하는 사람들은 동물 행동에 관한 흥미로운 연구는 거의 다 눈길을 끌거나 이해하기 어려운 사건에 대한 기술에서 시작했다는 사실을 염두에 두는 게 좋다. 일화는 가능성을 암시하며, 우리의 생각에 이의를 제기한다.

하지만 우리는 그 사건이 요행으로 일어난 것이어서 다시는 반복되지 않을 가능성이나 일부 결정적 측면이 간과되었을 가능성을 배제할 수 없다. 또, 관찰자가 자기도 모르게 자신의 가정을 바탕으로 실제로 존재하지 않았던 세부 사항을 채워 넣었을지도 모른다. 이러한 문제들은 일화를 더 많이 수집한다고 해도 쉽게 해결되지 않는다. "일화의 복수형은 데이터가 아니다"라는 금언도 있다. 따라서 로메인스가 자신의 제자와 후계자를 찾을 차례가 되었을 때, 제약 없는 이 모든 추측에 마침표를 찍은 로이드 모건을 선택한 것은 아이러니처럼 보인다. 영국 심리학자 모건은 1894년에 모든 심리학 분야에서 아마도 가장 많이 인용되는 충고를 기술했다.

> 어떤 행동을 심리학적 계층 구조에서 훨씬 낮은 곳에 위치한 기능의 작용에서 나온 결과로 해석할 수 있다면, 절대로 그것을 더 높은 심리적 기능의 작용에서 나온 결과로 해석해서는 안 된다.[16]

수 세대의 심리학자들은 모건의 공준을 동물을 자극 반응 기계로 가정하는 것이 안전하다는 의미로 받아들이면서 충실히 따라왔다. 하지만 모건이 의미한 것은 절대로 그런 것이 아니었다. 사실, 그는 올바르게 다음과 같이 덧붙였다.

"하지만 분명히 어떤 설명의 단순성은 그 진실성을 담보하는 필수 기준이 아니다."[17]

이 말을 하면서 모건은 동물은 영혼이 없는 맹목적인 자동 기계라는 사고방식에 반대한 것이다. 자중하는 과학자라면 '영혼'은 절대로 언급하지 않을 테지만, 동물의 지능과 의식을 **깡그리** 부정하는 태도 역시 이에 못지 않게 자중하는 과학자의 태도가 아니다. 이러한 견해들에 크게 놀란 모건은 자신의 공준에 단서를 하나 추가했는데, 만약 문제의 종이 이미 높은 지능을 가진 것으로 증명되었다면, 더 복잡한 인지적 해석을 하는 것은 아무 잘못이 없다고 했다.[18] 복잡한 인지를 뒷받침하는 증거가 풍부한 침팬지, 코끼리, 까마귀 같은 동물의 경우 우리가 이들 동물의 영리한 행동에 놀랄 때마다 0에서부터 시작해야 할 필요는 없다. 이들의 행동을 예컨대 쥐의 행동을 설명하는 방식으로 설명하려고 할 필요는 없다. 그리고 심지어 과소평가된 불쌍한 쥐조차도 0은 최선의 출발점이 될 가능성이 희박하다.

모건의 공준은 과학은 가정을 최소한으로 한 설명을 추구해야 한다는, '오컴의 면도날'의 한 가지 변형으로 간주되었다. 오컴의 면도날은 실로 고상한 목표이지만, 미니멀리즘적 인지 설명이 우리에게 기적을 믿으라고 요구한다면 어떻게 될까? 진화론적으로 말한다면, 만약 우리가 갖고 있다고 믿는 훌륭한 인지를 우리가 갖고 있는 반면, 우리의 친구 동물들은 전혀 갖고 있지 않다면, 이것이야말로 진정한 기적일 것이다. 인지의 절약을 추구하는 것은 진화의 절약과 종종 충돌한다.[19] 이 정도까지 지나치게 나아가려는 생물학자는 아무도 없다. 우리는 점진적 변화를 믿는다. 우리는 근연종들 사이의 간극을 주장하는 것을 좋아하지 않으며, 이런 주장을 한다면 적어도 적절한 설명이 있어야 한다. 만약 자연계의 나머지 종들에 어떤 징검돌도 존재하지 않는다면, 어떻게 우리 종만 이성과 의식을 갖게 될 수 있단 말인가? 동물에게(그리고 오로지 동물에게만!) 엄격하게 적용되는 모건의 공준은 사람의 마음을 텅 빈 진화 공간에 덩그러니 매달려 있는 상태로 남겨두는 도약 진화론자의 견해를 조장한다. 모건이 자기 공준의 한계를 깨닫고 우리에게 단순성을 현실과 혼동하지 말라고 촉구한 것은 바로 모건 자신의 훌륭함을 보여준다.

동물행동학도 주관적 방법에 대한 의심에서 생겨났다는 사실은 잘 알려져 있지 않다. 틴베르헌과 네덜란드 동물행동학자들은, 자연에 대한 사랑과 존중을 가르치면서 동물을 진정으로 이해하는 유일한 방법은 야외에서 동물을 관찰하는 것이라고 주장한 두 교장 선생님이 출판해 큰 인기를 끌었던 도감들에 큰 영향을 받으며 자랐다. 이 책들은 네덜란드에서 일요일마다 현장 답사에 나서는 대규모 청소년 운동을 고취시키는 데 큰 역할을 했으며, 이 운동은 열정적인 박물학자 세대를 탄생시키는 토대가 되었다. 하지만 이러한 접근법은 네덜란드의 '동물심리학' 전통과 조화를 잘 이루지 못했다. 이 전통의 지배적인 인물은 요한 비런스 더한이었다. 국제적으로 유명하고 박학다식한 교수였던 비런스 더한은 틴베르헌의 현장 답사 장소였던 네덜란드 중부의 모래 언덕 지역인 휠스호르스트에 가끔 초청 교수로 참석했는데, 분명히 그곳에 어울리지 않는 인물처럼 보였을 것이다. 젊은 세대는 반바지 차림에 포충망을 들고 뛰어다녔지만, 나이 많은 교수는 정장 차림에 넥타이까지 매고 참석했다. 이런 방문들은 관계가 멀어지기 이전에 두 과학자 사이에 존재했던 우정을 증언하지만, 젊은 틴베르헌은 곧 내성에 크게 의존하는 태도 같은 동물심리학의 기본 신조에 도전하기 시작했다. 그의 생각은 갈수록 비런스 더한의 주관주의에서 점점 멀어졌다.[20] 같은 나라 출신이 아닌 로렌츠는 비런스 더한에게 인내심을 덜 보였는데, 자신의 이름으로 쓴 희곡에서 비런스 더한을 짓궂게 '데어비르한Der Bierhahn(맥주통 꼭지)'이라고 불렀다.

틴베르헌은 오늘날 자신이 주장한 '네 가지 왜Four Whys'로 유명하다. 이것은 우리가 행동에 관해 제기하는 서로 다르면서도 상보적인 네 가지 질문이다. 하지만 이 가운데 지능이나 인지를 명시적으로 언급하는 질문은 하나도 없다.[21] 동물행동학이 내면적 상태의 언급을 일절 피한 것은 아마도 막 싹트기 시작한 경험과학으로서는 꼭 필요한 태도였을 것이다. 그 결과로 동물행동학은 잠정적으로 인지에 관한 책을 덮고, 대신에 행동의 생존 가치에 집중했다. 그럼으로써 사회생물학, 진화심리학, 행동생태학의 씨를 뿌릴 수 있었다. 이러한 집중은 또한 인지를 편리하게 피해갈 수 있는 길을 제공했다. 지능이나 감정에 관한 질문들이 나오면, 동물행동학자들은 즉각 그것들을 기능적 용어를 사용해 바꾸어 표현했다. 예를 들어 만약 한 보노보가 다른 보노보의 비명 소리에 즉각 달려가 꼭 안아주는 반응을 보였다면, 전형적인 동물행동학자들은 먼저 그런 행동의 기능부터 궁금하게 여길 것이다. 그들은 보노보가 상대의 상황에 대해 무엇을 이해했는지 또는 한 보노보의 감정이 왜 다른 보노보의 감정에 영향을 미치는지 묻지 않고, 행위자와 받는 자 중 가장 큰 이익을 얻은 쪽이 어느 쪽인지를 놓고 논쟁을 벌일 것이다. 유인원도 공감 능력이 있을까? 보노보는 서로의 필요를 평가할까? 많은 동물행동학자들은 이런 종류의 인지적 질문을 불편하게 느꼈다(그리고 지금도 여전히 그렇게 느낀다).

영리한 한스의 놀라운 사기극

동물행동학자들이 동물의 인지와 감정을 너무 사변적이라고 경시하면서도 행동의 진화를 편안하게 받아들인 것은 흥미롭다. 추측이 난무하는 분야를 하나 꼽으라면, 바로 행동이 어떻게 진화했는지를 다루는 분야이다. 먼저 행동이 유전된다는 사실을 확인하고 나서 이것이 많은 세대에 걸쳐 생존과 번식에 미친 영향을 측정하는 게 이상적일 것이다. 하지만 이런 정보를 얻을 수 있는 경우는 아주 드물다. 점균류나 초파리처럼 아주 빨리 번식하는 생물의 경우에는 이런 질문들에 대한 답을 얻는 게 가능할지 모르겠지만, 같은 문제에 대해 코끼리의 행동이나 인간의 행동을 진화적으로 기술하는 것은 대체로 가설의 영역에 머물러 있는데, 이 종들은 대규모 번식 실험을 하기가 불가능하기 때문이다. 비록 가설을 검증하고 행동의 결과를 수학적 모형으로 만드는 방법이 있기는 하지만 증거는 대체로 간접적인 것이다. 산아 제한과 기술과 의료 등의 요인 때문에 우리 종이 진화 개념의 시험 사례가 될 전망은 거의 절망적인데, 진화적 적응 환경EEA, Environment of Evolutionary Adaptedness에서 무슨 일이 일어났는가를 놓고 추측들이 난무하는 이유는 이 때문이다. 진화적 적응 환경은 우리의 수렵 채집인 조상들이 살아간 환경을 가리키는데, 이에 대해 우리가 알고 있는 지식은 분명히 불완전하다.

이와는 대조적으로 인지 연구는 일어나는 과정들을 실시간으로 다룬다. 비록 인지를 실제로 '볼' 수는 없어도 인지가 어떻게 작용하는지 추론하는 데 도움을 줄 실험을 설계할 수 있고, 그럼으로써 대안 설명들을 배제할 수 있다. 이 점에서 인지 연구는 다른 과학적 노력과 다르지 않다. 그런데도 동물인지 연구는 여전히 연성 과학soft science으로 취급받을 때가 많으며, 얼마 전까지만 해도 젊은 과학자들은 그렇게 다루기 힘든 주제는 피하라는 충고를 받았다. 일부 나이 많은 교수들은 "정년 보장을 얻을 때까지 기다려라"라고 말하곤 했다. 이러한 의심의 뿌리는 한스라는 독일 말의 흥미로운 사례까지 거슬러 올라가는데, 한스는 모건이 자신의 공준을 만들던 시절에 살았던 말이다. 이 검은색 종마는 독일어로는 '클루거 한스Kluger Hans'라고 불렸는데, '영리한 한스'라는 뜻이다. 이런 이름이 붙은 이유는 한스가 덧셈과 뺄셈을 아주 잘하는 것처럼 보였기 때문이다. 주인이 4 곱하기 3이 얼마냐고 물으면, 한스는 즐거운 듯이 앞발을 열두 번 굴렀다. 또, 만약 일주일 중에서 앞선 요일의 날짜를 안다면 그 주일의 어느 요일이 며칠인지도 알았고, 16의 제곱근을 물으면 앞발을 네 번 구름으로써 답을 알려주었다. 심지어 이전에 한 번도 들은 적이 없는 문제도 풀었다. 사람들은 크게 놀랐고, 한스는 국제적으로 큰 센세이션을 불러일으켰다.

독일 심리학자 오스카어 풍스트가 한스의 능력을 조사하기 전까지는 그랬다. 풍스트는 주인이 문제의 답을 알고, 또 주인이 보이는 곳에 있을 때에만 한스가 이런 능력을 발휘한다는 사실을 알아챘다. 만약 주인이나 다른 질문자가 커튼 뒤에 서서 질문을 던지면, 한스는 이런 능력을 발휘하지 못했다. 이 실험은 한스에게 좌절감을 안겨주었는데, 한스는 오답이 너무 많이 나오자 풍스트를 물려고까지 했다. 한스는 발을 구르는 횟수가 정답에 다가갔을 때 주인이 자리를 살짝 바꾸거나 허리를 쭉 펴는 것을 보고 정답을 알아맞힌 것으로 보였다. 질문자는 말이 정답에 다가갈 때까지는 얼굴과 자세에 긴장이 넘치다가 정답에 이르렀을 때에는 긴장이 풀리는 모습을 보여주었을 것이다. 한스는 이런 단서들을 포착하는 데 아주 뛰어났다. 주인은 또 챙이 넓은 모자를 썼는데, 한스가 발을 구르는 모습을 바라볼 때에는 챙이 아래로 향하다가 정답에 이르렀을 때에는 위로 올라갔다. 풍스트는 이런 모자를 쓴 사람은 누구든지 머리를 아래로 향했다가 위로 올림으로써 자신이 원하는 수를 한스에게서 얻어낼 수 있음을 보여

영리한 한스는 약 100년 전에 놀라운 재주로 많은 청중을 불러 모은 독일 말이었다. 한스는 덧셈과 곱셈 같은 계산을 아주 잘하는 것처럼 보였다. 하지만 자세히 조사한 결과, 한스의 놀라운 재주는 사람의 몸짓 언어를 읽은 것으로 드러났다. 한스는 정답을 아는 사람을 볼 수 있을 때에만 그 재주를 보여주었다.

주었다.[22]

어떤 사람들은 사기라고 이야기했지만, 말 주인은 자신이 말에게 단서를 준다는 사실을 몰랐기 때문에 이 사건은 사기극은 아니었다. 이 사실을 안 뒤에도 말 주인은 자기도 모르게 신호를 보내는 행동을 억제하기가 거의 불가능하다는 사실을 발견했다. 풍스트의 보고서가 나온 뒤, 말 주인은 너무나도 실망하여 말이 배신을 했다고 비난하면서 그 벌로 여생 동안 영거靈車(영구를 실은 수레)를 끌게 하려고 했다. 그는 자신에게 화를 내는 대신에 말에게 비난을 돌린 것이다! 다행히도 한스는 좋은 주인을 만났는데, 새 주인은 한스의 능력을 높이 평가해 그 능력을 더 테스트했다. 이것은 올바른 태도였는데, 왜냐하면 한스의 이야기는 동물의 지능이 낮음을 보여주는 사례가 아니라, 동물의 놀라운 감수성을 증명하는 사례였기 때문이다. 한스는 비록 계산 능력은 부족했을지 몰라도, 인간의 몸짓 언어를 이해하는 능력만큼은 탁월했다.[23]

오를로프 트로터 종의 종마인 한스는 이 러시아산 품종의 특성을 기술한 내용과 완벽하게 들어맞는 것처럼 보인다.

"놀라운 지능을 갖고 있어 몇 번 반복하지 않아도 빨리 배우고 쉽게 기억한다. 어느 순간에 자신에게 원하거나 필요한 것이 무엇인지 이해하는 불가사의한 능력을 자주 보여준다. 사람을 사랑하도록 개량된 이 말은 주인과 아주 긴밀한 유대를 형성한다."[24]

한스의 비밀 폭로는 동물인지 연구에 재앙을 가져다준 것이 아니라 오히려 전화위복이 되었다. '영리한 한스 효과'라고 알려진 이 효과의 인식은 동물 실험을 크게 개선하는 결과를 가져왔다. 퐁스트는 맹검법의 위력을 보여줌으로써 정밀 조사를 통과할 수 있는 인지 연구의 길을 닦았다. 아이러니하게도 사람을 대상으로 한 연구에서는 이 교훈을 무시할 때가 많다. 어머니 무릎에 앉아 있는 어린아이들에게 인지 과제를 제시할 때가 많다. 어머니는 가구와 같다고 가정하고서 이런 식으로 테스트하지만, 모든 어머니는 자기 아이가 성공하기를 원하기 때문에 신체 움직임이나 한숨, 쿡 찌르기 같은 동작으로 아이에게 단서를 제공하지 않는다는 보장은 없다. 영리한 한스 덕분에 동물인지 연구는 이전보다 훨씬 엄격해졌다. 개 연구소에서 개의 인지를 테스트할 때에는 주인의 눈을 가리거나 주인에게 얼굴을 돌리고 한쪽 구석에 서 있게 한다. 한 유명한 연구에서 리코라는 보더콜리(잉글랜드와 스코틀랜드 사이의 국경에서 가축, 특히 양을 몰기 위해 개량된 목양견. 콜리 품종 중 가장 널리 퍼졌다_옮긴이)는 서로 다른 장난감을 나타내는 단어를 200개 이상 알아보았는데, 이 시험에서 주인은 다른 방에 있는 특정 장난감을 가져오라고 지시했다. 이렇게 함으로써 주인이 장난감을 바라보면서 무의식적으로 개의 주의를 안내하는 것을 막을 수 있었다. 리코는 주인에게서 별다른 단서를 얻지 못한 채 다른 방으로 달려가서 지시받은 물건을 가져와야 했는데, 이런 절차를 따름으로써 영리한 한스 효과를 피할 수 있었다.[25]

인간과 동물 사이에 자신들이 인식하지 못하는 방식의 의사소통이 발달할 수 있다는 사실이 입증된 데에는 퐁스트의 공이 컸다. 말은 주인의 행동을 강화하고 주인은 말의 행동을 강화했는데, 모든 사람들은 그들이 전혀 다른 일을 하고 있다고 확신했다. 실제로 어떤 일이 일어나는지 알게 되자 역사의 추는 동물의 지능을 풍부하게 해석하는 쪽에서 빈약하게 해석하는 쪽으로 확실히 이동했지만(그리고 불행하게도 거기서 너무 오랫동안 헤어나지 못했지만), 단순성을 추구한 다른 시도들은 더 나쁜 운명을 맞이했다. 다음에서 나는 두 가지 사례를 소개할 텐데, 하나는 자기 인식에 관련된 것이고 다른 하나는 문화에 관련된 것이다. 하지만 이 두 개념이 동물과 관련이 있다는 말이 나올 때마다 아직도 일부 학자들은 분개한다.

책상머리 앞의 영장류학

1970년, 미국 심리학자 고든 갤럽은 침팬지가 거울에 반사된 자기 모습을 인식한다는 것을 처음으로 보여주면서 자기 인식self-awareness 능력을 언급했다. 그리고 그는 자신의 거울 테스트에서 실패한 원숭이 같은 종은 자기 인식 능력이 없다고 말했다.[26] 이 테스트는 유인원을 마취시킨 뒤 몸에 어떤 표시를 하고는, 유인원이 깨어난 뒤 거울에 비친 모습을 보고서 이 표시를 발견하는지 알아보는 것이었다. 동물을 로봇과 비슷한 것으로 생각하던 사람들은 갤럽이 선택한 단어들에 분명히 분노했다.

첫 번째 반격은 스키너와 그 동료에게서 나왔다. 이들은 즉각 비둘기들을 거울 앞에 세우고 몸에 있는 점을 쪼도록 훈련시켰다.[27] 이들은 침팬지의 행동과 비슷한 것을 재현하면 동물의 자기 인식이라는 수수께끼를 풀 수 있으리라고 생각했다. 침팬지와 사람이 아무 훈련 없이 하는 행동을 비둘기에게 시키는 데 낟알 수백 개의 보상이 필요했다는 사실은 무시해도 좋다. 훈련을 통해 금붕어에게 축구를 하게 하거나 곰에게 춤을 추게 하는 것도 가능하지만, 이것이 인간 축구 선수나 무용수의 기술에 대해 많은 것을 알려준다고 믿는 사람이 과연 있을까? 심지어 이 비둘기 연구가 정말로 재현되는지도 확신할 수 없다. 또 다른 연구팀이 같은 품종의 비둘기를 사용해 동일한 훈련을 시키느라고 몇 년을 보냈지만, 자신을 쪼는 새를 만드는 데에는 실패했다. 이 연구팀은 결국 원래 연구를 비판하는 보고서를 발표했는데, 제목에 **피노키오**라는 단어를 집어넣었다.[28]

두 번째 반격은 거울 테스트를 새롭게 해석한 것으로, 이들은 관찰된 자기 인식 능력은 몸에 표시를 하는 데 사용한 마취제의 부작용일 수 있다고 주장했다. 어쩌면 침팬지가 마취에서 깨어날 때 임의로 자기 얼굴을 만지다가 우연히 표시가 있는 부분을 가리켰을지도 모른다.[29] 이 주장이 틀렸다는 것은 다른 연구팀이 침팬지가 만지는 얼굴 부위를 상세하게 기록하면서 금방 입증되었다. 얼굴을 만지는 행동은 임의적으로 일어나는 것이 아님이 밝혀졌다. 손은 표시가 된 지역으로 정확하게 향했고, 침팬지가 거울에 반사된 자기 모습을 본 직후에 가장 빈번하게 일어났다.[30] 물론 이것은 그동안 전문가들이 줄곧 이야기해온 것이었지만, 이제 공식적인 결과로 인정되었다.

유인원이 거울을 얼마나 잘 이해하는지 보여주는 데에는 사실 마취제가

스키너는 자발적 행동보다 실험적으로 동물을 통제하는 것에 더 큰 관심을 보였다. 오로지 자극-반응 수반성(반응과 결과 사이에 성립하는 특별한 관계)만을 중요하게 여겼다. 스키너의 행동주의는 20세기에 오랫동안 동물 연구를 지배했다. 진화인지가 부상하려면 행동주의의 이론적 지배에서 벗어나는 것이 선결 조건이었다.

필요 없다. 유인원은 자발적으로 거울을 사용해 자기 입 안을 들여다보며, 암컷들은 늘 엉덩이를 살피려고 거울 앞에서 돌아선다(수컷들은 별로 신경 쓰지 않는 행동이지만). 둘 다 평상시에는 절대로 볼 수 없는 신체 부위이다. 유인원은 또 특별한 용도에 거울을 사용한다. 예를 들면 수컷과 싸우다가 정수리에 작은 상처가 난 로베나는 싸움 직후에 우리가 거울을 쳐들자 거울에 반사된 자신의 움직임을 따라가며 상처 부위를 쓰다듬었다. 또 다른 암컷인 보리는 귀가 감염되어 항생제로 치료하려고 했을 때 작은 손으로 계속해서 탁자를 가리켰다. 탁자 위에는 작은 플라스틱 거울 말고는 아무

것도 없었다. 보리의 의도를 알아차리기까지 시간이 좀 걸렸지만, 마침내 우리가 거울을 건네주자마자 보리는 지푸라기를 하나 집어 들고는 거울을 이리저리 기울이며 자기 귀를 깨끗하게 파냈다.

훌륭한 실험이 새롭고 특이한 행동을 만들어내는 것은 아니지만 선천적 경향을 이용할 수 있는데, 갤럽의 실험이 바로 그런 일을 했다. 유인원이 거울을 자발적으로 사용한다는 점을 고려하면, 어떤 전문가도 마취제 이야기를 꺼내지 않았을 것이다. 그렇다면 영장류를 잘 모르는 과학자가 자신이 더 잘 안다고 생각하는 이유는 무엇일까? 예외적인 재능을 지닌 동물을 연구하는 우리는 이들을 어떻게 테스트해야 하고, 이들의 행동이 실제로 의미하는 것이 무엇인지에 대해 청하지도 않은 의견을 듣는 데 익숙하다. 나는 이런 충고 뒤에 숨어 있는 오만함을 도저히 이해할 수 없다. 한 유명한 아동심리학자는 인간 이타심의 독특성을 강조하려고 청중 앞에서 이렇게 외친 적이 있다.

"다른 유인원을 구하려고 호수로 뛰어드는 유인원은 아무도 없습니다!"

강의가 끝나고 나서 질의응답 시간에 나는 실제로는 정확하게 바로 그런 행동을 하는 유인원(유인원은 헤엄을 치지 못하기 때문에 그로 인해 큰 희생을 감수하면서까지)의 사례를 기록한 보고서가 일부 있음을 지적했다.[31]

야외 현장 영장류학에서 일어난 매우 유명한 발견 중 하나에 제기된 의심도 동일한 오만함으로 설명할 수 있다. 1952년, 일본 영장류학의 아버지로 불리는 이마니시 긴지는 만약 개체들이 어떤 습관을 서로 배워 집단들 사이에 행동의 다양성이 생겨난다면, 동물 문화의 존재를 정당하게 이야기할 수 있다고 처음으로 주장했다.[32] 이 개념은 지금은 상당히 널리 받아들여지고 있지만, 당시만 해도 너무나도 급진적인 개념이어서 서양 과학이 이를 받아들이기까지 무려 40년이 걸렸다. 그동안에 이마니시의 제자들은 고시마섬의 일본원숭이들이 고구마를 씻어 먹는 행동이 퍼져가는 과정을 인내심을 갖고 기록했다. 이 행동을 최초로 한 일본원숭이는 이모라는 이름의 한 어린(태어난 지 18개월 된) 암컷이었는데, 지금은 이 일을 기념하기 위해 고시마섬 입구에 이모의 조각상이 서 있다. 이모로부터 이 습관은 또래 일본원숭이들로 퍼져나갔고, 그 다음에는 그 어미들로 퍼져나갔으며, 결국에는 섬에 사는 거의 모든 일본원숭이들로 퍼졌다. 고구마 씻기는 학습된 사회적 전통이 세대를 이어가며 전해지는 사례 중 가장 유명한 것이 되었다.

세월이 한참 지난 뒤, 이 견해는 소위 **흥을 깨는 설명**killjoy account(겉보기에 더 간단해 보이는 대안 설명을 제안함으로써 인지적 주장을 폄하하려는 시도)을 유발했다. 이 설명은 원숭이가 어떤 행동을 보고 그대로 따라 한다는 이마니시 제자들의 주장은 지나치게 과장된 것이라고 했다. 그냥 단순히 개인적 학습을 통해 이런 일이 일어났다고 설명하면 되지 않는가? 다시 말해, 각각의 원숭이가 다른 원숭이의 도움 없이 고구마 씻는 법을 스스로 습득했다고 말이다. 심지어 사람의 영향이 있었을지도 모르고, 어쩌면 이마니시의 조수로 일하면서 모든 원숭이의 이름을 알고 있던 미토 사쓰에가 원숭이에게 고구마를 선별적으로 건네주었을지도 모른다. 그리고 고구마를 물에 담그는 원숭이에게는 보상을 해주는 것으로 원숭이가 이 행

동을 더 자주 하도록 조장했을지도 모른다.[33]

진상을 확인할 수 있는 유일한 방법은 고시마 섬으로 가서 물어보는 것이었다. 일본 남부의 아열대 지역에 위치한 이 섬을 이미 두 차례 방문한 적이 있는 나는 당시 84세이던 미토 여사를 통역인의 도움을 받아 인터뷰했다. 미토 여사는 고구마를 제공한 방식을 묻는 내 질문에 믿을 수 없다는 듯한 반응을 보였다. 그녀는 자신이 원하는 방식으로 원숭이에게 먹이를 건네줄 수 없다고 주장했다. 지위가 높은 수컷이 빈손으로 있을 때 먹이를 들고 있는 원숭이는 곤경에 빠질 위험이 있다. 일본원숭이는 서열이 매우 엄격하고 폭력적으로 변할 수 있기 때문에, 이모와 어린 일본원숭이들을 나머지 무리 앞에 내세운다면 목숨이 위험할 수도 있었을 것이다. 실제로 고구마 씻기를 맨 마지막에 배운 일본원숭이들은 평소에 맨 먼저 배를 채우는 수컷 어른들이었다. 고구마 씻기 행동에 그녀가 보상을 제공한 것이 아니냐는 의혹을 전하자, 이토 여사는 그런 일은 가능하지도 않다고 부인했다. 초기에는 고구마를 씻는 개울에서 멀리 떨어진 숲에서 고구마를 건네주었다. 그러자 원숭이들은 고구마들을 모아서 재빨리 달아났는데, 양손에 고구마를 쥐고서 두 발로 뛰어갈 때도 많았다. 그래서 원숭이들이 멀리 떨어진 개울에서 무슨 일을 하건 그것에 대해 미토 여사가 보상을 제공할 방법이 없었다.[34] 하지만 개인적 학습 대신에 사회 학습을 뒷받침하는 가장 강한 근거는 이런 습관이 퍼져간 방식이었다. 이모의 행동을 처음 따라 한 원숭이 중 하나가 어미인 에바였던 것은 결코 우연의 일치일 리가 없다. 그 후 이 습관은 이모의 또래 원숭이들 사이에서 퍼져나갔다.

동물 문화를 뒷받침하는 최초의 증거는 고구마를 씻는 고시마섬의 일본원숭이들에게서 나왔다. 처음에는 고구마 씻기 전통이 비슷한 나이의 또래들 사이에서 퍼져나갔지만, 지금은 세대를 뛰어넘어 어미에게서 자식에게로 전파된다.

고구마 씻기 학습은 사회적 관계와 혈연관계의 망을 따라 퍼져나갔다.[35]

고시마섬의 발견이 틀렸다는 논문을 쓴 과학자는 거울-마취제 가설을 제기한 과학자처럼 영장류학자가 아니었고, 게다가 고시마섬을 직접 방문하거나 그 섬에서 수십 년 동안 야영을 하며 조사한 현장 연구자들에게 사실을 확인해본 적도 없었다. 나는 신념과 전문 지식 사이에 왜 이러한 부조화가 발생하는지 또 한 번 궁금한 생각이 들었다. 어쩌면 이러한 태도는 쥐와 비둘기에 대해 충분히 많이 안다면, 동물인지에 대해 알아야 할 것을 모두 다 안다는 잘못된 믿음에서 비롯되었을지 모른다. 그래서 나는 '네 동물을 알라' 규칙을 제안하고 싶다. **동물의 인지 능력에 대해 대안 주**

장을 강조하고자 하는 사람은 스스로 그 종을 잘 알거나 자신의 반론을 구체적인 데이터로 뒷받침하려는 노력을 성실하게 기울여야 한다. 따라서 나는 풍스트의 영리한 한스 연구와 괄목할 만한 결과를 존경하는 반면, 그 유효성을 확인하려는 시도를 생략한 채 책상머리 앞에 앉아 내놓는 추측에는 큰 불편을 느낀다. 진화인지 분야가 종 사이의 변이를 얼마나 중요하게 여기는지를 감안한다면, 그중 하나를 알려고 평생을 바친 사람들의 특별한 전문 지식을 존중할 때가 되었다고 생각한다.

해빙

어느 날 아침, 뷔르허르스동물원에서 우리는 침팬지들에게 그레이프프루트가 가득 든 상자를 보여주었다. 침팬지 무리는 밤을 보내는 건물 안에 있었는데, 이 건물은 침팬지들이 낮 시간을 보내는 큰 섬 옆에 붙어 있었다. 침팬지들은 건물의 문을 지나 섬으로 상자를 옮기는 우리를 지켜보면서 큰 흥미를 느낀 것처럼 보였다. 하지만 우리가 텅 빈 상자를 들고서 건물로 돌아오자 큰 소동이 벌어졌다. 과일들이 사라진 것을 보자마자 침팬지 스물다섯 마리는 축제라도 하듯 서로의 등을 치면서 킁킁거리고 소리를 질러댔다. 나는 **사라진** 음식물 때문에 동물들이 이렇게 흥분하는 모습은 이전에 본 적이 없었다. 침팬지들은 그레이프프루트가 그냥 사라질 리는 없으니, 곧 자신들이 가게 될 섬 어딘가에 있을 것이라고 추론한 게 분명했다. 이런 종류의 추론은 단순한 시행착오 학습의 범주에 속하지 않는데, 이 절차를 우리가 시도한 것은 이번이 처음이었기 때문에 특히 그렇다. 그레이프프루트 실험은 숨긴 음식물에 대한 반응을 연구하기 위한 일회성 사건이었다.

추론적 사고를 조사한 최초의 실험은 미국 심리학자 데이비드 프리맥과 앤 프리맥이 했다. 이들은 침팬지 세이디에게 상자 두 개를 보여주었다. 한 상자에는 사과가, 다른 상자에는 바나나가 들어 있었다. 몇 분 동안 다른 데 한눈을 팔다가 세이디는 한 실험자가 사과 또는 바나나를 먹는 걸 보았다. 그러고 나서 실험자는 자리를 떴고, 세이디를 풀어주어 상자를 들여다볼 수 있게 했다. 세이디는 흥미로운 딜레마에 봉착했는데, 실험자가 과일을 어떻게 손에 넣었는지 보지 못했기 때문이다. 세이디는 언제나 실험자가 **먹지 않은** 과일이 있는 상자 쪽으로 갔다. 프리맥 부부는 점진적 학습 가능성을 배제했다. 세이디가 추후의 시행들뿐만 아니라 최초의 시행부터 이런 선택을 했기 때문이다. 세이디는 두 가지 결론에 이른 것으로 보였다. 첫째, 비록 세이디가 그 장면을 보지는 못했지만, 과일을 먹은 실험자는 두 상자 중 하나에서 해당 과일을 꺼낸 게 분명하다. 둘째, 따라서 나머지 상자에는 여전히 실험자가 먹지 않은 과일이 들어 있을 것이다. 프리맥 부부는 대부분의 동물들은 이런 가정을 전혀 하지 않는다고 지적한다. 이들은 그저 실험자가 과일을 먹는 것을 보기만 할 뿐이며, 그것으로 끝이다. 이와는 대조적으로 침팬지는 논리를 찾고 빈 곳을 채우면서 사건의 순서를 이해하려고 노력한다.[36]

몇 년 뒤, 스페인 영장류학자 호셉 칼은 유인원에게 뚜껑이 덮인 컵 두 개를 보여주었다. 유인원은 그중 한 컵에만 포도가 들어 있다는 사실을 알게 되었다. 만약 칼이 뚜껑을 열고 유인원에게 컵 안을 보여주면, 유인원은 포도가 들어 있는 컵을 선택했다. 그 다음에 칼은 컵들에 뚜껑을 덮고 나서 먼저 첫 번째 컵을 흔들어 보인 뒤에 두 번째 컵을 흔들어 보였다. 포도가 들어 있는 컵에서만 소리가 났고, 유인원은 그 컵을 선호했다. 여기까지는 그다지 놀랄 만한 게 없었다. 하지만 과제를 조금 더 어렵게 만들기 위해 칼은 가끔 텅 빈 컵만 흔들어 보였는데, 당연히 거기서는 아무 소리가 나지 않았다. 이 경우에 유인원은 다른 컵을 선택했는데, 배제의 원리를 바탕으로 추론을 한 게 분명했다. 유인원은 소리가 나지 않는 것으로 미루어 어느 컵에 포도가 들어 있는지 추측했다. 아마도 우리는 이 성과를 보고 그다지 감탄하지 않을 텐데, 이런 추론을 당연하게 여기기 때문이다. 그렇지만 이런 일이 당연하기만 한 것은 아니다. 한 예로, 개는 이 과제를 제대로 수행하지 못한다. 유인원은 자신이 믿는 세상의 작용 방식을 바탕으로 논리적 연결을 추구한다는 점에서 특별하다.[37]

여기서 이야기가 흥미로워지는데, 왜냐하면 우리는 가장 단순한 설명을 추구해야 마땅하기 때문이다. 만약 유인원처럼 큰 뇌를 가진 동물들이 사건들 뒤에 숨어 있는 논리를 이해하려고 노력한다면, 이것을 이들의 사고가 작동하는 가장 단순한 수준으로 보아야 하지 않을까?[38] 이 상황은 내게 모건이 자신의 공준에 덧붙인 단서를 떠오르게 한다. 모건의 공준에 따르면 우리는 지능이 더 높은 종에게는 더 복잡한 전제들을 허용할 수 있다. 우리는 분명히 우리 자신에게는 이 규칙을 적용한다. 우리는 항상 추론 능력을 주위의 모든 것에 적용하면서 사건들을 이해하려고 노력한다. 만약 이유를 발견하지 못하면 적당한 이유를 지어내기까지 하는데, 그러다가 기묘한 미신이나 초자연적 믿음에 빠지기도 한다. 열광적인 스포츠팬이 행운을 빌기 위해 동일한 티셔츠를 계속 입는 것이나 재난을 신의 뜻으로 돌리는 것 등이 이런 예이다. 우리는 너무나도 논리에 집착한 나머지 논리가 존재하지 않는 상태를 참지 못한다.

분명히 **단순하다**라는 단어는 말처럼 그렇게 단순하지 않다. 이 단어는 종에 따라 서로 다른 것을 의미하는데, 이런 상황은 회의론자와 인지주의자 사이의 영원한 싸움을 더 복잡하게 만든다. 게다가 우리는 이렇게 열띤 논쟁을 빚어낼 만한 가치도 없는 의미론에 자주 빠져들어 헤맨다. 한 과학자가 원숭이는 표범이 위험하다는 사실을 이해한다고 주장하면, 다른 과학자는 원숭이는 그저 표범이 가끔 같은 종의 구성원을 죽인다는 사실을 경험을 통해 학습했을 뿐이라고 응수한다. 비록 첫 번째 진술은 이해라는 용어를 사용하고 두 번째 진술은 학습이라는 용어를 사용하기는 하지만, 두 진술은 실제로는 그렇게 다른 것이 아니다. 행동주의가 쇠퇴하면서 이런 문제들에 대한 논쟁은 다행히도 열기가 식었다.

행동주의는 태양 아래의 모든 행동을 단일 학습 메커니즘의 결과로 돌림으로써 스스로의 몰락을 재촉했다. 행동주의는 독단적인 과대 확장을 추구하다가 과학적 접근법보다는 종교에 가까운 것이 되고 말았다. 동물행동학자들은 행동주의를 공격하기를 좋아했는데, 행동주의자들이 특정 실험 패러다임에 적합하게 만들기 위해 흰쥐를 길들이는 대신에 그 반대의 행동을 했어야 한다고 말했다. 즉, '실제' 동물에 들어맞는 패러다임을 생각해야 했다는 것이다.

1953년에 미국 비교심리학자 대니얼 레먼이 동물생태학을 신랄하게 공격하면서 카운터펀치를 날렸다.[39] 레먼은 종 특유의 행동조차도 환경과의 상호작용 역사로부터 발달한다고 주장하면서 **생득적**innate이라는 용어의 정의를 지나치게 단순화한 것에 반대했다. 순전히 선천적인 것은 아무것도 없기 때문에, 사람들을 오도하는 **본능**instinct이라는 용어를 피해야 한다고 했다. 동물행동학자들은 예기치 못한 이 비판에 기분이 상하고 경악했지만, 일단 자신들의 '아드레날린 발작(틴베르헌이 쓴 표현)'을 극복하고 나자 레먼이 그들이 끔찍이 싫어하는 전형적인 행동주의자와는 거리가 멀다는 사실을 발견했다. 예를 들면, 레먼은 열정적인 조류 관찰자였고 자신이 관찰하는 동물들을 잘 알았다. 동물행동학자들은 이에 깊은 인상을 받았으며, 바런츠는 자신이 '적'을 직접 만났을 때 두 사람은 대부분의 오해를 풀고 공통 기반을 발견했으며 '아주 좋은 친구'가 되었다고 회상했다.[40] 틴베르헌은 레먼과 친해지자 그를 심리학자보다는 동물학자라고 자주 불렀는데, 레먼은 이를 칭찬으로 받아들였다.[41]

조류를 계기로 맺은 그들의 유대는 존 F. 케네디와 니키타 흐루쇼프가 푸싱카(소련 지도자가 백악관에 선물한 개)를 계기로 맺은 유대를 훨씬 뛰어넘었다. 두 지도자가 보여준 이런 화해 제스처에도 불구하고 냉전은 조금도 누그러지지 않고 계속되었으니까. 반대로 레먼의 통렬한 비판과 그 뒤에 일어난 비교심리학자들과 동물행동학자들의 회의는 상호 존중과 이해를 향해 나아가는 계기가 되었다. 특히 틴베르헌은 그 후에 자신의 생각에 미친 레먼의 영향을 인정했다. 누가 봐도 그들이 화해를 시작하려면 상당한 실랑이가 필요할 것처럼 보였는데, 각 진영 **내부**에서 **자파**의 신조에 대해 제기된 비판이 이러한 화해를 촉진했다. 동물행동학계에서는 젊은 세대 사이에서 로렌츠의 엄격한 충동과 본능 개념에 불만이 터져 나온 반면, 비교심리학계에서는 더 오래전부터 자신의 지배적인 패러다임에 이의를 제기하는 전통이 있었다.[42] 이미 1930년대부터 인지적 접근법을 사용하려는 시도가 가끔 있었다.[43] 하지만 아이러니하게도 행동주의에 가해진 치명타는 내부에서 나왔다. 그것은 쥐를 대상으로 한 간단한 학습 실험에서 시작되었다.

잘못된 행동을 한 개나 고양이에게 벌을 주려고 해본 사람은 벌은 잘못된 행동의 결과가 아직 눈에 보이거나 적어도 동물의 마음속에 남아 있을 때 아주 빨리 주는 게 최선이라는 사실을 잘 안다. 너무 오래 기다렸다가 벌을 주면, 애완동물은 주인의 꾸지람을 훔친 고기나 소파 뒤에 눈 똥과 연결시키지 못하게 된다. 행동과 결과 사이의 짧은 간격은 늘 필수적인 것으로 간주되었기 때문에, 1955년에 미국 심리학자 존 가르시아가 모든 규칙을 무너뜨리는 사례를 발견했다고 주장했을 때 이를 받아들일 마음의 준비가 되어 있던 사람은 아무도 없었다. 이 실험은 쥐가 단 한 번의 불쾌한 경험을 하고 나서도 독성 음식물을 거부하는 법을 배운다는 걸 보여주었는데, 설사 그로 인한 욕지기가 몇 시간 뒤에 나타난다 하더라도 이런 학습이 일어났다.[44] 더구나 부정적 결과는 반드시 욕지기여야 했다. 전기 충격은 동일한 효과를 유발하지 않았다. 독성 음식물은 천천히 작용하여 몸에 증상을 나타내기 때문에 생물학적 관점에서 볼 때 이 결과는 특별히 놀랄 만한 것이 전혀 없었다. 나쁜 음식을 피하는 것은 매우 적응적인 메커니즘으로 보인다. 하지만 일반적인 학습 이론의 관점에서는 이러한 발견은 청천벽력과도 같은 소식이었는데, 처벌의 종류와 무관하게 시간 간격이 짧아야 한다는 가정 때문이었다. 이 연구 결과는 사실 매우 충격적이어서 가르시아의 결론은 매우 냉담한 반응에 직면했기 때문에 가르시아는 시험 결과를 발표하는 데 어려움을 겪었다. 상상력이 뛰어난 한 논문 검토자는 가르시아가 얻은 것과 같은 데이터가 나올 확률은 뻐꾸기시계 안에서 새똥을 발견할 확률보다 낮다고 주장했다! 하지만 이제 **가르시아 효과** Garcia effect는 단단한 뿌리를 내렸다. 우리 자신의 삶에서도 우리는 독성 효과를 경험한 음식을 아주 잘 기억해 그 생각만 해도 구역질이 나거나 특정 식당에는 다시는 발을 들여놓지 않는다.

욕지기의 위력은 대부분의 사람들이 직접 경험한 적이 있는데도 과학자들이 가르시아의 발견에 이토록 격렬하게 저항한 태도를 의아하게 생각하는 독자들은 이 점을 생각해보라. 인간의 행동은 흔히 원인과 결과의 분석 같은 반성의 산물로 간주된 반면, 동물의 행동은 이런 과정이 없는 것으로 간주되었다. 과학자들은 둘을 동일시할 준비가 되어 있지 않았다. 하지만 인간의 반성은 상습적으로 과대평가되는데, 이제 우리는 식중독에 대한 자신의 반응이 사실은 쥐의 그것과 비슷한 것이 아닐까 의심한다. 가르시아의 발견으로 비교심리학자들은 진화가 인지를 해당 생물의 필요에

미국 심리학자 프랭크 비치는 행동과학이 편협하게 흰쥐에 집중하는 태도를 개탄했다. 그의 예리한 비판은 피리 부는 쥐를 흰옷을 입은 실험심리학자들 무리가 행복한 표정으로 따라가는 만화로 표현되었다. 이들은 자신들이 좋아하는 미로와 스키너 상자를 들고서 쥐를 따라 깊은 강을 향해 나아간다. Beach(1950)에 실린 S. J. Tatz의 그림을 바탕으로 그렸음.

맞게 변화시킨다는 사실을 인정하지 않을 수 없게 되었다. 이것은 **생물학적으로 준비된 학습** biologically prepared learning 이라고 부르게 되었다. 이것은 각 생물이 살아남기 위해 배울 필요가 있는 것들을 배우도록 강요받는다는 개념이다. 이러한 깨달음은 동물생태학과 화해를 하는 데 분명히 도움이 되었다. 게다가 두 학파 사이의 지리적 거리도 사라졌다. 비교심리학이 유럽에서 자리를 잡고(내가 잠깐 동안 행동주의자의 연구실에서 연구했던 이유도 이 때문이다) 북아메리카의 동물학과들에서 동물행동학을 가르치기 시작하자 대서양 양편에서 학생들은 모든 견해를 흡수할 수 있었고 이것들을 통합하기 시작했다. 따라서 두 가지 접근법의 종합은 단지 국제회의나 문헌에서만 일어난 게 아니라 교실에서도 일어났다.

우리는 크로스오버 학자들의 시대를 맞이했는데, 이것을 설명하기 위해 두 가지 예만 들겠다. 첫 번째는 미국 심리학자 세라 셰틀워스로, 그녀는 토론토 대학에서 교수로 지내면서 대부분의 경력을 쌓았고 동물인지에 관한 교과서를 통해 큰 영향력을 떨쳤다. 세라는 행동주의자 진영에서 출발했지만, 결국은 인지에 대해 각 종의 생태학적 필요에 민감한 생물학적 접근법을 옹호하게 되었다. 세라는 같은 배경을 가진 사람들이 흔히 그러듯이 인지를 해석할 때에는 조심스러운 태도를 유지하지만, 그녀의 연구에서는 동물생태학의 기운이 물씬 풍긴다. 세라는 이렇게 된 원인을 학생 시절에 만났던 특정 교수들과 바다거북을 연구한 남편의 현장 연구에 함께 참여한 데에서 찾는다. 연구자로서의 경력을 묻는 인터뷰 자리에서, 셰틀워스는 자신의 분야를 학습과 인지의 형성에 관여하는 진화의 힘에 눈 뜨게 해준 하나의 전환점으로 가르시아의 연구를 분명히 언급했다.[45]

그 반대편에는 내 영웅 중 한 사람인 스위스 영장류학자이자 동물행동학자 한스 쿠머가 있다. 학생 시절에 나는 쿠머가 쓴 논문을 모두 다 열심히 탐독했는데, 논문들은 대부분 에티오피아에서 망토개코원숭이를 대상으로 실시한 현장 연구였다. 쿠머는 단순히 사회적 행동을 관찰해 이를 생태학과 연관 짓지 않았다. 그는 항상 그 뒤에 숨어 있는 인지를 궁금하게 여겼고, (일시적으로) 포획한 망토개코원숭이를 대상으로 현장 실험을 했다. 나중에는 취리히 대학에서 사육 상태의 긴꼬리마카크를 대상으로 연구했다. 쿠머는 인지 이론들을 검증할 수 있는 유일한 방법은 통제 실험뿐이라고 생각했다. 관찰만으로는 목적을 달성할 수 없었기 때문에, 인지의 수수께끼를 풀기를 원한다면 영장류학자는 비교심리학자와 비슷해질 필요가 있었다.[46]

나 역시 관찰에서 실험으로 비슷한 전이 과정을 거쳤고, 꼬리감는원숭이를 연구하기 위해 내 연구소를 세울 때 쿠머의 긴꼬리마카크 연구소에서 많은 영감을 얻었다. 비결은 동물들이 사회적 생활을 할 수 있도록 거처를 제공하는 데 있었다. 따라서 넓은 실내 거주 지역과 실외 거주 지역을 만들어 원숭이들이 대부분의 시간을 놀고 털 고르기를 하고 싸우고 곤충을 잡는 등의 일을 하면서 보낼 수 있도록 해야 한다. 우리는 원숭이들을 시험실 안으로 들어가도록 훈련시켰는데, 여기서 원숭이들은 우리가 나머지 무리로 돌려보내기 전에 터치스크린을 만지거나 사회적 과제를 수행했다. 이러한 조치는 원숭이들을 스키너의 비둘기와 비슷하게 따로따로 우리에 가두는 전통적인 시험실에 비해 두 가지 이점이 있었다. 첫째, 삶의 질 문제가 있다. 나는 개인적으로 만약 사회성이 매우 높은 동물을 포획하여 사육하려고 한다면, 집단생활을 허용하는 것이 우리가 할 수 있는 최소한의 배려라고 생각한다. 이것은 그들의 삶을 풍요롭게 하고 그들이 잘 살아갈 수 있도록 하는 최선의 방법이자 가장 윤리적인 방법이다.

둘째, 이런 기술을 일상생활에서 표현할 기회를 주지도 않은 채 원숭이의 사회성 기술을 테스트한다는 것은 어불성설이다. 원숭이들이 어떻게 음식을 나누고 협력하고 서로의 상황을 판단하는지 조사하려면 이들이 서로 완전히 친숙하게 지낼 필요가 있다. 쿠머는 이 모든 것을 이해했고, 나처럼 영장류 관찰자로 일을 시작했다. 나는 동물인지에 관한 실험을 하기 원하는 사람은 누구든지 우선 그 종의 자발적 행동을 관찰하는 데 2000시간을 보내야 한다고 생각한다. 그러지 않으면 자연적 행동에서 아무런 정보도 얻지 못한 실험을 하게 되는데, 이것이야말로 바로 우리가 버려야 할 접근법이다.

오늘날의 진화인지는 두 학파의 장점을 취하여 합친 것이다. 진화인지는 비교심리학이 개발한 통제 실험 방법론을 영리한 한스 사례에서 큰 효과를 발휘한 맹검법과 결합해 적용하는 한편, 동물행동학의 풍부한 진화 체계와 관찰 기술을 받아들인다. 다수의 젊은 과학자들에게 그들을 비교심리학자라고 부르느냐 동물행동학자라고 부르느냐 하는 것은 이제 중요하지 않은데, 이들은 양 진영의 개념들과 기술들을 통합해 사용하기 때문이다. 여기에 더해 세 번째로 큰 영향을 미치는(적어도 현장 연구에는) 요소가 있다. 일본 영장류학의 영향은 서양에서 늘 인정받는 것은 아니지만(이 때문에 나는 이것을 '소리 없는 침략'이라고 불렀다), 우리는 일상적으로 개개 동물의 이름을 부르고 여러 세대에 걸쳐 그들의 사회적 이력을 추적한다. 그럼으로써 우리는 집단생활의 핵심에 자리 잡고 있는 친족 관계와 우정을 이해할 수 있다. 제2차 세계대전 직후에 이마니시가 사용하기 시작한 이 방법은 돌고래에서부터 코끼리와 영장류에 이르기까지 수명이 긴 포유류 연구에서 표준으로 자리 잡았다.

믿기 힘들겠지만, 서양 교수들이 학생들에게 일본 학파를 멀리하라고 경고하던 시절이 있었는데, 동물에게 이름을 붙여주고 이름을 부르는 것이 동물을 너무 인간화하는 것이라고 간주했기 때문이다. 물론 언어 장벽 문제도 있었는데, 이 때문에 일본 과학자들의 주장을 제대로 듣기가 어려웠다. 이마니시의 수제자인 이타니 준이치로가 1958년에 미국 대학들을 순회했을 때 서양 과학자들은 그를 불신하는 태도를 보였는데, 이타니와 동료들이 100마리도 넘는 원숭이들을 구별할 수 있다는 말을 아무도 믿지 않았기 때문이다. 원숭이들은 서로 너무나도 비슷하기 때문에 그들은 이타니가 거짓말을 지어낸 게 분명하다고 생각했다. 이타니는 내게 자신이 면전에서 대놓고 조롱을 받은 적이 있었다고 고백했다. 이 접근법의 가치를 알아본 미국 영장류학계의 위대한 개척자 레이 카펜터 말고는 아무도 그를 옹호하지 않았다고 이타니는 말했다.[47] 지금은 물론 우리는 많은 원숭이를 알아보는 것이 가능하다는 사실을 알며, 우리도 모두 그렇게 한다. 로렌츠가 전체 동물을 알아야 한다고 강조했던 것과 크게 다르지 않게 이마니시는 우리에게 연구하는 종에게 공감을 느끼라고 촉구했다. 그는, 우리는 그 종의 피부 아래로 들어갈 필요가 있다고, 또는 오늘날 우리가 흔히 쓰는 표현을 빌리면, 그 종의 움벨트 속으로 들어가도록 노력할 필요가 있다고 말했다. 동물 행동 연구에서 오래된 이 주제는 임계 거리critical distance라는 오도된 개념과는 아주 다른데, 임계 거리는 그동안 우리에게 의인관을 지나치게 염려하게 만들었다.

일본인의 접근법이 마침내 국제적으로 받아들여진 것은 두 학파(동물행동학과 비교심리학)의 이야기에서 우리가 얻은 또 하나의 교훈을 분명히 보여준다. 이것은 서로 다른 접근법들 사이에 처음 생겨난 반감은 상대방의 부족한 것을 채워줄 것이 각자에게 있다는 사실을 깨달으면 극복할 수 있다는 것이다. 우리는 양자를 함께 엮어 짬으로써 새로운 전체로, 그것도 부분들의 합보다 더 강한 것으로 만들 수 있다. 상보적 가닥들의 융합은 진화인지를 오늘날 유망한 접근법으로 만드는 핵심 요소이다. 하지만 불행하게도 여기까지 오는 데에는 약 100년에 걸친 오해와 자아들의 충돌을 겪어야 했다.

벌잡이벌

내가 마지막으로 틴베르헌을 만났을 때 그는 눈물을 쏟았다. 그해는 틴베르헌과 로렌츠와 폰 프리슈가 노벨상을 받은 1973년이었다. 그는 또 다른 메달을 수상하고 강연을 하기 위해 암스테르담으로 왔다. 네덜란드어로 강연을 하는 그의 목소리는 감정에 북받쳐 떨렸는데, 그는 우리에게 자기 나라에 도대체 무슨 일을 했느냐고 물었다. 틴베르헌이 모래 언덕들에서 갈매기와 제비갈매기를 연구하던 장엄하고 작은 장소는 더 이상 볼 수 없었다. 수십 년 전에 배를 타고 영국으로 망명할 때 그는 그 장소를 가리키며(담배를 손에 들고 끊임없이 빙빙 돌리면서) "저곳은 모두 돌이킬 수 없게 사라질 것입니다"라고 예측했다. 몇 년 뒤, 그 장소는 세상에서 가장 분주한 항구인 로테르담 항구의 팽창으로 집어삼켜지고 말았다.[48]

틴베르헌의 강연은 내게 그가 이룬 그 모든 위대한 업적들을 떠오르게 했다. 그중에는 동물인지(비록 그는 이 용어를 한 번도 사용하지 않았지만)도 포함되어 있었다. 틴베르헌은 벌잡이벌이 멀리 나갔다 돌아왔을 때 자신의 둥지를 어떻게 찾는지 연구했다. 늑대벌이라고도 부르는 이 벌은 꿀벌을 붙잡아 마비시킨 뒤, 모래에 만든 둥지(기다란 구멍)로 끌고 가 자신의 애벌레를 위한 먹이로 그곳에 놓아둔다. 벌잡이벌은 꿀벌을 사냥하러 떠나기 전에 잠깐 동안 눈에 잘 띄지 않는 자신의 땅굴 위치를 기억하기 위해 방향 비행orientation flight(머리를 둥지 쪽으로 향한 채 위아래로 움직이면서 비행하는 것. 둥지를 찾아오는 방향을 기억하기 위해서 이렇게 한다_옮긴이)을 한다. 틴베르헌은 둥지 주위에 원형으로 배열한 솔방울 같은 물체들을 놓아두고는 벌잡이벌이 둥지를 찾기 위해 어떤 정보를 사용하는지 알아보려고 했다. 그는 솔방울을 이리저리 옮겨 가면서 벌잡이벌이 엉뚱한 장소를 찾도록 속일 수도 있었다.[49] 그의 연구는 어떤 종의 자연사와 연관이 있는 문제 해결 능력을 다루었는데, 이것은 바로 진화인지가 다루는 주제였다. 벌잡이벌은 이 과제를 해결하는 데 아주 뛰어난 것으로 드러났다.

지능이 더 높은 동물은 인지의 제약이 적으므로, 새로운 문제나 특이한 문제에 대한 해결책을 곧잘 찾아낸다. 내가 침팬지를 대상으로 실시한 그레이프프루트 실험 이야기의 결말이 좋은 사례이다. 침팬지들을 섬에 풀어주자 그중 다수는 우리가 모래 밑에 과일을 숨겨둔 장소를 지나쳐 갔다. 조그마한 노란색 부분은 몇 군데에서만 보였다. 젊은 수컷 어른인 단디는 그 장소를 지나갈 때 속도를 전혀 늦추지 않았다. 하지만 오후 늦게 모든 침팬지들이 양지에서 잠자고 있을 때, 단디는 그 장소를 향해 곧장 달려갔다. 그리고 조금의 망설임도 없이 그레이프프루트를 파내 느긋하게 먹었다. 만약 처음 그것을 보았을 때 멈춰 섰더라면, 지금 이렇게 과일을 먹지 못했을 것이다. 틀림없이 지배적인 침팬지들에게 과일을 빼앗기고 말았을 것이다.[50]

여기서 우리는 포식성 벌잡이벌의 특별한 항행 능력에서부터 유인원의 일반적인 인지에 이르기까지 새로운 것을 포함해 아주 다양한 문제들을 다룰 수 있게 해주는 동물인지의 전체 스펙트럼을 볼 수 있다. 내가 무엇보다 놀란 것은 단디가 그곳을 처음 지나갈 때 조금도 머뭇거리지 않았다는 점이다. 단디는 속임수를 쓰는 게 최선의 방책이라고 그 자리에서 즉각 계산을 한 것이 틀림없다.

제 3 장

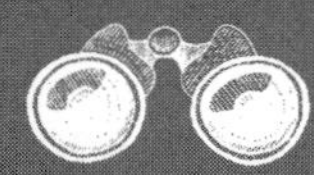

ARE WE SMART
ENOUGH
TO KNOW
HOW SMART
ANIMALS ARE?

인지 물결

유레카!

날씨가 화창하고 산들바람이 부는 카나리아제도는 인지 혁명이 일어날 장소로 도저히 보이지 않지만, 바로 이곳에서 그 혁명이 일어났다. 1913년, 독일 심리학자 볼프강 쾰러는 유인원연구기지를 이끌기 위해 아프리카 북서부 앞바다에 있는 테네리페섬(카나리아제도에서 가장 큰 섬_옮긴이)으로 와 제1차 세계대전이 끝난 뒤까지 머물렀다. 진짜 임무는 지나가는 군용 선박을 감시하는 것이라는 소문이 돌긴 했지만, 쾰러가 주로 관심을 쏟은 대상은 작은 침팬지 무리였다.

당시 유행한 학습 이론에 세뇌당하는 것을 피한 쾰러는 동물인지에 대해 신선할 정도로 열린 마음을 갖고 있었다. 그는 특정 결과를 얻기 위해 동물을 통제하려고 노력하는 대신에 인내심을 갖고 지켜보는 태도를 견지했다. 쾰러는 동물에게 간단한 과제를 제시하고는 동물이 여기에 어떻게 대처하는지 알아내려고 했다. 가장 능력이 뛰어난 침팬지 술탄에게는 손이 닿지 않는 장소에 바나나를 갖다놓고 길이가 너무 짧아서 바나나까지 닿지 않는 막대를 여러 개 주었다. 혹은 공중 높이 바나나를 매달아놓고는 큰 나무 상자들을 사방에 흩어놓았는데, 상자를 하나만 밟고 올라서서는 바나나에 손이 닿지 않았다. 술탄은 처음에는 점프를 하거나 바나나를 향해 물체를 던지거나 손으로 사람을 끌어당기면서 바나나를 가리켰다. 사람을 끌어당긴 것은 도움을 주길 바랐거나 적어도 사람을 밟고 올라설 장소로 이용하기 위해서였을 것이다. 만약 이런 시도가 실패하면, 술탄은 한동안 아무것도 하지 않고 앉아 있다가 갑자기 해결책을 생각해냈다. 대나무 막대 안에 다른 막대를 집어넣어 더 긴 막대를 만드는 방법을 생각할 때도 있었다. 또, 상자들을 차곡차곡 쌓아 탑을 만들어놓고 그 위에 올라서서 바나나에 손이 닿게 만들었다. 쾰러는 이 순간을 전구에 불이 들어오는 순간과 같은 것으로 여겨 '아하! 경험aha! experience'이라고 불렀는데, 이것은 물에 잠긴 물체의 부피를 측정하는 방법을 발견하고는 욕조에서 알몸으로 뛰어나와 '유레카!'라고 외치며 시라쿠사 거리를 뛰어다녔다는 아르키메데스 이야기와 비슷하다.

쾰러에 따르면, 술탄이 바나나와 상자와 막대에 관해 자신이 아는 것을 종합하여 완전히 새로운 일련의 행동 순서를 만들어내 문제를 해결하는 방식은 갑자기 떠오르는 **통찰**로 설명할 수 있다. 과학자들은 모방과 시행착오 학습은 배제했는데, 술탄이 이런 해결책들을 이전에 경험한 적이 없었고 이로 인한 보상을 받은 적도 없었기 때문이다. 그 결과는 '확고한 목

암컷 침팬지 그란데는 손으로 바나나를 잡으려고 상자 네 개를 쌓아올렸다. 100여 년 전에 볼프강 쾰러는 유인원이 머릿속에서 반짝 떠오른 통찰을 통해 문제를 성공적으로 푸는 해결책을 생각해낼 수 있음을 보여주어 동물인지 연구를 위한 무대를 마련했다.

적이 있는' 행동으로 나타났다. 상자를 쌓는 과정에서 실수가 빚어져 탑이 무너지는 일이 여러 번 있었는데도 불구하고 술탄은 목적을 달성하려고 계속 노력했기 때문이다. 암컷 침팬지 그란데는 더욱 인내심이 강한 불굴의 건축가여서 상자 네 개를 쌓아 흔들리는 탑을 만든 적도 있었다. 쾰러는 일단 해결책이 발견되면, 유인원은 마치 그 인과 관계에 관해 뭔가를 배운 것처럼 비슷한 문제들을 더 쉽게 푼다고 언급했다. 쾰러는 1925년에 출판한 《유인원의 의식 구조》(이 책은 1917년에 독일에서 《유인원의 지능 검사 *Intelligenzprüfungen an Anthropoiden*》라는 제목으로 처음 출간되고, 1921년에 《사람과 동물의 지능 검사*Intelligenzprüfungen an Menschenaffen*》라는 제목으로 개정판이 나온 책을 영어로 번역 출판한 것이다_옮긴이)에서 자신의 실험을 놀랍도록 자세히 기술했다. 이 책은 처음에는 무시를 받다가 그 다음에는 폄하되었지만, 지금은 진화인지 분야에서 고전 작품으로 자리를 잡았다.[1]

술탄과 여러 유인원이 보여준 통찰력 넘치는 해결책은 우리가 '사고'라고 이야기하는 종류의 정신 활동을 암시하는데, 다만 그 정확한 성격은 (아직도) 잘 이해되지 않았다. 몇 년 뒤, 미국의 영장류 전문가 로버트 여키스는 비슷한 해결책을 기술했다.

> 나는 어린 침팬지가 한 가지 방법으로 보상을 받으려고 노력하다가 실패한 뒤에 자리에 앉아서 상황을 재검토하는 모습을 자주 보았는데, 마치 이전의 노력들을 찬찬히 검토하고 다음에 어떻게 해야 할지 판단하려고 노력하는 것처럼 보였다. …… 한 가지 방법에서 다

른 방법으로 재빨리 옮겨 가는 것이나 행동의 명확함 또는 노력들 사이에 잠깐 멈추는 순간보다 훨씬 놀라운 것은 갑작스런 문제 해결책이다. …… 비록 모든 개체나 모든 문제에서 이런 일이 일어나는 것은 아니지만, 정확하고 적절한 해결책이 사전 예고 없이 그리고 거의 즉각적으로 나타날 때가 많다.[2]

여키스는 이어서 시행착오 학습 능력이 뛰어난 동물만 알고 있는 사람들이 자신이 기술한 내용을 "믿을 것이라고는 거의 기대할 수 없다"고 지적했다. 그래서 그는 이 혁명적인 개념들이 불가피하게 맞닥뜨릴 저항을 예상했다. 아니나 다를까, 이것은 인형의 집 안에서 작은 상자들을 이리저리 밀고 다니다가 상자를 밟고 올라서서 플라스틱 바나나(곡물 보상과 연결된)를 건드리도록 훈련받은 비둘기의 형태로 나타났다.[3] 얼마나 흥미로운가! 이와 동시에 쾰러의 해석은 의인관에 치우쳤다는 비판을 받았다. 하지만 나는, 호랑이 굴로 뛰어들어 도구를 사용하는 유인원에 대한 스키너의 이론을 두고 1970년대에 그와 논쟁을 벌일 만큼 용감했던 한 미국인 영장류학자로부터 이러한 비난들을 일소에 부칠 수 있는 흥미로운 이야기를 들었다.

에밀 멘젤은 구체적인 세부 사실을 생략한 채 미국 동해안에서 한 교수가 자신을 강연자로 초대한 이야기를 들려주었다. 이 교수는 영장류 연구를 경시했고, 인지 해석에 공공연하게 적대적 태도를 보였는데, 이 두 가지 성향이 함께 손을 잡고 표출될 때도 많았다. 아마도 그는 조롱거리로 만들려는 심산으로 젊은 멘젤을 초청했을 테지만, 상황이 역전되리라고는 꿈에도 생각지 않았을 것이다. 멘젤은 청중에게 자신의 침팬지들이 긴 막대기를 우리 주위의 높은 담장에 걸쳐놓는 장면을 촬영한 것을 보여주었다. 몇몇이 막대기를 꽉 붙잡고 있는 동안 나머지 침팬지들은 그것을 타고 올라 일시적으로 자유를 얻었다. 이것은 복잡한 조직적 활동이었는데, 전류가 흐르는 전선을 피하는 동시에 결정적인 순간에 손동작을 통해 서로의 도움을 이끌어낼 필요가 있었기 때문이다. 이 모든 과정을 직접 촬영한 멘젤은 지능을 전혀 언급하지 않은 채 필름을 보여주기로 결정했다. 그는 최대한 중립적 태도를 지키려고 했다. 그의 내레이션은 "지금 이것은 록이 막대기를 붙잡고 다른 침팬지들을 흘끗 쳐다보는 장면입니다"라거나 "지금 한 침팬지가 몸을 획 돌리면서 담장을 넘고 있습니다"처럼 순전히 서술적인 것에 그쳤다.[4]

강연이 끝난 뒤 그 교수는 벌떡 일어나더니 멘젤이 비과학적이고 의인화를 지나치게 사용할 뿐만 아니라 동물들에게는 있을 리가 없는 계획과 의도가 있다고 주장한다며 멘젤을 비난했다. 자리에 있던 사람들이 찬동하는 함성을 지르자, 멘젤은 자신은 침팬지에게 무엇이 있다고 주장한 적이 전혀 없다고 응수했다. 만약 그 교수가 침팬지들에게서 어떤 계획과 의도를 보았다면 그는 자신의 눈으로 그것을 본 게 틀림없는데, 멘젤은 이와 비슷한 말을 내비친 적이 전혀 없었기 때문이다.

나는 멘젤이 죽기 몇 년 전에 내 집에서(그는 가까이에 살았다) 인터뷰를 했는데, 그때 기회를 놓치지 않고 쾰러에 대해 물어보았다. 자신도 위대한 대형 유인원 전문가로 널리 인정받던 멘젤은 그 선구자의 천재성을 완전히 이해하기까지는 몇 년 동안 침팬지와 함께 지내면서 연구하는 게 필요했다고 말했다. 쾰러처럼 멘젤도 계속 반복해서 관찰하고, 설사 어떤 행동을 단 한 번만 보았다 하더라도 관찰 결과가 무엇을 의미하는지 깊이 생각하는 것이 중요하다고 믿었다. 그는 단 한 번의 관찰을 '일화'라고 부르는 것에 반대했는데, 심술궂은 미소를 지으면서 이렇게 덧붙였다.

"내가 정의하는 일화는 다른 사람이 한 관찰입니다."

만약 어떤 것을 직접 보고 전체 동역학을 추적했다면 대개 자신의 마음속에는 이것을 어떻게 이해해야 하는지에 대해 아무런 의심도 없다. 그러나 다른 사람들은 의심을 품을 수 있으며, 따라서 그들을 납득시킬 필요가 있다.

여기서 내가 겪은 일화를 이야기하고 싶어 입이 근질근질해 참을 수가 없다. 내가 말하려고 하는 이야기는 침팬지 무리가 멘젤이 촬영한 것과 정확하게 동일한 행동을 한 뷔르허르스동물원의 대탈출 사건이 아니다. 유인원 스물다섯 마리가 동물원의 식당을 습격한 뒤 우리 안쪽 벽에 기대 놓은 나무줄기가 발견되었는데, 그것은 유인원 한 마리의 힘만으로는 도저히 옮길 수 없을 만큼 무거웠다. 내가 말하려는 이야기는 내 전문 분야인 **사회적 문제**(일종의 사회적 도구 사용)에 대해 유인원이 발견한 통찰력 있는 해결책이다. 암컷 침팬지 두 마리가 양지에 앉아 있고, 바로 앞 모래밭에서 새끼들이 뒹굴며 놀고 있었다. 놀이가 날카롭게 소리를 지르며 털을 잡아당기는 싸움으로 변하자 어미들은 어쩔 줄 몰라 했다. 어미는 원래 공평무사하기가 어려우니 한 어미가 싸움을 말리려고 뛰어들면 다른 어미도 자신의 새끼를 보호하려고 달려들 게 뻔했기 때문이다. 새끼들의 싸움이 어른들의 싸움으로 번지는 일은 드물지 않다. 두 어미는 불안한 표정으로 싸움뿐만 아니라 서로를 감시했다. 그중 한 어미가 알파 암컷인 마마가 가까이에서 잠을 자고 있는 걸 발견하고는 가까이 다가가 옆구리를 찔렀다. 나이 많은 가모장이 잠에서 깨어나자 그 어미는 팔을 흔들며 싸움이 벌어지고 있는 곳을 가리켰다. 마마는 한번 흘끗 쳐다보는 것만으로 상황을 파악하고는 한 걸음 앞으로 나서면서 위협적인 소리를 내질렀다. 마마의 권위는 절대적이어서 그것만으로 새끼들은 조용해졌다. 어미는 침팬지 특유의 상호 이해에 의존함으로써 자신의 문제에 대해 빠르고도 효과적인 해결책을 찾았다.

늙은 암컷이 물이 있는 곳까지 걸어가지 않아도 되도록 젊은 암컷들이 자기 입에 물을 머금고 늙은 암컷에게 가져가 입에다 넣어주는 사례처럼 침팬지의 이타심에서도 이와 비슷한 이해를 볼 수 있다. 영국 영장류학자 제인 구달은 야생 침팬지인 마담 비가 너무 늙고 허약해져 과일이 열린 나무에 오르지 못하게 되었을 때 일어난 일을 묘사했다. 마담 비는 딸이 과일을 따서 내려올 때까지 밑에서 인내심을 가지고 기다리다가 딸이 내려오면 둘이 함께 만족스러운 표정으로 과일을 우적우적 씹어먹었다.[5] 이런 사례들에서도 유인원은 문제를 파악하고 새로운 해결책을 생각해내지만, 여기서 아주 놀라운 부분은 **다른 유인원의 문제를 지각**한다는 것이다. 이러한 사회적 지각은 많은 연구자의 관심을 끌었으므로 나중에 더 자세히 다루겠지만, 나는 여기서 문제 해결에 관해 일반적인 사실 한 가지를 명확하게 설명하려고 한다. 비록 쾰러는 시행착오 학습으로는 자신이 관찰한 것을 설명할 수 없다고 강조했지만, 학습이 아무 역할도 하지 않는다고 주장한 것은 아니었다. 사실, 그의 유인원들은 쾰러의 표현을 빌리면 '어리석은 짓'을 수많이 저질렀는데, 이것은 해결책이 그들의 마음속에서 완벽하게 형성되는 경우는 드물며 상당히 많은 수정이 필요하다는 것을 보여주었다.

그의 유인원들은 분명히 다양한 사물의 **어포던스**affordance를 배웠다. 인지심리학에서 나온 이 용어는 (붙잡을 곳을 제공하는) 찻잔의 손잡이나 (기어오를 곳을 제공하는) 사닥다리의 단 같은 대상을 사용할 수 있는 방식을 가리킨다(어포던스는 '행동 유도성'으로 많이 번역되며 행위자가 특정 물체나 환경에 어떤 행동을 할 수 있는 가능성을 뜻한다_옮긴이). 술탄은 해결책을 생각해내기 전에 막대와 상자의 어포던스를 안 것이 틀림없다. 마찬가지로 마마를 행동에 나서게 한 암컷 침팬지는 마마가 중재자로서 행사하는 효율성을 목격한 것이 분명하다. 통찰력이 뛰어난 해결책은 항상 사전 정보에 의존한다. 유인원에게서 특별한 점은 이러한 기존의 지식을 유연하게 엮어 이전에 한 번도 시도해본 적이 없으면서 자신에게 유리하게 작용할 새 패턴을 만드는 능력이다. 나는 침팬지가 경쟁자를 자신의 지지자들로부터 고립시키거나 이전에 싸웠던 상대들을 서로 다가가게 함으로써 화해를 유도하는 방식 같은 유인원의 정치 전략들에서도 똑같은 일이 일어날 것이라고 추측했다.[6] 이러한 사례들에서 우리는 유인원이 일상적인 문제들에 대해 통찰력이 넘치는 해결책을 찾아내는 것을 본다. 유인원은 이런 능력이 아주 뛰어나, 멘젤이 발견한 것처럼 가장 완강한 회의론자도 유인원을 관찰하다 보면 이들의 명백한 의도성과 지능에 큰 충격을 받지 않을 수 없다.

말벌의 얼굴

과학자들이 행동은 학습이나 생물학적 특성에서 유래한다고 생각하던 시절이 한때 있었다. 인간의 행동은 학습에 기인하는 경우가 많고, 동물의 행동은 생물학적 특성에 기인하는 경우가 많으며, 그 사이에 존재하는 것은 거의 없다고 생각했다. 그릇된 이분법에 대해서는 신경 쓸 필요가 없지만(모든 종에서 행동은 이 양자가 복합적으로 작용한 결과로 나타난다), 세 번째 설명을 여기에 추가하지 않을 수 없는데, 그것은 바로 인지이다. 인지는 어떤 생물이 얻는 정보의 종류와 그 정보를 처리하고 적용하는 방식과 관련이 있다. 클라크잣까마귀는 수천 개의 도토리를 숨겨둔 장소를 기억하고, 벌잡이벌은 땅굴을 떠나기 전에 방향 비행을 하며, 침팬지는 갖고 노는 물체들의 어포던스를 무심하게 학습한다. 어떤 보상이나 처벌이 없어도 동물들은 봄에 도토리를 찾는 것에서부터 자신의 땅굴로 돌아가거나 바나나에 도달하는 방법에 이르기까지 장래에 쓸모가 있을 지식을 축적한다. 학습의 역할은 명백하지만, 인지의 특별한 점은 학습이 제 역할을 하게 한다는 데 있다. 학습은 단순히 하나의 도구에 불과하다. 학습은 동물에게 인터넷처럼 엄청나게 많은 정보를 담고 있는 세계에서 정보를 수집하게 한다. 이런 상황에서는 정보의 늪에 빠져 허우적거리기 쉽다. 동물의 인지는 참고해야 할 정보의 흐름을 줄이고, 자신의 자연사를 감안해 알아야 할 필요가 있는 특정 수반성을 학습하게 한다.

많은 동물들은 인지적 성취를 공통적으로 지니고 있다. 과학자들이 더 많은 것을 발견할수록 더 많은 물결 효과가 드러난다. 한때 인간 혹은 적어도 사람상과 *Hominoidea*(인류와 유인원을 포함하는 영장류의 한 과. 사람상과는 대형 유인원류라고도 부르는 사람 *Hominidae*과 소형 유인원류라도 부르는 긴팔원숭이과 *Hylobatidae*로 나뉜다_옮긴이)만의 전유물로 생각되었던 능력들이 사실은 광범위하게 퍼져 있는 것으로 드러날 때가 많다. 전통적으로 유인원은 명백한 지능 덕분에 과학적 발견들에 맨 먼저 영감을 제공한 경우가 많다. 유인원이 인간과 나머지 동물계 사이의 댐을 허문 뒤, 열린 수문으로 종들이 줄줄이 뒤를 따라 나오는 경우가 많았다. 인지 물결은 유인원에서 원숭이, 돌고래, 코끼리, 개, 조류, 파충류, 어류, 때로는 무척추동물까지 퍼져간다. 이러한 역사적 진전을 맨 꼭대기에 사람상과를 둔 척도와 혼동해서는 안 된다. 대신에 나는 이것을 계속 팽창하는 가능성의 웅덩이로 본다. 여기서는 예컨대 문어의 인지가 어떤 포유류나 조류에 못지않게 놀라운 것일 수도 있다.

처음에는 인간의 전유물로 간주되었던 얼굴 인식에 대해 한번 생각해보자. 이제 유인원과 원숭이도 얼굴 인식 엘리트에 합류했다. 매년 내가 아른험에 있는 뷔르허르스동물원을 방문할 때마다 몇몇 침팬지는 30년도 더 전부터 봐온 나를 여전히 기억한다. 이들은 군중 속에서 내 얼굴을 알아 보고는 흥분하여 소리를 지르면서 나를 환영한다. 영장류는 얼굴을 인식할 뿐만 아니라, 이들에게는 얼굴이 아주 특별하다. 영장류도 사람처럼 얼굴 역전 효과가 있어서, 거꾸로 뒤집힌 얼굴을 알아보는 데 어려움을 겪는다. 이 효과는 특이하게 얼굴에 대해서만 나타난다. 식물이나 새 또는 집처럼 다른 물체들을 알아보는 데에는 방향을 어떻게 바꾸든지 큰 문제가 되지 않는다.

터치스크린을 사용한 실험을 했을 때 꼬리감는원숭이는 온갖 종류의 이미지를 자유롭게 만지지만, 얼굴이 맨 처음 나타났을 때에는 기겁을 했다. 자신의 몸을 와락 움켜잡고 우는 소리를 냈으며, 얼굴 이미지에는 손을 대려고 하지 않았다. 얼굴에 손을 대는 것은 사회적 금기를 어기는 것이기 때문에 더 존중하는 태도로 이 이미지를 대한 것일까? 꼬리감는원숭이가 주저하는 태도를 극복하고 나자 우리는 같은 집단 구성원 사진과 낯선 원숭이 사진을 보여주었다. 자기와 같은 종에게만 신경 쓰는 순진한 사람들의 눈에는 이 사진들이 다 똑같아 보였지만, 원숭이들은 어느 것이 자신이 아는 원숭이이고 어느 것이 모르는 원숭이인지 스크린을 살짝 건드려 표시하면서 별 어려움 없이 구별했다.[7] 우리는 이 능력을 당연한 것으로 여기지만 원숭이는 2차원 픽셀 패턴을 현실 세계에서 살고 있는 개개 원숭이와 연결 지어야 했는데, 실제로 그렇게 했다. 과학자들은 얼굴 인식이 영장류의 전문화된 인지 기술이라고 결론 내렸다. 그러나 그렇게 하자마자 첫 번째 인지 물결이 도착했다. 얼굴 인식은 까마귀와 양, 심지어 말벌에게서도 발견되었다.

까마귀에게 얼굴이 무엇을 의미하는지는 불분명하다. 자연에서 살아갈 때 까마귀는 목소리와 비행 패턴, 몸 크기 등등 서로를 알아볼 수 있는 방법이 아주 많으므로 얼굴은 별 의미가 없을 수도 있다. 그러나 까마귀는 놀랍도록 예리한 눈을 가지고 있어, 사람들을 얼굴로 아주 쉽게 구별할 수 있다는 사실을 알아챌 가능성이 높다.

로렌츠는 까마귀가 특정 사람들을 괴롭히는 사례를 보고한 적이 있는데, 까마귀가 원한을 품는 능력이 있다고 확신한 나머지 갈까마귀를 붙잡아 발에 표지를 달 때마다 늘 변장을 했다(갈까마귀와 까마귀는 모두 머리가 좋은 까마귓과 동물이다. 어치와 까치, 큰까마귀도 까마귓과에 속한다). 시애틀에 있는 워싱턴 대학의 야생생물학자 존 마즐러프가 까마귀를 너무 많이 잡아가자, 이 새들은 마즐러프가 걸어 다닐 때마다 그의 이름을 부르면서 야단스럽게 소리치고 급강하 폭격을 가해 까마귀 무리를 지칭하는 '살해murder'라는 용어가 정당함을 보여주었다(영어로 까마귀 무리를 a murder of crows 라고 한다_옮긴이)

> 잘 다져진 오솔길을 두 발 달린 개미들처럼 분주하게 오가는 4만여 명의 사람들 가운데에서 그들이 우리를 어떻게 찾아내는지는 알 수 없다. 하지만 그들은 우리를 찾아내며, 근처에 있는 까마귀들은 우리에게 혐오감을 표시하는 듯한 소리를 내면서 도망친다. 이와는 대조적으로, 까마귀들은 그들을 잡거나 측정하거나 발에 표지를 붙이

거나 그 밖의 방법으로 모욕을 준 적이 전혀 없는 학생들과 동료들 사이에서는 평온하게 걸어 다닌다.[8]

마즐러프는 핼러윈 때 쓰는 것과 비슷한 고무 가면을 사용해 까마귀의 얼굴 인식 능력을 시험해보기로 했다. 까마귀는 몸이나 머리카락 또는 옷으로 특정 사람을 알아볼지 모르지만, 가면을 사용하면 사람의 '얼굴'을 한 몸에서 다른 몸으로 옮김으로써 그 역할을 분리할 수 있다. 그의 앵그리 버드 실험에는 특정 가면을 쓰고 까마귀를 잡고 나서 동료들이 이 가면이나 중립적인 가면을 쓰고 돌아다니는 단계들이 포함되어 있었다. 까마귀들은 포획자의 가면을 쉽게 기억했는데, 물론 그 가면은 좋게 기억되었을 리가 없었다. 재미있는 것은, 미국 제46대 부통령 딕 체니의 얼굴을 중립적인 가면으로 사용했는데, 이 가면이 까마귀보다는 캠퍼스의 학생들로부터 더 부정적인 반응을 이끌어냈다는 사실이다. 이전에 한 번도 잡힌 적이 없는 새들은 '포식자' 가면을 알아보았을 뿐만 아니라 몇 년이 지난 뒤에도 그 가면을 쓴 사람을 여전히 괴롭혔다. 그들은 동료들의 불쾌한 반응을 알아차린 게 틀림없었고 이것이 특정 사람들을 몹시 불신하는 결과로 나타났다. 마즐러프는 "까마귀에게 친절한 매는 아주 드물겠지만, 사람의 경우라면 우리를 각각의 개인으로 분류해야만 한다. 까마귀는 분명히 그럴 수 있다"라고 설명한다.[9]

까마귀과 새들은 늘 깊은 인상을 주지만, 양은 거기서 한 걸음 더 나아가 서로의 얼굴까지 기억하는 것처럼 보인다. 키스 켄드릭이 이끈 영국 과학자들은 한 얼굴을 선택하면 보상을 주고 다른 얼굴을 선택하면 주지 않는 방법을 써서 양들에게 자기 종 스물다섯 쌍의 얼굴 차이를 가르쳤다. 우리가 보기에 이 스물다섯 쌍은 오싹한 느낌이 들 정도로 모두 똑같아 보이지만, 양들은 스물다섯 가지의 차이를 학습하고 최대 2년까지 기억했다. 그러면서 양들은 사람과 동일한 뇌 지역과 신경망을 사용했는데, 일부 신경세포들은 얼굴에만 반응하고 다른 자극에는 반응하지 않았다. 이 특별한 신경세포들은 양이 자신이 기억하는 동료 사진을 볼 때 활성화되었다. 양들은 사진을 볼 때면 마치 상대가 거기에 있는 것처럼 "매애"하고 울었다. 이 연구 결과를 '양은 결국 그렇게 멍청하지 않다(나는 이 제목에 반대하는데, 멍청한 동물이 있다고 믿지 않기 때문이다)'라는 부제와 함께 발표하면서 연구자들은 양의 얼굴 인식 능력을 영장류와 동격으로 올려놓았고, 우리에게 특색 없는 구성원들의 집단처럼 보이는 양 떼가 사실은 각자 구별되는 특색을 지닌 구성원들의 집단이라고 추측했다. 이것은 또한, 가끔 그러듯이 서로 다른 양 떼들을 섞는 것은 우리가 생각하는 것보다 더 많은 고통을 야기할지 모른다는 것을 의미한다.

과학은 양으로 영장류 맹신자들을 당황하게 만든 것으로 부족했는지 이번에는 말벌까지 들이밀었다. 미국 중서부에서 흔히 볼 수 있는 북방쌍살벌은 고도로 조직화된 사회를 이루고 살아가는데, 모든 일벌을 지배하는 여왕벌들 사이에 분명한 위계가 있다. 치열한 경쟁을 감안할 때 각각의 쌍살벌은 자신의 위치를 알 필요가 있다. 알파 여왕벌이 가장 많은 알을 낳고 베타 여왕벌이 그 다음으로 많은 알을 낳는 식으로 계속 위계가

작은 무리를 지어 살아가는 쌍살벌은 계급이 분명히 정해져 있는데, 이 무리에서는 모든 개체를 일일이 알아보는 것이 유리하다. 얼굴의 검은색과 노란색 무늬는 서로를 구별하는 데 큰 도움을 준다. 쌍살벌과 아주 가까운 관계에 있는 한 말벌 종은 사회적 생활이 덜 분화된 반면에 얼굴 인식 능력이 없다. 이것은 인지가 생태학적 조건에 얼마나 크게 좌우되는지 보여준다.

이어진다. 작은 쌍살벌 무리의 구성원들은 외부의 벌들뿐만 아니라 실험자들 때문에 얼굴의 무늬가 변한 암컷에게도 공격성을 보인다. 이들은 암컷의 얼굴에 나타나는 놀랍도록 서로 다른 노란색과 검은색 무늬 패턴으로 서로를 구별한다. 미국 과학자 마이클 시언과 엘리자베스 티베츠는 쌍살벌의 개체 인식 능력을 시험하여 이것이 영장류와 양만큼 전문화되었다는 사실을 발견했다. 쌍살벌은 같은 종의 얼굴을 다른 시각적 자극보다 훨씬 잘 구별하며, 또 여왕벌 한 마리가 수립한 집단에서 살아가는 아주 가까운 관계의 말벌보다 훨씬 좋은 성적을 거둔다. 이 말벌 집단의 구성원들은 위계가 거의 없고 얼굴도 훨씬 균일한 편이다. 이들에게는 개체 인식 능력이 필요 없다.[10]

만약 얼굴 인식 능력이 동물계의 이렇게 서로 다른 집단들에서 진화했다면, 이 능력들이 서로 어떻게 연결되는지 궁금한 생각이 들지 않을 수 없다. 쌍살벌은 영장류와 양처럼 큰 뇌를 갖고 있지 않기 때문에(대신에 아주 작은 신경절 집단들이 있다) 아주 다른 방식으로 이 일을 처리할 것이다. 생물학자들은 틈만 있으면 **메커니즘**과 **기능**을 강조한다. 동물들이 다른 수단(메커니즘)을 통해 동일한 결과(기능)를 낳는 경우는 아주 많다. 하지만 인지의 경우 '하등' 동물이 비슷한 일을 하는 사례를 들어 큰 뇌를 가진 동물의 정신적 성취에 의문을 제기할 때에는 이 구별을 잊어버리는 일이 가끔 일어난다. 의문을 제기하는 사람들은 "말벌도 같은 일을 할 수 있다면, 그건 별것도 아니지 않은가?"라고 말하면서 즐거워한다. 아래로 향해 치달리는 이 경주에서는 유인원에 관한 쾰러의 실험을 폄하하기 위해 작은 상자 위로 뛰어오르도록 훈련시킨 비둘기도 나왔고, 사람과 그 밖의 사람상과 동물들 사이의 정신적 연속성에 의문을 던지기 위해 영장목 밖에서 발견한 지능을 강조하는 주장도 나왔다.[11] 이 기저에 자리 잡고 있는 생각은 직선적인 인지 척도와 함께 '하등' 동물에게 복잡한 인지가 있다고 가정하는 일은 없으므로, '고등' 동물에 대해서도 그렇게 가정할 이유가 없다는 논리이다.[12] 마치 어떤 결과에 이르는 길은 오직 하나밖에 없다는 것처럼 말이다!

사실은 그렇지 않다. 자연에는 그렇지 않다는 걸 보여주는 예가 차고 넘친다. 내가 직접 아는 한 예는 암수 한 쌍이 결합해 살아가는 아마존의 시클리드과 물고기인 디스커스인데, 이들은 포유류에 못지않은 수준의 양육 행동을 보여준다. 치어들은 알 노른자위를 다 흡수하고 나면, 어미와 아비의 옆구리에 모여 부모의 몸에서 나오는 점액을 빨아먹고 살아간다. 이렇게 약 한 달 동안 새끼들은 부모로부터 영양분과 보호를 제공받고 살다가 결국에는 '젖을 떼게' 되는데, 이제 부모는 새끼들이 다가오면 몸을 돌려 피한다.[13] 포유류 양육의 복잡성이나 단순성을 뒷받침하려는 근거로 이 물고기 사례를 사용하려는 사람은 아무도 없을 텐데, 그도 그럴 것이 두 메커니즘은 서로 완전히 다르기 때문이다. 양자에게 공통되는 것은 새끼를 먹이고 기르는 기능이다. 메커니즘과 기능은 생물학에서 영원한 음과 양이다. 둘은 상호작용하고 서로 뒤얽히지만, 둘을 혼동하는 것보다 더 큰 죄도 없다.

진화가 진화 계통수 전반에 걸쳐 마법을 어떻게 펼치는지 이해하기 위해 우리는 **상동**相同과 **상사**相似라는 개념을 자주 들먹인다. 상동은 공통 조상에서 유래한 공통의 특성을 가리킨다. 따라서 사람의 손과 박쥐의 날개는 상동기관인데, 둘 다 조상의 앞다리에서 유래했고, 정확하게 똑같은 수로 이루어진 뼈가 그것을 증명하기 때문이다. 반면에 상사는 서로 관계가 먼 동물들이 각자 독자적으로 같은 방향으로 진화(이것을 **수렴 진화** convergent evolution라고 한다)할 때 일어난다. 디스커스의 양육 행동은 포유류의 양육 행동과 상사이지만 상동은 분명히 아닌데, 같은 행동을 한 어류와 포유류의 공통 조상이 없기 때문이다. 또 다른 예는 돌고래와 어룡(멸종한 해양 파충류)과 어류가 모두 놀랍도록 비슷한 형태를 하고 있는 것을 들 수 있는데, 지느러미가 달린 유선형 몸이 속도와 기동성에 도움이 되는 환경이 낳은 결과이다. 돌고래와 어룡과 어류는 수생 공통 조상이 없기 때

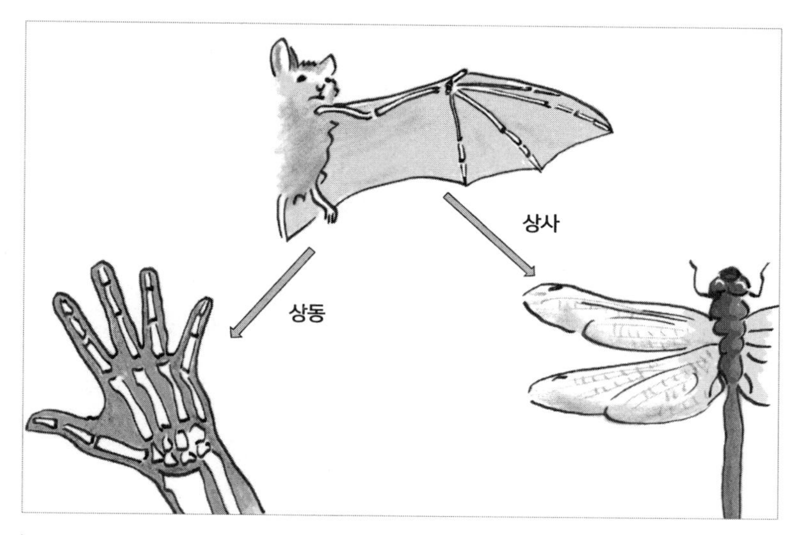

진화과학은 상동(공통 조상에서 유래한 두 종의 특성)과 상사(두 종에서 각자 독자적으로 비슷하게 진화한 특성)를 구별한다. 사람의 손과 박쥐의 날개는 둘 다 척추동물의 앞다리에서 유래했으므로 상동기관이다. 이 사실은 팔뼈와 다섯 개의 손가락뼈를 공유한 것으로 확인할 수 있다. 반면에 곤충의 날개와 박쥐의 날개는 상사기관이다. 이 둘은 수렴 진화의 산물로, 똑같은 기능을 수행하지만 기원은 다르다.

문에 이들의 비슷한 몸 형태는 상사이다. 행동에도 같은 논리를 적용할 수 있다. 쌍살벌과 영장류의 얼굴 인식 능력은 같은 집단의 개개 구성원들을 알아보아야 할 필요성 때문에 각자 독자적으로 진화한 것으로, 인상적인 상사 사례이다.

수렴 진화는 믿기 어려울 정도로 강한 영향력을 발휘한다. 수렴 진화는 박쥐와 고래에게 반향정위를, 곤충과 새에게 날개를, 영장류와 주머니쥐에게 나머지 손가락과 마주 보는 엄지를 주었다. 또 지리적으로 서로 멀리 떨어진 지역들에서 놀라울 정도로 비슷한 종들을 만들어냈는데, 아르마딜로와 천산갑의 갑옷을 두른 듯한 몸, 고슴도치와 호저의 가시 방어 무기, 태즈메이니아주머니늑대와 코요테의 사냥 무기 등이 그 예이다. 심지어 마다가스카르 섬의 아이아이원숭이처럼 E. T.와 비슷하게 생기고 아주 긴 가운뎃손가락(툭툭 두들겨 속이 빈 장소를 알아내고, 나무 속에서 벌레를 끄집어내는 용도로 사용)을 가진 영장류도 있는데, 뉴기니에 사는 소형 유대류인 긴손가락트리오크도 아이아이원숭이와 마찬가지로 손가락이 아주 긴 특성을 갖고 있다. 이 종들은 유전적으로 아주 먼 관계이지만, 기능적으로 동일한 해결책을 가진 쪽으로 진화했다. 따라서 시간적으로나 공간적으로 아주 멀리 떨어진 종들에서 인지적, 행동적 특성이 발견된다고 해서 놀랄 이유가 없다. 인지 물결이 보편적으로 나타나는 이유는 바로 진화 계통수에 제약을 받지 않기 때문이다. 동일한 능력은 그것이 필요한 곳이라면 어디서나 나타날 수 있다. 이것을 일부 사람들처럼 인지의 진화를 부정하는 논거로 간주할 이유가 없다. 이것은 공통 조상을 통해서건 비슷한 상황에 대한 적응을 통해서건 진화가 작용하는 방식과 완벽하게 일치한다.

수렴 진화를 가장 잘 보여주는 예는 도구 사용에서 볼 수 있다.

사람의 정의를 다시 내리다

유인원은 뭔가 갖고 싶은 것이 있는데 손이 닿지

않는다면, 몸을 더 길게 뻗게 해줄 것을 찾기 시작한다. 동물원 섬 주위의 못에 사과가 둥둥 떠다닌다. 유인원은 사과를 발견하고는 적당한 막대를 찾으러, 혹은 사과 뒤쪽에다 던져 사과를 앞으로 오게 할 돌을 찾으러 뛰어다닌다. 유인원은 목표물에 도달하기 위해 목표물에서 멀어지는데(비논리적인 행동이지만), 어떤 도구를 찾는 게 가장 좋을까 하는 이미지를 머릿속에 담고서 그렇게 한다. 유인원은 적당한 도구를 찾으려고 몹시 서두른다. 충분히 빨리 돌아오지 못하면 다른 유인원이 먼저 그것을 차지하기 때문이다. 한편, 나무에서 신선한 잎을 뜯어먹는 게 목표라면 필요한 도구가 아주 달라진다. 이번에는 딛고 올라설 수 있는 튼튼한 물체가 필요하다. 낮게 처진 가지가 있는 나무 아래로 무거운 나무 통을 굴리면서 가져오느라 30분이나 애를 쓸 수도 있다. 도구가 필요한 이유는 나무 주위를 둘러싼 전기 철조망을 넘어가야 하기 때문이다. 유인원은 실제로 이런 시도를 하기 전에 낮게 처진 가지가 도움이 되는지 먼저 생각한다. 심지어 나는 유인원이 자신의 손목 뒤쪽 털로 전선이 뜨거운지 확인하는 장면도 목격했는데, 손을 안쪽으로 구부린 채 털이 전선에 닿을락 말락 하게 가까이 가져가 전류가 흐르는지 확인했다. 만약 전류가 흐르지 않는다면 당연히 도구는 필요가 없고, 낮은 가지에 달린 잎은 만만한 먹잇감이 된다.

유인원은 특정 목적에 맞는 도구를 찾기만 하는 게 아니다. 실제로 도구를 만들기도 한다. 영국 인류학자 케네스 오클리는 1957년에 오직 인간만이 도구를 만든다고 주장한 《도구 제작자 인간》이라는 책을 썼을 때, 술탄이 막대들을 결합하는 장면을 쾰러가 관찰한 사실을 잘 알고 있었다. 하지만 오클리는 이것을 도구 제작으로 인정하기를 거부했다. 상상 속의 미래를 예견하여 일어난 일이 아니라 주어진 상황에 대한 반응으로 일어난 일이었기 때문이다. 오늘날에도 일부 학자들은 인간의 기술이 사회적 역할과 상징, 생산, 교육에 기반을 두고 있다는 점을 강조하면서 유인원이 도구를 사용한다는 주장을 일축한다. 돌로 견과를 깨는 침팬지는 도구를 사용한다고 말할 수 없다는 것이다. 그렇다면 잔가지로 이를 쑤시는 농부도 마찬가지로 도구를 사용한다고 말할 수 없다고 나는 생각한다. 한 철학자는 심지어 침팬지는 소위 자신의 도구가 **필요**하지 않기 때문에, 인간의 도구 사용과 비교하는 것은 무리한 비교라고 생각했다.[14]

가장 복잡한 도구 기술 중 하나는 돌로 단단한 견과를 깨는 것이다. 야생 암컷 침팬지는 모룻돌을 선택한 뒤 자신의 손에 딱 들어맞는 망치를 찾아 견과를 깬다. 새끼 침팬지는 이것을 지켜보면서 배운다. 새끼는 여섯 살쯤 되어야 비로소 어른처럼 능숙하게 도구를 사용할 수 있다.

나는 여기서 내가 만든 '네 동물을 알라' 규칙을 불러오고 싶다. 이 규칙을 적용하면 세대를 이어가며 자리에 앉아서 단단한 견과를 돌로 내리치는(알맹이 하나를 꺼내는 데 평균 33번씩) 야생 침팬지가 아무런 이유 없이 그렇게 한다고 생각하는 철학자의 주장 따위는 무시해도 무방하다. 한창 바쁜 시기에는 일부 야외 현장에서 침팬지들이 잔가지로 흰개미를 낚아 올리거나 돌로 견과를 깨느라 깨어 있는 시간 중 약 20%를 쓴다. 이 활동에서 얻는 칼로리는 여기에 투입한 에너지보다 많게는 아홉 배에 이르는 것으로 추정된다.[15] 게다가 일본 영장류학자 야마코시 겐은 유인원의 주요 영양 공급원(계절 과일)이 부족할 때 견과가 대체 식량 역할을 한다는 사실을 발견했다.[16] 또 하나의 대체 식량은 야자열매의 중과피인데, 이것은 '절굿공이 내리치기'를 통해 얻는다. 높은 나무 위에서 침팬지는 수관樹冠 가장자리에 두 발로 서서 잎줄기로 야자열매 윗부분을 세게 내리쳐 구멍을 뚫고는 섬유질과 수액을 얻는다. 다시 말해서, 침팬지의 생존은 도구에 크게 의존한다.

벤(벤저민의 애칭) 벡은 도구 사용에 대해 가장 널리 알려진 정의를 내렸는데, 짧게 줄여서 소개하면 다음과 같다.

"도구 사용은…… 다른 물체의 형태나 위치, 조건을 더 효율적으로 변화시키기 위해 환경 속에서 그것과 붙어 있지 않은 물체를 외적으로 사용하는 것이다."[17]

비록 불완전하기는 하지만, 이 정의는 수십 년 동안 동물 행동을 연구하는 분야에서 유용하게 사용되었다.[18] 그렇다면 도구 제작은 자신의 목표를 위해 더 효율적인 것으로 만들려고 붙어 있지 않은 물체를 적극적으로 변경하는 것으로 정의할 수 있다. 의도성이 아주 중요하다는 사실에 유의하라. 도구는 멀리서 가져와 어떤 목표를 염두에 두고 변경시키는 것이라는 정의는, 우연히 발견한 이득을 중심으로 전개되는 전통적인 학습 시나리오들이 이 행동을 설명하는 데 큰 어려움을 겪는 이유이다. 만약 침팬지가 개미를 낚아 올리는 데 적합하게 만들기 위해 잔가지에서 곁가지들을 떼어내거나 나무 구멍에서 물을 흡수하기 위해 신선한 잎을 한 주먹 채취해 씹어서 스펀지 같은 덩어리로 만드는 행동을 한다면, 우리는 거기서 목적성을 보지 못할 수가 없다. 원재료로 적절한 도구를 만드는 침팬지는 한때 호모 파베르*Homo faber*, 즉 도구를 만드는 사람을 정의했던 바로 그 행동을 보여준다. 영국 고생물학자 루이스 리키가 구달에게서 침팬지들의 이런 행동을 처음 들었을 때, 편지에 "내 생각에는 이 정의를 고수하는 과학자들은 세 가지 선택의 기로에 놓일 것 같다. 그들은 침팬지를 사람으로 받아들이거나 사람의 정의를 다시 내리거나 도구의 정의를 다시 내려야 할 것이다"[19] 라고 쓴 이유는 이 때문이다.

사육 상태의 침팬지가 도구를 사용하는 모습을 많이 본 뒤, 야생에서 같은 종이 도구를 사용하는 모습을 보았을 때, 그것은 그다지 놀라운 것으로 보이지 않았을 수 있지만, 그래도 그 발견은 아주 중요했다. 왜냐하면 이 행동이 인간의 영향 때문에 일어났다고 설명할 수 없었기 때문이다. 게다가 야생 침팬지는 도구를 사용하고 만들 뿐만 아니라 서로에게서 배우기도 하므로 세대가 지나면서 도구를 개량한다. 그 결과, 동물원의 침팬지들에게서 볼 수 있는 것보다 훨씬 정교한 도구가 나타난다. 한 벌의 연장 세트가 좋은 예이다. 이것들은 한 단계 만에 발명되었다고 생각하기 어려울 정도로 아주 복잡할 수 있다. 전형적인 연장 세트는 미국 영장류학자 크리케트 샌즈가 콩고공화국의 구알루고 삼각지대에서 발견했는데, 이곳에서는 한 침팬지가 숲 속의 탁 트인 특정 장소에 서로 다른 막대 두 개를 들고 나타난다. 두 막대는 항상 똑같은 조합으로 이루어져 있는데, 하나는 길이 약 1미터의 튼튼한 묘목이고, 다른 하나는 유연하고 가느다란 허브 줄기이다. 침팬지는 첫 번째 막대를 의도적으로 땅에 박아 넣는데, 우리가 삽을 땅속으로 밀어 넣을 때 하는 것과 비슷한 방식으로 양 손과 발을 사용해 그렇게 한다. 땅속 깊은 곳에 있는 군대개미 개미집이 드러나도록 제법 큰 구멍을 뚫은 뒤에 침팬지는 막대를 뽑아내 코에 갖다 대고 냄새를 맡는다. 그러고 나서 두 번째 도구를 조심스럽게 집어넣는다. 유연한 허브 줄기에는 마구 물려고 달려드는 개미들이 달라붙는다. 그러면 침팬지는 줄기를 끄집어내 개미를 먹는다. 이렇게 침팬지는 줄기를 아래의 개미집으로 집어넣기를 반복하면서 개미 낚시를 즐긴다. 침팬지는 개미집을 지키는 개미들에게 물리는 걸 피하려고 자주 지면을 떠나 나무 위의 안전지대로 피신한다. 샌즈는 이런 도구를 1000개도 넘게 수집했다. 이것은 구멍 뚫는 도구와 구멍에 집어넣는 도구의 조합이 얼마나 보편적인지 보여준다.[20]

가봉에서 꿀을 채취하는 침팬지들은 더 정교한 연장 세트를 보여준다. 침팬지들은 다섯 가지 도구로 이루어진 연장 세트를 사용해 벌집을 습격하는데(앞의 사례에 못지않게 위험한 활동), 다섯 가지 도구는 내리치는 도구

(벌집 입구를 부수는 데 쓰는 무거운 막대), 구멍 뚫는 도구(꿀이 있는 방에 도달하기 위해 땅에 구멍을 뚫는 막대), 구멍을 넓히는 도구(좌우를 더 넓혀 팜으로써 구멍을 키우는 도구), 채취 도구(꿀에 담갔다가 거기에 묻은 꿀을 핥아먹을 수 있는, 끝이 너덜너덜한 막대), 움키는 도구(꿀을 떠서 퍼 올리는 나무껍질 조각)로 이루어져 있다.[21] 이 도구들은 쓰기에 복잡하다. 대부분의 작업이 시작되기 전에 도구들을 미리 준비해 벌집까지 가져가야 하고, 벌의 공격을 받아 물러나야 할 때까지 도구들을 가까이에 놔두어야 할 필요가 있기 때문이다. 이것을 제대로 사용하려면 선견지명과 순차적으로 일어나는 작업 단계를 계획하는 일이 필요하다. 이는 우리 조상 인류들에게 자주 강조되는 것과 같은 종류의 행동들이 조직화한 것이다. 어떤 단계에서는 도구가 막대와 돌에 기초한 것이어서 침팬지의 도구 사용이 원시적인 것으로 보일 수 있지만, 다른 단계에서는 매우 발전된 모습을 보여준다.[22] 숲에서 침팬지가 활용할 수 있는 재료라고는 사실상 막대와 돌밖에 없는데, 부시먼의 경우에도 가장 많이 사용하는 도구가 땅을 파는 막대(개밋둑을 부수어 열고 뿌리를 파내는 데 쓰는 날카로운 막대)라는 사실을 염두에 둘 필요가 있다. 야생 침팬지의 도구 사용은 그때까지 가능할 것이라고 추정되던 수준을 훨씬 능가하는 것이었다.

침팬지가 사용하는 도구의 종류는 한 공동체당 열다섯에서 스물다섯 가지이며, 정확한 도구의 종류는 문화적, 생태학적 환경에 따라 다르다. 예를 들면, 사바나의 한 침팬지 공동체는 뾰족한 막대를 사냥에 사용한다. 이것은 충격적인 사실이었는데, 사냥 무기는 인간에게만 독특하게 나타난 발전으로 생각하고 있었기 때문이다. 침팬지는 그들의 '창'을 나무에 뚫린 구멍 속으로 찔러 넣어 잠자는 부시베이비(갈라고라고도 함)를 죽이는데, 작은 영장류인 부시베이비는 수컷 침팬지처럼 원숭이를 쫓아가 잡을 수 없는 암컷 침팬지에게 좋은 단백질 공급원이다.[23] 서아프리카의 침팬지 공동체들에서 돌로 견과를 깬다는 사실도 잘 알려져 있다. 이것은 동아프리카의 공동체들에서는 보고된 적이 없는 행동이다. 인간 초보자는 동일한 견과를 깨는 데 어려움을 겪는다. 근육의 힘이 어른 침팬지만큼 강하지 않은 것이 한 가지 이유이지만, 여기에 필요한 협응 능력이 부족한 탓도 있다. 세상에서 가장 단단한 견과 중 하나를 편평한 표면 위에 올려놓고 적당한 크기의 돌망치를 발견해 이것을 알맞은 속도로 내리치는 동시에 손가락이 돌망치에 맞지 않도록 잽싸게 빼려면 수 년간의 연습이 필요하다.

일본 영장류학자 마쓰자와 데쓰로는 이 기술의 발달을 '공장'에서 추적했는데, 여기서 말하는 공장은 유인원들이 견과를 모룻돌로 가져와 돌로 깨는 장소로, 이때에는 일정한 리듬으로 견과를 내리치는 소리가 정글에 가득 울려 퍼진다. 어린것들은 열심히 일하는 어른들 주위를 서성거리다가 가끔 어미에게서 알맹이를 훔쳐 먹는다. 이런 식으로 이들은 견과의 맛과 함께 돌과의 연관 관계를 배운다. 이들은 손과 발로 견과를 내리치거나 목적 없이 견과와 돌을 이리저리 밀치면서 수백 번이나 헛된 시도를 한다. 이들이 아직도 이 기술을 배운다는 사실은 이 행동이 강화와 무관함을 증언한다. 어린 유인원이 세 살쯤 되어 가끔 견과를 깰 수 있는 수준으로 협응 능력이 충분히 발달하기까지는 이런 활동들 중에서 보상을 받는

것은 하나도 없기 때문이다. 6~7세가 되어야만 이 기술이 어른 수준에 이른다.[24]

도구 사용에 대해 이야기할 때면 항상 침팬지가 주목을 받지만, 침팬지와 우리와 긴팔원숭이와 함께 사람상과에 속하는 대형 유인원이 세 종(보노보, 고릴라, 오랑우탄) 더 있다. 사람상과는 꼬리가 없고 몸집이 크고 가슴이 편평한 영장류로, 원숭이와 혼동해서는 안 된다. 이 가족 내에서 우리와 가장 가까운 종은 침팬지와 보노보인데, 둘 다 유전학적으로 우리와 거의 동일하다. 우리와 이들 사이에 존재하는 DNA 차이가 겨우 1.2%에 불과하다는 사실이 정확하게 무엇을 의미하는지를 놓고 열띤 논쟁이 벌어지지만, 우리가 서로 가까운 가족 관계라는 사실은 의심의 여지가 없다. 사육 상태의 오랑우탄은 완벽한 도구 사용자이다. 매듭을 지어 느슨하게 신발 끈을 묶고 도구를 만들 정도로 손재주가 비상하다. 한 어린 수컷은 먼저 끝을 날카롭게 만든 막대 세 개를 두 개의 관에 끼워 넣어 다섯 부분으로 된 장대를 만들어 공중에 매달린 음식물을 끌어내리는 재주를 보여주었다.[25] 탈출의 명수로 악명 높은 오랑우탄은 분해한 나사와 볼트를 눈에 띄지 않는 곳에 숨기면서 몇 주일에 걸쳐 끈기 있게 우리를 해체하기도 하지만 관리인들은 수습하기 힘든 지경에 이를 때까지 이 사실을 알아채지 못할 때가 많다. 이와는 대조적으로 얼마 전까지만 해도 우리가 야생 오랑우탄에 대해 아는 것이라곤 오랑우탄이 가끔 막대로 엉덩이를 긁거나 비가 내릴 때 잎이 달린 가지를 머리 위로 올린다는 것 정도였다. 이토록 뛰어난 능력을 가진 종이 야생에서 도구를 사용한다는 증거가 왜 이리

빈약할까? 이러한 모순은 1999년에 수마트라의 이탄 늪에서 살아가는 오랑우탄의 도구 기술이 밝혀지면서 해결되었다. 이 오랑우탄들은 잔가지로 벌집에서 꿀을 채취하고, 쐐기털로 뒤덮인 니시아*neesia* 열매에서 짧은 막대를 사용해 씨를 빼낸다.[26]

다른 유인원 종들도 도구를 사용할 능력이 충분히 있으며, 긴팔원숭이에게 도구 사용 능력이 없다는 견해는 이미 틀린 것으로 드러났다.[27] 하지만 야생에서 나오는 보고들은 무에 가까울 정도로 빈약하며 때로는 오직 침팬지만이 도구를 풍부하게 사용한다고 시사한다. 고릴라가 예방 조치로 밀렵꾼의 덫을 무력화하거나(기본 메커니즘을 파악하는 게 필요한 능력) 깊은 물을 건너갈 때처럼 도구 사용을 뒷받침하는 사례는 아주 가끔 목격된다. 콩고공화국의 습지에서 코끼리들이 물웅덩이를 새로 팠을 때, 독일 영장류학자 토마스 브로이어는 암컷 고릴라 레아가 이 웅덩이를 건너려고 하는 광경을 보았다. 하지만 레아는 물이 허리 깊이까지 올라오자 건너기를 중단했다(유인원은 헤엄치는 걸 싫어한다). 레아는 뭍으로 돌아와 수심을 측정하려고 긴 나뭇가지를 집어 들었다. 나뭇가지로 여기저기를 짚으면서 물웅덩이 속으로 더 멀리 나아갔다가 다시 발길을 돌려 울부짖는 새끼에게로 돌아왔다. 이 사례는 벤저민 벡의 고전적인 정의에서 부족한 점을 드러냈다. 왜냐하면 레아의 막대는 환경 속의 그 어떤 것도 그리고 레아 자신의 위치도 변화시키지 않았지만, 도구로서의 역할을 했기 때문이다.[28]

침팬지는 우리를 빼고는 가장 다재다능한 영장류 도구 사용자로 인정받지만, 여기에 도전장을 내민 종이 있다. 그 종은 사람상과에 속한 종이 아니라 남아메리카에 사는 작은 원숭이이다. 검은머리카푸친은 수백 년 전부터 손풍금 연주자로 알려져왔고, 더 최근에는 사지 마비 환자 도우미로 훈련받았다. 사물을 조작하는 능력이 아주 뛰어나며 특히 물체를 박살내고 쾅 치는 성향을 활용하는 과제에서는 발군의 능력을 자랑한다. 이 원숭이 무리를 수십 년 동안 기른 적이 있는 나는 이들에게 건네주는 것(당근 조각, 양파 등)은 무엇이건 거의 다 바닥이나 벽에 패대기쳐져 곤죽이 된다는 사실을 잘 안다. 야생에서 이들은 굴을 오랫동안 두들겨 이 연체동물의 근육이 느슨해질 때 껍데기를 비집어 연다. 가을이 되면 애틀랜타의 내 원숭이들은 근처의 나무들에서 떨어진 히커리 열매를 아주 많이 모은 뒤에 두들겨 깼는데, 검은머리카푸친 우리 옆에 있던 우리 사무실에는 하루 종일 미친 듯이 히커리 열매를 두들겨 깨는 소리가 들려왔다. 그 소리는 매우 행복한 소리였는데, 검은머리카푸친은 어떤 일에 몰두할 때 가장 기분이 좋아 보이기 때문이다. 이 원숭이들은 단지 견과를 깨서 열려고 시도했을 뿐만 아니라 견과를 내리치는 데 단단한 물체(플라스틱 장난감, 나무 블록)도 사용했다. 한 집단의 전체 구성원 중 절반쯤은 이렇게 하는 방법을 배운 반면, 두 번째 집단은 동일한 견과와 도구가 있는데도 이 기술을 결코 발명하지 못했다. 이 집단은 분명히 견과를 덜 섭취했다.

검은머리카푸친은 끈질기게 두들기는 선천적 성향 때문에 야외 현장에서 견과를 두들겨 깨는 모습이 자주 목격된다. 500여 년 전에 한 에스파냐 박물학자가 이 모습을 최초로 보고했고, 더 최근에는 한 국제 과학자 팀이 브라질의 치에테생태공원과 다른 여러 곳에서 견과를 깨는 장소를 수십 군데 발견했다.[29] 한 장소에서는 검은머리카푸친이 큰 열매의 펄프를 먹고 나서 씨를 바닥에 뿌린다. 그리고 이틀 뒤에 다시 와서 그 씨들을 모으는데, 그동안 씨들은 바싹 마르고 유충이 들끓는 경우가 많다. 검은머리카푸친은 유충을 좋아한다. 씨들을 손과 입, (물체를 잡을 수 있는) 꼬리로 잡고 큰 바위 같은 단단한 표면을 찾아 여행하는 동안 이 원숭이들은 씨를 내리칠 작은 돌도 구한다. 이 돌들은 침팬지가 사용하는 것과 크기가 비슷하지만, 검은머리카푸친은 몸 크기가 작은 고양이만 하기 때문에 이들이 사용하는 망치의 무게는 자기 몸무게의 약 3분의 1에 이른다! 이들은 문자 그대로 중장비 운전자처럼 행동하면서 돌을 자기 머리 위로 높이 들어 올려 견과를 향해 내리친다. 단단한 씨가 깨지면, 그 속에는 유충이 바글거리고 있고, 원숭이들은 즐겁게 이것들을 주워 먹는다.[30]

견과를 깨는 검은머리카푸친은 사람과 유인원을 중심으로 만들어진 진화 이야기를 완전히 뒤집어엎었다. 이 이야기에 따르면, 석기시대를 경험한 동물은 우리뿐만이 아니다. 우리와 가장 가까운 친척들이 아직도 석기시대에 살고 있다. 이것을 잘 보여주는 사례로 '뗀석기 제작기술' 장소가 코트디부아르의 열대 숲에서 발굴되었는데, 이곳에서는 침팬지들이 적어도 4000년 동안 견과를 깬 것이 분명하다.[31] 이 발견들은 아주 잘 들어맞는 사람-유인원Human Ape 석기 문화 이야기를 낳으면서 우리를 가까운 친척 유인원들과 함께 묶었다.

꼬리로 나뭇가지를 감아 매달릴 수 있는 꼬리감는원숭이(카푸친원숭이라고도 하는데, 검은머리카푸친도 꼬리감는원숭이의 한 종류이다_옮긴이)처럼 더면 친척에게서 비슷한 행동이 발견되었을 때, 처음에 놀랍다는 반응과 함께 불만스러운 반응까지 나온 것은 이 때문이다. 원숭이들은 전통적인 구도에 들어맞지 않았다. 하지만 우리가 더 많은 것을 알수록 브라질의 검은머리카푸친이 견과를 깨는 행동은 점점 더 서아프리카의 침팬지가 보여주는 행동을 닮기 시작했다. 하지만 꼬리감는원숭이는 3000만~4000만 년 전에 나머지 영장목에서 갈라져 나가 관계가 먼 집단인 신열대구(멕시코 남부, 중앙아메리카, 남아메리카, 서인도제도를 포함하는 동물 지리학적 영역_옮긴이) 원숭이에 속한다. 비슷한 도구 사용 행동은 아마도 수렴 진화 사례일 수도 있는데, 침팬지와 꼬리감는원숭이는 둘 다 추출 채집 활동을 하기 때문이다. 이들은 먹이를 구하기 위해 물체를 찢어서 열고 껍데기를 깨고 물체를 짓이겨 곤죽으로 만드는데, 이것은 높은 지능이 진화한 배경인지도 모른다. 반면에 둘 다 양안시(두눈보기) 능력과 조작 능력이 뛰어난 손이 있고 뇌가 큰 영장류이므로 진화적 연결 관계가 존재한다는 사실도 부인할 수 없다. 상동과 상사의 구별은 항상 우리가 원하는 만큼 명확하지는 않다.

꼬리감는원숭이와 침팬지의 도구 사용은 인지적으로 동일한 수준이 아닐 수도 있다는 사실이 문제를 더 복잡하게 만든다. 두 종을 대상으로 다년간 연구를 한 나는 이들이 각자 자신의 일을 어떻게 처리하는지 분명한 감을 얻었는데, 여기서는 일상 언어를 사용해 이를 소개하려고 한다. 침팬지는 모든 유인원과 마찬가지로 먼저 생각을 하고 나서 행동한다. 가장 신중하게 생각하는 유인원은 아마도 오랑우탄이 아닐까 싶다. 하지만 침팬지와 보노보도 감정적으로 흥분하기 쉬운 기질이 있는데 어떤 상황에 직접 부닥치기 전에 행동의 효과를 가늠하면서 상황을 판단하려고 한다. 이들은 무엇을 직접 시도해보기 전에 머릿속에서 해결책을 발견할 때가 많다. 가끔은 양자가 결합된 양상도 볼 수 있다. 완성되지 않은 계획에 따라 행동을 할 때가 그런 경우로, 이런 모습은 물론 우리 종에서도 볼 수 있다. 이와는 대조적으로 꼬리감는원숭이는 광적인 시행착오 기계이다. 꼬리감는원숭이는 과잉 활동과 과잉 조작을 하며 두려워하는 게 없다. 그래서 아주 다양한 조작과 가능성을 시도해보며, 일단 효과가 있는 것을 발견하면 그 자리에서 당장 배운다. 수많은 실수를 저지르는 것을 두려워하지 않으며 포기하는 법이 거의 없다. 이들의 행동 뒤에는 숙고와 생각이 별로 없다. 과도하게 행동 지향적이다. 설사 꼬리감는원숭이가 유인원과 동일한 해결책에 이르는 경우가 많더라도 완전히 다른 방법으로 거기에 이른 것으로 보인다.

이 모든 것은 지나친 단순화일 수도 있지만, 실험적 근거가 전혀 없는 것은 아니다. 이탈리아 영장류학자 엘리사베타 비살베르기는 로마동물원에 붙어 있는 연구 시설에서 검은머리카푸친의 도구 사용을 연구하면서 평생을 보냈다. 한 실험에서는 한가운데에 땅콩이 놓인 게 보이는 수평 방향의 투명한 관 앞에 검은머리카푸친을 서게 했다. 플라스틱 관은 원숭이의 눈높이에 땅콩이 오도록 높이 설치했다. 그러나 관이 너무 좁고 길어 원숭이는 땅콩에 다가갈 수 없었다. 가장 적합한 것(긴 막대)에서부터 가장 부적합한 것(짧은 막대, 부드럽고 유연한 고무)에 이르기까지 땅콩을 꺼내는 데 사용할 수 있는 물체가 많이 있었다. 원숭이들은 막대로 관을 두들기거나 관을 세차게 흔들거나 엉뚱한 물체를 한쪽 끝으로 밀어 넣거나 짧은 막대들을 양쪽 끝에서 밀어 넣어 땅콩을 꼼짝달싹도 하지 못하게 만드는 등 놀랍도록 많은 실수를 저질렀다. 하지만 시간이 지나면서 원숭이들은 요령을 터득했고 긴 막대를 선호하기 시작했다.

여기서 비살베르기는 실험 방법을 살짝 비틀어보기로 했다. 관에 구멍을 뚫기로 한 것이다. 그러자 갑자기 땅콩을 미는 방향이 중요해졌다. 구멍쪽으로 밀면 땅콩은 그 아래의 밀폐된 작은 플라스틱 용기 속으로 떨어져 원숭이가 땅콩을 얻을 길이 영영 사라졌다. 검은머리카푸친은 함정을 피해야 할 필요성을 이해할까? 그리고 이것을 즉각 이해할까, 아니면 많은 시행착오를 거친 뒤에야 이해할까?

검은머리카푸친 네 마리에게 함정이 설치된 관에서 땅콩을 꺼내는 데 쓰도록 긴 막대를 주었더니, 세 마리는 무작위로 막대를 사용해 전체 시행 중 절반에서 성공을 거두었고, 이 결과에 충분히 만족하는 것처럼 보였다. 하지만 호리호리한 암컷인 로베르타는 다른 행동을 보였는데, 두 가지 방법을 번갈아가며 계속 시도했다. 로베르타는 막대를 관의 왼편 끝에서 밀어 넣고는 반대쪽으로 달려가 오른편 끝에서 막대와 땅콩이 어떻게 보이는지 들여다보았다. 그러고는 방향을 바꾸어 막대를 관의 오른편 끝에서 밀어 넣고는 반대쪽으로 달려가 왼편 끝에서 관을 들여다보았다. 로베르타는 이렇게 왔다 갔다 하면서 시행을 반복했는데, 때로는 성공하고 때로는 실패했지만, 결국에는 거의 매번 성공하게 되었다.

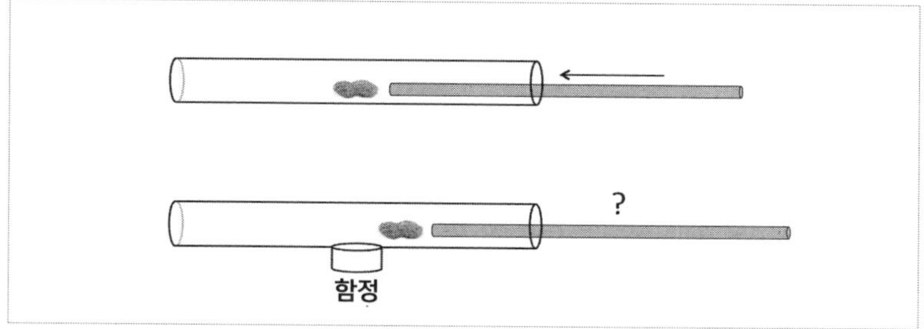

검은머리카푸친(위)은 긴 막대를 투명한 관 속으로 밀어 넣어 땅콩을 밀어낸다. 보통 관 속에 놓인 땅콩은 왼쪽과 오른쪽 어느 방향으로 밀어도 문제를 해결할 수 있다. 하지만 함정이 설치된 관(아래)의 경우에는 문제를 해결하려면 땅콩을 한쪽 방향으로만 밀어야 한다. 반대 방향으로 밀었다가는 땅콩이 함정 속으로 떨어져 땅콩을 절대로 얻을 수 없게 된다. 검은머리카푸친은 많은 실패를 경험한 뒤에야 함정을 피하는 요령을 터득하지만, 유인원은 인과 관계를 이해하고 해결책을 금방 알아낸다.

로베르타는 문제를 어떻게 풀었을까? 연구자들은 로베르타가 단순한 경험 법칙을 따랐을 뿐이라고 결론 내렸다. 즉, 땅콩에서 더 먼 쪽에 있는 관 끝에다 막대를 밀어 넣으면 된다. 이렇게 하면 땅콩을 함정으로 지나가게 하지 않으면서 관 밖으로 밀어낼 수 있다. 연구자들은 여러 가지 방법으로 이것을 시험했는데, 함정이 없는 새 플라스틱 관으로 로베르타를 시험한 것도 있었다. 이번에는 막대를 어느 쪽에서 넣든지 간에 성공할 수 있었다. 그러나 로베르타는 지금까지 거둔 성공의 열쇠였던 규칙을 고수했는데, 계속 관 양쪽을 왔다 갔다 하면서 땅콩에서 먼 쪽이 어디인지를 찾았다. 로베르타는 마치 함정이 여전히 거기에 있는 것처럼 행동했기 때문에, 이것이 어떻게 성공하는지에는 별로 주의를 기울이지 않은 게 분명하다. 비살베르기는 원숭이는 함정이 설치된 관 과제를 실제로 이해하지 못하면서도 해결할 수 있다고 결론 내렸다.[32]

이 과제는 간단해 보일지 모르지만 겉보기보다 훨씬 어렵다. 아이는 만 세 살이 지나야만 이 과제를 신뢰할 수 있는 수준으로 해결할 수 있다. 침팬지 다섯 마리에게 동일한 과제를 제시했을 때, 두 마리는 인과 관계를 파악하고서 함정을 피하는 방법을 분명히 터득했다.[33] 로베르타는 그저 어떤 행동이 성공을 낳는지만 배웠지만, 유인원은 함정의 작동 원리를 알아챘다. 유인원은 행동과 도구와 결과 사이의 연결 관계를 머릿속에서 그렸다. 이것을 **표상적** representational 정신 전략이라고 부르는데, 이것은 실제로 행동을 하기 전에 해결책을 얻게 해준다. 원숭이와 유인원이 모두 문제를 푸는 데 성공했기 때문에 이 차이는 사소해 보일지 모르지만, 실제로는 아주 크다. 유인원이 도구의 목적을 이해하는 수준은 믿기 힘든 유연성을 제공한다. 유인원의 풍부한 기술과 연장 세트, 잦은 도구 제작은 모두 더 높은 인지가 도움이 된다는 것을 증언한다. 1970년대에 미국의 영장류 전문가 윌리엄 메이슨은, 진화가 사람상과에게 다른 영장류와 차이가 나는 인지를 제공했으므로 유인원을 생각하는 존재로 묘사하는 게 적절하다고 결론 내렸다.

> 유인원은 환경에 질서와 의미를 부여함으로써 자신이 사는 세계를 조직하는데, 이것은 그 행동에 명백하게 반영된다. 자기 앞에 놓인 문제를 앉은 채로 응시하고 있는 침팬지를 보고 문제를 어떻게 풀어야 할지 '궁리'한다고 묘사하는 것은 아마도 상황을 제대로 이해하는 데 큰 도움이 되지 않을지 모른다. 이런 주장은 분명히 정확성뿐만 아니라 독창성도 부족하다. 하지만 우리는 이런 과정이 일부 작동하며, 이것이 유인원의 수행 능력에 큰 영향을 미친다는 추론을 피할 수가 없다. 완전히 틀리기보다는 약간 옳은 쪽이 더 나아 보인다.[34]

까마귀도 도구를 사용한다!

내가 관 과제를 처음 접한 것은 세계에서 가장 추운 야생 영장류 서식지 중 한 곳인 일본의 지고쿠다니야생원숭이공원을 방문했을 때였다. 관광 안내인은 이 과제를 원숭이의 지능을 보여주는 예로 사용한다. 강가의 먹이 주는 곳에는 주변 산림에 사는 일본원숭이들이 모여드는데, 이곳에 고구마 조각을 미끼로 넣어둔 수평 방향의 투명한 관이 설치돼 있다. 한 암컷은 검은머리카푸친처럼 막대를 사용하는 대신에 꼬리를 꼭 잡고서 작은 새끼를 관에 밀어 넣었다. 새끼가 고구마를 향해 기어가 그것을 붙잡자 새끼를 사랑하는 어미는 재빨리 새끼를 끌어당긴 뒤 고구마를 놓지 않으려는 그 작은 손에서 기어이 전리품을 떼어냈다. 또 다른 암컷은 돌들을 모아 관의 한쪽 끝에서 돌을 던져 고구마가 반대쪽 끝으로 나오게 했다.

일본원숭이는 꼬리감는원숭이보다 우리와 훨씬 가까운 원숭이인 마카크의 한 종이다. 마카크의 도구 사용을 보여주는 가장 극적인 증거는 미국 영장류학자 마이클 거머트가 수집해왔다. 거머트는 태국 앞바다에 있는 피아크남야이섬에서 석기를 사용하는 긴꼬리마카크 개체군을 발견했다. 나는 이 종에 대한 연구로 학위 논문을 썼기 때문에 이 종을 아주 잘 안다. 게잡이마카크 또는 필리핀원숭이라고도 부르는 이 똑똑한 원숭이는 긴 꼬리를 물속으로 담가 게를 낚아 올린다고 소문이 나 있다. 나는 이들이 꼬리를 막대처럼 사용해 음식물을 획득하는 것을 보았다. 남아메리카의 영장류들처럼 꼬리를 자유자재로 조절하지 못하는(마카크는 꼬리로 물건을 붙잡지 못한다) 마카크는 한 손으로 꼬리를 붙잡고 그것을 움직여 밖에 있는 음식물을 우리 안으로 끌어당긴다.

자신의 신체 부속 기관을 조작하는 행동은 도구 사용의 정의를 확장하는 또 하나의 사례이지만, 거머트가 발견한 것이 잘 발달한 기술이라는 점은 의심의 여지가 없다. 거머트의 원숭이들은 매일 두 가지 목적을 위해 돌을 모았다. 큰 돌은 껍데기가 깨져 맛있는 음식물이 드러날 때까지 오로지 둔탁한 힘만 사용해 굴을 두들기는 망치 역할을 한다. 작은 돌은 도끼와 비슷한 역할을 하는데, 정밀하게 붙잡고 더 빨리 움직이면서 돌에 붙어 있는 조개류를 떼어내는 데 쓰인다. 썰물이 일어나는 몇 시간 동안은 음식물과 도구가 풍부하여 이러한 해산물 기술의 발명에 이상적인 상황을 제공한다. 이 사례는 영장류의 일반적인 지능을 뒷받침하는 증거인데, 마카크는 분명히 열매와 잎을 먹으며 나무 위에서 진화했는데도 이곳 해변에서 잘 살아가고 있기 때문이다. 사람과 침팬지, 꼬리감는원숭이의 뒤를 이어 네 번째 영장류가 석기시대로 진입했다.[35]

그런데 영장류 말고도 도구를 사용하는 포유류와 조류가 상당히 많다. 태평양 연안 지역의 캘리포니아주 사람들은 매일 해초 사이의 물 위에서 이런 기술이 펼쳐지는 장면을 목격한다. 인기가 많은 해달은 누운 채 헤엄을 치면서 양 앞발을 사용해 가슴 위에 모룻돌을 올려놓고 거기다가 조개를 쳐서 깬다. 또 전복도 큰 돌로 쳐서 캐내는데, 이 수중 작업을 마치려고 잠수를 여러 차례 반복하기도 한다. 해달과 가까운 친척은 더 놀라운 재주를 갖고 있는지도 모른다. 벌꿀오소리(라텔이라고도 함)는 입소문을 타고 널리 퍼지는 한 유튜브 비디오에 스타로 등장하는데, 이 비디오는 동물계의 '척 노리스'라고 부를 수 있는 이 동물이 얼마나 거친지를 표현하는 비속어로 넘쳐난다. 심지어 "Honey badger don't care(벌꿀오소리는 상관하지 않아)"라는 문구가 선명하게 새겨진 티셔츠를 입고 다니는 사람들도 많다. 소형 육식동물인 벌꿀오소리는 해달과 마찬가지로 족제빗과에 속한다. 나는 벌꿀오소리의 기술을 공식적으로 다룬 보고서는 한 번도 본 적이 없지만, 얼마 전에 본 PBS의 한 다큐멘터리에서는 스토펠이라는 이름의 구조된 벌꿀오소리를 다루었는데, 스토펠은 남아프리카공화국의 재활센터에 있는 우리에서 탈출하려고 여러 가지 방법을 사용했다.[36] 우리가 보는 것이 훈련받은 기술이 아니라고 가정한다면, 스토펠은 번번이 인간 관리인들의 의표를 찌르면서 벌꿀오소리가 아니라 유인원에게서 기대할 만한 종류의 탈출 곡예 기술을 보여주었다. 이 다큐멘터리는 스토펠이 갈퀴를 벽에 기대놓는 장면을 보여주면서 거기에 큰 돌을 쌓아 탈출을 시도한 적이 있다고 주장한다. 관리인들이 우리에서 돌들을 모두 치우자, 스토펠은 같은 목적으로 진흙 덩어리를 쌓았다.

이 모든 사실들은 아주 인상적이고 추가 연구가 더 필요하지만, 영장류의 지배적인 위치를 가장 크게 위협하고 나선 존재는 다른 포유류가 아니라 시끄럽게 울어대는 조류였는데, 이 새들은 어느 날 갑자기 하늘에서 도구 논쟁 한복판으로 뚝 떨어졌다. 그러고는 히치콕의 영화에서처럼 큰 혼란을 가져왔다.

내 할아버지는 자신의 애완동물 가게에서 조용히 시간을 보내는 동안 골드핀치에게 끈을 잡아당기도록 끈기 있게 훈련시켰다. 이 특별한 종류의 핀치는 네덜란드어로는 퓌테르티어puttertje라고 부르는데, 우물에서 물을 퍼 올리는 행동을 가리키는 이름이다. 노래도 부르고 물도 퍼 올릴 수 있는 수컷은 비싼 값에 팔린다. 수백 년 동안 사람들은 이 작고 화려한 색의 새를 다리에 사슬을 묶어 집에서 키웠는데, 골드핀치가 물을 마시려면 유리컵에 담긴 골무를 끌어 올려야 했다. 미국 소설가 도나 타트의 작품 《골드핀치》에서 중심 소재로 등장하는 17세기의 네덜란드 그림에 이런 골드핀치가 묘사되어 있다. 물론 이제 우리는 (적어도 이렇게 잔인한 방식으로는) 골드핀치를 집에서 키우지 않지만, 골드핀치의 전통적인 재주는 2002년에 까마귀 베티가 보여준 것과 아주 비슷하다.

옥스퍼드 대학의 큰 새장 속에서 베티는 수직 방향으로 세워진 투명한 관에서 작은 양동이를 끄집어내려고 애썼다. 양동이 안에는 작은 고기 조각이 있었고 관 옆에는 베티가 선택할 수 있는 도구가 두 가지 있었다. 하나는 곧게 뻗은 철사였고 다른 하나는 구부러진 철사였다. 구부러진 철사를 사용해야만 양동이의 손잡이를 잡을 수 있었다. 하지만 동료 까마귀가 구부러진 철사를 훔쳐 가는 바람에 베티는 부적합한 도구를 가지고 과제를 해결해야 했다. 베티는 이에 굴하지 않고 부리를 사용해 곧은 철사를 갈고리 모양으로 구부린 뒤 이것으로 양동이를 끄집어냈다. 통찰력 있는 과학자들이 새로운 도구들을 사용해 이 능력을 체계적으로 조사하기 전까지는 이 놀라운 묘기는 그저 하나의 일화에 불과했다. 후속 실험들에서는 베티에게 곧은 철사만 주었는데도 베티는 놀랍게도 철사를 구부리는 행동을 계속 보여주었다.[37] 베티는 조류에게 붙어 다니던 '새대가리'라는 부당한 오명을 불식시킨 것 외에도, 도구 제작이 영장목 밖에서도 일어난다는 사실을 실험실에서 확인한 증거를 제공함으로써 즉각적인 명성을 얻었다. 내가 '실험실'이라는 단어를 추가한 이유는 남서태평양의 야생에서 살아가는 베티의 친척 종이 이미 도구를 만든다는 사실이 알려져 있었기 때문이다. 누벨칼레도니까마귀는 자발적으로 나뭇가지를 변경해 작은 목

제 낚싯바늘을 만들고, 이것을 사용해 틈 사이에 들어 있는 유충을 낚는다.[38]

고대 그리스의 우화 작가 이솝(고대 그리스어 이름은 아이소포스)은 그가 쓴 「까마귀와 물병」이라는 우화로 미루어볼 때 까마귀의 이 재주를 알고 있었을지 모른다. 이 우화는 "목이 너무나도 마른 까마귀가 물병을 발견했습니다"라는 구절로 시작한다. 그런데 물병 안에 물이 충분히 들어 있지 않아 그냥은 마실 수가 없었다. 물병 속으로 목을 집어넣어 보았지만, 수면이 너무 밑에 있어 부리가 물에 닿지 않았다. 이솝은 "그러다가 좋은 생각이 떠올랐어요. 까마귀는 돌멩이를 집어 물병 속으로 떨어뜨렸어요"라고 이야기를 이어갔다. 그러고 나서 돌멩이를 더 많이 집어넣자, 수면이 점점 높이 올라와 마침내 물을 마실 수 있었다. 이것은 현실에서는 절대로 일어날 법하지 않은 재주처럼 보이지만, 과학자들이 이것을 실험실에서 재현하는 데 성공했다. 첫 번째 실험은 야생에서는 도구를 전혀 사용하지 않는 까마귓과 새인 떼까마귀를 대상으로 실시한 것이었다. 물을 채운 수직 방향의 관에다 물 위에 뜬 거저리를 넣어두었는데, 떼까마귀가 부리를 집어넣어도 닿지 않는 높이에 있었다. 만약 거저리를 먹으려면 수면의 높이를 높여야 했다. 진정한 도구 전문가로 알려진 누벨칼레도니까마귀에게도 동일한 실험을 해보았다. 필요는 발명의 어머니라는 격언을 상기시키며, 그리고 이솝의 우화가 근거가 있는 이야기임을 수천 년 뒤에 확인하면서, 두 까마귀 종은 돌멩이를 사용해 관 속의 수면을 높임으로써 물 위에 뜬 벌레 문제를 푸는 데 성공했다.[39]

과학자들은 이솝 우화에 영감을 얻어 까마귀가 물 위에 뜨는 먹이를 얻기 위해 물이 들어 있는 관 속에 돌을 집어넣는지 알아보는 실험을 했다. 까마귀는 실제로 그렇게 했다.

하지만 유의해야 할 점이 몇 가지 있는데, 이 해결책이 얼마나 통찰력이 있는 것인지는 불확실하기 때문이다. 우선, 모든 새는 조금 다른 과제를 사용해 사전에 훈련을 시켰다. 그러면서 관 속에 돌을 집어넣으면 풍성한 보상을 받았다. 게다가 이들이 거저리가 들어 있는 관을 쳐다볼 때 편리하게도 바로 관 옆에 돌멩이들이 놓여 있었다. 따라서 실험 장치는 문제 해결 방법을 강하게 암시했다. 쾰러가 자신의 실험에서 사전에 침팬지에게 상자를 쌓도록 가르쳤다고 상상해보라! 그랬더라면 우리는 그의 이름을 결코 듣지 못했을 텐데, 침팬지가 통찰력을 발휘했다는 주장이 쏙 들어가고 말았을 것이기 때문이다. 실험 과정에서 까마귀들은 큰 돌이 작은 돌보다 효과가 좋고, 톱밥이 채워진 관에는 돌을 집어넣어봤자 아무 소용이 없다는 사실을 터득했다. 하지만 머릿속에서 이러한 답들을 알아냈다기보다는 빠른 학습의 결과였을 가능성이 있다. 아마도 까마귀들은 물속에 돌을 집어넣으면 거저리가 더 가까이 다가온다는 사실을 알아챘고, 그래서 같은 행동을 계속했을 것이다.[40]

얼마 전에 우리가 침팬지들에게 물 위에 뜬 땅콩 과제를 냈을 때, 리자라는 암컷 침팬지는 플라스틱 관 속에 물을 더 집어넣음으로써 이 과제를 즉각 해결했다. 리자는 잠시 관을 세게 차고 흔들었지만 아무 효과가 없자, 갑자기 돌아서서 급수기로 가 입속에 물을 가득 머금더니 관으로 돌아와 관 속에 물을 집어넣었다. 그렇게 급수기로 몇 번 더 오간 뒤에 땅콩이 적당한 높이에 올라오자 손가락을 집어넣어 땅콩을 꺼냈다. 다른 침팬지들은 리자보다는 덜 성공적인 결과를 보여주었지만, 한 암컷은 관 속으로 오줌을 누려고 시도했다! 비록 실행에 옮기는 데에는 문제가 있었지만, 이것은 올바른 아이디어였다. 나는 리자가 태어나서부터 살아온 전 생애를 알기 때문에 이 문제는 리자가 처음 맞닥뜨린 문제라고 확신한다.

우리의 실험은 많은 오랑우탄과 침팬지를 대상으로 실시한 물 위에 뜬 땅콩 과제에서 영감을 얻었는데, 그중 일부 집단은 이 과제를 보자마자 답을 찾아냈다.[41] 여기에는 특별히 놀랄 만한 이유가 있었다. 까마귀와 달리 유인원들은 사전 훈련을 전혀 받지 않았고 가까이에 어떤 도구도 놓여 있지 않았기 때문이다. 대신에 이들은 물을 가지러 가기 전에 머릿속에서 물의 유용성을 떠올린 게 분명하다. 심지어 물은 도구처럼 생기지도 않았다. 이 과제가 얼마나 어려운가 하는 것은 아이들을 대상으로 실시한 실험에서 분명하게 드러났는데, 많은 아이들이 답을 결코 찾지 못했다. 여덟 살 아이들 중에서는 58%만이 답을 찾아냈고, 네 살 아이들 중에서는 8%만이 답을 찾아냈다. 대부분의 아이들은 손가락으로 원하는 것을 꺼내려고 미친 듯이 시도하다가 안 되면 그냥 포기했다.[42]

이 연구들은 영장류 맹신자들과 까마귀 열성 팬들 사이에 우호적인 경쟁 관계를 만들어냈다. 나는 가끔 장난삼아 까마귀 열성 팬들을 '유인원 시샘'에 빠져 있다고 비판하는데, 이들이 발표하는 모든 논문과 보고서에서 까마귀가 유인원보다 훨씬 낫거나 적어도 대등하다고 말하면서 까마귀의 능력을 유인원과 비교하기 때문이다. 이들은 자신의 새들을 '깃털 달린 유인원'이라고 부르면서 "지금까지 인간을 제외한 종들 중에서 믿을 만한 기술 진화의 증거는 오직 누벨칼레도니까마귀에게서만 볼 수 있다"[43]라고 과감한 주장을 하기까지 한다. 반면에 영장류학자들은 까마귀의 도구 사용 기술을 얼마나 일반화할 수 있을지 의심하며, 그리고 조류를 대신하는 이름으로는 '깃털 달린 원숭이'가 더 낫지 않을까 하고 생각한다. 까마귀는 조개를 부수는 해달이나 타조 알에 돌을 던지는 이집트대머리수리처럼 한 가지 재주만 가진 동물이 아닐까? 아니면 광범위한 문제를 다룰 만한 지능을 갖고 있을까?[44] 이 문제는 전혀 해결되지 않았는데, 유인원의 지능을 연구한 지는 100년이 넘었지만, 까마귀의 도구 사용 연구는 겨우 10여 년 전부터 시작되었기 때문이다.

새로 부각된 흥미로운 주제가 하나 있는데, 누벨칼레도니까마귀가 사용하는 메타도구metatool가 그것이다. 까마귀에게 긴 막대를 사용해야만 얻을 수 있는 고기 조각을 보여주는데, 이 막대는 까마귀의 부리만 통과할 수 있고 머리는 통과할 수 없는 창살 뒤에 있다. 이 상태에서는 까마귀가 도구를 손에 넣을 수 없다. 하지만 가까이 있는 상자 안에 긴 막대를 끌어오는 데 적합한 짧은 막대가 들어 있다. 이 문제를 풀려면 다음과 같은 순서를 제대로 밟아야 한다. 먼저 짧은 막대를 집어 올린 뒤 이것을 사용해 긴 막대를 얻고, 그 다음에 긴 막대를 이용해 고기를 얻는다. 까마귀는 음식물이 아닌 물체에 도구를 사용할 수 있고, 이 단계들을 올바른 순서대로 밟아야 한다는 사실을 이해해야 한다. 앨릭스 테일러와 동료들은 누벨칼레도니의 마레 섬에서 일시적으로 새장에 갇힌 야생 누벨칼레도니까마귀를 대상으로 실험을 했다. 그들은 까마귀 일곱 마리를 대상으로 실험을 했는데, 모든 까마귀가 메타도구를 사용하는 데 성공했다. 세 마리는 첫 번째 시도에서 올바른 순서를 밟았다.[45] 현재 테일러는 더 많은 단계로 이루어진 과제를 시험하고 있으며, 까마귀들은 도전 과제에 잘 적응하고 있다. 이것은 아주 인상적인 결과인데, 까마귀들은 순차적으로 정확한 단계를 밟아야 하는 과제를 해결하는 데 어려움을 겪는 원숭이보다 훨씬 나은 성과를 보이고 있다.

영장류와 까마귓과 동물 사이의 진화적 간극 그리고 그 사이에 위치하면서 도구를 사용하지 않는 포유류와 조류의 많은 조상 종을 감안하면, 우리가 보고 있는 것은 전형적인 수렴 진화 사례이다. 이 두 집단은 각자 독자적으로 자기가 처한 환경 속의 물건들을 복잡하게 조작해야 할 필요성이나 다른 도전들에 맞닥뜨린 게 분명하고, 이 결과로 매우 비슷한 인지 기술이 진화했을 것이다.[46] 까마귓과 동물이 무대에 등장한 것은 정신적 삶의 발견들이 어떻게 동물계 전체로 물결치면서 파급되는지 잘 보여준다. 그리고 이 과정은 내가 인지 물결 규칙이라고 부르는 것으로 잘 요약할 수 있다. **우리가 발견하는 인지 능력은 모두 다 처음에 생각했던 것보다 더 오래되고 더 광범위하게 분포하는 것으로 드러나고 있다.** 이것은 진화인지에서 가장 많은 지지를 받는 신조 중 하나로 빠르게 확립되고 있다.

이를 뒷받침하는 사례로 포유류와 조류 이외의 종도 도구를 사용한다는 증거가 있다. 영장류와 까마귓과 동물이 가장 정교한 기술 사용을 보여주는 것은 당연하다고 생각할 수 있지만, 큰 막대를 주둥이 위에 올려놓고 균형을 잡으면서 물속에 반쯤 잠긴 크로커다일과 앨리게이터를 어떻게 생각해야 할까? 악어류는 특히 왜가리와 그 밖의 섭금류가 둥지를 만드느라 막대와 잔가지가 절실히 필요한 부화기에 군서지 근처의 웅덩이와 늪에서 이런 행동을 한다. 이 장면은 다음과 같이 상상할 수 있다. 왜가리가 물 위의 통나무에 내려앉아 거기서 눈길을 끄는 물 위의 나뭇가지를 집어 물려고 하는데, 그때 갑자기 통나무가 살아 움직이면서 왜가리를 덮친다. 아마도 악어는 처음에는 근처에 나뭇가지가 떠 있을 때 새들이 자기 몸 위에 내려앉는다는 사실을 배우고 나서 이 연관 관계를 확장해 왜가리가 둥지를 만드는 시기가 되면 나뭇가지에 가까이 다가가서 기다리려고 했을 것이다. 여기서 새를 유인할 물체를 자신의 몸 위에 올려놓으면 어떨까 하는 생각을 하기까지는 그다지 많은 단계가 필요하지 않았을 것이다. 그러나 이 아이디어에는 문제점이 있는데, 실제로는 주변에 자유롭게 떠다니는 나뭇가지와 잔가지가 별로 없기 때문이다. 나뭇가지와 잔가지를 구하는 것이 매우 절실히 필요하다. 악어(역사적으로 '무기력하고 멍청하고 지루한' 동물로 간주되어왔다고 과학자들이 통탄해 마지않는)가 막대 미끼를 먼 곳에서 가져오는 것이 과연 가능할까? 만약 그렇다면, 이것은 의도적인 도구 사용이 파충류까지 확대되는 또 하나의 극적인 인지 물결이 될 것이다.[47]

도구의 정의를 또다시 확대할 수 있는 마지막 예는 인도네시아 주변의 바다에 사는 핏줄문어(코코넛문어라고도 함)이다. 이 동물은 무척추동물인 연체동물이다! 핏줄문어가 코코넛 껍데기를 모은다는 사실은 이전부터 관찰되었다. 문어는 많은 포식 동물이 좋아하는 먹이이기 때문에 위장은 문어의 삶에서 주요 목표 중 하나이다. 하지만 처음에는 코코넛 껍데기는 아무 도움도 되지 않는다. 우선 적당한 장소로 운반을 하는 게 필요한데, 그동안에 공연히 불필요한 주의만 끌기 때문이다. 핏줄문어는 다리 몇 개로 전리품을 꼭 붙들고 나머지 다리들을 죽 뻗고 몸을 지탱하면서 해저 바닥 위로 걸어간다. 이렇게 거북한 자세로 바닥을 한참 걸어가 안전한 은신처에 도착하면 껍데기 밑으로 들어가 몸을 숨긴다.[48] 아무리 단순한 것이라도 미래의 보호를 위해 연체동물이 도구를 수집하는 이 사례는 기술이 우리 종을 정의하는 특징으로 간주되던 시절 이래 과학이 얼마나 많은 것을 밝혀냈는지 보여준다.

제 4 장

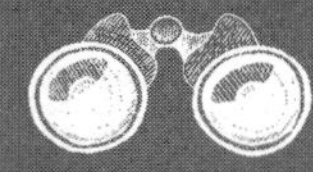

ARE WE SMART ENOUGH TO KNOW HOW SMART ANIMALS ARE?

말을 해봐

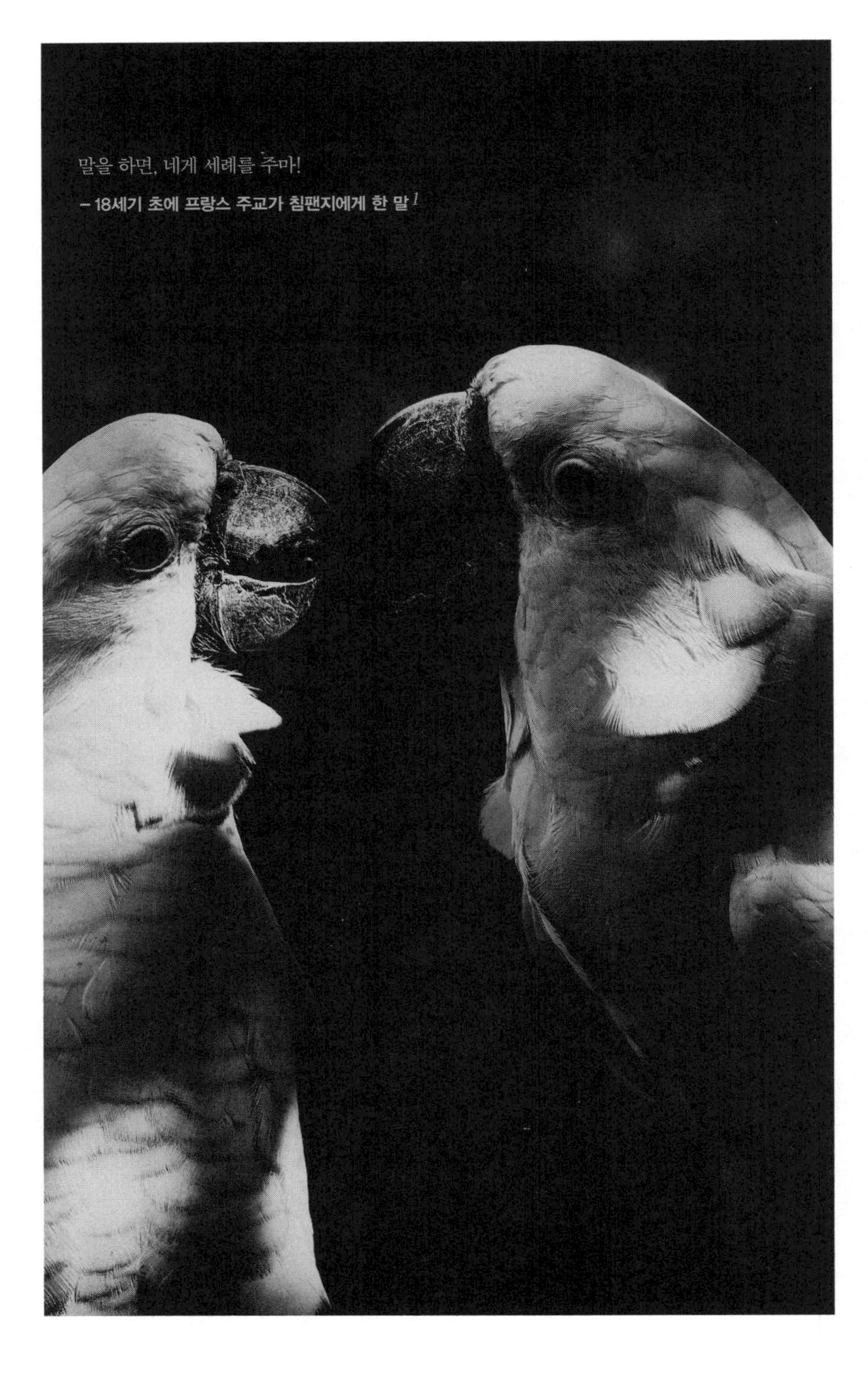

말을 하면, 네게 세례를 주마!

– 18세기 초에 프랑스 주교가 침팬지에게 한 말[1]

우리는 자연 서식지에서 수행하는 연구에 관한 이야기를 들으면 희생과 용기라는 단어가 먼저 떠오르는데, 현장 연구자는 피를 빨아먹는 거머리에서부터 포식 동물과 뱀에 이르기까지 열대우림의 불쾌하고 위험한 동물들과 맞닥뜨리며 연구를 해나가야 하기 때문이다. 이와는 대조적으로 사육 상태의 동물을 연구하는 것은 쉽다고 생각한다. 하지만 우리는 가끔 격렬한 반대 앞에서 자신의 생각을 변호하려면 얼마나 큰 용기가 필요한지 망각한다. 이런 일은 대개 학계 내에서만 일어나고 위험 대신에 불쾌함을 겪는 데 그치지만, 나디아 코트스는 치명적인 위험에 직면했다. 20세기 초에 크렘린의 어두운 그늘 아래에서 살아가면서 연구한 소련 동물심리학자 코트스의 완전한 이름은 나데즈다 니콜라예브나 라디기나-코트스이다. 유전학자를 자처한 트로핌 리센코에게서 사악한 영향력을 받은 이오시프

스탈린은 많은 소련 생물학자를 잘못된 생각을 했다는 이유로 총살하거나 강제노동수용소로 보냈다. 리센코는 동물과 식물은 생애 동안에 획득한 형질을 후손에게 물려줄 수 있다고 믿었다. 그의 생각에 반대하는 사람들의 이름은 들먹여서는 안 되는 것이 되었고, 그들의 연구 시설은 모두 폐쇄되었다.

이런 압제적 분위기에서 코트스는 남편 알렉산드르 표도로비치 코트스(모스크바의 국립다윈박물관을 세운)와 함께 부르주아 영국인 찰스 다윈이 쓴《인간과 동물의 감정 표현》에 영감을 얻어 유인원의 얼굴 표정을 연구하는 데 착수했다. 리센코는 다윈의 이론에 분명히 양면적 태도를 보였는데, 일부 이론은 '반동적'이라고 불렀다. 코트스 부부는 무엇보다도 문제에 휘말려들지 않도록 노심초사하여 박물관 지하실의 박제품 사이에 문서와 데이터를 숨겼다. 그들은 현명하게도 박물관 입구에 획득 형질의 유전을 주장한 것으로 유명한 프랑스 생물학자 장-바티스트 라마르크의 큰 조각상을 세웠다.

코트스는 연구 결과를 프랑스어와 독일어 그리고 무엇보다도 러시아어로 발표했다. 책은 모두 일곱 권을 썼는데, 그중에서 영어로 번역 출간된 것은 한 권뿐으로 1935년에 러시아어로 출간되고 나서 한참 지난 뒤에야 번역되었다. '어린 침팬지와 인간 아이'라는 제목으로 소개된 영어 번역본은 내가 편집을 맡아 2002년에 출판되었다. 이 책은 어린 침팬지 조니의 감정생활과 지능을 코트스의 어린 아들 루디와 비교한다. 코트스는 침팬지와 다른 동물들의 사진과 거울에 비친 자기 모습에 대한 조니의 반응을 연구했다. 비록 조니가 자신을 인식하기에는 너무 어렸지만, 코트스는 거울에 비친 자기 모습 앞에서 이상하게 얼굴을 일그러뜨리거나 혀를 내밀면서 혼자 재미있게 노는 조니의 행동을 자세히 기술했다.[2]

코트스는 1912년부터 1920년까지 획기적인 유인원 연구를 한 볼프강 쾰러에 비하면 이름이 거의 알려지지 않았다. 나는 코트스가 1913년부터 조니가 일찍 죽음을 맞이한 1916년까지 모스크바에서 연구하면서 무엇을 알아냈는지 궁금하다. 쾰러는 진화인지의 개척자로 널리 인정받는 반면, 코트스의 연구 사진들을 보면 그녀가 이미 정확하게 같은 길을 걸어가고 있었다는 사실을 전혀 의심할 수 없다. 박물관에 있는 한 유리 상자에는 박제된 조니의 몸이 사다리와 도구들로 둘러싸인 채 들어 있는데, 도구 중에는 서로 끼울 수 있는 막대들도 있다. 과학은 여성이라는 이유 때문에 코트스를 간과한 것일까? 아니면 언어가 이유였을까?

나는 로버트 여키스가 쓴 글을 보고 코트스를 알게 되었는데, 여키스는 모스크바를 방문해 통역자를 통해 그녀가 수행한 연구에 대해 의견을 나누었다. 여키스는 자신의 책에서 최대한의 존경을 표시하면서 코트스의 연구를 기술했다. 예를 들면, 코트스는 현대 인지신경과학의 핵심 요소인 표본 대응MTS, matching to sample 패러다임을 발명했을 가능성이 높았다. 표본 대응은 오늘날 수많은 연구실에서 인간과 동물 모두에 적용되고 있다. 코트스는 조니 앞에서 어떤 물건을 보여주었다가 자루 속의 다른 물건들 사이에 숨기고는 손의 감촉만으로 첫 번째 물건을 찾게 했다. 이 테스트에는 두 가지 감각 양상(시각과 청각)이 필요했는데, 조니는 앞서 본 모델의

나디아 코트스는 동물인지 분야의 개척자로 영장류뿐만 아니라 이 마코앵무 같은 앵무새도 연구했다. 쾰러가 활동한 것과 비슷한 시기에 모스크바에서 연구한 코트스는 쾰러보다 훨씬 덜 알려져 있다.

기억을 바탕으로 선택을 해야 했다.

합당한 인정을 받지 못한 이 영웅에 매료된 나도 모스크바를 방문했다. 나는 그 박물관에서 일반 관람객에게 허용되지 않는 곳까지 둘러보는 특혜를 누렸는데, 그곳에서 개인적인 사진첩까지 훑어볼 수 있었다. 코트스는 조국에서는 많은 사랑을 받았고(그리고 지금도 받고 있고), 위대한 과학자로 널리 인정받고 있다. 내가 가장 놀란 것은 그녀가 큰 앵무새를 적어도 세 마리 길렀다는 사실이었다. 코카투cockatoo(관앵무라고도 함)가 건네주는 물건을 코트스가 받는 장면, 컵 세 개가 놓인 트레이를 코트스가 마코앵무를 향해 내미는 장면 등이 찍힌 사진이 있다. 앵무새들은 대개 탁자에서 코트스 반대쪽에 앉아 있었고 코트스는 한 손에는 음식물 보상을,

다른 손에는 연필을 들고서 물체를 구별하는 능력을 시험하면서 앵무새가 선택한 것을 기록해나갔다. 나는 앵무새목에 관한 전문가인 미국 심리학자 아이린 페퍼버그와 함께 확인해보았지만, 페퍼버그는 코트스의 앵무새 연구를 들어본 적이 없었다. 조류의 인지 역시 그것이 더 널리 알려지기 훨씬 이전에 러시아에서 먼저 연구했을 것이라고 생각한 사람이 서양에 한 명이라도 있었을지 의심스럽다.

천재 앵무새 앨릭스

아이린 페퍼버그가 30년 동안 기르고 연구한 아프리카회색앵무 앨릭스를 내가 처음 만난 것은 근처에 있던 대학에서 그녀의 학과를 방문했을 때였다. 아이린은 1977년에 애완동물 가게에서 이 앵무새를 샀고, 새의 마음에 대해 대중의 눈이 번쩍 뜨일 만한 야심만만한 연구 계획을 세우고 있었다. 이 연구는 새의 지능에 관한 그 후의 모든 연구를 위한 길을 닦았는데, 그때까지만 해도 새의 뇌는 고급 인지를 떠받칠 능력이 없다는 게 일반적인 견해였기 때문이다. 조류는 포유류의 겉질(피질)처럼 보이는 것이 거의 없어서 본능에 따라 행동할 뿐, 사고는 말할 것도 없고 학습에도 서툴다고 간주되었다. 새의 뇌가 상당히 클 수도 있다는 사실(아프리카회색앵무의 뇌 크기는 껍질을 깐 호두만 하며, 그중 큰 지역은 대뇌 겉질 기능을 한다)과 새의 자연적인 행동은 새에 대한 낮은 평가를 의심할 이유를 충분히 제공한다는 사실에도 불구하고, 뇌의 구조 차이는 새에게 불리하게 작용했다.

나는 갈까마귀(큰 뇌를 가진 또 하나의 조류 가족인 까마귓과의 한 종)를 직접 기르면서 연구한 적이 있기 때문에 새가 보이는 행동의 유연성을 추호도 의심한 적이 없다. 공원을 산책할 때면 내 새들은 개의 머리 바로 앞을 날아다니면서 자신을 확 물려는 주둥이를 잽싸게 피해 개를 놀리곤 했는데, 이를 본 개 주인들은 놀라면서 한편으로는 분통해했다. 실내에서 갈까마귀는 나와 함께 보물찾기 놀이를 했다. 내가 코르크 같은 작은 물건을 베개 밑이나 화분 밑 같은 장소에 숨기면 갈까마귀가 그것을 찾으려고 노력했고, 같은 놀이를 서로 역할을 바꿔 하기도 했다. 이 게임은 잘 알려진 까마귀와 어치의 음식물 숨기기 능력을 바탕으로 한 것이었지만, **대상 영속성**object permanence을 시사하는 것이기도 했다. 즉, 어떤 대상이 시야에서 사라진 뒤에도 그것이 계속 존재한다는 사실을 이해한다는 뜻이다. 내 갈까마귀가 보여준 심한 장난기는 일반적인 동물들과 마찬가지로 높은 지능과 도전에서 느끼는 스릴을 시사했다. 따라서 아이린을 방문했을 때 나는 새에게 깊은 인상을 받을 마음의 준비가 충분히 되어 있었고, 앨릭스는 나를 실망시키지 않았다. 자만심이 넘치는 태도로 횃대에 앉아 있던 앨릭스는 각 물체를 가리킬 때마다 '열쇠', '삼각', '사각' 같은 단어를 말하면서 열쇠와 삼각형, 사각형 같은 사물의 이름을 배우기 시작했다.

얼핏 보기에 이 장면은 언어 학습 같은 인상을 주었지만, 나는 이것이 올바른 해석이 아니라고 확신한다. 아이린은 앨릭스의 말하는 능력이 언어학적 의미의 말하기에 해당한다고 주장하지 않았다. 그러나 사물에 이름을 붙이는 것은 당연히 언어의 핵심 부분이며, 한때 언어학자들이 언어를 단순히 상징적 의사소통으로 정의한 적이 있었다는 사실을 잊어서는 안 된다. 유인원에게 이러한 의사소통 능력이 있음을 증명하자 그제야 언어학자들은 기준을 높일 필요성을 느꼈고, 언어에는 구문과 재귀성이 필요하다는 수정 조항을 추가했다. 동물의 언어 습득은 중요한 주제가 되어 대중의 큰 관심을 끌었다. 이것은 마치 동물의 지능에 관한 모든 질문이 "우리 인간은 그들과 의미 있는 대화를 나눌 수 있는가?"라는 일종의 튜링 테스트로 압축된 것과 같았다. 언어는 이처럼 인간성의 중요한 표지이기 때문에, 18세기의 한 프랑스 주교는 말만 한다면 유인원에게도 세례를 주려고 했다. 동물의 언어 습득은 1960년대와 1970년대에 과학의 관심을 온통 빼앗은 주제처럼 보였는데, 그 결과로 돌고래와 대화를 나누고 다양한 영장류에게 언어를 가르치려는 시도가 일어났다. 하지만 미국 심리학자 허버트 테러스가 1979년에 미국 언어학자 노엄 촘스키의 이름을 딴 침팬지 님 침프스키의 수화 능력을 의심하는 논문을 발표하자, 이러한 관심의 열기가 약간 사그라들었다.[3]

테러스는 님이 이야기하기 좋아하는 따분한 대화자라는 사실을 발견했다. 님이 하는 말 중 상당수는 생각이나 의견이나 개념을 표현하는 것이 아니라 음식물처럼 바람직한 결과를 요구하는 것이었다. 하지만 테러스가 조작적 조건 형성에 의존했다는 사실을 감안하면, 그가 이 사실에 놀랐다는 사실이 오히려 다소 놀랍다. 이것은 우리가 아이에게 언어를 가르치는 방식이 아니기 때문에 왜 유인원에게 이 방법을 사용했을까 하는 의문이 든다. 수화를 하는 데 성공한 대가로 수천 번이나 보상을 받은 님이 보상을 얻기 위해 이런 신호를 사용하면 왜 안 된단 말인가? 님은 그저 자신이 배운 대로 행동했을 뿐이다. 하지만 이 연구의 결과로 동물의 언어에 찬성하는 목소리와 반대하는 목소리는 날이 갈수록 더 커져갔다. 이러한 불협화음 속에서 새의 목소리가 발견되자 많은 사람들이 혼란에 빠졌는데, 유인원은 분명히 말을 할 수 없는 반면, 앨릭스는 모든 단어를 조심스럽게 발음했기 때문이다. 그것이 실제로 무엇을 의미하는지에 대해서는 거의 합의가 이루어지지 않기는 했지만, 표면적으로 앨릭스의 행동은 어떤 동물의 것보다 언어 행동에 가깝다.

아이린이 선택한 종이 흥미로운데, 유명한 어린이 책 시리즈의 중심인물로 등장하는 둘리틀 박사도 아프리카회색앵무를 길렀기 때문이다. 폴리네시아라는 이름의 이 앵무새는 둘리틀 박사에게 동물들의 언어를 가르쳤다. 아이린은 이 이야기들에 늘 큰 매력을 느꼈고, 어린 시절에 이미 자신의 애완 앵무새에게 단추가 가득 든 서랍을 주고는 앵무새가 이것들을 어떻게 정리하는지 지켜보았다.[4] 앨릭스를 대상으로 한 아이린의 연구는 이렇게 어릴 때부터 새와, 색과 형태에 대한 새의 취향에 큰 매력을 느끼면서 시작되었다. 하지만 아이린의 연구를 더 자세히 소개하기 전에 동물과 대화를 하고 싶은 욕구(동물인지를 연구하는 과학자들이 자주 표현하는 욕구)에 대해 잠깐 생각해보기로 하자. 왜냐하면, 이것은 인지와 언어 사이에 존재한다고 자주 상정되는 더 깊은 연결 관계와 관련이 있기 때문이다.

기묘하게도 이 특별한 욕구는 나를 그냥 지나쳐간 게 분명한데, 나는 그런 욕구를 느낀 적이 한 번도 없기 때문이다. 나는 내 동물들이 자신에 대해 뭐라고 말하는지 듣고 싶은 욕구가 없는데, 비트겐슈타인의 견해와 비슷하게 그들의 메시지는 그다지 큰 도움이 되지 않을 것이라고 생각한다. 심지어 동료 인간들에 대해서도 나는 언어가 그들의 머릿속에서 일어나는 일을 정확하게 알려주는지 의심스럽다. 내 주변에는 설문지를 제시하면서 우리 종의 구성원들을 연구하는 동료들이 많다. 이들은 자신이 받은 답변을 신뢰하며, 내게 그 진실성을 확인할 방법이 있다고 확언한다. 하지만 사람들이 자신에 대해 한 말이 과연 실제 감정과 동기를 드러낸 것이라고 볼 수 있을까?

도덕적인 것과 상관없는 단순한 태도("가장 좋아하는 음악은 뭔가요?")라면 그럴 수 있을지 모르겠지만, 사람들에게 애정 생활이나 식습관 또는 남을 대하는 태도("당신은 함께 일하기에 즐거운 사람인가요?")를 물어보는 것은 거의 무의미한 것처럼 보인다. 자신의 행동에 대해 나중에 이유를 지어내거나, 자신의 성적 습관에 대해 침묵을 지키거나, 자신의 폭음이나 폭식을 줄여서 말하거나, 자신을 실제보다 더 존경할 만한 사람으로 내세우기가 너무 쉽다. 자신의 살인 생각이나 인색함 또는 멍청함을 인정하려는 사람은 아무도 없을 것이다. 사람들은 늘 거짓말을 하는데, 그렇다면 자신이 말하는 것을 모두 받아 적는 심리학자 앞에서 거짓말을 하지 않는다는 보장이 있을까? 한 연구에서 여대생들은 가짜 거짓말 탐지기에 연결시켰을 때 그러지 않았을 때보다도 섹스 파트너 수를 더 많이 이야기했는데, 그럼으로써 자신들이 이전의 조사들에서 거짓말을 했음을 입증했다.[5] 사실, 나는 말을 하지 않는 대상들을 연구하는 것이 마음이 편하다. 나는 상대가 한 말이 진실인지 고민할 필요가 전혀 없다. 섹스를 얼마나 자주 하는지 물어보는 대신에 나는 그냥 그 횟수를 세면 된다. 나는 동물 관찰자여서 너무나도 행복하다.

생각해보니 언어에 대한 나의 불신은 그보다 훨씬 더 깊은데, 사고 과정에서 언어가 담당하는 역할도 미심쩍게 생각하기 때문이다. 나는 과연 내가 단어로 생각을 하는지 확신하지 못하며, 내면의 목소리도 들은 적이 전혀 없는 것 같다. 이 때문에 나는 양심의 진화에 관한 회의에서 다소 어색한 상황을 빚은 적이 있는데, 거기서 동료 학자들은 무엇이 옳고 그른지 우리에게 말해주는 내면의 목소리를 계속 언급했다. 나는, 죄송하지만 그런 목소리를 한 번도 들어본 적이 없다고 말했다. 나는 양심이 없는 사람일까, 아니면 (미국의 동물 전문가 템플 그랜딘이 스스로에 대해 한 유명한 말처럼) 나는 그림으로 생각하는 것일까? 게다가 우리가 이야기하는 언어는 어떤 언어를 가리키는가? 집에서는 두 가지 언어를 사용하고 일터에서는 세 번째 언어를 사용하는 나는 생각이 매우 혼란스러워야 마땅할 것이다. 하지만 언어가 인간 사고의 뿌리라는 널리 퍼진 가정에도 불구하고, 나는 그런 효과를 경험한 적이 한 번도 없다. 미국 철학자 노먼 맬컴은 1973년에 미국철학협회 회장에 취임하면서 한 '생각 없는 짐승들'이라는 강렬한 제목의 취임사에서 "언어와 사고 사이의 관계는 틀림없이 아주 가깝기 때문에 **사람이 생각이 없을 수 있다**는 추측은 실로 무분별하고, **동물이 생각을**

가졌을지 모른다는 추측 역시 무분별합니다"라고 말했다.[6]

우리는 일상적으로 언어를 사용해 생각과 느낌을 표현하기 때문에 언어에 어떤 역할을 부여하는 것을 당연하게 여길 수도 있지만, 적절한 단어를 찾느라 자주 애를 먹는다는 사실은 깊이 생각해볼 거리가 아닌가? 자신이 생각하거나 느끼는 것이 무엇인지 몰라서 그런 게 아니라 이를 적절하게 표현할 단어를 찾지 못해서 그런다. 만약 생각과 느낌이 애초에 언어의 산물이라면, 이런 과정은 물론 전혀 불필요할 것이다. 그때에는 단어들이 폭포처럼 줄줄 쏟아져 나와야 마땅할 것이다! 지금은 언어가 범주와 개념을 제공함으로써 인간의 사고를 돕기는 하지만, 사고의 재료는 아니라는 견해가 널리 받아들여지고 있다. 생각하는 데 실제로 언어가 필요한 것은 아니다. 스위스의 인지 발달 개척자인 장 피아제는 말을 하기 이전의 아이에게 생각이 없다는 주장을 절대로 받아들일 수 없었는데, 인지가 언어와 독립적이라고 선언한 이유는 이 때문이다. 동물의 경우도 상황이 비슷하다. 현대적인 마음의 개념을 만든 주요 인물인 미국 철학자 제리 포더는 그것을 이렇게 표현했다. "자연 언어가 사고의 매개체라는 주장에 대해 가장 명백한 (그리고 내 생각에는 충분한) 반박은 말을 하지 못하면서 사고를 하는 동물이 있다는 것이다."[7]

이 얼마나 큰 아이러니인가! 우리는 언어의 부재를 다른 종들의 사고를 부정하는 논거로 내세우던 입장에서 언어를 사용하지 않는 동물들의 명백한 사고를 언어의 중요성을 반박하는 논거로 내세우는 입장으로 변했다. 나는 이런 사태 반전에 대해 불만을 제기하지는 않겠지만, 이것은 앨릭스 같은 동물들을 대상으로 한 언어 연구에 큰 빚을 졌다. 이 연구들이 언어 그 자체를 입증했기 때문이 아니라 동물의 사고를 우리가 쉽게 이해할 수 있는 형식으로 드러내는 데 도움을 주었기 때문이다.

우리는 똑똑해 보이는 새를 보는데, 이 새는 말을 걸면 사물의 이름을 아주 정확하게 발음하면서 대답을 한다. 이 새 앞에는 물체들이 가득 담긴 트레이가 있는데, 물체들은 털실로 만든 것도 있고 나무로 만든 것도 있고 플라스틱으로 만든 것도 있으며, 각자 일곱 가지 무지개 색 중 하나를 띠고 있다. 이 새에게 부리와 혀로 모든 물체를 만지게 한 뒤 물체들을 모두 트레이에 도로 담고 나서 모서리가 두 개인 파란색 물체는 무엇으로 만들어졌느냐고 묻는다. "털실"이라고 정답을 말할 때, 새는 색과 모양과 재질에 관한 지식을 이 특정 물체가 무엇으로 만들어졌는지에 대한 기억과 결합한다. 혹은 하나는 초록색 플라스틱으로, 다른 하나는 금속으로 만들어진 열쇠 두 개를 보여주면서 "둘의 차이가 뭐지?"라고 물으면, 새는 "색"이라고 대답한다. "어느 색이 더 큰가?"라고 물으면, 새는 "초록색"이라고 대답한다.[8]

앨릭스를 경력 초기 단계에서 본 내가 그런 것처럼 앨릭스가 과제를 수행하는 광경을 본 사람은 누구나 감탄을 금치 못한다. 의심하는 사람들은 당연히 앨릭스의 재주를 암기 학습의 결과로 치부하려고 노력하지만, 자극은 물론이고 던지는 질문도 늘 바뀌기 때문에 순전히 상투적인 대답만으로 어떻게 이런 수준의 수행 능력을 보여줄 수 있는지 이해하기 어렵다. 모든 가능성을 다루려면 엄청난 기억력이 필요한데, 그것은 너무나도 어마어마한 것이어서 차라리 아이린이 생각한 것처럼 앨릭스가 기본 개념 몇 가지를 습득한 뒤 그것들을 마음속에서 결합하는 능력이 있다고 가정하는 편이 더 간단해 보인다. 게다가 앨릭스는 아이린이 앞에 없어도 대답을 할 수 있었고 실제 물건을 보지 않아도 대답을 할 수 있었다. 옥수수가 없는 상태에서 옥수수 색이 무엇이냐고 물으면 앨릭스는 "노란색"이라고 대답할 것이다. 특히 인상적인 것은 '같은 것'과 '다른 것'을 구별하는 능력이었는데, 그러려면 다양한 차원에서 물체들을 비교할 수 있어야 한다. 앨릭스가 훈련을 시작하던 시절에는 이 모든 능력(이름을 붙이고, 비교하고, 색과 모양과 재질을 판단하는 등)에 언어가 필요하다고 상정되었다. 아이린이 세상 사람들에게 앨릭스가 지닌 기술을 설득하려고 한 노력은 몹시 짜증나는 투쟁이었다. 조류에 대한 의심은 우리의 가까운 친척인 영장류에 대한 의심보다 훨씬 컸기 때문에 특히 더 그랬다. 하지만 몇 년 동안 집요한 노력을 기울이면서 확실한 데이터를 내놓은 끝에 마침내 앨릭스를 유명한 동물로 등극시키는 데 성공했다. 2007년에 죽었을 때, 앨릭스는 「뉴욕타임스」와 《이코노미스트》에 사망 기사가 실리는 영예를 누렸다.

그 사이에 앨릭스의 일부 친척들도 사람들에게 깊은 인상을 주었다. 또 다른 아프리카회색앵무는 소리를 흉내 낼 뿐만 아니라 그에 상응하는 몸동작까지 추가했다. 이 앵무새는 발이나 날개를 작별 인사를 하듯이 흔들면서 "잘 가"라고 말하거나 주인이 보여준 그대로 혀를 내밀면서 "내 혀를 봐"라고 말했다. 새가 인간의 몸과 자기 몸을 비교해 어떻게 그에 상응하는 것을 알아낼 수 있는지는 수수께끼로 남아 있다.[9] 그리고 고핀관앵무

피가로도 있다. 피가로는 목제 기둥에서 큰 나무 조각을 뜯어내 새장 밖에 있는 견과를 긁어오는 데 사용한다. 피가로 이전에는 도구를 만드는 앵무새에 관한 보고는 전혀 없었다.[10] 나는 코트스도 자신의 코카투와 마코앵무, 금강앵무를 대상으로 비슷한 실험을 하지 않았을까 하고 궁금한 생각이 든다. 도구에 대한 코트스의 깊은 관심과 번역 출간되지 않은 여섯 권의 책을 감안하면, 언젠가 그 연구에 관한 이야기를 듣더라도 나는 놀라지 않을 것이다. 수를 세는 앨릭스의 능력에 관한 테스트가 분명히 보여주듯이 아직도 발견할 것이 많이 남아 있는 게 분명하다.

앨릭스의 재능은 같은 방에 있던 그리핀(도널드 그리핀의 이름을 딴)이라는 앵무새를 대상으로 실험을 할 때 우연히 드러났다. 그리핀이 수량을 소리와 짝지을 수 있는지 알아보기 위해 연구자들은 재깍거리는 소리를 두 번 냈는데, 당연히 정답인 "2"라고 말해야 했다. 하지만 그리핀이 제대로 대답하지 못하고 재깍거리는 소리가 두 번 더 나자, 방 건너편에 있던 앨릭스가 "4"라고 말했다. 그리고 다시 재깍거리는 소리가 두 번 더 나자, 앨릭스는 "6"이라고 말했고, 그리핀은 침묵을 지켰다.[11] 앨릭스는 수를 잘 알았고, 초록색 물체를 포함해 많은 물체가 담긴 트레이를 보고 나서 "초록색은 몇 개?"라는 질문에 정답을 말할 수 있었다. 하지만 이제 앨릭스는 덧셈을 했고, 그 이상의 능력까지 보여주었는데, 시각적 입력 정보가 없는 상태에서도 덧셈을 했다. 수를 더하는 것은 한때 언어에 의존하는 능력이라고 생각했지만, 이 주장은 이미 이보다 몇 년 전에 한 침팬지가 덧셈을 하는 데 성공하면서 흔들리기 시작했다.[12]

아이린은 앨릭스의 능력을 더 체계적으로 조사해보기로 했는데, 크기가 조금씩 다른 물건들(파스타 조각 같은)을 컵 아래에 놓아두는 방법을 썼다. 아이린은 앨릭스가 보는 앞에서 컵을 몇 초 동안 들어 올린 뒤 다시 컵을 내려놓았다. 그러고 나서 두 번째 컵에 대해서도 똑같은 과정을 반복했고, 세 번째 컵에 대해서도 똑같은 과정을 반복했다. 각각의 컵 아래에 놓인 물건의 수는 적었고, 때로는 물건이 하나도 없는 경우도 있었다. 그런 다음 세 컵만 보이는 상황에서 앨릭스에게 "전부 몇 개?"라고 물었다. 앨릭스는 열 번의 테스트 중 여덟 번이나 정답을 맞혔다. 실패한 두 번의 테스트는 같은 질문을 두 번째로 듣고 나서 정답을 맞혔다.[13] 그리고 이 모든 것을 머릿속으로 했는데, 실제 물건들을 눈으로 볼 수 없었기 때문이다.

불행하게도 이 연구는 앨릭스의 갑작스런 죽음으로 중단되고 말았다. 하지만 그때까지 회색 옷을 입은 이 작은 수학 천재는 새의 머리뼈 속에서 어느 누가 생각했던 것보다 더 많은 일이 일어난다는 증거를 충분히 제공했다. 아이린은 "너무나도 오랫동안 일반적인 동물, 특히 새는 폄하되었으며 지각이 있는 존재보다는 본능에 따라 행동하는 동물에 불과한 것으로 취급받아왔다"라고 결론내렸다.[14]

헷갈리는 동물들의 언어

가끔 앨릭스는 언어학적으로 완벽하게 의미가

있는 말을 했다. 예를 들면, 아이린이 자기 학과의 회의에 대해 씩씩대며 화를 낸 뒤 성난 발걸음으로 연구실을 나갈 때 앨릭스는 아이린에게 "진정해!"라고 말했다. 흥분을 잘하는 앨릭스 자신이 과거에 같은 표현을 들은 적이 있다는 것은 의심의 여지가 없다. 다른 유명한 사례 중에는 수화를 하는 고릴라 코코와 이 분야의 침팬지 선구자 와쇼가 있다. 얼룩말을 본 코코는 '흰'과 '호랑이'라는 수화 기호를 표시했고, 와쇼는 백조를 '물'과 '새'를 합쳐 '물새'라고 불렀다.

나는 이것을 더 깊은 지식을 암시하는 것으로 해석할 준비가 되어 있지만, 오늘날 우리가 확보한 것보다 더 많은 증거를 본 다음에야 그렇게 할 것이다. 이 동물들이 매일 수백 가지 수화 기호를 만들어내며, 수십 년 동안 연구되어왔다는 사실을 기억하는 게 좋다. 우리는 기록된 수천 가지 표현 중에서 맞는 것과 틀린 것의 비율을 좀 더 알 필요가 있다. 이 우연한 조합들은 예컨대 2010년 월드컵 때 경기 결과를 정확하게 맞혀 스타가 된 문어 파울과 어떤 차이가 있을까? 파울이 축구에 대해 별로 아는 것이 없다고 가정하는 것(파울은 그저 운 좋은 연체동물에 불과했다)과 마찬가지로, 인상적인 동물의 발화는 순전히 우연만으로 나올 확률과 비교할 필요가 있다. 편집되지 않은 비디오테이프 같은 원자료를 보지 못하고 그 동물을 사랑하는 주인이 선별적으로 내린 해석만 듣는다면, 언어 기술을 제대로 평가하기 어렵다. 유인원이 틀린 답을 내놓을 때마다 해석하는 사람이 "오, 제발 웃기지 마!"라거나 "넌 참 재미있는 고릴라야!"라고 외치면서 그 유인원이 유머 감각이 있다고 추정하는 태도 역시 도움이 되지 않는다.[15]

2014년에 로빈 윌리엄스가 죽어 온 나라가 세상에서 가장 재미있는 사람이 떠난 것을 애도했을 때, 코코도 함께 슬퍼했다고 한다. 이 말은 그럴듯하게 들렸는데, 캘리포니아주에 있는 고릴라재단이 윌리엄스를 코코의 "가장 가까운 친구들" 중 하나라고 불렀기 때문에 특히 그랬다. 문제는 둘이 만난 적은 13년 전에 단 한 번밖에 없었고, 코코의 '우울한' 반응을 증언하는 유일한 증거는 머리를 숙이고 눈을 감은 채 앉아 있는 사진뿐인데, 이 모습은 졸고 있는 유인원과 구별하기가 매우 어렵다는 점이다. 나는 코코가 슬퍼했다는 주장은 견강부회에 가깝다고 생각한다. 유인원이 감정이 있거나 슬퍼할 수 있다는 사실을 의심해서 그런 게 아니라 동물 자신이 직접 목격하지 않은 사건에 대한 동물의 반응을 평가하기가 거의 불가능하기 때문이다. 코코의 기분이 주변 사람들에게 영향을 받을 가능성은 충분히 있지만, 이것은 코코가 잘 알지 못하는 우리 종의 한 구성원에게 일어난 일을 파악하는 것과는 다르다.

지금까지 유인원에게서 관찰된 죽음과 상실에 대한 반응은 모두 다 정말로 아주 가까운 구성원(어미나 자식 또는 평생 동안의 친구)과 관련된 것이었고, 그 시체를 보고 만질 수 있는 경우였다. 누군가의 죽음을 단순히 듣는 것만으로 슬픔을 느끼려면 죽음에 대해 대부분의 사람들이 지니지 못한 수준의 상상력과 이해가 필요하다. 지난 수 년 사이에 말하는 유인원에 관한 연구 분야 전체의 평판이 나빠지고, 이런 종류의 새 연구 프로젝트가 추진되지 않는 이유는 바로 이렇게 과장된 주장들이 여과되지 않은 채 제기되었기 때문이다. 아직 계속되고 있는 연구들은 연구 기금을 타내기 위해 듣기 좋은 이야기와 홍보에 치중하는 경향이 있다. 이런 일들이 너무 많이 벌어지고 있고 냉철한 과학은 거의 이루어지지 않고 있다.

난 이런 말을 자주 하지 않지만, 나는 우리가 유일하게 언어를 사용하는 종이라고 생각한다. 솔직하게 말해서 우리 종 외에 우리만큼 풍부하고 다목적으로 상징적 의사소통을 사용하는 종이 있다는 증거는 전혀 없다. 상징적 의사소통은 우리의 예외적인 능력이며, 우리 자신의 마법의 우물인 것처럼 보인다. 다른 종들도 감정과 의도 같은 내면적 과정을 의사소통하거나 비언어적 신호를 통해 행동과 계획을 통합 조정할 능력이 있지만, 이들의 의사소통은 언어처럼 상징화되지 않으며 무한한 융통성도 없다. 무엇보다도 이들의 의사소통은 거의 완전히 지금 이곳에 국한되어 있다.

침팬지는 진행되는 특정 상황에 대한 반응으로 다른 침팬지의 감정을 알아챌지도 모른다. 하지만 시간적으로나 공간적으로 다른 지점에서 일어난 사건에 대해서는 가장 간단한 정보조차 의사소통할 수 없다. 만약 내 눈에 멍이 들었다면, 어제 내가 취한 사람들과 술집에 들어가서 일어난 일들을 설명할 수 있다. 하지만 침팬지는 사후에 어떤 상처가 왜 생겼는지 설명할 수 있는 방법이 없다. 만약 자신을 공격한 침팬지가 우연히 옆을 지나간다면, 큰 소리로 짖고 비명을 지름으로써 다른 침팬지들에게 자신의 행동과 상처 사이의 연결 관계를 추론하게 할 수는 있겠지만(유인원은 원인과 결과를 연결할 만큼 충분히 똑똑하다), 이것은 상대 침팬지가 눈앞에 있을 때에만 가능하다. 만약 공격자가 앞을 지나가지 않는다면 그런 정보 전달이 일어날 가능성은 전혀 없다.

언어가 우리 종에게 주는 이점을 확인하고, 왜 언어가 나타났는지 설명하려고 시도한 이론들이 무수히 나왔다. 사실, 바로 이것을 주제로 한 국제 학회가 2년에 한 번씩 열리는데, 여기서 발표자들은 여러분이 상상할 수 있는 것보다 더 많은 추측과 진화 시나리오를 내놓는다.[16] 나 자신은 언어의 첫 번째이자 가장 중요한 이점은 지금 이곳을 초월한 정보를 전달하는 것이라는 다소 단순한 견해를 지지한다. 눈앞에 존재하지 않는 것이나 과거에 일어났거나 앞으로 일어날 사건에 대해 의사소통을 하는 것은 생존 가치가 크다. 언덕 너머에 사자가 있다거나 이웃이 무기를 들고 있다는 사실을 다른 사람들에게 알려줄 수 있다. 하지만 이것은 많은 견해 중 하나에 지나지 않으며, 이러한 제한적 목적으로만 사용하기에는 현대 언어가 너무 복잡하고 정교하다. 현대 언어는 생각과 감정을 표현하고 지식을 전달하고 철학을 발전시키고 시와 소설을 쓸 수 있을 만큼 충분히 정교하다. 이 얼마나 믿기 힘들 정도로 풍부한 능력인가! 이것은 순전히 우리만 지닌 것처럼 보이는 능력이다.

그러나 너무나도 많은 더 거대한 인간 현상이 그렇듯이, 이를 더 작은 조각들로 분해하면 그중 일부를 다른 곳에서 발견할 수 있다. 이것은 영장류의 정치, 문화, 심지어 도덕에 대해 내가 쓴 책들에서 스스로 적용한 절차이다.[17] 공감과 공정성(도덕)뿐만 아니라 권력 동맹(정치)과 습관의 전파 같은 중요한 부분들은 우리 종 밖에서도 발견할 수 있다. 이것은 언어의 기반이 되는 능력들에서도 성립한다. 예를 들면, 꿀벌은 먼 곳에 있는 꽃꿀의 장소를 신호를 통해 동료 벌 떼에게 정확하게 전달하며, 원숭이는 예측 가능한 순서대로 초보적인 문장을 닮은 소리를 낼 수 있다. 가장 흥미로운 비교는 아마도 **참조적 신호 보내기** referential signaling일 것이다. 케냐 평원에 사는 버빗원숭이는 표범이나 독수리, 뱀에 대한 경고 소리가 제각각 다르다. 이렇게 포식 동물의 종류에 따라 달라지는 소리는 생명을 구하는 의사소통 체계를 이루는데, 위험의 종류에 따라 반응도 달라져야 하기 때문이다. 예를 들어 뱀을 경고하는 소리에 대한 적절한 반응은 키 큰 풀숲에서 벌떡 일어서서 주변을 살피는 것인데, 만약 풀숲에 표범이 웅크리고 있는 경우에는 자살 행위가 될 수 있다.[18] 어떤 원숭이 종들은 그 상황에 맞는 특별한 소리를 내는 대신에 상황에 따라 같은 소리를 서로 다른 방식으로 결합해서 낸다.[19]

영장류 연구 뒤에 예의 그 물결 효과 때문에 참조적 신호를 사용하는 동물 명단에 조류도 추가되었다. 예를 들어 박새는 둥지 속으로 침입해 어린 새끼를 삼키면서 박새에게 큰 위협이 되는 뱀을 보면 독특한 소리를 낸다.[20] 하지만 이런 종류의 연구들은 동물 의사소통의 인지도를 높이는 데에는 도움이 된 반면 이에 대해 심각한 의문들도 일부 제기되었으며, 언어 비교는 '훈제 청어red herring('헷갈리게 하는 정보' 또는 '주의를 딴 데로 돌리게 하는 허위 정보'라는 뜻으로 쓰이는 단어임_옮긴이)'라는 말을 듣게 되었다.[21] 동물이 내는 소리는 반드시 우리가 생각하는 것을 의미하지는 않는다. 그것이 기능하는 방식에서 핵심은 그 소리를 듣는 존재가 그것을 어떻게 해석하느냐 하는 것이다.[22] 게다가 대부분의 동물은 자신이 내는 소리를 인간이 단어를 배우는 식으로 배우지 않는다는 사실을 명심할 필요가 있다.

동물은 그냥 그런 소리를 갖고 태어난다. 자연적인 동물의 의사소통이 아무리 정교하다 하더라도, 이것은 인간의 언어에 무한정의 융통성을 부여하는 상징적 속성과 제약 없는 구문을 결여하고 있다.

어쩌면 손동작이 더 나은 비교를 제공할지도 모르는데, 유인원의 경우 손동작은 자발적으로 조절되면서 일어나고 자주 학습되기 때문이다. 유인원은 의사소통을 하는 내내 손을 움직이고 흔들며, 뭔가를 달라고 하기 위해 손을 펴 뻗거나 자신의 우월한 지위를 표시하기 위해 팔을 뻗어 다른 유인원에게 걸치는 것처럼 아주 인상적인 제스처가 많다.[23] 우리도 이런 행동을 유인원과, 그것도 오로지 유인원하고만 공유하는데, 원숭이는 이런 제스처를 사실상 전혀 하지 않는다.[24] 유인원의 수신호는 의도적이고 매우 유연하며, 의사소통의 메시지를 개선하는 데 쓰인다. 침팬지가 뭔가를 먹고 있는 친구에게 손을 뻗으면 그것을 나눠달라는 요구이지만, 같은 침팬지가 공격을 받으면서 옆에 서 있는 침팬지에게 손을 내밀면 이는 보호를 요청하는 신호이다. 심지어 자신의 적을 지목할 수도 있는데, 적이 있는 방향 쪽으로 화난 듯이 때리는 제스처를 한다. 하지만 비록 제스처가 다른 신호보다 더 맥락 의존적이고 의사소통을 아주 풍부하게 만들더라도, 이것을 인간의 언어와 비교하는 것은 견강부회에 가깝다.

이것은 앨릭스와 코코, 와쇼, 칸지와 그 밖의 유인원을 대상으로 실시한 것과 같은 훈련 계획을 포함해 동물의 의사소통에서 언어와 비슷한 속성을 찾으려고 했던 그 모든 시도가 시간 낭비였음을 의미할까? 테러스의 논문이 나온 뒤, 자신들의 영역에서 털로 덮이거나 깃털 달린 '침입자들'을 쫓아내려고 한 언어학자들은 동물 연구의 무익함을 슬로건으로 내걸었다. 그들은 동물 연구를 너무나도 경멸하여 1980년에 열린 한 학회(그 명칭에는 '영리한 한스'라는 단어가 포함되어 있었다)에서 동물에게 언어를 가르치려는 어떤 시도도 **금지**해야 한다고 요구했다.[25] 실패로 끝난 이 시도는 19세기에 언어를 짐승과 인간 사이의 장벽으로 간주한 반反다윈주의자들을 연상시키는데, 그중에는 1866년에 언어의 기원 연구를 금지한 파리언어학회도 있었다.[26] 이러한 조치들은 호기심 대신에 지적 두려움을 반영한 것이다. 언어학자들은 도대체 무엇을 두려워하는 것일까? 그들은 미혹에서 벗어나는 게 좋은데, 어떤 특성도 심지어 우리가 그토록 총애하는 언어 능력도, 아무것도 없는 상태에서 나타난 것이 아니기 때문이다. 조상이 없이 갑자기 진화하는 것은 아무것도 없다. 새로운 특성은 모두 기존의 구조와 과정을 활용한다. 따라서 인간 언어에서 핵심 역할을 하는 뇌 부분인 베르니케 영역은 대형 유인원에서 찾아볼 수 있으며, 그것은 우리와 마찬가지로 왼쪽 부분이 확대된 모습을 하고 있다.[27] 이것은 우리 조상에게서 이 특별한 뇌 지역이 언어 기능을 떠맡기 이전에 무슨 일을 했느냐 하는 질문을 제기한다. 인간의 말과 새 소리의 섬세한 운동 조절에 모두 영향을 미치는 FoxP2 유전자를 포함해 그런 연결 관계는 많다.[28] 명금鳴禽과 인간이 발성 학습과 특별한 관련이 있는 유전자를 적어도 50개나 공유하고 있다는 사실을 고려할 때, 인간의 말과 새 소리를 수렴 진화의 산물로 보는 견해가 점점 우세해지고 있다.[29] 언어의 진화를 진지하게 연구하는 사람은 어느 누구도 동물과의 비교를 피해갈 수 없다.

그 사이에 언어에 영감을 얻은 연구들은 자연적인 동물의 의사소통이 순전히 감정적이라는 개념을 불식시켰다. 이제 우리는 의사소통이 어떻게 청중에 맞춰 조절되고 환경에 대한 정보를 제공하고 신호를 받는 청자의 해석에 의존하는지 훨씬 잘 이해한다. 설사 인간 언어와의 연결 관계가 논란의 여지가 있다 하더라도, 동물의 의사소통에 대한 우리의 이해는 활기차게 진행된 이 연구들로부터 큰 도움을 받았다. 언어 훈련을 받은 소수의 동물들에 대해 말하자면, 이들은 자신의 마음이 어떤 일을 할 수 있는지 보여주는 데 아주 소중한 역할을 했다. 이 동물들은 요구와 자극에 우리가 해석하기 쉬운 방식으로 반응하기 때문에, 그 결과는 인간의 상상력을 자극하며, 동물인지 분야를 여는 데 중요한 역할을 했다. 트레이에 담긴 물건들에 관한 질문을 들었을 때, 앨릭스는 그것들을 조심스럽게 살펴보고 나서 질문을 받은 해당 물건에 대해 이야기했다. 우리가 질문과 앨릭스의 답을 다 이해한다면 우리는 아무 어려움 없이 앨릭스의 입장에서 생각할 수 있다.

나는 자판에서 기호를 누름으로써 의사소통을 하는 보노보 칸지를 연구한 수 새비지-럼보에게 "당신은 언어를 연구한다고 말하겠습니까, 아니면 지능을 연구한다고 말하겠습니까? 그것도 아니면, 양자 사이에 아무 차이가 없습니까?"라고 물은 적이 있다. 그녀는 다음과 같이 대답했다.

> 차이가 있습니다. 이 유인원은 인간의 관점에서 볼 때에는 언어 능력이 전혀 없지만 미로 문제를 푸는 것 같은 인지 과제를 상당히 잘

수행하기 때문입니다. 하지만 언어 기술은 인지 기술을 정교하게 만들고 개선하는 데 도움을 줄 수 있는데, 우리는 언어로 훈련을 받은 유인원에게 그가 모르는 것을 말로써 알려 줄 수 있기 때문이지요. 이것은 인지 과제를 완전히 다른 차원에 올려놓습니다. 예를 들면, 유인원이 퍼즐 조각 세 개를 합쳐서 서로 다른 초상화들을 만드는 컴퓨터 게임이 있습니다. 유인원이 이것을 배우고 나면 화면에 퍼즐 조각을 네 개 보여주는데, 네 번째 조각은 다른 초상화에서 가져온 것입니다. 칸지에게 이 테스트를 처음 했을 때, 칸지는 그 토끼 얼굴 조각을 가져다가 내 얼굴 조각과 합쳤습니다. 칸지는 계속 노력했지만, 당연히 그것은 제대로 들어맞지 않았지요. 칸지는 말을 아주 잘 이해하기 때문에 나는 "칸지, 우리는 토끼 얼굴을 만드는 게 아니야. 수의 얼굴을 제대로 만들어봐"라고 말했지요. 이 말을 듣자마자 칸지는 토끼 만들기를 멈추고, 내 얼굴 조각들에 집중했습니다. 따라서 지시는 즉각적인 효과를 발휘했지요.[30]

칸지는 몇 년 동안 애틀랜타에서 살았기 때문에 나는 칸지를 여러 번 보았는데, 칸지가 영어로 하는 말을 아주 잘 이해하는 것에 늘 감탄했다. 내가 놀란 것은 칸지가 스스로 만들어낸 말(세 살 아이 수준보다 분명히 낮은, 다소 기초적인 말)이 아니라, 주변 사람들이 자신에게 한 말에 반응하는 방식이었다. 비디오로 녹화된 한 대화에서 영리한 한스 효과를 차단하기 위해 용접 마스크를 쓴 수가 칸지에게 "저 열쇠를 냉장고에 넣으렴"이라고 요구한다. 칸지는 열쇠 더미를 집어 들고는 냉장고 문을 열고 열쇠들을 그 안에 집어넣는다. 그리고 자신의 개에게 주사를 놓으라고 하자, 칸지는 플라스틱 주사기를 집어 들고 자신의 봉제 인형 개에게 주사를 놓는다. 많은 물건과 단어에 익숙한 것이 칸지의 수동적 이해에 큰 도움을 준다. 이것은 헤드폰을 통해 단어들을 들려주는 방법으로 테스트했는데, 칸지는 테이블 앞에 앉아서 헤드폰으로 들은 단어와 일치하는 그림을 선택했다. 하지만 칸지가 단어 인식에 뛰어나다는 것만으로는 칸지가 왜 문장 전체를 이해하는 것처럼 보이는지는 아직 제대로 설명할 수 없다.

나는 내 유인원들에게서도 이런 이해를 목격했는데, 이들은 언어 훈련을 받은 적이 전혀 없는데도 이런 이해를 보여준다. 장난꾸러기 침팬지 헤로히아는 몰래 수도꼭지에서 물을 머금었다가 아무것도 모르는 방문객에게 뿌리는 장난을 친다. 한번은 내가 손가락으로 헤로히아를 가리키면서 네덜란드어로 내가 헤로히아가 물을 머금는 걸 보았다고 말했다. 그러자 즉시 헤로히아는 입에서 물을 내뱉었는데, 나를 놀라게 하려는 시도가 아무 효과가 없으리란 걸 깨달은 것처럼 보였다. 그런데 헤로히아는 내가 한 말을 어떻게 알아들었을까? 나는 많은 유인원이 핵심 단어를 일부 알고, 우리 목소리 톤이나 시선, 제스처 같은 맥락 정보에 매우 민감한 것이 아닌가 의심한다. 어쨌든 헤로히아는 방금 전에 물을 한 모금 머금었고, 나는 손가락으로 헤로히아를 가리키고 그 이름을 부르는 것과 같은 다양한 단서를 주었다. 내가 말한 단어들을 반드시 정확하게 이해하지 않더라도, 헤로히아는 내가 의미하는 바를 꿰어 맞춰 파악할 인지 능력이 있었다.

유인원이 정확한 추측을 할 때, 우리가 말한 것을 모두 이해한 게 틀림없다는 인상을 분명하게 주지만, 그 이해는 더 단편적인 것일지 모른다. 로버트 여키스가 어린 수컷 침팬지 침피타와 상호작용을 한 뒤에 주목할 만한 사례를 제공했다.

> 어느 날, 나는 침피타에게 포도를 먹이고 있었는데 침피타는 포도씨를 삼켰다. 나는 맹장염을 일으킬까 봐 염려되어 씨는 뱉어서 내게 달라고 말했다. 그러자 침피타는 입속의 모든 씨를 뱉어서 내게 주었고, 그러고 나서 바닥에 있는 씨를 입과 손으로 집어 올렸다. 결국 우리 벽과 시멘트 바닥 사이에는 입이나 손가락으로 주울 수 없는 씨가 딱 두 개만 남았다. 나는 "침피타, 내가 가고 나면 저 씨들은 먹어도 돼"라고 말했다. 침피타는 왜 자신을 그렇게 성가시게 만드느냐고 묻는 듯한 표정으로 날 쳐다보았다. 그러고 나서 침피타는 계속 나를 쳐다보면서 옆의 우리로 가더니, 작은 막대를 가져와 틈에 들어간 씨들을 꺼내 내게 주었다.[31]

이 사례에서 우리는 침피타가 전체 문장을 이해한 게 틀림없다고 생각하기 쉬운데, 놀란 여키스가 "이런 행동은 세심한 과학적 분석이 필요하다"라고 덧붙인 이유는 이 때문이다. 하지만 그보다는 침피타가 과학자의 몸짓 언어를 평소에 우리가 그러는 것보다 더 자세히 관찰했을 가능성이 높다. 나는 유인원이 이렇게 나를 뚫어지게 응시할 때 섬뜩한 인상을 자주 받는데, 아마도 유인원은 언어에 주의가 분산되지 않기 때문일 것이다. 우리는 다른 사람이 하는 말에 주의를 기울이다 보니 동물에 비해 몸짓 언어를 등한시하는데, 동물에게는 몸짓 언어가 판단의 기준으로 삼아야 할 모든 것이기 때문이다. 몸짓 언어는 동물이 매일 사용해야 할 기술이고, 마치 책을 읽듯이 우리를 읽는 경지에 이르렀다. 이것은 올리버 색스가 언어상실증 병동에서 로널드 레이건 대통령이 연설하는 장면이 텔레비전에서 나오는 동안 배를 잡고 웃던 언어상실증 환자 집단에 대해 한 이야기를 생각나게 한다.[32] 단어들을 제대로 이해하지 못하는 언어상실증 환자는 얼굴 표정과 몸짓 언어를 보고서 상대가 하는 말을 파악한다. 이들은 비언어적 단서에 아주 민감하기 때문에 이들을 거짓말로 속이기가 어렵다. 색스는 대통령의 연설은 기만적인 단어들과 목소리 톤이 교묘하게 결합되어 주변의 다른 사람들에게는 아주 정상적으로 들렸지만, 뇌를 다친 사람들은 이를 꿰뚫어볼 수 있었다고 결론 내렸다.

우리 종 밖에서 언어를 찾기 위해 기울인 막대한 노력은 아이러니하게도 언어 능력이 얼마나 특별한 것인지 더 깊이 인정하는 결과를 낳았다. 언어 능력은 특별한 학습 메커니즘을 통해 향상되는데, 걸음마를 배우는 아기가 훈련받은 어떤 동물보다 언어적으로 훨씬 앞질러갈 수 있는 것은 이 때문이다. 이것은 사실 우리 종에게 생물학적으로 준비된 학습이 있음을 보여주는 아주 좋은 예이다. 하지만 그렇다고 해서 동물의 언어 연구 덕분에 알게 된 사실들이 무효가 되는 것은 결코 아니다. 그렇게 된다면, 그것은 마치 아기를 목욕물과 함께 던져버리는 것과 같다. 그런 연구 덕분에 앨릭스와 와쇼, 칸지를 비롯해 그 밖의 동물 영재들이 나와 동물인지를 지도 위에 표시하는 데 도움을 주었다. 이 동물들은 의심을 품은 사람들과 일반 대중에게 동물의 행동에는 단순히 무작정 외우는 것 이상의 요소가 있다는 확신을 심어주었다. 앵무새가 물건의 수를 머릿속으로 정확하게 세는 것을 본다면, 이 새들이 잘하는 것이라곤 뜻도 모르면서 앵무새처럼 말을 따라 하는 것뿐이라는 생각이 싹 사라지게 된다.

개를 위하여

아이린 페퍼버그와 나디아 코트스는 각자 자기 나름의 방식으로 위험한 바다를 항해했다. 모든 사람들이 마음이 열려 있고 순전히 증거에만 관심을 보인다면 참 좋겠지만, 과학은 선입관과 광적인 믿음이 전혀 침범하지 않는 영역이 아니다. 언어의 기원에 대한 연구를 금지하는 사람은 멘델의 유전학에 대한 반응은 국가의 혹독한 탄압밖에 없다고 생각하는 사람과 마찬가지로 새로운 개념을 두려워하는 게 분명하다. 망원경을 들여다보기를 거부한 갈릴레이의 동료들처럼 인간은 괴상한 존재들이다. 우리는 주변 세계를 분석하고 탐험할 능력이 있지만, 드러난 증거가 자신의 기대에 어긋나는 것처럼 보이자마자 공포에 질린다.

과학이 동물인지를 진지하게 바라보았을 때 바로 이런 상황이 벌어졌다. 이것은 많은 사람들에게 매우 불쾌한 시간이었다. 비록 원래 의도와는 다른 이유 때문에 그랬다 하더라도, 언어 연구는 지배적인 의심을 잠재우는 데 도움을 주었다. 일단 병 밖으로 나온 인지 요정은 다시 병 속으로 집어넣을 수 없었고, 과학은 언어 색이 옅은 안경을 통해 동물을 탐구하기 시작했다. 우리는 코트스와 여키스, 쾰러를 비롯해 그 밖의 사람들이 자신의 연구를 고안한 방식으로 되돌아가 도구와 환경에 대한 지식, 사회적 관계, 통찰, 선견지명 등에 초점을 맞추었다. 협력, 음식 나누기, 토큰 교환에 대한 연구에서 오늘날 인기 있는 실험 패러다임 중 많은 것은 100년 전의 연구로 되돌아간다.[33] 물론 유인원처럼 통제하기 힘든 동물을 대상으로 연구를 어떻게 해야 하고, 동물에게 동기 부여를 어떻게 해야 하는가 하는 문제는 여전히 남아 있다. 사람 곁에서 자라지 않았을 경우 이 동물들은 우리의 지시가 무엇을 의미하는지 전혀 이해하지 못하며, 우리가 원하는 만큼 우리에게 주의를 충분히 기울이지 않는다. 이들은 본질적으로 다루기 힘든 야생 상태로 남는다. 언어적 훈련을 받은 동물들은 다루기가 너무나도 쉬워져서 과연 이들을 대체할 동물을 찾을 수 있을까 하는 의문이 들 정도이다.

대부분의 경우에는 이런 연구가 불가능하며, 우리는 그저 야생 동물이나 준야생 동물을 대상으로 실험을 하는 방법을 배워야 한다. 하지만 한 가지 예외가 있는데, 그것은 우리 종이 함께 지내기 위해 의도적으로 품종개량한 동물인 개이다. 얼마 전까지만 해도 동물 행동을 연구하는 사람들은 개를 피했는데, 개는 가축화된 동물이어서 유전적으로 변형된 인공 동물이라는 이유에서였다. 하지만 과학은 다시 개에게 주목하고 있는데, 지능을 연구하는 데 개가 큰 이점이 있다는 사실을 알아챘기 때문이다. 우선, 개를 연구하는 사람들은 안전 문제를 크게 염려하지 않아도 되고, 실험동물을 우리에 가두어야 할 필요가 없다. 연구실에서 개에게 먹이를 먹여가면서 관리해야 할 필요도 없다. 그냥 개 주인에게 애완동물을 데리고 편리한 시간에 연구실로 나와달라고 부탁하면 된다. 연구자들은 자랑스러워하는 개 주인에게 개의 천재성을 확인했다는, 대학 인장이 찍힌 증서로 보상을 한다.

무엇보다도 연구자들은 대부분의 동물들에게서 맞닥뜨리는 동기 부여 문제를 고민할 필요가 없다. 개는 기꺼이 우리에게 주의를 집중하며, 별다른 자극을 주지 않아도 우리가 제시한 과제를 수행한다. '개 인지dognition'가 막 떠오르기 시작한 분야가 된 것은 전혀 놀라운 일이 아니다.[34] 그 사이에 우리는 인간의 동물 인식에 대해서도 더 많은 것을 배우고 있다. 예를 들면, 여러분은 개 주인 중 4분의 1은 자신의 애완동물이 대부분의 사람들이 생각하는 것보다 더 똑똑하다고 믿는다는 사실을 알고 있는가?[35] 게다가 개는 공감 능력이 뛰어난 사회적 동물이어서 이 연구들은 다윈이 크게 흥분했던 분야인 동물 감정을 조명하는 데에도 큰 도움을 준다.

개에게서는 대부분의 동물에게서 전혀 생각할 수 없는 수준의 신경과학을 연구할 수 있는 전망까지 보인다. 우리 종은 자신이 무엇을 두려워하는지 혹은 서로를 얼마나 사랑하는지 알아보기 위해 fMRI(기능적 자기공명영상)로 뇌를 촬영하는 방법에 익숙하다. 이 연구 결과들은 뉴스 매체에서 단골 소재로 소개된다. 동물에게는 왜 똑같은 방법을 사용하지 않을까? 그 이유는 인간은 거대한 자석으로 둘러싸인 내부에서 좋은 뇌 영상을 얻을 수 있을 만큼 충분한 시간 동안 꼼짝하지 않고 누워 있을 수 있기 때문이다. 우리는 당사자에게 질문을 던지고 비디오를 보여주면서 뇌의 활동을 휴식 상태와 비교한다. 하지만 여기서 얻은 답이 선전처럼 항상 유익한 정보를 제공하는 것은 아닌데, 뇌 영상은 내가 조롱조로 **신경지리학**이라 부르는 것에 해당할 때가 많기 때문이다. 전형적으로 결과는 한 지역이 노란색이나 빨간색으로 빛나는 모습으로 표시된 뇌 지도로 나타난다. 이것은 뇌에서 일들이 일어나는 **장소**를 말해주지만, **어떤** 일이 **왜** 일어나는지에 대한 설명은 듣기 어렵다.[36]

하지만 이러한 제약 외에 과학자들을 괴롭힌 문제는 동일한 정보를 동물에게서 어떻게 얻어내느냐 하는 것이었다. 새를 대상으로 이런 시도를 했지만, 새는 스캐닝을 하는 동안 깨어 있지 않았다. 움직이지 못하지만 의식은 깨어 있는 마모셋의 뇌 영상을 촬영한 것도 있다. 이 작은 원숭이를 몽골의 아기처럼 포대기에 감싼 채 스캐너에 집어넣고는 다양한 냄새에 노출시켰다.[37] 하지만 침팬지처럼 더 큰 영장류에게 이런 절차를 사용하면(현실적으로 가능하지 않지만 만약 가능하다는 전제하에), 아주 큰 스트레스를 초래해 침팬지가 인지 과제에 집중하지 못할 것이다. 마취를 시킬 수도 없는데, 그러면 실험의 목적 자체가 허물어지고 말기 때문이다. 진정한 과제는 의식적이고 자발적인 참여를 이끌어내는 것이다.

어떻게 하면 이것을 할 수 있는지 알아보기 위해 어느 날 나는 인간의 뇌 영상을 촬영할 목적으로 만든 새로운 자기영상 스캐너를 살펴보러 에모리 대학 심리학과 지하실로 내려갔다. 한 동료가 가만히 앉아 있도록 훈련시킬 수 있는 동물을 대상으로 이 섬세한 장비를 사용해 돌파구를 열려고 애쓰고 있었다. 나는 신체가 온전하고 몸집이 큰 수캐 엘리와 훨씬 작고 난소를 제거한 암컷 캘리와 함께 대기실에 앉아 있었는데, 곧 신경과학자 그레고리 번스가 그곳에 왔다. 캘리는 번스의 이야기에서 영웅인데, 번스 자신이 기르는 애완동물이자 특별히 설계한 받침대에 주둥이를 걸친 채 가만히 앉아 있도록 훈련받은 최초의 개이기 때문이다.

우리가 기다리는 동안 개들은 방 안에서 함께 잘 놀았지만, 싸움이 일어나고 엘리가 캘리에게 피를 흘리게 하자 우리는 둘을 떼어놓아야 했다. 이곳은 분명히 대부분의 인간 대기실과는 달랐다. 캘리가 개 머리에 씌우는 일종의 헤드폰인 개 헤드셋을 쓰는 것은 이번이 여덟 번째였는데, 헤드셋을 씌우는 이유는 자기영상 스캐너에서 나는 윙윙거리는 소리 같은 소음을 완화하기 위해서였다. 개에게 기이한 소음에 익숙해지게 만드는 것은 이 연구 프로젝트의 중요한 부분이다. 이상하게 들릴지 모르겠지만, 번스는 오사마 빈 라덴의 거처가 습격을 받는 비디오를 본 뒤에 이것이 효과가 있을 것이라는 확신이 들었다. 해군 특수부대 6팀은 훈련받은 개에게 산소 마스크를 씌우고 한 병사의 가슴에 끈으로 묶어 헬리콥터에서 뛰어내리게 했다. 만약 개에게 이런 일을 하도록 훈련시킬 수 있다면, 분명히 자기영상 스캐너의 소음에도 익숙해지게 할 수 있을 것이라고 번스는 생각했다. 이것은 턱받침 위에 머리를 올려놓도록 개를 훈련시킨 것과 함께 이 연구 프로젝트가 성공한 비밀이다. 개들은 집에서 많은 핫도그 조각으로 보상을 받으면서 충분히 훈련을 받았으므로, 자기영상 스캐너 안에 있는 턱받침

에 아주 익숙했고 사람들이 자신에게 원하는 것이 무엇인지 알았다.[38]

잦은 보상은 약간 문제가 될 수 있다. 음식을 먹으려면 턱을 움직여야 하고, 그러면 뇌 영상에 간섭을 일으키기 때문이다. 캘리는 특별히 설치한 개 전용 사닥다리를 통해 스캐너 안으로 들어가 자리를 잡고 앉아 필요한 절차가 진행되기를 기다렸다. 하지만 캘리는 약간 흥분한 상태였는데, 꼬리를 세게 흔드는 것으로 보아 그것을 알 수 있었다. 이것은 몸을 움직이게 하는 또 하나의 원인이었다. 우리가 뇌에서 꼬리를 흔들게 하는 지역을 보고 있다는 번스의 농담은 아주 틀린 말이 아니었다. 엘리를 스캐너 안으로 들어가게 하는 데 좀 더 많은 유인이 필요했지만, 친숙한 턱받침을 보자 순순히 응했다. 엘리의 주인은 엘리가 턱받침에 아주 익숙해지고 그

MRI 스캐너 안에 들어간 캘리. 개는 가만히 앉아 있도록 훈련시킬 수 있는데, 그 덕분에 fMRI 같은 뇌 영상을 통해 개의 인지를 연구할 수 있다.

것을 보면 아주 좋은 시간을 연상하기 때문에, 집에서 거기다 머리를 집어 넣고 자는 모습도 가끔 볼 수 있다고 말했다. 엘리는 3분 동안 꼼짝도 않고 가만히 있었는데, 그 정도면 훌륭한 영상을 얻기에 충분한 시간이었다.

사전에 훈련시킨 수신호를 통해 스캐너 안에 있는 개에게 선물이 기다리고 있다는 것을 알려줄 수 있다. 번스는 이 방법으로 개의 쾌락 중추가 활성화되는 것을 조사한다. 현재 번스가 추구하는 목표는 소박한 것인데, 인간과 개의 비슷한 인지 과정에는 비슷한 뇌 지역들이 관여한다는 것을 보여주려고 한다. 번스는 음식을 기대하는 개의 뇌에서 꼬리핵(미상핵)이 활성화된다는 사실을 발견했는데, 이것은 금전적 보너스를 기대하는 사업가의 뇌에서 일어나는 일과 같다.[39] 모든 포유류의 뇌가 본질적으로 동일한 방식으로 작동한다는 사실은 다른 영역들에서도 발견되었다. 물론 이러한 유사성 뒤에는 훨씬 더 깊은 메시지가 숨어 있다. 스키너와 그 지지자들이 그랬던 것처럼 정신 과정을 블랙박스로 취급하는 대신에 이제 우리는 그 상자를 비집고 열어 신경학적 상동을 풍부하게 발견하고 있다. 이것들은 정신 과정에 공통의 진화적 배경이 있음을 보여주며, 인간-동물 이원론을 부정하는 강력한 논거를 제공한다.

비록 이 연구는 시작된 지 얼마 안 되었지만, 동물인지와 감정의 연구에서 비침습적 신경과학의 전망을 밝게 한다. 나는 새로운 시대의 문턱에 서 있는 듯한 느낌이 들었다. 그때 엘리가 스캐너에서 종종걸음으로 걸어 나와 머리를 내 무릎에 기대고 깊은 한숨을 내쉬면서 모든 것이 잘 끝났다는 안도감을 표시했다.

제5장

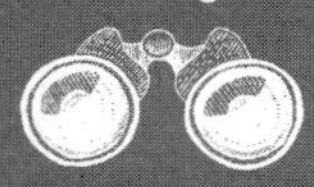

ARE WE SMART
ENOUGH
TO KNOW
HOW SMART
ANIMALS ARE?

만물의 척도

아유무는 컴퓨터를 만지작거리는 동안 내게 신경 쓸 시간이 없었다. 아유무는 다른 침팬지들과 함께 교토 대학 영장류연구소의 실외 지역에서 살고 있다. 침팬지는 언제든지 여러 개의 작은 칸막이방(작은 전화 부스처럼 생긴) 중 어느 하나로 뛰어 들어갈 수 있는데, 각 방에는 컴퓨터가 한 대씩 설치되어 있다. 그리고 침팬지는 언제든지 원할 때 방을 떠날 수 있다. 따라서 컴퓨터 게임을 하느냐 마느냐는 완전히 침팬지 마음에 달려 있는데, 이것은 건전한 동기를 보장한다. 방들은 투명하고 낮아서 나는 한 방에 몸을 기대고 아유무의 어깨 너머로 넘겨다볼 수 있었다. 나는 마치 학생들이 나보다 열 배나 빠른 속도로 타자를 하는 모습을 존경의 눈초리로 바라보는 것과 비슷한 느낌으로 아유무가 놀랍도록 빠른 결정을 내리는 모습을 지켜보았다.

젊은 수컷인 아유무는 2007년에 인간의 기억력에 굴욕을 안겨주었다. 터치스크린을 조작하는 훈련을 받은 아유무는 화면에 나타난 1부터 9까지의 숫자를 기억한 뒤 정확한 순서대로 그 위치를 누를 수 있었다. 숫자들이 화면에 무작위로 나타나고 그 위치들을 누르기 시작하자마자 흰 사각형으로 대체되는데도 말이다. 아유무는 숫자들을 외운 뒤, 사각형들을 정확한 순서대로 누른다. 화면에 숫자들이 나타나는 시간을 줄이더라도 아유무에게는 별 문제가 되지 않는 것처럼 보이는데, 인간은 시간이 줄어들면 확실히 정확도가 떨어진다. 내가 직접 그 과제를 해보았는데, 화면을 몇 초 동안 보고 나서도 숫자를 다섯 개 이상 추적하기가 힘들었지만, 아유무는 숫자들을 불과 210밀리초만 보고서도 동일한 결과를 얻을 수 있었다. 210밀리초는 0.2초에 해당하는 시간으로, 문자 그대로 눈을 한 번 깜빡이는 시간과 비슷하다. 한 후속 연구에서는 숫자 다섯 개를 가지고 인간을 아유무 수준으로 훈련시키는 데 성공했지만, 침팬지는 최대 아홉 개의 숫자를 80%의 정확도로 기억하는데, 어떤 사람도 그 경지에까지는 이르지 못했다.[1] 카드 한 벌을 다 외우는 능력으로 유명한 영국의 암기력 챔피언과 경쟁하여 아유무는 '침피언chimpion'자리에 등극했다.

아유무의 사진 기억이 과학계에 던진 파장은 50여 년 전 DNA 연구에서 인간이 자신의 속명屬名을 정당화할 만큼 보노보와 침팬지와 큰 차이가 나지 않는다는 사실이 드러났을 때 일어났던 것과 비슷한 수준이었다. 분류학자들이 호모*Homo*라는 속명을 우리에게만 계속 사용하는 것은 순전히 역사적 이유밖에 없다. 이 DNA 비교는 인류학 분야에 불길한 재앙의

아유무는 숫자들이 눈 깜짝할 사이에 사라지는데도 불구하고 사진 기억의 도움으로 터치스크린 위에서 숫자들의 위치를 정확한 순서대로 아주 빠르게 누를 수 있다. 인간이 이 젊은 유인원의 능력을 따라가지 못한다는 사실에 일부 심리학자들은 기분이 상했다.

조짐을 드리웠는데, 그때까지만 해도 머리뼈와 뼈가 근연도를 판단하는 지배적 기준으로 사용되어왔기 때문이다. 하지만 골격에서 무엇이 중요한지 결정할 때에는 우리가 중요하다고 간주하는 특성들을 주관적으로 정하는 판단이 끼어들게 된다. 예를 들면, 우리는 자신의 두 발 보행 능력을 대단한 것으로 여기는 반면, 닭에서부터 껑충껑충 뛰는 캥거루에 이르기까지 같은 방식으로 움직이는 많은 동물을 무시한다. 사바나의 일부 장소에서는 보노보가 똑바로 서서 키 큰 풀숲을 헤치면서 전체 여행 거리를 인간처럼 당당한 걸음걸이로 걸어간다.[2] 두 발 보행은 실제로는 그동안 주장되어온 것처럼 그렇게 특별한 능력이 아니다. DNA의 좋은 점은 편견에 영향을 받을 소지가 없어 더 객관적 척도가 될 수 있다는 것이다.

하지만 이번에는 아유무 때문에 마음이 불편해진 분야는 심리학이었다. 아유무는 이제 더 많은 숫자들을 가지고 훈련을 하고 있고, 더욱 짧은 시간 간격으로 그 사진 기억을 시험하고 있기 때문에, 그 능력의 한계는 아직 알려져 있지 않다. 하지만 이 유인원은 지능 테스트가 예외 없이 인간의 우월성을 확인해준다는 금언을 이미 위배했다. 데이비드 프리맥은 그 금언을 이렇게 표현했다.

"인간은 모든 인지 능력을 구사하며 이것들은 모두 영역 일반적인 반면, 동물은 이와는 대조적으로 매우 제한적인 능력만 구사하며 이것들은 전부 다 단일 목표나 활동에 제한된 적응이다."[3]

다시 말해서, 인간은 나머지 자연에 해당하는 어두컴컴한 지적 창공에서 홀로 밝게 빛나는 빛이다. 다른 종들은 서로 구분하는 것은 아무 의미가 없다는 듯이 편리하게도 '동물들' 또는 '동물('짐승'이나 '비인간'은 말할 것도 없고)'로 뭉뚱그려 취급한다. 이것은 우리 대 그들의 세계이다. 인간만의 독특한 속성을 가리키는 '휴머니크니스humaniqueness'라는 용어를 만든 미국 영장류학자 마크 하우저는 이렇게 말한 적이 있다.

"나는 우리는 결국 인간과 동물 사이의 인지 간극이, 설사 그 동물이 침팬지라 하더라도, 침팬지와 딱정벌레 사이의 간극보다 더 크다는 사실을 알게 될 것이라고 생각한다."[4]

여러분이 제대로 읽은 게 맞다. 하우저는 맨눈으로 보기 힘들 정도로 작은 뇌를 가진 곤충을 비록 우리 것보다는 작긴 하지만 그래도 모든 면에서 동일한 중추 신경계를 가진 영장류와 동급으로 간주한 것이다. 우리 뇌는 다양한 지역과 신경, 신경전달물질에서부터 뇌실과 혈액 공급에 이르기까지 유인원의 뇌와 거의 똑같다. 진화론적 관점에서 볼 때 하우저의 주장은 납득하기 어렵다. 이 세 종 중에서 유달리 차이가 나는 종은 오직 딱정벌레 한 종밖에 없다.

인간의 머리에서 멈춘 진화

불연속성을 가정하는 견해는 본질적으로 진화론 이전의 견해라는 사실을 감안하여 내 생각을 솔직하게 밝힌다면, 나는 이것을 **신창조론**Neo-Creationism이라고 부르고 싶다. 신창조론을 지적 설계Intelligent Design와 혼동해서는 안 되는데, 지적 설계는 그저 낡은 창조론을 새 병에 담은 것일 뿐이다. 신창조론은 진화를 받아들이되 절반만 받아들인다는 점에서 더 미묘하다. 신창조론의 중심 교리는 우리의 몸은 유인원에게서 유래했지만, 마음은 그렇지 않다는 것이다. 아주 명시적으로 그렇게 말하지는 않지만, 신창조론은 진화가 인간의 머리에서 멈추었다고 상정한다. 이 개념은 많은 사회과학, 철학, 인문학 분야들에서 아직도 많이 퍼져 있다. 이 견해는 우리 마음은 너무나도 독창적인 것이어서 그 예외적 지위를 확인하는 목적 외에는 다른 마음들과 비교하는 게 아무 의미가 없다고 간주한다. 우리가 할 수 있는 일과 비교할 만한 게 문자 그대로 아무

것도 없다면 다른 종들이 할 수 있는 일에 신경 쓸 이유가 뭐가 있겠는가? 이러한 비약적 견해는 우리가 유인원에게서 갈라져 나온 이후에 뭔가 중요한 일이, 즉 지난 수백만 년 혹은 심지어 더 최근에 뭔가 급작스런 변화가 일어났다는 신념을 기반으로 한다. 이 기적적인 사건은 불가사의로 남아 있지만, 인간화hominization라는 배타적인 용어를 사용해 칭송하며, 이 용어는 잇따르는 **불꽃** spark, **간극** gap, **균열** chasm 같은 단어들과 함께 언급된다.[5] 분명히 현대 학자 중에서 특별한 창조는 말할 것도 없고 신성한 불꽃을 언급하려는 사람은 아무도 없지만, 이러한 견해의 종교적 배경은 부인하기 어렵다.

머리에서 멈춘 진화 개념은 생물학에서 월리스의 문제Wallace's Problem로 알려져 있다. 앨프리드 러셀 월리스는 찰스 다윈과 같은 시대에 산 영국의 위대한 박물학자로, 자연선택에 의한 진화 개념을 독자적으로 생각했다. 사실, 이 개념은 다윈-월리스 이론이라고도 부른다. 월리스는 분명히 진화 개념을 받아들이는 데에는 아무런 문제가 없었으나 인간의 마음에 가서는 선을 그었다. 그는 인간의 존엄성이라고 부르는 것에 큰 감명을 받았으므로 인간을 유인원과 비교하는 것을 참을 수 없었다. 다윈은 모든 특성은 공리주의적인 것이며 오로지 생존을 위해 필요한 만큼만 좋은 것이라고 믿었지만, 월리스는 이 규칙에 한 가지 예외가 있어야 한다고 생각했다. 그 예외는 바로 인간의 마음이었다. 단순한 삶을 살아가는 사람에게 왜 교향곡을 작곡하고 수학을 할 수 있는 뇌가 필요하단 말인가? 월리스는 "자연선택은 야만인에게 유인원보다 아주 조금 나은 뇌밖에 줄 수 없었지만, 야만인은 실제로는 교육받은 우리 사회들의 평균적인 구성원의 뇌보다 아주 약간만 모자란 뇌를 가지고 있다"[6]라고 썼다. 월리스는 동남아시아를 여행하면서 문자를 모르는 사람들을 크게 존경하게 되어 그들을 '아주 약간만 모자란'이라고 표현했는데, 이러한 태도는 그 당시의 인종주의적 견해를 훌쩍 뛰어넘는 것이었다. 이 견해는 미개인의 지능을 유인원과 서양인의 중간쯤이라고 보았다. 비록 월리스는 종교를 믿지 않았지만, 인류의 잉여 뇌 능력이 '보이지 않는 영靈의 우주'에서 비롯되었다고 보았다. 그것 말고는 인간의 정신을 달리 설명할 방법이 없었다. 당연히 다윈은, 아무리 잘 위장한 방식으로 그랬다 하더라도 존경하는 동료가 신의 손을 들먹이는 것에 당혹감을 감추지 못했다. 다윈은 초자연적 설명을 끌어들일 필요가 전혀 없다고 느꼈다. 그런데도 월리스의 문제는 아직도 인간의 마음을 생물학의 손아귀에서 떼어내려고 애쓰는 일부 학계에서 큰 영향력을 미치고 있다.

얼마 전에 나는 한 유명한 철학자의 강연을 들었는데, 그는 의식에 관한 견해로 우리의 마음을 사로잡았다. 마치 뒤늦게 생각난 듯이 '명백히' 인간은 어떤 종보다 의식을 무한히 더 많이 갖고 있다고 덧붙이기 전까지는 그랬다. 나는 머리를 긁적였는데(영장류가 내면적 갈등을 겪을 때 나타나는 신호), 그때까지만 해도 그 철학자는 진화적 설명을 추구한다는 인상을 주었기 때문이다. 그는 의식은 신경 연결의 수와 복잡성에서 생겨난다고 말하면서 뇌의 엄청난 상호 연결성을 언급했다. 나는 로봇 전문가들에게서도 비슷한 이야기를 들었는데, 이들은 만약 컴퓨터 안에서 충분히 많은 마이

크로칩들이 연결된다면 틀림없이 의식이 나타날 것이라고 생각했다. 비록 얼마나 많은 상호 연결이 있어야 의식이 나타나는지 혹은 심지어 의식이 정확하게 무엇인지 아는 사람은 아무도 없는 것 같긴 하지만, 나는 그 말을 믿고 싶다.

하지만 신경 연결을 강조하는 주장에 대해 나는 우리의 1.35kg 뇌보다 큰 뇌를 가진 동물들은 어떻게 설명해야 할지 의문이 든다. 돌고래는 뇌가 1.5kg, 코끼리는 4kg, 향유고래는 8kg이나 되는데, 이 동물들의 의식은 어떻게 설명해야 할까? 이 동물들은 아마도 우리보다 **더 많은** 의식을 갖고 있을까? 아니면, 의식은 신경세포의 수에 달려 있을까? 이 점에서 그림은 다소 불분명하다. 오랫동안 우리 뇌는 뇌의 크기와 상관없이 지구상의 어떤 동물보다 신경세포가 더 많다고 간주되어왔지만, 지금은 코끼리 뇌에는 우리 뇌보다 세 배나 많은 신경세포(정확하게는 2570억 개)가 있는 것으로 밝혀졌다. 하지만 신경세포들의 분포 양상이 서로 다른데, 코끼리는 대부분의 신경세포가 소뇌에 있다. 또한 이 후피동물의 뇌는 아주 크기 때문에 아주 먼 지역들 사이에도 마치 여분의 고속도로 체계처럼 많은 연결이 있을 것이고, 이것이 복잡성을 더할 것이라고 추측되었다.[7] 우리 뇌에 대해서는 이마엽(합리성이 자리 잡고 있는 장소로 일컬어지는)을 강조하는 경향이 있지만, 최신 해부학 보고서에 따르면 이것은 정말로 예외적인 것이 아니다. 인간의 뇌는 '영장류의 뇌가 직선적으로 확대된 것'이라고 이야기되어왔는데, 이것은 우리 뇌의 어떤 지역도 불균형적으로 크지 않다는 뜻이다.[8] 모든 것을 종합할 때, 신경 차원의 차이만으로는 인간의 독특성을 기정사실로 결론 내리기에 불충분해 보인다. 만약 의식을 측정하는 방법을 찾는다면 의식은 훨씬 넓게 퍼져 있는 것으로 드러날 가능성이 높다. 하지만 그때가 오기 전까지는 다윈의 개념 중 일부는 여전히 조금 위험한 것으로 남아 있을 것이다.

이러한 견해는 인간이 특별하다는(어떤 면에서 우리는 분명히 특별하다) 사실을 부정하는 것이 아니지만, 만약 이것이 태양 아래 존재하는 모든 인지 능력에 대한 선험적 가정이 된다면, 우리는 과학의 영역을 떠나 믿음의 영역으로 발을 들여놓는 셈이 된다. 심리학과에서 학생들을 가르치는 생물학자인 나는 학문 분야에 따라 이 문제에 서로 다르게 접근하는 방식에 익숙하다. 생물학과 신경과학, 의학에서는 연속성이 기본 가정이다.

다른 생각은 있을 수가 없다. 모든 포유류의 뇌가 비슷하다는 전제가 없다면 누가 인간의 공포증을 치료하기 위해 쥐의 편도에서 두려움을 연구하겠는가? 이들 분야에서는 생명 형태들 전반에 걸친 연속성을 당연한 것으로 받아들이며, 인간은 아무리 중요하다 하더라도, 더 큰 자연의 그림에서는 그저 하나의 티끌에 지나지 않는다.

갈수록 심리학도 같은 방향으로 나아가고 있지만, 다른 사회과학과 인문학 분야들에서는 불연속성이 일반적인 가정으로 남아 있다. 나는 이 분야의 청중들 앞에서 강연을 할 때마다 이것을 매번 느낀다. 우리와 나머지 사람상과 종들 사이의 유사성을 이야기할 수밖에 없는(내가 항상 사람을 언급하는 것이 아닌데도) 강연을 하고 나면, 항상 "하지만 그렇다면 사람이라는 것이 무슨 의미가 있습니까?"라는 질문이 나온다. **하지만**이라는 서두는 아주 강력한데, 우리를 나머지 동물들과 구별하는 것이 무엇이냐는 무엇보다 중요한 문제로 곧장 직행하기 위해 모든 유사성을 완전히 무시하기 때문이다. 나는 대개 빙산의 은유로 대답한다. 우리와 영장류 친척들 사이에 존재하는 인지적, 감정적, 행동적 유사성을 거대한 빙산으로 보자고 이야기한다. 하지만 거기에는 차이점도 있는데, 그것이 바로 수면 위에 드러난 빙산의 일각이다. 자연과학은 빙산 전체를 파악하려고 노력하는 반면, 나머지 분야들은 빙산의 일각만 바라보는 것에 만족한다.

서양에서는 이 빙산의 일각에 집착하는 전통이 아주 오래되었고 끝없이 이어지고 있다. 우리 자신의 독특한 특성들은 늘 긍정적이고 심지어 고상한 것으로 생각하는데, 그다지 고상하지 않은 특성들을 제시하는 게 어렵지 않은데도 그렇게 생각한다. 나머지 손가락과 마주 보는 엄지나 협력, 유머, 순수한 이타심, 오르가즘, 언어, 후두의 해부학적 구조 등 무엇이 되었건, 우리는 항상 한 가지 큰 차이점을 찾으려고 한다. 이런 태도는 아마도 플라톤과 디오게네스가 인간이라는 종을 가장 간결하게 정의하는 속성을 놓고 벌인 논쟁에서 시작되었을 것이다. 플라톤은 인간은 유일하게 털이 없으면서 두 발로 걸어 다니는 동물이라고 주장했다. 하지만 이 정의는 결함이 있었다. 그래서 디오게네스는 털을 뽑은 닭을 강의실에 가져와 내려놓으면서 "플라톤이 정의한 인간이 여기 있다"라고 말했다. 그때부터 이 정의에는 "넓적한 손발톱이 있는"이 추가되었다.

1784년, 요한 볼프강 폰 괴테는 인류의 생물학적 뿌리를 발견했노라고 의기양양하게 발표했다. 그것은 인간의 위턱에 있는 작은 뼛조각으로, 앞니뼈(간악골 間顎骨 이라고도 함)라고 부르는 것이었다. 이 뼈는 유인원을 포함해 다른 포유류에서는 발견되지만, 그때까지만 해도 우리 종에서는 발견되지 않아 해부학자들은 '원시적인' 뼈라고 불렀다. 인간에게 이 뼈가 없다는 사실은 우리가 자랑스러워해야 할 일로 간주되어왔다. 괴테는 시인 외에 자연과학자이기도 했는데, 그래서 그는 우리도 이 조상의 뼈를 공유한다는 사실을 보여줌으로써 우리 종과 나머지 자연을 연결한 것에 대해 매우 기뻐했다. 다윈이 진화론을 내놓기 100여 년 전에 괴테가 이런 주장을 한 것은 진화 개념을 사람들이 얼마나 오래전부터 생각하고 있었는지 보여준다.

연속성과 예외론 사이에 벌어졌던 것과 동일한 긴장이 오늘날에도 남아 있어, 우리가 어떻게 다른가를 내세우는 주장들이 계속 나오는가 하면 곧 이어 이 주장들이 무너지며 사라져간다.[9] 독특성을 내세우는 주장들은 앞니뼈처럼 일반적으로 네 단계를 거친다. 그것은 계속 반복되어 제기되며, 새로운 발견에 도전을 받고, 절뚝거리면서 퇴장을 향해 나아가며, 결국에는 불명예스러운 무덤 속으로 던져진다. 나는 항상 이런 주장들의 자의적 성격에 깜짝 놀란다. 독특성을 내세우는 주장들은 어디서 왔는지 모르게 홀연히 나타나서는 많은 관심을 끄는 반면, 모든 사람들은 그 이전에는 아무런 쟁점이 없었다는 사실을 잊어버린 것처럼 보인다. 예를 들면, 영어(그리고 상당히 많은 언어)에서 행동 모방은 우리와 가장 가까운 친척을 가리키는 동사 'ape'로 표현하는데, 이것은 모방을 대단한 능력으로 여기지 않고 우리가 유인원과 공유한 속성으로 간주하던 시절이 있었음을 암시한다.

하지만 모방을 '진정한 모방'이라고 부르면서 인지적으로 복잡한 행동으로 다시 정의하자, 갑자기 우리는 그런 행동을 할 수 있는 유일한 존재가 되었다. 이것은 우리가 모방을 하는 유일한 유인원the only aping apes이라는 기이한 의견일치를 만들어내는 데 기여했다. 또 다른 예는 마음 이론theory of mind(줄여서 ToM이라고 함)인데, 이것은 실은 영장류 연구에서 나온 개념이다. 하지만 어느 순간, 이것은 유인원에게는 존재하지 않는다고 상정하는 방식으로 재정의되었다(적어도 한동안은). 이 모든 정의와 재정의는 내게 미국의 텔레비전 코미디 및 버라이어티 쇼 프로그램 「새터데이 나이트 라이브」에서 존 로비츠가 연기한 인물을 떠오르게 하는데, 그는 도저히 가능할 것 같지 않지만 자신의 행동을 정당화하려고 애쓴다. 그는 자신이 만들어낸 이유들을 믿을 수 있을 때까지 파헤치고 찾기를 거듭하다가 결국 자기만족에 빠져 히죽히죽 웃으며 "그래! 이게 바로 그거야!"라고 외친다.

구체적인 기술과 관련해서도 동일한 일이 일어났는데, 옛날의 그라비어 인쇄물과 그림에서 공통적으로 유인원을 지팡이나 다른 도구를 짚고 걷는 모습으로 묘사했다는 사실(가장 유명한 것은 칼 폰 린네가 1735년에 출판한 《자연의 체계》에 실렸다)에도 불구하고 그랬다. 그 당시에 유인원이 도구를 사용한다는 사실은 잘 알려져 있었고 전혀 논란의 대상이 아니었다. 아마도 화가들은 유인원을 좀 더 인간처럼 보이게 하려고 그 손에 도구를 쥐어 준 것으로 보이는데, 정확하게 정반대 이유로 20세기의 인류학자들은 도구를 지적 능력을 보여주는 징후로 격상시켰다. 그때부터 유인원의 기술은 면밀한 조사와 의심의 대상이 되고 심지어 조롱의 대상이 된 반면, 우리의 기술은 정신적 우수성을 증명하는 것으로 떠받들어졌다. 야생에서 유인원이 도구를 사용하는 모습이 발견(혹은 재발견)된 것이 큰 충격으로 받아들여진 것은 바로 이런 배경이 있었기 때문이다. 인류학자들은 그 중요성을 폄하하려는 시도에서 어쩌면 침팬지가 인간으로부터 도구를 사용하는 법을 배웠을지 모른다고 주장했다. 마치 침팬지가 스스로 도구를 발전시켰다고 보기보다는 이 편이 더 가능성이 높다는 듯이 말이다. 이 주장의 기원은 모방이 아직 인간만의 특유한 속성이라고 선언되지 않았던 시절로 거슬러 올라간다. 이 모든 주장들은 일관성을 유지하기가 아주 어렵다. 루이스 리키가 침팬지를 사람이라고 부르거나 사람의 정의를 다시 내리거나 도구의 정의를 다시 내려야 할 것이라고 주장했을 때, 과학자들은 당연하게 두 번째 안을 받아들였다. 사람의 정의를 다시 내리는 것은 유행에서 사라지는 법이 결코 없을 것이며, 새로운 정의는 모두 "그래! 이게 바로 그거야!"라는 반응과 함께 환영받을 것이다.

잘난 듯이 가슴을 두드리는 것(영장류에서 발견되는 또 하나의 패턴)보다 더욱 터무니없는 인간의 행동은 다른 종을 폄하하는 경향이다. 하기야 단지 다른 종들만 폄하하는 것은 아닌데, 우리에게는 백인 남성이 자신이 나머지 모든 사람들보다 유전적으로 우월하다고 선언한 긴 역사가 있기 때문이다. 인종적 승리주의는 네안데르탈인을 정교함이 부족한 짐승으로 조롱할 때 우리 종을 넘어서서 확대된다. 하지만 오늘날 우리는 네안데르탈인의 뇌가 우리 뇌보다 조금 더 컸고, 그들의 유전자 중 일부가 우리 자신의 유전체에 흡수되었으며, 그들이 불, 손도끼, 악기, 매장 등을 알았다는 사실을 알고 있다. 하지만 유인원에 대해서는 여전히 멸시하는 태도가 남아 있다. 2013년에 BBC 웹사이트에서 "**당신은 침팬지만큼 멍청합니까?**"라고 물었을 때, 나는 그들이 침팬지의 지능 수준을 어떻게 정확하게 알아냈을까 몹시 궁금했다. 하지만 그 웹사이트(그 후에 삭제된)는 유인원과는 아무 상관도 없는 세계 문제에 대해 인간의 지식을 테스트하는 문제들을 냈을 뿐이다. 유인원은 그저 우리 종과 비교하는 용도로 쓰였을 뿐이다. 하지만 왜 예컨대 메뚜기나 금붕어가 아니라 유인원과 비교했을까? 물론 그 이유는 우리가 이들 동물보다는 분명히 더 똑똑하다고 확신하지만, 우리와 더 가까운 종보다 그런지는 완전히 확신할 수 없어서였을 것이다. 우리가 다른 사람상과 동물과 비교하기를 즐기는 이유는 그러한 불안감 때문인데, 이런 태도는 《우리는 침팬지가 아니다》나 《그저 또 다른 유인원?》처럼 분노를 담은 책 제목들에도 반영되어 있다.[10]

아유무에 대한 반응에서도 이와 동일한 불안감이 드러난다. 인터넷에서 아유무의 능력을 본 사람들은 사기가 틀림없다고 말하면서 믿으려 하지 않거나 "내가 침팬지보다 멍청하다는 사실을 믿을 수 없다!"와 같은 말을 했다. 전체 실험은 너무나도 모욕적인 것으로 받아들여져서 미국 과학자들은 침팬지를 이길 수 있도록 특수 훈련에 들어가야겠다고 생각하기까지 했다. 아유무 연구 프로젝트를 진행한 일본 과학자 마쓰자와 데쓰로는 이 반응을 처음 들었을 때 양손으로 머리를 감쌌다. 진화인지 분야의 뒷이야기를 매력적으로 전달하는 버지니아 모렐은 마쓰자와의 반응을 다음과 같이 들려준다.

> 정말로 나는 이것을 믿을 수 없다. 여러분이 본 것처럼 우리는 아유무를 통해 한 종류의 기억력 테스트에서 침팬지가 인간보다 낫다는 사실을 발견했다. 이것은 침팬지가 즉각 할 수 있는 일이고, 침팬지가 인간을 능가할 수 있는 한 가지—단 한 가지—일이다. 이 때문에 많은 사람들이 불쾌해한다는 사실은 나도 안다. 그런데 이제 침팬지만큼 잘하기 위해 연습을 했다는 연구자들까지 있다. 나는 우리가 항상 모든 영역에서 우월해야 한다는 이러한 필요성이 정말로 이해가 가지 않는다.[11]

빙산 꼭대기는 수십 년 동안 녹아왔지만, 우리의 태도는 거의 변하지 않는 것처럼 보인다. 그것을 여기서 더 자세히 논의하거나 인간의 독특한 속성에 관한 최신 주장들을 살펴보는 대신에 이제 거의 퇴장하기 직전에 이른 일부 주장들을 소개하려고 한다. 이 주장들은 지능 검사 뒤에 숨어 있는 방법론을 보여주는데, 방법론은 우리가 발견하는 것에 아주 중요한 차이를 빚어낼 수 있다. 침팬지(혹은 코끼리나 문어, 말)를 대상으로 IQ 검사를 하려면 어떻게 해야 할까? 이것은 농담처럼 들릴지 모르지만, 실제로는 과학이 직면한 가장 골치 아픈 질문 중 하나이다. 인간의 IQ 검사도 논란이 될 수 있지만(특히 문화 집단이나 인종 집단을 비교할 때에는), 서로 다른 종들을 비교할 때에는 문제가 훨씬 어려워진다.

나는 고양이를 좋아하는 사람이 개를 사랑하는 사람보다 지능이 더 높다는 최근의 한 연구 결과를 믿고 싶지만, 이 비교는 실제 고양이와 개를 비교하는 것에 비하면 새 발의 피에 불과하다. 두 종은 너무나도 달라서 둘 다 비슷하게 지각하고 접근할 수 있는 지능 검사를 설계하기가 아주 어렵다. 하지만 당장 문제가 되는 것은 단지 두 종을 비교하는 방법이 아니라, (이거야말로 방 안의 거대한 고릴라, 즉 가장 큰 골칫거리인데) 동물들을 우리와 비교하는 방법이다. 그리고 여기서 우리는 면밀한 조사를 포기할 때가 많다. 과학은 동물인지 분야의 새로운 발견을 모두 비판하는 태도와는 반대로 우리 자신의 지능에 관한 주장에는 무비판적 태도를 취할 때가 많다. 과학은 이런 주장을 곧이곧대로 받아들이는데, 이런 주장이 (아유무의 능력과는 달리) 과학이 예상한 것과 같은 방향을 가리킬 때에는 특히 그렇다. 그러는 사이에 일반 대중은 혼란에 빠지는데, 이런 주장은 결국에는 그것을 반박하는 연구를 유발하기 때문이다. 결과의 차이는 방법론 문제에서 비롯되는 경우가 많다. 이것은 따분하게 들릴지 모르지만, "우리는 동물이 얼마나 똑똑한지 알 만큼 충분히 똑똑한가?"라는 질문에서 핵심 요소를 차지한다.

방법론은 과학자로서 우리가 가진 모든 것이므로 큰 관심을 기울일 필요가 있다. 꼬리감는원숭이가 터치스크린을 이용한 얼굴 인식 과제에서 낮은 점수를 얻었을 때, 우리는 데이터를 유심히 살펴보다가 일주일 중 특정 요일에 점수가 아주 낮다는 사실을 발견했다. 더 자세히 조사해보았더니, 실험에 참여한 한 학생이 실험 동안에 절차를 충실히 따르긴 했지만, 꼬리감는원숭이의 주의를 딴 데로 돌리는 역할을 했다는 사실이 밝혀졌다. 이 학생은 늘 가만히 있지 못하고 자세를 바꾸거나 머리카락을 만지작

거리거나 하여 원숭이까지 불안하게 만든 게 분명했다. 이 여학생을 실험에서 배제하자 꼬리감는원숭이의 과제 수행 성적이 크게 높아졌다. 또, 최근에는 여성 실험자는 그렇지 않지만 남성 실험자는 생쥐에게 아주 큰 스트레스를 유발하여 생쥐의 반응에 영향을 미친다는 사실이 밝혀졌다. 실험실에 티셔츠를 입은 남성이 있어도 같은 효과가 나타나는데, 이것은 후각이 문제가 된다는 것을 시사한다.[12] 물론 이것은 실험자가 남성이냐 여성이냐에 따라 생쥐 연구 결과가 달라질 수 있음을 의미한다. 방법론의 세부 사항은 우리가 평소에 인정하는 것보다 훨씬 중요한데, 종들을 서로 비교할 때에는 특히 중요하다.

다른 사람의
마음 짐작하기

먼 은하에서 온 외계인이 지구에 착륙하여 나머지 종들과 뚜렷이 차이가 나는 종이 있을까 하고 찾는 장면을 상상해보자. 나는 그들이 우리를 지목하리라고 확신하지 못하지만, 어쨌든 그랬다고 가정해보자. 여러분은 외계인이 우리가 다른 사람들의 마음을 짐작할 줄 안다는 사실을 바탕으로 그런 결정을 내렸다고 생각하는가? 그들은 우리가 가진 모든 재주와 우리가 발명한 모든 기술 중에서 우리가 서로를 지각하는 방법에 주목할까? 그렇다면 이 얼마나 기이하고 변덕스러운 선택인가! 하지만 이것은 과학계가 지난 20년 동안 가장 주목할 만한 것으로 간주해온 바로 그 특성이다. **마음 이론** ToM으로 알려진 이 특성은 다른 사람의 정신 상태를 파악하는 능력을 말한다. 무엇보다 큰 아이러니는 우리가 마음 이론에 이렇게 큰 관심을 갖게 된 것이 우리 종 때문에 시작된 게 아니라는 사실이다. 에밀 멘젤은 한 개인이 남이 아는 것에 대해 아는 것이 무엇인지에 대해 맨 처음 깊이 생각한 사람이지만, 그 대상은 어린 침팬지였다.

1960년대 후반에 멘젤은 어린 유인원의 손을 잡고 루이지애나주의 풀이 무성하게 자란 넓은 실외 사육 공간으로 데리고 나가 숨겨놓은 음식물이나 장난감 뱀 같은 무서운 물체를 보여주었다. 그러고 나서 그 유인원을 기다리고 있던 무리에게 데리고 간 뒤, 모든 유인원을 한꺼번에 풀어주었다. 다른 유인원들은 그중 한 유인원이 안 지식을 알아차릴까? 만약 그렇다면 어떤 반응을 보일까? 그들은 다른 유인원이 음식물을 본 것과 뱀을 본 것 사이의 차이를 알아챌 수 있을까? 대부분은 분명히 알아챘는데, 음식물의 위치를 아는 침팬지는 열심히 따라가려고 한 반면, 조금 전에 숨어 있는 뱀을 본 침팬지하고는 함께 있으려 하지 않았다. 그들은 다른 침팬지의 열광이나 불안을 모방함으로써 그 침팬지의 지식을 어렴풋이 알아챌 수 있었다.[13]

음식물 주변에서 벌어지는 장면은 특히 많은 것을 알려주었다. 만약 '정보를 아는 침팬지'의 서열이 '추측을 하는 침팬지'보다 낮다면, 전자는 음식물이 엉뚱한 손에 넘어가지 않도록 하기 위해 자신이 아는 정보를 감춰야 할 이유가 충분히 있었다. 얼마 전에 우리는 침팬지들을 대상으로 이 실험을 하여 멘젤이 보고한 것과 동일한 속임수를 발견했다. 케이티 홀은 실외 사육 공간에서 침팬지 두 마리를 데려와 일시적으로 건물 안에 머물게 했다. 서열이 낮은 레이네트는 작은 창문을 통해 실외 사육 공간을 내다볼 수 있었던 반면, 서열이 높은 조지아는 그런 창문이 없어 밖을 볼 수 없었다. 케이티는 두 가지 음식물을 여기저기에 숨기면서 돌아다녔는데, 하나는 바나나였고 하나는 오이였다. 둘 중에서 침팬지가 어느 쪽을 더 좋아할지 맞혀보라! 케이티는 음식물을 고무 타이어 밑, 땅에 난 구멍, 풀 사이의 깊숙한 곳, 기어오르는 기둥 뒤를 비롯해 여러 장소에 숨겼는데, 레이네트는 창문을 통해 이 행동을 지켜보았다. 그러고 나서 두 침팬지를 동시에 풀어주었다. 그때쯤에는 조지아도 우리가 음식물을 숨겼다는 사실을 알았지만, 어느 장소에 숨겼는지는 알 도리가 없었다. 조지아는 레이네트를 유심히 관찰하는 비법을 터득했는데, 레이네트는 최대한 무심한 태도로 이리저리 걸어 다니면서 조지아를 오이가 숨겨진 장소로 점점 더 가까이 데려갔다. 레이네트가 오이가 숨겨진 장소 가까이에 앉자 조지아는 열심히 오이를 파냈다. 조지아가 오이를 파내느라 정신을 팔고 있을 때 레이네트는 서둘러 바나나가 있는 쪽으로 달려갔다.

하지만 실험을 많이 하자 조지아는 이 속임수를 알아챘다. 침팬지들 사이에서는 일단 어떤 것이 손이나 입 안에 들어가면, 그것은 설사 서열이 낮다 하더라도 그 침팬지의 것이라는 불문율이 있다. 하지만 그 이전에는 두 침팬지가 음식물에 다가갔을 때 서열이 높은 쪽에게 우선권이 있다. 따라서 조지아로서는 레이네트가 바나나에 손을 대기 전에 바나나에 먼저 다가가는 전략을 써야 했다. 여러 침팬지들을 다양하게 조합해 실험을 많이 거듭한 끝에 케이티는 서열이 높은 침팬지는 상대의 시선 방향을 유심히 살피면서 어느 쪽을 바라보는지 파악함으로써 그 침팬지의 지식을 활용한다는 결론을 얻었다. 반면에 상대는 다른 침팬지가 가지 말았으면 하는 곳을 쳐다보지 않음으로써 자신이 아는 지식을 감추려고 최선을 다한다. 양쪽 침팬지는 모두 한쪽이 다른 쪽이 모르는 지식을 갖고 있음을 아주 잘 알고 있는 것처럼 보인다.[14]

서로 호시탐탐 기회를 노리는 이러한 상황은 몸이 얼마나 중요한지 보여준다. 자신에 관한 우리의 지식 중 많은 것은 신체 내부에서 나오며, 다른 사람들에 대해 우리가 아는 것 중 많은 것은 상대의 신체 언어를 읽음으로써 얻는다. 우리는 다른 사람의 자세와 제스처, 얼굴 표정을 아주 잘 포착하는데, 이것은 애완동물을 비롯해 많은 동물들도 마찬가지이다. 한때 유인원 연구의 결과로 마음 이론이 중요한 주제로 폭발적인 관심을 끌면서 대세로 떠오른 '이론' 관련 언어를 멘젤이 결코 좋아하지 않은 이유는 이 때문이다. 유인원이나 어린이가 다른 사람의 마음에 대한 이론을 갖고 있느냐 하는 것이 핵심 문제로 떠올랐다.[15] 나 역시 이 용어에 불편함을 느끼는데, 우리가 물이 어떻게 어는지 혹은 대륙이 어떻게 이동하는지와 같은 물리적 과정을 추측하는 방식과 다르지 않게 합리적 평가를 통해 다른 사람들을 이해한다는 것처럼 들리기 때문이다. 이것은 지나치게 정신적이고 육체와 분리된 활동처럼 들린다. 나는 우리나 다른 동물이 다른 사람이나 다른 동물의 정신 상태를 그러한 추상적 차원에서 파악할 수 있다는 주장을 진지하게 의심한다.

어떤 사람들은 심지어 **마음 읽기**(독심술)를 이야기하는데, 이 용어는 마술사의 텔레파시 속임수("당신이 생각한 카드가 어떤 것인지 제가 알아맞혀볼게요")를 연상시킨다. 하지만 마술사는 순전히 당신의 눈이 어느 카드로 향하는지 지켜본 결과나 다른 시각적 단서를 바탕으로 당신이 생각한 카드를 알아맞히는데, 마음 읽기 같은 것은 존재하지 않기 때문이다. 우리가 할 수 있는 것이라고는 상대가 보거나 듣거나 냄새 맡은 것이 무엇인지 짐작하고, 상대의 행동으로부터 다음 단계에 상대가 어떻게 행동할지 추론하는 것이다. 이 모든 정보를 종합해 분석하는 것은 결코 작은 일이 아니며, 광범위한 경험이 필요하지만, 이것은 마음 읽기가 아니라 몸 읽기이다. 이것은 상대의 관점에서 상황을 바라보게 해주므로 나는 역지사지易地思之, perspective taking(perspective taking을 심리학 문헌에서는 '조망 수용'으로 많이 번역하지만, 그보다는 역지사지가 딱 맞는 번역어라서 이 책에서는 역지사지로 옮기기로 한다_옮긴이)라는 용어를 더 좋아한다. 우리는 이 능력을 자신의 이익을 위해 사용하지만, 다른 사람의 고통에 반응하거나 다른 사람의 필요를 충족시켜줄 때처럼 남의 이익을 위해 사용하기도 한다. 이것은 분명히 우리를 마음 이론보다 공감에 더 가까이 다가가게 한다.

인간의 공감은 아주 중요한 능력으로, 전체 사회를 결속시키고 우리를 우리가 사랑하고 관심을 가진 사람들과 연결시킨다. 공감은 남의 마음을 짐작하는 것보다 생존에 훨씬 더 기본적인 능력이라고 나는 말하고 싶다. 하지만 공감은 빙산에서 물 밑에 잠긴 큰 부분(모든 포유류와 공유하는 특성들)에 속하기 때문에 동일한 존중을 받지 못한다. 게다가 공감은 인지과학이 경시하는 경향이 있는 감정적 요소처럼 들린다. 남이 원하거나 필요한 것이 무엇인지, 혹은 남을 최대한 즐겁게 하거나 도우려면 어떻게 해야 하는지 아는 것이 원래의 역지사지(나머지 모든 특성의 뿌리에 해당하는 기본 특성)일 가능성에 대해서는 신경 쓰지 않아도 된다. 공감은 번식에 필수적인데, 포유류 어미는 새끼가 춥거나 배고프거나 위험에 처했을 때 새끼의 감정 상태에 민감해야 하기 때문이다. 공감은 생물학적 명령이다.[16]

경제학의 아버지 애덤 스미스가 "상상 속에서 고통 받는 사람과 위치를 바꾸는 것"이라고 정의한 공감적 역지사지는 유인원이나 코끼리, 돌고래가 심각한 상황에서 서로를 돕는 극적인 사례들을 포함해 우리 종 밖에서도 잘 알려져 있다.[17] 스웨덴의 한 동물원에서 알파 수컷 침팬지가 어린 침팬지의 목숨을 구한 사례를 생각해보라. 어린 침팬지는 밧줄에 뒤엉켜 숨이 막혀 죽어가고 있었다. 수컷은 어린 침팬지를 들어 올린(그럼으로써 밧줄이 당기는 압력을 줄였다) 뒤, 조심스럽게 목에서 밧줄을 풀었다. 이를 통해 알파 수컷은 밧줄이 목을 조르는 효과를 이해하며 어떻게 해야 하는지 안다는 것을 입증했다. 만약 어린 침팬지나 밧줄을 끌어당겼다면 오히려 상황을 악화시켰을 것이다.

내가 이야기하는 것은 상대가 처한 상황의 정확한 이해를 바탕으로 나오는 도움인 **목표 지향적 도움**targeted helping이다. 이와 관련해 과학 문헌에서 가장 오래된 보고 중 하나는 1954년에 플로리다주 앞바다에서 일어난 사건을 다룬 것이다. 공공 수족관에 전시할 큰돌고래(병코돌고래라고도 함)

를 잡으려고 큰돌고래 무리가 헤엄치는 수면 아래에서 다이너마이트를 터뜨렸다. 한 마리가 기절해 한쪽으로 몸이 크게 기울어진 채 수면 위로 떠오르자마자 다른 두 마리가 도우러 다가왔다. "아래에서 양쪽으로 한 마리씩 올라와 부상당한 큰돌고래의 가슴지느러미 밑을 자신의 머리 위쪽 측면으로 떠받쳐 그 큰돌고래가 수면 위에 떠 있게 했는데, 반쯤 기절한 상태에 있는 동안 숨을 쉴 수 있게 하려고 그런 게 분명했다." 두 큰돌고래는 수면 아래에 잠겨 있었는데, 따라서 이런 노력을 기울이는 동안은 숨을 쉴 수 없었다. 나머지 큰돌고래 무리도 가까이에 머물면서 동료가 회복할 때까지 기다렸고, 마침내 동료가 회복하자 모두 크게 뛰어오르면서 서둘러 그곳을 떠났다.[18]

두 돌고래가 기절한 세 번째 돌고래를 양쪽에서 떠받쳐 도움을 주었다. 두 돌고래는 호흡공이 물 밖으로 나오도록 기절한 돌고래를 수면 위로 떠오르게 한 반면, 자신들의 호흡공은 물속에 잠겼다. Siebenaler and Caldwell(1956)에 나오는 내용을 바탕으로 그렸음.

또 다른 목표 지향적 도움 사례는 어느 날 뷔르허르스동물원에서 일어났다. 실내 복도를 청소하고 나서 침팬지들을 밖으로 내보내기 전에 사육사들은 호스로 물을 뿌려 모든 고무 타이어를 씻고 나서 정글짐에 연결되어 있는 수평 방향의 통나무에 하나씩 차례로 매달았다. 타이어를 보자마자, 암컷 침팬지 크롬은 물이 약간 남아 있는 타이어를 원했다. 침팬지들은 타이어를 물 마시는 그릇처럼 사용할 때가 많다. 불행하게도 이 타이어는 죽 이어진 타이어들 중에서 맨 끝에 있었고, 그 앞에는 무거운 타이어가 많이 매달려 있었다. 크롬은 자신이 원하는 타이어를 계속 끌어당겼지만 그것을 움직이게 할 수 없었다. 크롬은 10분이 넘게 이 문제를 해결하려고 애썼지만 노력은 수포로 돌아갔다. 일곱 살 먹은 야키만 빼고 나머지 침팬지들은 크롬의 노력을 무시했는데, 야키는 어릴 때부터 크롬이 돌봐준 침팬지였다. 크롬이 마침내 포기하고 다른 데로 걸어가자 야키가 그곳으로 다가갔다. 야키는 조금의 망설임도 없이 첫 번째 타이어부터 시작해 차례로 하나씩 타이어들을 밀어 통나무에서 빼냈다. 그리고 마지막 타이어에 이르자 물이 쏟아지지 않도록 그것을 조심스럽게 빼낸 뒤, 곧장 이모에게 가져가 그 앞에 똑바로 놓았다. 크롬은 특별한 감사를 표시하지 않고 야키의 선물을 받았고, 야키가 떠날 때에는 이미 손으로 물을 퍼마셨다.[19]

나는 이미 《공감의 시대》에서 통찰력이 넘치는 도움 사례를 많이 다룬 적이 있기 때문에 이제 통제 실험들이 일어났다는 사실이 매우 기쁘다.[20] 예를 들면, 아유무가 살고 있는 교토 대학의 영장류연구소에서는 두 침팬지를 나란히 앉혀놓고, 한 마리에게 상대방이 매력을 느끼는 음식물을 손에 넣으려면 어떤 도구가 필요한지 짐작하게 했다. 첫 번째 침팬지는 다양한 도구들(주스를 빨 수 있는 빨대나 음식물을 더 가까이 가져올 수 있는 갈퀴 같은) 중에서 하나를 선택할 수 있었는데, 상대방에게 정말로 도움이 되는 것은 그중 딱 하나밖에 없었다. 따라서 창문을 통해 가장 유용한 도구를 건네주기 전에 상대방이 처한 상황을 바라보고 판단할 필요가 있었다. 실제로 침팬지들은 이 과제를 제대로 해내 상대방에게 필요한 게 정확하게 무엇인지 이해하는 능력이 있음을 보여주었다.[21]

다음 질문은 영장류가 배고픈 상대와 배부른 상대 사이의 차이처럼 서로의 내면 상태를 인식하느냐 하는 것이다. 여러분은 눈앞에서 방금 배불리 식사를 한 사람을 위해 소중한 음식을 포기하겠는가? 일본 영장류학자 핫토리 유코는 우리가 돌보는 꼬리감는원숭이 무리에게 바로 이 질문을 던졌다.

꼬리감는원숭이는 매우 관대하고 사회적 식사를 잘하는 동물이어서 무리를 지어 음식을 먹는 모습을 자주 볼 수 있다. 임신한 암컷이 열매를 줍기 위해 바닥으로 내려가기를 망설일 때(나무 위에서 살아가는 이 원숭이들은 높은 곳을 더 안전하게 여긴다), 다른 원숭이들이 음식물을 필요한 것보다 더 많이 집어 이 암컷에게 가져다주는 모습을 우리는 목격했다. 그 실험에서 우리는 팔을 집어넣을 수 있을 만큼 틈이 넓은 철망으로 두 원숭이를 분리한 뒤, 한 원숭이에게만 사과 조각이 담긴 작은 통을 주었다. 이런 상황에서 음식물을 받은 원숭이는 빈손인 상대에게 음식물을 건네줄 때가 많다. 그들은 철망 옆에 앉아 상대가 손을 뻗어 자신의 손이나 입에 있는 음식물을 가져가게 하며, 때로는 적극적으로 음식물을 상대 쪽으로 민다. 이것은 주목할 만한 일인데, 음식물을 가진 원숭이가 철망에서 멀어짐으로써 음식물을 나누어주는 행동을 얼마든지 피할 수도 있기 때문이다. 하지만 우리는 이렇게 관대한 원숭이의 태도에서 한 가지 예외를 발견했다. 음식물을 가진 원숭이는 상대가 조금 전에 음식물을 먹은 경우에는 인색한 태도를 보였다. 물론 배부른 상대가 음식물에 관심을 덜 보여서 이런 결과가 나타날 수도 있지만, 상대가 음식물을 먹는 모습을 실제로 **본** 경우에만 인색한 태도를 보였다. 보이지 않는 곳에서 음식물을 먹은 상대에게는 다른 원숭이와 마찬가지로 관대한 태도를 보였다. 유코는 원숭이가 상대가 먹는 장면을 자신이 직접 목격한 것을 바탕으로 상대의 필요 또는 부족을 판단한다고 결론 내렸다.[22]

어린이의 경우, 필요와 욕망에 대한 이해는 다른 사람의 마음을 짐작하기 몇 년 전에 발달한다. 어린이는 마음을 읽기 훨씬 전부터 '감정'을 읽는다. 이것은 이 모든 것을 다른 사람에 대한 추상적 사고와 이론으로 표현하는 우리가 잘못된 길을 가고 있다고 시사한다. 아주 어릴 때부터 아이는 예컨대 토끼를 찾는 아이가 토끼를 발견하면 기뻐하는 반면, 개를 찾는 아이는 토끼에 무관심할 것이라는 사실을 인식한다.[23] 아이는 다른 사람이 원하는 것이 무엇인지 이해한다. 모두가 이 능력을 활용하는 것은 아닌데, 선물을 하는 사람에 두 종류가 있는 이유는 이 때문이다. 즉, **상대방**이 좋아하는 선물을 찾으려고 큰 노력을 기울이는 사람과 그냥 **자신**이 좋아하는 선물을 갖고 오는 사람이 있다. 까마귀에게 공감적 역지사지 능력이 있다는 주장이 나왔는데, 이것은 우리 분야에서 나타나는 전형적인 인지 물결 중 하나이다. 수컷 어치는 암컷에게 맛있는 음식물을 먹이는 방법으로 구애한다. 모든 수컷이 암컷에게 깊은 인상을 주기 원한다는 가정 아래 실험자들은 수컷에게 음식물로 벌집나방 애벌레와 거저리를 주고 둘 중에서 하나를 선택하게 했다. 이때 실험자들은 수컷이 암컷에게 음식물을 주기 전에 먼저 암컷에게 이 두 가지 음식물 중 하나를 먹였다. 이것을 본 수컷은 대개 선택하는 음식물을 바꾸었다. 만약 암컷이 벌집나방 애벌레를 많이 먹었다면 수컷은 거저리를 선택했고, 반대 경우에는 다른 것을 선택했다. 하지만 실험자가 암컷에게 음식물을 먹이는 것을 본 경우에만 이렇게 행동했다. 따라서 수컷 새들은 짝이 방금 전에 무엇을 먹었는가를 고려하여 선택을 했는데, 아마도 암컷이 이제는 다른 것을 원하리라고 추측한 것으로 보인다.[24] 어치 역시 상대의 관점을 고려하여 선호하는 것을 바꿀 수 있다.

여기서 여러분은 역지사지가 왜 인간만의 고유한 특성이라고 선언되었을까 하고 궁금한 생각이 들지 모르겠다. 이 이유를 알려면, 1990년대에 일어난 일련의 기발한 실험들을 살펴볼 필요가 있다. 이 실험들에서 침팬지는 음식물을 숨기는 과정을 목격한 실험자나 머리 위에 물통을 뒤집어쓴 채 구석에 있던 사람에게서 숨겨진 음식물에 대한 정보를 얻을 수 있었다. 당연히 침팬지는 음식물의 행방을 전혀 모르는 두 번째 실험자를 무시하고 첫 번째 실험자의 지시를 따라야 했다. 하지만 침팬지는 둘을 전혀 구별하지 못했다. 또, 눈을 안대로 가린 채 손이 닿지 않는 곳에 앉아 있는 실험자에게 유인원이 쿠키를 달라고 간청할 수 있는 실험도 했다. 침팬지는 자신을 보지 못하는 사람에게 손을 내미는 것이 아무 소용이 없다는 사실을 이해할까? 이런 테스트를 상당히 다양하게 변형시켜 시행한 끝에 침팬지는 남이 가진 지식을 이해하지 못하며, 심지어 아는 것에는 보는 것이 필요하다는 사실조차 알지 못한다는 결론을 얻었다. 장난을 좋아하는 유인원이 물통이나 담요를 머리에 뒤집어쓰고 걸어 다니다가 서로 부딪치곤 한다는 이야기를 주요 연구자 자신이 한 것을 고려하면, 이것은 아주 이상한 결론이었다. 하지만 연구자 자신이 어떤 물체를 머리에 뒤집어쓰면 그는 즉각 유인원들에게 장난 공격의 표적이 되었는데, 유인원들은 앞을 보지 못하는 그의 상황을 이용해 그런 장난을 쳤다.[25] 유인원들은 그가 자신들을 보지 못한다는 사실을 알았고, 몰래 그를 붙잡으려고 시도했다.

나는 인상적인 장거리 조준 능력을 연습하면서 우리를 향해 돌을 던지기 좋아하는 어린 수컷 침팬지 두 마리를 안다. 이들은 내가 카메라를 내 눈 쪽으로 옮길 때마다, 그래서 시각 접촉이 방해를 받을 때마다 돌을 던졌다. 이 행동만으로 판단하면, 유인원은 남의 시각에 대해 뭔가를 알며 따라서 안대를 사용한 실험은 뭔가를 놓쳤음을 알 수 있다. 하지만 실험자들은 실험실에서 관찰한 행동을 현실에서 관찰한 행동보다 더 중요하게 여기는 경우가 많다. 그 결과 유인원은 '마음 이론 비슷한 것을 조금도' 갖고 있지 않다고 아주 극적인 결론을 내림으로써 인간 예외론을 큰 목소리로 선언했다.[26]

이 결론은 면밀한 검증 과정을 거치지 않았는데도 불구하고 열광적인 반응을 얻었고, 오늘날에도 널리 강조되고 있다. 내가 일하는 여키스국립 영장류연구센터에서 데이비드 레븐스와 빌 홉킨스는 사람들이 자주 지나다니는 침팬지 우리 근처의 어느 장소에 바나나를 놓아두는 실험을 했다. 침팬지는 사람들의 주의를 끌면서 바나나를 달라고 할까? 침팬지는 자신을 볼 수 있는 사람과 볼 수 없는 사람을 구별할까? 만약 구별한다면, 이것은 침팬지가 타자의 시각적 관점을 이해한다는 걸 의미한다. 실험 결과, 침팬지들은 그것을 구별했는데, 자신이 있는 방향으로 쳐다본 사람에게는 시각적 신호를 보낸 반면, 자신을 보지 못하고 지나치는 사람에게는 소리를 지르거나 금속을 두드렸기 때문이다. 심지어 침팬지들은 자신이 원하는 것을 명확하게 전달하기 위해 바나나를 가리키기도 했다. 한 침팬지는 상대가 오해할까 봐 손으로 먼저 바나나를 가리킨 뒤에 그 다음에는 손가락으로 자기 입을 가리켰다.[27]

의도적 신호는 사육 상태의 유인원에게서만 관찰되는 것이 아니다. 이 사실은 과학자들이 야생 침팬지들이 지나다니는 길에 가짜 뱀을 놓아두었을 때 분명히 확인되었다. 우간다의 한 숲에서 침팬지들의 소리를 녹음한 끝에 그들은 그 소리가 단순히 두려움을 반영한 것만이 아니라는 사실을 발견했다. 왜냐하면 뱀이 가까이 있건 멀리 있건 상관없이 소리를 질렀기 때문이다. 그것은 오히려 다른 침팬지들을 위해 의도적으로 지르는 경고였다. 다른 침팬지들이 함께 있을 때 소리를 더 질렀는데, 특히 뱀을 보지 못한 친구들이 있을 때 그랬다. 소리를 지르는 침팬지는 가까이 있는 침팬지들과 위험 대상을 번갈아 보면서 위험을 이미 아는 침팬지보다는 모르는 침팬지에게 더 많이 소리를 지른다. 소리를 지르는 침팬지는 이렇게 위험에 대한 지식이 없는 침팬지에게 특별히 정보를 전달하려고 애쓰는데, 알려면 보는 것이 필요하다는 사실을 알기 때문에 이런 행동을 할 가능성이 높다.[28]

이 연결 관계는 그 당시 이곳 여키스국립영장류연구센터의 학생이었던 브라이언 헤어가 중요한 실험을 통해 확인해주었다. 브라이언은 유인원이 남의 시각 입력에 관한 정보를 이용하는지 알고 싶었다. 서열이 낮은 침팬지에게 서열이 높은 침팬지 앞에서 음식물을 집도록 유도했다. 이것은 실행에 옮기기 아주 어려운 일인데, 서열이 낮은 침팬지는 대부분 그런 상황을 피한다. 실험자가 음식물을 숨길 때 서열이 높은 침팬지가 그것을 본 경우와 보지 않은 경우로 두 가지 상황을 설정했다. 반면에 서열이 낮은 침팬지는 늘 이 과정을 모두 지켜보았다. 부활절 달걀 찾기와 비슷한 공개 경쟁 상황에서 서열이 낮은 침팬지에게 가장 안전한 방법은 서열이 높은 침팬지가 그것에 대해 전혀 알지 못하는 음식물만을 골라 찾는 것이다. 서열이 낮은 침팬지는 실제로 바로 그렇게 했는데, 이것은 만약 서열이 높은 침팬지가 숨기는 과정을 보지 못했다면 그 음식물을 알 수 없다는 사실을 서열이 낮은 침팬지가 이해한다는 것을 보여주었다.[29]

브라이언의 연구는 동물의 마음 이론 문제를 또다시 공론의 장으로 끄집어냈다. 예상 밖의 반전이 있었는데, 교토 대학의 꼬리감는원숭이 한 마리와 네덜란드의 한 연구 센터에 있는 마카크 여러 마리가 얼마 전에 비슷한 과제를 수행하는 데 성공했다.[30] 시각적 역지사지(관점 전환)가 우리 종에만 국한된 능력이라는 개념이 지금은 쓰레기통 속으로 들어간 것은 이 때문이다. 위에서 소개한 실험들은 모두 그 자체만으로는 완벽한 것이 아닐지 몰라도, 종합하면 다른 종들에게도 역지사지 능력이 있다는 쪽의 손을 들어준다. 우리가 계속 음식물이나 뱀을 숨기고, 추측하는 동물과 아는 동물을 겨루게 하는 것은 멘젤의 선구적인 연구가 옳았음을 뒷받침하는 증거이다. 그것은 인간과 다른 종들에게서 이 능력을 평가하는 고전적인 패러다임으로 남아 있다.

아마도 가장 주목할 만한 것은 멘젤의 아들 찰스 멘젤이 한 실험이 아닐까 싶다. 찰리(찰스의 애칭)는 아버지처럼 생각이 깊은 사람으로, 손쉬운 테스트나 간단한 답에 만족하지 않는다. 이곳 애틀랜타에 있는 언어연구센터에서 찰리는 팬지라는 암컷 침팬지에게 자신이 실외 사육 장소 주변의 소나무 숲에 음식물을 숨기는 모습을 보여주었다. 찰리는 땅에 작은 구멍을 파고 M&M 초콜릿 봉지를 넣거나 덤불 속에 캔디 바를 숨겼다. 팬지는 창살 뒤에서 이 과정을 지켜보았다. 팬지는 찰리가 있는 곳으로 갈 수 없었으므로 숨겨놓은 음식물을 얻으려면 사람의 도움이 필요했다. 찰리는 가끔 다른 사람들이 모두 퇴근한 다음에 음식물을 숨겼다. 따라서 다음 날 아침이 될 때까지는 팬지는 자신이 아는 것을 어느 누구에게도 알릴 수 없었다. 다음 날 출근한 사육사들은 그 실험에 대해 아무것도 몰랐다. 팬지는 먼저 그들의 주의를 끌어야 했고, 그런 다음에 자신이 '말하는' 것이 무엇인지 전혀 모르는 사람에게 정보를 제공해야 했다.

찰리는 내게 팬지의 기술을 눈앞에서 생생하게 보여주면서 사육사들은 일반적으로 유인원의 정신 능력을 전형적인 철학자나 심리학자보다 더 높이 평가한다고 말했다. 이렇게 높은 평가는 자신의 실험에 필수적이라고 설명했는데, 팬지와 접촉하는 사람들이 팬지를 진지하게 대한다는 것을 의미하기 때문이었다. 팬지의 부름을 받은 사람들은 모두 처음에는 팬지의 행동에 놀랐지만, 곧 팬지가 자신에게 무엇을 원하는지 알아챘다고 말했다. 팬지가 가리키는 곳과 손짓과 헐떡임과 부르는 소리를 따라가다 보면 별 어려움 없이 숲에 숨겨진 캔디를 찾을 수 있었다. 팬지의 지시가 없었더라면, 그들은 어디를 찾아야 할지 결코 알지 못했을 것이다. 팬지는 잘못된 방향을 가리키거나 이전의 실험에서 사용했던 장소를 가리킨 적이 한 번도 없었다. 이런 행동은 자신의 기억에 남아 있는 과거의 사건에 대한 정보를 그것을 전혀 모르는 다른 종의 구성원에게 의사소통을 통해 전달하는 데 성공하는 결과를 낳았다. 만약 그 사람이 지시를 정확하게 따라 음식물에 가까이 다가가면, 팬지는 맞다는 뜻으로 머리를 힘차게 끄덕였고("그래! 그래!"라고 외치는 것처럼), 만약 음식물이 더 먼 곳에 있으면 우리처럼 손을 높이 치켜들어 더 높은 지점을 가리켰다. 팬지는 상대가 모르는 것을 자신이 안다는 사실을 알았고, 자신이 원하는 음식물을 얻기 위해 인간을 설득해 기꺼이 자신의 지시를 따르는 노예로 만들 만큼 충분히 똑똑했다.[31]

이 점에서 침팬지가 얼마나 창의적일 수 있는지 보여주기 위해 우리의 야외연구기지에서 일어난 전형적인 사건을 하나 소개하겠다. 젊은 암컷이 울타리 뒤에서 나를 향해 꿀꿀거리는 소리를 냈는데, 그 침팬지는 반짝이는 눈(뭔가 흥미로운 것을 알고 있음을 시사하는)으로 나와 내 발 근처의 풀을 계속해서 번갈아 바라보았다. 나는 그 침팬지가 원하는 것이 무엇인지 알 수 없었는데, 그러자 결국 침팬지가 침을 뱉었다. 그 궤적을 추적하던 나는 작은 초록색 포도를 발견했다. 내가 그것을 건네주자, 침팬지는 또 다른 장소로 쪼르르 달려가더니 같은 행동을 반복했다. 그 침팬지는 사육사들이 떨어뜨린 과일의 위치를 기억했다가 정확하게 그곳을 향해 침을 뱉었고, 이 방법으로 보상을 세 개 얻을 수 있었다.

아이에게
나타나는 영리한
한스 효과

그렇다면 왜 우리는 동물의 역지사지 능력에 대해 처음에 잘못된 결론을 내렸고, 이전과 그 후에도 같은 일이 왜 그토록 많이 반복되었을까? 동물에게 어떤 능력이 없다는 주장은 영장류는 남의 행복에 신경을 쓰지 않는다는 개념에서부터 영장류는 모방을 하지 않으며, 심지어 중력을 이해하지 못한다는 개념에 이르기까지 다양하다. 원래 하늘을 날지 못하는 동물이 하늘 높이 떠서 먼 거리를 여행하는 동물에게도 똑같은 논리를 적용한다면 어떻게 될지 상상해보라! 나는 동물행동학자로 일해오는 동안 영장류가 싸우고 나서 화해를 하며, 고통을 받은 동료를 위로한다는 개념에 거부감을 느끼는 반응을 많이 접했다. 혹은 적어도 영장류가 **진짜로** 그렇게 하지 않는다는 반박(그들은 '진짜로 모방하지' 않는다거나 '진짜로 위로하지' 않는다는 식의)도 들었는데, 이런 반박은 즉각 위로나 모방처럼 보이는 것을 진짜와 어떻게 구별할 수 있느냐 하는 논쟁을 낳았다. 때로는 나도 압도적으로 많은 부정적 의견에 영향을 받기도 했는데, 다른 종의 실제 수행 능력보다 인지적 결함에 더 열광하는 연구 문헌들이 급증할 때 그랬다.[32] 그것은 마치 항상 나는 너무 멍청해서 이 일을 할 수 없고 너무 멍청해서 저 일도 할 수 없다고 이야기하는 진로 상담자를 만난 것과 비슷했다. 이 얼마나 사람을 낙담에 빠뜨리는 태도인가!

이 모든 부정적 태도의 근본 문제는 어떤 것이 존재하지 않음을 증명하기가 불가능하다는 데 있다. 이것은 결코 사소한 문제가 아니다. 만약 누가 다른 종에게 어떤 능력이 없다고 주장하면서 따라서 이 능력은 최근에 우리 계통에서 나타난 게 분명하다고 추측할 경우, 이 주장이 틀렸음을 확인하려면 굳이 데이터를 조사할 필요가 없다. 우리가 어느 정도 확신을 가지고 결론을 내릴 수 있는 것은 우리가 조사한 종들에서 그 능력을 발견하지 못했다는 것뿐이다. 이것 이상으로 우리가 더 할 수 있는 일은 없으며, 이것만으로는 그런 능력이 존재하지 않음을 확실히 증명할 수 없다는 것은 분명하다. 하지만 인간과 동물을 비교하는 문제가 제기될 때마다 과학자들은 늘 그렇게 한다. 우리가 나머지 동물과 다른 존재임을 말해주는 증거를 찾고자 하는 열망이 모든 합리적 조심성을 압도한다.

심지어 네스호 괴물이나 설인雪人의 경우에도 여러분은 이들이 존재하지 않음을 증명했다는 주장을 듣지 못할 것이다. 그 주장이 대부분의 사람들이 기대한 것과 합치한다고 하더라도 말이다. 그리고 그 노력에 용기를 줄 만한 증거라고는 하나도 없는데도 불구하고, 왜 정부는 아직도 외계 문명을 찾느라 수십억 달러의 돈을 쏟아부을까? 외계 문명은 존재하지 않는다고 최종적으로 결론 내릴 때가 되지 않았을까? 하지만 그런 결론은 절대로 내릴 수가 없다. 따라서 존경받는 심리학자들이 증거의 부재를 신중하게 다루어야 한다는 권고를 무시하는 것이 무엇보다 불가사의하다. 한 가지 이유는 그들이 유인원과 어린이를 똑같은 방식으로 시험하면서 (적어도 그들의 생각으로는) 정반대의 결과를 얻기 때문이다. 유인원과 어린이에게 수많은 인지 과제를 던지고는 유인원에게 유리한 결과를 하나도 얻지 못하면, 그들은 그 차이를 인간의 독특성을 입증하는 증거라고 홍보한다. 그렇지 않다면 왜 유인원이 더 나은 결과를 보여주지 못한단 말인가? 이 논리의 결함을 이해하려면 계산을 할 줄 알았던 영리한 한스 이야기로 돌아갈 필요가 있다. 하지만 동물의 능력이 왜 때로는 과대평가되는지 설명하기 위해 한스를 인용하는 대신에, 이번에는 인간의 능력이 누리는 불공정한 이득을 살펴보자.

유인원과 어린이를 비교한 실험 결과 자체가 그 답을 제시한다. 기억력이나 인과 관계, 도구 사용 같은 신체적 과제에서는 유인원은 대략 두 살 반짜리 어린이와 같은 수준의 능력을 보여주지만, 남에게서 배우거나 남의 신호를 따르는 것과 같은 사회성 기술을 테스트하는 과제에서는 유인원은 어린이에 비해 형편없는 점수를 얻는다.[33] 하지만 사회적 문제를 해결하려면 실험자와 상호작용을 하는 것이 필요한 반면, 신체적 문제를 해결하는 데에는 그럴 필요가 없다. 이것은 인간과의 접촉에 문제를 푸는 열쇠가 존재할 가능성을 제기한다. 전형적인 실험 형식은 유인원에게 만난 적도 없는 흰 가운을 입은 인간과 상호작용을 하게 하는 것이다. 실험자는 냉담하고 중립적인 태도를 유지해야 한다고 생각하기 때문에, 그들은 수다를 떨거나 어루만지거나 그 밖의 자질구레한 행동을 하지 않는다. 이것은 유인원을 안심시키거나 실험자와 공감을 느끼게 하는 데 전혀 도움이 되지 않는다. 하지만 어린이에게는 편안한 심리 상태를 제공하려고 노력한다. 게다가 어린이에게만 자기 종과의 상호작용을 허용하는데, 이 점에서 어린이는 더욱 유리한 위치에 있다. 그런데도 유인원과 어린이를 비교하는 실험자들은 모든 피험자들을 정확하게 똑같이 대우한다고 주장한다. 하지만 이제 우리는 유인원의 태도에 대해 더 많이 알기 때문에, 이러한 실험 방법에 내재하는 편향을 무시하기가 더 어려워졌다. 최근에 일어난 한 시선 추적 연구(피험자가 어디를 바라보는지 정확하게 측정하는)에서는 유인원이 자신의 종을 특별하게 여긴다는 너무나도 당연한 결론을 얻었다. 이들은 인간의 시선보다는 다른 유인원의 시선을 더 열심히 추적한다.[34] 우리 종의 구성원이 제시한 사회적 과제에서 유인원이 나쁜 점수를 얻는 이유는 바로 이것으로 깨끗이 설명할 수 있을지 모른다.

유인원의 인지를 시험하는 연구소는 10여 군데밖에 없는데, 나는 그중 대부분을 방문했다. 나는 인간이 피험자와 거의 상호작용을 하지 않는 곳과 밀접한 신체적 접촉을 하는 곳에서 따르는 실험 절차에 주목했다. 후자는 유인원을 직접 길렀거나 적어도 어린 시절부터 알아온 사람들만이 안전하게 할 수 있다. 유인원은 우리보다 훨씬 힘이 세고 사람을 죽이는 것으로 알려져 있기 때문에, 밀착해서 개인적으로 접촉하면서 실험을 하는 절차는 누구나 할 수 있는 것이 아니다. 다른 절차는 심리학 연구실의 전통적인 접근법에서 나온 것으로, 접촉을 최대한 피하면서 쥐나 비둘기를 실험실로 데려가는 것이다. 이 접근법이 추구하는 이상은 실험자의 부재이다. 다시 말해 어떤 개인적 관계도 개입시키지 않는 것을 의미한다. 일부 연구실에서는 유인원을 방으로 불러 불과 몇 분 동안 과제를 수행하게 한 뒤 장난스럽거나 우호적인 접촉이 전혀 없이 다시 내보내는데, 마치 군사 훈련처럼 전체 과정이 진행된다. 어린이를 그런 환경에서 테스트한다고 상상해보라. 얼마나 좋은 성적을 얻을 수 있겠는가?

애틀랜타의 이곳 여키스영장류연구센터에서는 모든 침팬지가 동족 사이에서 자라며, 그래서 인간 지향적이기보다는 유인원 지향적이다. 이들은 사회적 경험 배경이 모자라거나 인간의 손에서 자라난 유인원에 비해 '침팬지적 본성'이 더 강하다. 우리는 절대로 이들과 같은 공간에서 지내지 않지만 철창을 통해 상호작용하며, 테스트를 하기 전에 항상 함께 놀거나 털을 골라준다. 우리는 마음을 편안하게 해주려고 그들에게 이야기를 하고, 맛있는 음식물을 주고, 일반적으로 편안한 분위기를 조성하려고 노력한다. 우리는 그들이 과제를 일보다는 게임으로 생각하기를 원하며, 압력받는다는 느낌을 절대로 주지 않으려고 신경 쓴다. 만약 그들이 무리 중에서 일어난 일 때문에 혹은 다른 침팬지가 바깥쪽 문을 두들기거나 큰 소리로 야유를 보내 신경이 날카로우면, 우리는 모두가 진정할 때까지 기다리거나 테스트 날짜를 다시 조정한다. 준비가 되지 않은 유인원을 테스트하는 것은 아무 의미가 없다. 만약 이런 절차를 따르지 않는다면, 유인원은 목전의 과제를 이해하지 못하는 것처럼 행동할지도 모르는데, 진짜 문제는 큰 불안감과 주의 분산 요인에 있다. 연구 논문에 실린 부정적 결과 중 많은 것은 이것으로 설명할 수 있을지 모른다.

과학 논문에서 방법론을 다루는 부분은 그다지 눈길을 끌지 않지만, 나는 이것이 중요한 부분이라고 생각한다. 내가 지금까지 택한 접근법은 항상 단호하면서 우호적인 것이었다. 여기서 단호하다는 것은 일관성이 있어야 하고, 변덕스러운 요구를 해서는 안 되는 동시에 그저 놀려고만 하거나 공짜 간식만 원하는 경우처럼 동물이 제멋대로 굴게 해서는 안 된다는 뜻이다. 하지만 우리는 또한 벌을 주거나 화를 내거나 지배하려고 하지 않으면서 우호적인 태도를 보인다. 후자의 태도는 아직도 실험에서 너무 자주 일어나는데, 고집불통인 동물에게는 역효과를 낳기 십상이다. 유인원이 경쟁자로 간주하는 인간 실험자의 지시와 권유를 따라야 할 이유가 있을까? 이것은 부정적 결과를 낳을 수 있는 또 하나의 잠재적 원인이다.

우리 팀은 일반적으로 영장류 파트너를 구슬리고 뇌물을 주고 달콤한 말로 꾄다. 가끔 나는 동기 부여 연사가 된 듯한 느낌이 든다. 예를 들면 나이 많은 암컷 중 하나인 피어니가 우리가 공들여 만든 과제를 무시했을 때가 바로 그런 경우이다. 피어니는 20분 동안 구석에 누워 있었다. 나는 피어니 옆으로 가서 앉아 차분한 목소리로 난 시간이 많지 않으니 협조를 해주면 좋겠다고 말했다. 그러자 피어니는 나를 흘끗 보면서 천천히 일어나더니 옆방으로 가 과제를 해결하기 위해 자리에 앉았다. 물론 (로버트 여키스를 다룬 앞장에서 이야기한 것처럼) 피어니가 내가 말한 세부 내용을 정확하게 이해했을 리는 만무하다. 피어니는 내 목소리 톤에 민감했고, 우리가 원하는 것이 무엇인지 처음부터 알고 있었다.

유인원과 우리의 관계가 아무리 좋다 하더라도, 어린이를 테스트하는 것과 똑같은 방식으로 유인원을 테스트할 수 있다는 생각은 물고기와 고양이를 수영장에 던져 넣고는 둘을 똑같이 취급한다고 믿는 것과 같은 차원의 환상이다. 여기서 어린이가 물고기라고 생각해보라. 어린이를 테스트할 때 심리학자들은 항상 미소를 짓고 이야기를 건네며, 어디를 봐야 할지 또는 무엇을 해야 할지 지시한다. "저 작은 개구리 장난감을 보렴!"이라는 말은 실험자의 손에 들린 초록색 플라스틱 덩어리에 대해 유인원이 아는 것보다 어린이에게 훨씬 많은 것을 알려준다. 게다가 어린이는 대개 방안에 부모가 함께 있는 상태에서 테스트를 받는데, 심지어 부모의 무릎에 앉은 채 테스트를 받을 때도 많다. 마음대로 돌아다녀도 된다는 허락을 받고 자신과 같은 종의 실험자에게 테스트를 받는 어린이는 언어적 힌트나 부모의 지원을 전혀 받지 못하고 철창 뒤에 앉아 있는 유인원에 비해 엄청나게 유리한 위치에 있다.

발달심리학자들은 부모에게 말을 하거나 손으로 무엇을 가리키지 말라고 지시함으로써 부모의 영향을 줄이려고 시도하긴 하는데, 선글라스나 야구 모자를 주면서 눈을 가리라고 할 수도 있다. 하지만 이런 조치들은 자기 아이가 성공하는 것을 보고 싶어 하는 부모의 동기가 지닌 힘을 지나치게 과소평가했음을 드러낼 뿐이다. 소중한 자식에 관한 문제 앞에서 객관적 진실 따위에 신경 쓰는 부모는 별로 없다. 영리한 한스를 조사할 때 오스카어 풍스트가 훨씬 엄격한 통제 수단을 설계한 것은 정말로 잘한 일이었다. 사실 풍스트는 말 주인의 챙 넓은 모자가 한스에게 큰 도움이 된다는 사실을 발견했는데, 모자가 머리의 움직임을 증폭시켰기 때문이다. 모든 것이 증명된 뒤에도 말 주인이 자신이 말에게 미치는 효과를 강력하게 부인한 것과 마찬가지로, 부모는 아이에게 단서를 주지 않았다고 확신할 수 있다. 하지만 어른은 자기 무릎 위에 앉아 있는 아이의 선택을 자기도 모르게 유도할 수 있는 방법이 아주 많다. 미소한 몸의 움직임이나 시선 방향, 숨 참기, 한숨, 꽉 쥐기, 쓰다듬기, 속삭이는 격려 등을 통해서 그렇게 할 수 있다. 아이를 테스트하는 장소에 부모를 들어오게 하는 것은 문제(동물을 테스트할 때 우리가 피하려고 하는 종류의 문제)를 일으키라고 부탁하는 것이나 다름없다.

미국 영장류학자 앨런 가드너(미국에서 유인원에게 수화를 최초로 가르친 사람)는 '피그말리온의 인도'라는 제목으로 쓴 글에서 인간의 편향을 다루었다. 그리스 신화에 나오는 키프로스 왕이자 조각가인 피그말리온은 자신이 조각한 여성과 사랑에 빠졌다. 이 이야기는 선생이 어린이의 세계를 기대함으로써 특정 어린이의 수행 성과를 어떻게 높일 수 있는지 설명하는 은유로 사용되어왔다. 선생은 자신의 예언과 사랑에 빠지는데, 이것은 그것을 자기실현적 예언으로 만드는 데 기여한다. 찰리 멘젤이 유인원을 높이 평가하는 사람만이 유인원이 의사소통을 통해 전하려는 것이 무엇

어린이와 유인원의 인지 테스트는 표면적으로는 비슷한 방식으로 진행되는 것처럼 보인다. 하지만 어린이는 장벽 뒤에 갇혀 있지 않고, 실험자에게서 수시로 말을 들으며, 부모의 무릎 위에 앉아서 테스트를 할 때가 많은데, 이 모든 것은 실험자와 연결 관계를 맺으면서 의도하지 않은 힌트를 얻는 데 도움이 된다. 하지만 가장 큰 차이는 유인원만 다른 종의 구성원과 대면한 상태에서 테스트를 한다는 점이다. 이러한 차이들이 한 종류의 피험자들에게 얼마나 불리한지 감안한다면 이런 테스트 결과들은 결정적이라고 할 수 없다.

인지 제대로 이해할 수 있을 것이라는 생각을 어떻게 하게 되었는지 기억하는가? 그는 유인원에 대한 기대치를 높여야 한다고 간청했는데, 불행하게도 유인원이 일반적으로 직면하는 상황은 그렇지가 못하다. 이와는 대조적으로 어린이는 잘하도록 부추김을 받는 방식으로 대우를 받으므로, 사람들이 자신에게 기대하는 정신적 능력의 우위가 옳음을 확인시켜주려고 노력하는 것은 너무나도 당연하다.[35] 실험자들은 처음부터 어린이를 존중하고 자극하면서 스스로 물속의 물고기처럼 느끼게 하는 반면, 유인원은 흰쥐에 가깝게 다룰 때가 많다. 그들은 유인원을 멀찌감치 떨어진 어두운 곳에 머물게 하면서 우리가 같은 종의 구성원에게 제공하는 언어적 격려도 전혀 제공하지 않는다.

말할 필요도 없이 나는 유인원과 어린이의 비교 실험은 대부분 치명적인 결함이 있다고 본다.[36]

유인원에게 인간이 알거나 알지 못하는 것을 추측하게 함으로써 마음 이론을 테스트한 연구를 떠올려보라. 여기서 문제는 사육 상태의 유인원이 우리를 전지적全知的 존재로 여길 만한 이유가 충분히 있다는 것이다! 조수가 내게 전화를 걸어 알파 수컷 소코가 싸움을 하다가 부상을 당했다고 알려왔다고 하자. 나는 서둘러 현장으로 달려가 소코에게 다가간 뒤, 소코에게 등을 돌려보라고 이야기한다. 어린 시절부터 날 알고 지낸 소코는 순순히 등을 돌려 상처가 난 곳을 보여준다. 이제 소코의 관점에서 이 상황을 바라보려고 노력해보자. 침팬지는 똑똑한 동물이어서 어떤 일이 일어나고 있는지 항상 추측하려고 애쓴다. 물론 소코는 자신이 다친 것을 내가 어떻게 알까 하고 궁금하게 여긴다. 나는 모든 것을 다 아는 신神임이 분명하다. 그렇기 때문에 만약 유인원이 보는 것과 아는 것 사이의 연결 관계를 이해하는지 알려고 한다면, 인간 실험자는 되도록 실험에 투입하지 말아야 한다. 인간이 실험에 참여할 경우 우리가 테스트하는 것은 유인원의 **인간의** 마음 이론이 되기 때문이다. 유인원을 다른 유인원과 경쟁시켜 달걀 찾기 시나리오를 진행한 뒤에야 실질적인 진전이 일어났던 것은 결코 우연이 아니다.

종간 장벽을 운 좋게 피할 수 있었던 인지 연구 분야 중 하나는 인간이 부적절한 파트너라는 사실을 누구나 알 수 있을 정도로 우리와 너무나도 다른 동물을 대상으로 마음 이론을 연구하는 분야이다. 까마귓과 동물을 대상으로 한 연구가 바로 그렇다. 영국 동물행동학자 니키 클레이턴은 데이비스에 있는 캘리포니아 대학에서 점심시간에 중요한 발견을 함으로써 진정한 동물 관찰자는 결코 쉬는 법이 없음을 보여주었다. 그녀는 실외 테라스에 앉아 있다가 테이블에서 훔친 음식 부스러기를 물고 날아가는 캘리포니아덤불어치들을 보았다. 덤불어치들은 먹이를 숨겼을 뿐만 아니라, 도둑이 훔쳐 가지 못하도록 대비책도 세웠다. 만약 먹이를 숨기는 현장을 다른 새가 본다면, 그것은 곧 사라질 게 뻔했다. 클레이턴은 많은 덤불어치들이 경쟁자가 현장을 떠난 뒤에 되돌아와 숨겨둔 먹이를 다시 다른 곳으로 옮기는 것을 보았다. 클레이턴은 케임브리지의 자기 연구실에서 네이선 에머리와 함께 한 후속 연구에서 덤불어치에게 거저리를 아무도 몰래 또는 다른 덤불어치가 지켜보는 가운데 숨기게 했다. 기회가 주어지면 덤불어치는 금방 거저리를 새로운 장소로 옮겨 숨겼다. 하지만 처음에 다른 새가 지켜본 경우에만 그렇게 했다. 게다가 다른 새의 먹이를 훔친 적이 있는 새들만 자신의 먹이를 다시 숨겼다. 덤불어치는 "도둑을 알려면 도둑이 되는 게 필요하다"라는 격언을 충실히 따르면서 자신의 범행을 바탕으로 다른 새의 범행을 미루어 짐작하는 것처럼 보였다.[37]

우리는 이 실험에서 멘젤과 비슷한 설계를 또다시 만나게 되는데, 이것은 큰까마귀의 역지사지 능력을 조사한 연구에서 더욱 분명하게 나타난다. 오스트리아 동물학자 토마스 부크뉘아어에게는 맛있는 것이 든 깡통

창문 밖에서 다른 새가 지켜보고 있는 가운데 캘리포니아덤불어치가 거저리를 숨기는 장면. 하지만 다른 새가 사라지자마자 캘리포니아덤불어치는 마치 다른 새가 너무 많은 것을 알고 있다는 사실을 아는 것처럼 재빨리 숨겨둔 먹이를 다른 곳으로 옮긴다.

을 여는 재주가 뛰어나지만 서열이 낮은 수컷 큰까마귀가 있었는데, 이 수컷은 서열이 높은 수컷에게 먹이를 자주 빼앗겼다. 하지만 서열이 낮은 수컷은 텅 빈 통을 애써서 열고는 마치 거기서 뭔가를 먹는 듯한 시늉을 함으로써 경쟁자의 주의를 엉뚱한 데로 돌리는 방법을 터득했다. 서열이 높은 수컷은 통 속이 텅 비었다는 걸 알고는 "매우 화가 나 물건들을 여기저기 던지기 시작했다". 부크뉘아어는 더 나아가 큰까마귀가 숨겨놓은 먹이에 다가갈 때에는 다른 큰까마귀들이 아는 정보를 고려한다는 사실을 발견했다. 만약 경쟁자들이 같은 정보를 알고 있을 때에는 서둘러 그곳으로 먼저 가려고 한다. 하지만 다른 경쟁자들이 그 정보를 모를 때에는 천천히 여유를 가지고 그곳으로 간다.[38]

모든 것을 고려할 때, 동물은 남이 원하는 것을 인식하는 것에서부터 남의 마음을 짐작하는 것에 이르기까지 역지사지를 많이 한다. 물론 남이 틀린 정보를 갖고 있을 때 그것을 인식하는 능력이 있는가라는 질문처럼 아직 새로 개척해야 할 영역이 남아 있다. 사람의 경우, 연구자들은 이 문제를 틀린 믿음 과제false belief task를 통해 테스트한다. 하지만 이 정교한 테스트는 언어를 사용하지 않으면 평가하기가 어렵기 때문에, 동물에 관한 데이터는 턱없이 부족하다. 하지만 설사 나머지 차이들이 존재한다 하더라도 마음 이론이 인간 특유의 속성이라는 포괄적인 주장은 더 많은 뉘앙스를 포함한 점진주의적 견해로 바꾸어야 한다는 점은 의심의 여지가 없다.[39] 인간은 아마도 서로를 더 완전히 이해할지 모르지만, 다른 동물과의 차이는 외계인이 우리와 다른 동물들을 구별하는 주요 표지로 마음 이론을 자동적으로 선택할 만큼 충분히 크지 않다.

이 결론은 반복된 실험들에서 나온 확실한 데이터를 바탕으로 한 것이지만, 이 현상을 완전히 다른 방식으로 포착한 일화를 하나 덧붙이려고 한다. 여키스야외연구기지(유인원들이 따뜻한 조지아주의 날씨와 풀로 덮인 실외 사육 공간에서 살아가는 장소)에서 예외적으로 총명한 암컷 침팬지 롤리타와 나 사이에 특별한 유대가 생겨났다. 롤리타에게 새 새끼가 생겼을 때 나는 그 새끼를 자세히 보고 싶었다. 이것은 매우 어려운 일인데, 새로 태어난 유인원은 어미의 어두운 배를 배경으로 작고 까만 덩어리로밖에 보이지 않기 때문이다. 나는 정글짐 높은 곳에 모여 털고르기를 하는 무리 중에서 롤리타를 불렀고, 롤리타가 내 앞에 앉자마자 손가락으로 롤리타의 배를 가리켰다. 롤리타는 나를 바라보면서 새끼의 오른손을 자신의 오른손으로, 새끼의 왼손을 자신의 왼손으로 잡았다. 듣기에는 쉬워 보이지만, 새끼는 어미의 배에 꼭 붙어 있었기 때문에 이렇게 하려면 롤리타는 자신의 양팔을 교차시켜야 했다. 이 동작은 사람들이 티셔츠를 벗으려고 할 때 양 팔을 교차시켜 아랫단을 붙잡는 것과 비슷했다. 그러고 나서 롤리타는 천천히 새끼를 공중으로 들어 올리면서 그 회전축을 중심으로 새끼를 돌려 내 앞에 보여주었다. 이제 새끼는 어미의 양 손에 매달린 채 어미 대신에 나를 향했다. 새끼가 몇 차례 얼굴을 찌푸리고 낑낑거리고 난 뒤에(새끼는 따뜻한 배에서 떨어지는 걸 싫어한다) 롤리타는 금방 새끼를 자신의 무릎 위로 끌어당겼다.

이 우아한 동작을 통해 롤리타는 내가 새끼의 앞쪽 모습을 뒤쪽 모습보다 더 보고 싶어 한다는 사실을 알아차렸음을 보여주었다. 상대의 관점에서 생각하는 능력은 사회적 진화에서 비약적 발전이 일어났음을 보여준다.

습관의 전파

수십 년 전에 내 친구들은 개 품종들을 영리한 순서대로 순위를 매긴 신문 기사를 보고 분개했다. 하필이면 친구들은 그 명단에서 꼴찌를 차지한 아프간하운드를 키우고 있었다. 가장 영리한 품종은 당연히 보더콜리였다. 모욕을 당한 친구들은 아프간하운드가 멍청하다는 평가를 받은 유일한 이유는 독립적 기질이 강하고 완강하고 명령을 잘 따르지 않기 때문이라고 주장했다. 그들은 신문에 보도된 명단은 지능이 높은 순서가 아니라 복종을 잘하는 순서라고 말했다. 아프간하운드는 아마도 어느 누구에게도 신세를 진 게 없다고 여기는 고양이와 더 비슷하다고 할 수 있다. 일부 사람들이 고양이를 개보다 지능이 떨어진다고 생각하는 이유는 이 때문임이 분명하다. 하지만 고양이가 사람에게 잘 반응하지 않는 이유가 무지 때문이 아니라는 사실을 우리는 잘 안다. 최근의 연구에 따르면, 고양이는 주인의 목소리를 인식하는 데 아무 어려움이 없는 것으로 드러났다. 더 깊이 숨어 있는 문제는 고양이가 주인의 목소리에 개의치 않는다는 데 있는데, 이 때문에 이 연구를 한 저자들은 이렇게 덧붙였다.

"주인을 자신에게 애착을 느끼게 하는 고양이의 행동학적 측면들은 아직도 폄하되고 있다."[40]

개의 인지가 뜨거운 주제로 떠올랐을 때 나는 이 이야기가 생각났다. 개는 늑대보다 그리고 어쩌면 유인원보다 더 영리하다고 흔히 이야기하는데, 사람이 무엇을 가리키는 제스처에 훨씬 주의를 잘 기울이기 때문이다. 사람이 두 물통 중 하나를 가리키면, 개는 달려가서 그 물통에 보상이 들어 있는지 찾아본다. 과학자들은 가축화를 통해 개가 자신의 조상보다 여분의 지능을 더 얻었다고 결론 내렸다. 하지만 늑대가 사람이 가리키는 제스처를 따르지 않는다는 것은 무엇을 의미하는가? 나는 개보다 약 3분의 1이나 더 큰 뇌를 가진 늑대가 가축화된 자신의 혈족보다 더 똑똑하다고 확신한다. 하지만 우리는 그들이 **우리에게 보이는 반응**을 판단의 기준으로 삼는다. 그러한 반응의 차이가 제스처를 하는 종과의 친밀함에 원인이 있는 게 아니라, 가축화의 결과로 생겨난 선천적인 것이라고 과연 말할 수 있을까? 이것은 오래전부터 제기된 유전 대 환경 딜레마이다. 어떤 특성에서 유전자가 차지하는 부분이 얼마나 되고 환경이 차지하는 부분이 얼마나 되는지 결정하는 유일한 방법은 이 두 가지 변수 중 하나를 고정시켜놓고 나머지 하나 때문에 어떤 **차이**가 나타나는지 살펴보는 것이다. 이것은 아주 복잡한 문제로, 영원히 풀리지 않을지도 모른다. 개와 늑대를 비교하는 경우, 이것은 늑대를 인간의 집에서 개처럼 키우면서 그 결과를 살펴보아야 한다는 뜻이다. 그래도 여전히 차이가 나타난다면 유전이 중요한 요인이라고 결론내릴 수 있다.

하지만 새끼 늑대를 집에서 키우는 것은 아주 힘든 일인데, 새끼 늑대는 엄청나게 에너지가 넘칠 뿐만 아니라 강아지와 달리 규칙에 얽매이지 않으며, 눈에 보이는 것은 모조리 다 씹어놓기 때문이다. 헌신적인 과학자들이 늑대를 이런 식으로 기른 결과, 환경 가설이 옳은 것으로 밝혀졌다. 인간의 손에서 자란 늑대는 손으로 가리키는 제스처를 개만큼 잘 따랐다. 하지만 몇 가지 차이점은 사라지지 않았다. 예컨대 늑대는 인간의 얼굴을 개보다 덜 쳐다보고, 독립적 기질이 더 강하다. 개는 문제를 풀다가 풀 수 없으면 격려나 도움을 구하기 위해 사람을 쳐다보지만, 늑대는 절대로 그러지 않는다. 늑대는 혼자서 그것을 해결하려고 계속 시도한다. 이러한 차이는 가축화에서 비롯된 것일 수도 있다. 하지만 이것은 지능 문제라기보다는 기질과 우리(늑대는 진화를 통해 두려워하게 되었고, 개는 품종 개량을 통해 비위를 맞추려고 애쓰게 된 이상한 두 발 보행 유인원)와의 관계 문제로 보인다.[41] 예를 들면, 개는 우리와 눈을 많이 마주친다. 개는 인간의 뇌에서 양육 경로를 장악해 우리에게 마치 아이를 돌보는 것과 비슷한 방식으로 자신을 돌보게 한다. 개의 눈을 응시하는 주인은 옥시토신(애착과 유대에 관여하는 신경 펩타이드) 분비가 급격히 증가하는 것을 경험한다. 공감과 신뢰가 가득한 시선을 교환함으로써 우리는 개와의 특별한 관계를 즐긴다.[42]

인지에는 주의와 동기가 필요하지만, 인지는 둘 중 어느 것으로도 환원할 수 없다. 앞에서 보았듯이, 유인원과 어린이의 비교도 같은 문제 때문에 어려움을 겪는데, 이것은 동물 문화를 둘러싼 논쟁에서 다시 부각되는 쟁점이다. 19세기에는 인류학자들이 우리 종 밖에도 문화가 존재할 가능성에 열린 마음을 갖고 있었던 반면, 20세기에는 문화를 다른 종이 범접

할 수 없는 우리만의 영역으로 여기면서 우리를 인간으로 만드는 것은 바로 이 특성 때문이라고 주장했다. 지그문트 프로이트는 문화와 문명을 자연에 대한 승리로 간주한 반면, 미국 인류학자 레슬리 화이트는 《문화의 진화》라는 반어적 제목을 단 책에서 "인간과 문화는 동시에 유래했다. 정의상 그럴 수밖에 없다"라고 선언했다.[43] 남에게서 배운 습관(고구마를 씻는 일본원숭이에서부터 견과를 깨는 침팬지와 거품 그물을 사용해 사냥을 하는 혹등고래에 이르기까지)으로 정의되는 동물 문화에 관한 보고들이 나오기 시작하자, 당연히 이러한 주장들은 적대감의 벽에 부닥쳤다. 이러한 공격적 개념에 맞선 한 방어선은 학습 메커니즘에 초점을 맞춘 것이었다. 만약 인간 문화가 독특한 메커니즘에 의존한다는 사실을 입증한다면 문화가 우리만의 특유한 현상이라고 주장할 수 있다는 논리였다. 그리고 모방이 이 전투의 성배가 되었다.

이 목적을 위해 '하는 것을 보고 그대로 따라 하는 행동'이라는 아주 오래된 **모방**의 정의를 그보다 좁은 의미를 지니면서 좀 더 발전된 것으로 바꾸는 작업이 필요했다. 그래서 **참된 모방**true imitation이라는 범주가 탄생했는데, 이것은 특정 목적을 달성하기 위해 한 개인이 다른 개인의 특정 기술을 의도적으로 따라 하는 것을 말한다.[44] 명금이 다른 새의 울음소리를 배우는 것처럼 단순히 다른 것을 따라 하는 행위는 더 이상 참된 모방으로 간주되지 않았다. 통찰력과 이해를 수반한 상태에서 그런 행위가 일어나야 했다. 모방은 낡은 정의에 따라 많은 동물에게서 흔히 나타나는 반면, 참된 모방은 드물다. 유인원과 어린이에게 실험자를 모방하도록 자극

한 실험에서 이 사실이 드러났다. 피험자들은 인간 모델이 퍼즐 상자를 열거나 도구를 사용해 음식물을 끌어당기는 모습을 지켜보았다. 어린이는 시범을 보인 행동을 그대로 따라 한 반면에 유인원은 실패했고, 따라서 연구자들은 다른 종들은 모방 능력이 부족하며 아마도 문화를 가질 수 없을 것이라는 결론 내렸다. 일부 학계에서 이 발견에 위안을 얻었다는 사실이 나는 아주 의아했는데, 그것은 동물 문화나 인간 문화에 관한 기본적인 질문에 아무런 답도 내놓지 않았기 때문이다. 그것이 한 것이라곤 그저 모래 위에 엉성한 선을 그어놓은 것에 지나지 않았다.

여기서 우리는 어떤 현상의 재정의와 우리를 독특한 존재로 만드는 특성을 알기 위한 탐구 사이에 일어나는 상호작용을 볼 수 있지만, 그와 함께 더 깊은 방법론적 문제도 볼 수 있는데, 유인원이 우리를 모방하느냐 모방하지 않느냐 하는 것은 완전히 핵심에서 벗어난 문제이기 때문이다. 어떤 종에서 문화가 나타나려면, 그 구성원들이 **서로에게서** 습관을 배우는 것이 무엇보다 중요하다. 이 점에서 공정한 비교를 하는 방법은 단 두 가지밖에 없다(흰 가운을 입은 유인원이 유인원과 어린이 모두에게 테스트를 진행하는 세 번째 방법을 무시한다면). 하나는 늑대의 예를 따르는 것으로, 유인원을 인간의 집에서 길러 인간 실험자 근처에서 어린이처럼 편안함을 느끼도록 하는 것이다. 두 번째는 소위 **동종 접근법**conspecific approach으로, 어떤 종을 동종 모델과 함께 테스트하는 것이다.

첫 번째 방법은 즉각 결과가 나왔는데, 사람이 기른 여러 유인원이 우리 종의 구성원을 모방하는 능력은 어린아이만큼 훌륭한 것으로 드러났다.[45]

다시 말해서, 유인원은 아이처럼 선천적인 모방자로 태어나며 자신을 기른 종을 모방하기를 선호한다. 대부분의 상황에서 그 종은 자신과 동일한 종이지만, 다른 종 사이에서 자라면 그 종도 잘 모방할 준비가 되어 있다. 우리를 모델로 삼은 이 유인원들은 자발적으로 이를 닦고 자전거를 타고 불을 피우고 골프 카트를 운전하고 나이프와 포크로 음식을 먹고 감자 껍질을 벗기고 마루를 걸레질한다. 이것은 인터넷에서 떠도는 고양이 사이에서 자란 개 이야기들을 떠오르게 하는데, 이 개들은 상자 속에 들어가 앉거나 비좁은 공간 밑으로 기어 들어가거나 자신의 앞발을 핥아서 얼굴을 닦거나 앞다리를 안으로 접은 채 앉으면서 고양이와 동일한 행동을 보여준다.

스코틀랜드 영장류학자 빅토리아 호너가 중요한 연구를 또 하나 했다. 비키(빅토리아의 애칭)는 나중에 내 연구팀에서 문화적 학습 연구를 이끄는 최고 전문가가 되었다. 비키는 세인트앤드루스 대학의 앤드루 화이튼과 함께 우간다의 보호구역인 은감바섬에서 고아가 된 침팬지 10여 마리를 대상으로 연구를 했다. 비키는 어린 침팬지들의 어미와 관리인을 합친 듯한 역할을 했다. 테스트를 하는 동안 어린 침팬지들은 비키 옆에 앉아서 비키에게 애착을 느꼈고, 비키가 보이는 본보기를 기꺼이 따르려고 했다. 비키의 실험은 큰 파장을 불러일으켰는데, 아유무 사례와 마찬가지로 유인원이 아이보다 더 똑똑한 것으로 드러났기 때문이다. 비키는 큰 플라스틱 상자에 난 구멍들에 막대를 쑤셔 넣었는데, 일련의 구멍들을 그렇게 막대로 쑤시다 보면 결국 캔디가 굴러 나왔다. 그중에서 캔디를 나오게 하는 구멍은 단 하나만 있었다. 만약 상자가 검은색 플라스틱으로 만들어졌다면, 어떤 구멍들이 그냥 자리만 차지하고 있는지 알기가 불가능했다. 반면에 투명한 상자인 경우에는 캔디가 어디서 나오는지 분명히 알 수 있었다. 막대와 상자를 건네주었을 때 어린 침팬지들은 적어도 투명한 상자의 경우에는 필요한 동작들만 모방했다. 반면에 아이들은 비키가 보여준 동작을 쓸모없는 것까지 포함해 모두 다 모방했다. 아이들은 투명한 상자의 경우에도 그렇게 했는데, 목표 지향적 과제보다는 마법의 의식에 더 가까운 태도로 문제에 접근했다.[46]

이 결과가 나오자, 모방의 정의를 다시 내리려고 했던 전략은 오히려 역효과를 낳았다! 참된 모방이라는 새로운 정의에 더 부합하는 쪽은 오히려 유인원이었기 때문이다. 유인원은 목표와 방법에 세심한 주의를 기울이는 종류의 모방인 **선택적 모방** selective imitation을 보여주었다. 만약 모방에 이해가 필요하다면, 그것은 멍청한 모방(더 나은 표현이 없어서 이렇게 말할 수밖에 없는데)밖에 보여주지 못하는 아이가 아니라 유인원에게 있다고 보아야 한다.

이젠 어떻게 해야 할까? 프리맥은 아이를 '어리석게' 보이게 만들기가 너무 쉽다고(마치 그것이 실험의 목적인 것처럼!) 불평했지만, 현실에서는 이 해석에 문제가 있는 게 틀림없다고 느꼈다.[47] 그의 낙담은 정말로 컸는데, 공평무사한 과학을 하는 데 인간의 자아가 얼마나 큰 방해가 되는지 보여주었다. 심리학자들은 즉각 **과잉 모방** overimitation(아이의 무차별적 모방을 가리키는 새 용어)이 실제로는 놀라운 성취라는 이야기를 만들어냈다. 이것은 우리 종의 특성이라고 하는 문화 의존적 성향과 잘 들어맞는데, 그 효용과 상관없이 무조건 행동을 모방하도록 하기 때문이다. 우리는 각자 잘 알지 못하면서 나름의 결정을 내리는 일 없이 어떤 습관을 통째로 전달한다. 어른의 월등한 지식을 감안하면, 아이에게 최선의 전략은 이의를 달지 않고 어른의 행동을 그대로 모방하는 것이다. 맹신은 유일하게 진정한 합리적 전략이라고 약간의 안도감을 느끼며 결론 내릴 수 있었다.

더욱 주목할 만한 것은 애틀랜타에 있는 우리의 여키스야외연구기지에서 비키가 한 연구였다. 이곳에서 우리는 화이튼과 협력해 동종 접근법에만 초점을 맞춰 10년간에 걸친 연구 프로그램을 시작했다. 침팬지에게 서로를 관찰할 기회를 주자, 믿기 힘든 모방 재능이 저절로 나타났다. 유인원은 참된 모방을 하면서 행동이 집단 내에서 온전히 그대로 전달되었다.[48] 케이티가 어미인 조지아를 모방하는 모습을 담은 비디오가 좋은 예이다. 조지아는 상자 속의 작은 문을 열어젖히고 구멍에 막대를 집어넣어 보상을 꺼내는 방법을 터득했다. 케이티는 어미의 이 행동을 다섯 번 지켜보았는데, 그때마다 어미의 모든 동작을 그대로 따라 했으며, 어미가 보상을 얻을 때마다 어미의 입에 코를 갖다 대고 냄새를 맡았다. 어미가 다른 방으로 옮겨지자 케이티는 마침내 자신이 상자에 다가갈 수 있게 되었다. 우리가 어떤 보상을 집어넣기도 전에 케이티는 한 손으로 문을 열고 다른 손으로 막대를 집어넣었다. 그런 자세로 앉아서 창문 반대편에 있는 우리를 쳐다보면서 창문을 두드리고 끙끙거리는 소리를 냈는데, 마치 우리에게 어서 서둘라고 하는 것 같았다. 우리가 상자 안에 보상을 집어넣자마자 케이티는 그것을 꺼냈다. 이런 행동에 대해 보상을 받기도 전에 케이티는 어미가 하는 행동을 지켜보면서 익힌 그 순서를 정확하게 재현했다.

보상이 부차적인 것이 되는 경우도 많았다. 보상 없는 모방은 물론 헤어스타일이나 말투, 댄스 스텝, 손동작 등을 모방할 때처럼 인간 문화에서 흔히 볼 수 있지만, 나머지 영장목에서도 보편적으로 볼 수 있다. 일본 교토 서쪽의 아라시야마 산꼭대기에 사는 일본원숭이들은 습관적으로 조약돌을 붙잡고 서로 비빈다. 어린 원숭이들은 아마도 거기서 나는 소리 외에 다른 보상이 전혀 없는데도 이 행동을 따라 하며 배운다. 모방에는 보상이 필요하다는 보편적인 개념을 반박하는 사례를 하나 들라면 바로 이 일본원숭이의 기이한 행동을 꼽을 수 있는데, 이 행동을 수십 년 동안 연구한 미국 영장류학자 마이클 허프먼은 "새끼는 어미 **뱃속에** 있을 때 어미가 돌들을 갖고 놀면서 나는 딸깍거리는 소리에 처음 노출되었다가, 태어난 뒤에 눈이 자기 주위의 물체들에 초점을 맞추기 시작할 때 처음 본 활동 중 하나인 그것에 시각적으로 노출될 가능성이 높다"라고 지적한다.[49]

동물에 대해 **유행**fashion이라는 단어를 처음 사용한 사람은 쾰러인데, 자신의 유인원들이 항상 새로운 게임을 발명하는 걸 보고서 이 단어를 썼다. 유인원들은 한 줄로 행진하면서 기둥 주위를 돌고 또 돌았는데, 한 발은 세게 땅을 쾅 굴리는 반면에 다른 발은 가볍게 디디면서 똑같은 리듬으로 걸었고, 머리도 동일한 리듬으로 흔들었다. 모든 유인원이 마치 트랜스 상태에 빠진 것처럼 정확하게 동작이 일치했다. 우리 침팬지들은 우리가 요리라고 부르는 게임을 몇 달 동안 했다. 이들은 땅에 구멍을 파고는,

수도에서 물통으로 물을 받아 와 구멍에 부었다. 그리고 구멍 주위에 둘러 앉아 막대로 마치 수프를 젓듯이 진흙을 휘저었다. 때로는 동시에 구멍 서너 개를 파고 이런 게임을 했는데, 전체 집단 중 절반이 이 놀이에 몰두했다. 잠비아의 한 침팬지 보호구역에서 과학자들은 또 다른 밈meme(유전적 방법이 아닌 모방을 통해 습득되는 문화 요소. 리처드 도킨스가 《이기적 유전자》에서 처음으로 제시했다_옮긴이)의 전파 경로를 추적했다. 한 암컷이 맨 처음 풀줄기를 귀에다 꽂고는, 걸어 다니거나 다른 침팬지의 털을 골라줄 때에도 그 상태를 계속 유지했다. 몇 년이 지나자 다른 침팬지들도 이것을 따라 했고 그중 몇몇은 그와 동일한 새 '스타일'을 채택했다.[50]

인간 세계에서와 마찬가지로 침팬지들 사이에서도 유행은 새로 생겨나고 사라지지만, 일부 습관은 오직 한 집단에서만 발견되고 다른 집단들에서는 볼 수 없다. 대표적인 것은 일부 야생 침팬지 공동체에서 볼 수 있는 악수 털고르기인데, 두 침팬지가 머리 위로 손을 치켜들어 서로의 손을 붙잡고 다른 손으로 상대의 겨드랑이 아래 털을 골라준다.[51] 습관과 유행은 그와 관련된 보상이 없어도 퍼져나가는 일이 많기 때문에, 사회 학습은 진정한 사회적 현상이다. 그것은 대가 대신에 동조와 관련이 있다. 따라서 어린 수컷 침팬지는 자신의 힘을 강조하기 위해 항상 특정 금속 문에 가서 쾅 부딪치는 알파 수컷의 돌진 과시 행동을 모방할 수 있다. 알파 수컷이 과시 행동(이것은 위험한 행동이어서 그동안에 어미들은 새끼들을 가까이에 가지 못하게 한다)을 마치고 나서 10분 뒤, 어미들은 어린 새끼가 그것을 따라 하는 것을 보고도 그냥 내버려둔다. 새끼는 온 털을 곤두세운 채 자신의 롤모델이 한 것처럼 같은 문으로 달려가 쾅 부딪친다.

그런 예를 아주 많이 기록한 나는 '유대와 동일시 기반 관찰 학습BIOL, Bonding-and Identification-based Observational Learning'이라는 개념을 개발했다. 이에 따르면, 영장류의 사회 학습은 소속 욕구에서 나온다. BIOL은 남과 같이 행동하고 함께 어울리고자 하는 욕구에서 생겨난 동조성을 가리킨다.[52] 이것은 왜 유인원이 평균적인 사람보다는 동족을 훨씬 잘 모방하며, 사람들 사이에 있을 때에는 왜 자신과 가깝다고 느끼는 사람들만 모방하는지 설명해준다. 이것은 또한 왜 어린 침팬지, 특히 암컷[53]이 어미로부터 많은 것을 배우며 왜 서열이 높은 침팬지가 선호되는 모델인지도 설명해준다.

이러한 선호는 우리 사회에서도 알려져 있는데, 시계나 향수, 자동차 광고에 유명 인사들을 등장시키는 것은 이 때문이다. 우리는 데이비드 베컴이나 킴 카다시안, 저스틴 비버, 안젤리나 졸리 같은 사람들을 모방하길 좋아한다. 유인원도 마찬가지일까? 한 실험에서 비키는 밝은 색의 플라스틱 조각들을 우리 주위에 뿌려놓았는데, 침팬지들이 와서 그것을 통으로 가져가면 그 대가로 보상을 받았다. 무리 중에서 서열이 높은 침팬지와 서열이 낮은 침팬지가 서로 다른 통을 사용하도록 훈련을 받는 모습을 지켜본 침팬지 무리는, 명성이 더 높은 구성원의 행동을 집단적으로 따랐다.[54]

유인원의 모방에 관한 증거가 쌓이자 당연히 다른 종들도 비슷한 능력을 보여주면서 이 대열에 합류했다.[55] 이제는 원숭이와 개, 까마귀, 앵무새, 돌고래 등에서도 모방에 관해 주목할 만한 연구들이 나왔다. 그리고 더 넓게 본다면 고려해야 할 종이 더 늘어나는데, 문화적 전달이 광범위하게 일어나기 때문이다. 개와 늑대에 관한 이야기로 돌아가면, 최근의 한 실험은 동종 접근법을 개의 모방에 적용해보았다. 개와 늑대에게 인간의 지시를 따르게 하는 대신에 같은 종의 구성원이 레버를 조작해 음식물을 숨겨놓은 상자의 뚜껑을 여는 모습을 보여주었다. 그 다음에는 같은 상자를 스스로 열도록 기회를 주었다. 이번에는 늑대가 개보다 훨씬 앞서는 성과를 보여주었다.[56] 늑대는 **인간의** 손동작 지시를 따르는 데에는 서툴지 몰라도, 동족에게서 힌트를 포착하는 능력은 개보다 훨씬 낫다. 연구자들은 이 차이의 원인이 인지 차이보다는 주의력 차이에 있다고 본다. 연구자들은 늑대는 서로를 더 자세히 주시하는데, 개는 생존을 위해 우리에게 의존하지만 늑대는 같은 무리에 의존하기 때문이라고 지적한다.

이제 동물을 그 자신의 생물학에 부합하는 방식으로 테스트를 하고 인간 중심 접근법에서 벗어나야 할 때가 되었다. 실험자를 주된 모델이나 파트너로 삼는 대신에 뒤로 빠지게 하는 게 좋다. 유인원을 사용해 유인원을 테스트하고, 늑대를 사용해 늑대를 테스트하고, 인간 어른을 사용해 아이를 테스트해야만 그 종의 고유한 진화적 맥락에서 사회인지를 제대로 평가할 수 있다. 한 가지 예외는 개인데, 우리와 깊은 유대 관계를 맺고 살아가도록 개를 길들였기(혹은 일부 사람들은 개가 스스로 자신을 길들였다고 믿는다) 때문이다. 그래서 사람이 개의 인지를 테스트하는 것은 실제로는 자연스러운 일일 수도 있다.

일시 중지

동물을 단순히 자극-반응 기계로 간주하던 암흑시대에서 벗어난 우리는 동물의 정신적 삶을 자유롭게 생각할 수 있다. 이것은 그리핀이 쟁취하려고 애썼던 큰 진전이다. 하지만 동물인지가 갈수록 인기를 끄는 주제가 되긴 했지만, 아직도 우리는 동물인지는 우리 인간이 가진 인지의 빈약한 대체물에 불과하다는 사고방식에 자주 접한다. 이 사고방식에 따르면, 동물인지는 정말로 심오하고 놀라운 것일 리가 없다. 많은 학자들은 오랜 경력의 끝에 이르러 우리는 할 수 있지만 동물은 할 수 없는 온갖 일들을 열거함으로써 인간의 능력을 높이 평가하고 싶은 충동을 참지 못한다.[57] 인간의 관점에서 볼 때 이러한 추측은 만족스럽게 들릴지 모르지만, 나처럼 지구에 존재하는 전체 인지 스펙트럼에 관심을 가진 사람들에게는 엄청난 시간 낭비로밖에 보이지 않는다. 자연에서 자신의 위치에 대해 던질 수 있는 질문이라곤 "거울아, 거울아, 세상에서 가장 똑똑한 종이 누구니?"밖에 없다면, 우리는 얼마나 이상한 동물인가?

고대 그리스인의 터무니없는 척도에서 자신이 선호하는 장소에 인간을 계속 두려고 한 것은 의미론과 정의와 재정의, 그리고 골대를 옮기는 행위에 집착하는 결과를 낳았다. 우리가 동물에 대한 낮은 기대를 실험으로 번역할 때마다 거울은 우리가 좋아하는 대답을 들려준다. 편향된 비교도 의심을 품어야 할 한 가지 근거이지만, 또 한 가지 근거는 증거의 부재를 크게 선전하는 것이다. 내 서랍에는 그것이 무엇을 의미하는지 내가 몰라서 빛을 보지 못한 부정적 발견들이 많이 들어 있다. 이것들은 내 동물들에게 특정 능력이 없음을 시사할 수 있지만, 대개는 특히 자발적 행동이 다른 것을 시사할 경우, 나는 동물들을 최선의 방법으로 테스트했다고 확신하지 못한다. 내가 그들을 혼란에 빠뜨리는 상황을 만들거나 문제를 이해하기 힘든 방식으로 제시해 동물들이 그것을 풀 마음조차 생기지 않게 했을지도 모른다. 손의 해부학적 구조를 고려하기 전에 과학자들이 긴팔원숭이의 지능을 낮게 평가한 사실이나 너무 작은 거울에 대한 반응을 바탕으로 코끼리의 거울 자기 인식 능력을 너무 일찍 부정한 사실을 떠올려보라. 부정적 결과를 설명할 수 있는 방법은 아주 많기 때문에 피험자를 의심하기 전에 실험 방법을 의심하는 편이 더 안전하다.

책들과 기사들은 진화인지의 핵심 문제 중 하나가 우리를 나머지 동물들과 구별하는 것이 무엇인지 찾는 것이라고 공통적으로 이야기한다. "우리를 인간으로 만드는 것은 무엇인가?"라는 질문을 던지면서 인간의 본질을 찾는 것을 주요 주제로 열린 학회들도 있다. 하지만 이것이 정말로 우리 분야에서 가장 기본적인 질문일까? 내 생각은 좀 다르다. 그것은 그 자체만 놓고 본다면, 지적으로 막다른 골목에 이른 것처럼 보인다. 이 질문이 관앵무나 흰돌고래를 나머지 동물들과 구별하는 것이 무엇인지 아는 것보다 더 중요할 이유가 있는가? 다윈이 임의로 하던 사색 중 하나가 떠오른다. 그는 "개코원숭이를 이해하는 사람은 존 로크보다 형이상학에 더 많은 기여를 할 것이다"[58]라고 말했다. 모든 종은 그 인지가 우리의 인지를 빚어낸 것과 동일한 힘들의 산물이라는 점을 감안하면 각자 내놓을 만한 심오한 통찰이 있다. 자기 분야의 핵심 문제가 인간의 신체에서 유일무

이하게 독특한 것이 무엇인지 찾는 것이라고 선언한 의학 교과서가 있다고 상상해보라. 그러면 우리는 무슨 생뚱맞은 소리일까 하는 생각이 들 텐데, 이 질문이 약간 흥미로운 것이긴 하지만, 의학 분야에는 심장이나 간, 세포, 신경 시냅스, 호르몬, 유전자 등의 기능과 관련해 훨씬 기본적인 문제들이 많이 있기 때문이다.

과학이 정말로 이해하려고 하는 것은 쥐의 간이나 인간의 간이 아니라 간 자체라는 것은 두말할 필요가 없다. 모든 기관과 과정은 우리 종보다 훨씬 오래되었으며, 수백만 년 이상 진화해오는 동안 종마다 고유한 변경이 일부 일어났다. 진화는 항상 이런 식으로 작용한다. 그런데 인지는 달라야 할 이유가 있는가? 우리의 첫 번째 과제는 인지가 일반적으로 어떻게 작동하고, 인지가 제대로 기능하려면 어떤 요소들이 필요하며, 이 요소들이 어떻게 그 종의 감각계와 생태와 조화를 이루는지 알아내는 것이다. 우리는 자연에서 발견되는 온갖 종류의 인지들을 망라하는 단일 이론을 원한다. 이 계획을 위한 공간을 만들기 위해 나는 인간의 독특성을 내세우는 주장들을 일시 중지할 것을 제안한다. 이런 주장들의 초라한 실적을 감안하면, 수십 년 동안 이들의 입에 재갈을 물릴 때가 되었다. 그러면 더 포괄적인 틀을 개발하는 데 도움이 될 것이다. 그리고 세월이 한참 지난 뒤에 언젠가 인간의 마음에서 특별한 것이 무엇인지(그리고 무엇이 아닌지) 더 잘 보여주는 그림을 허용하는 새 개념들로 무장하고서 우리 종의 특수한 사례로 돌아올 수 있을 것이다.

이 일시 중지 기간에 우리가 초점을 맞출 수 있는 한 측면은 뇌에 지나치게 집착하는 접근법의 대안이다. 나는 이미 역지사지가 신체와 관련이 있을 가능성을 언급했는데, 인지 역시 마찬가지이다. 결국 모방은 남의 신체 움직임을 지각하고 그것을 자기 몸의 움직임으로 번역해야 하기 때문이다. 거울신경세포(남의 행동을 뇌에서 자기 몸의 표상에 사영하는 운동겉질의 특수한 신경세포)가 흔히 이 과정을 매개한다고 생각되는데, 이 신경세포들이 인간이 아니라 마카크에서 발견되었다는 사실을 알 필요가 있다. 비록 정확한 연결 관계는 쟁점으로 남아 있지만, 모방은 사회적 친밀도에 의해 촉진되는 신체 과정일 가능성이 높다.

이 견해는 모든 것이 인과 관계와 목적의 이해에 달려 있다고 보는, 뇌에 중점을 둔 견해와 사뭇 다르다. 영국 영장류학자 리디아 호퍼의 독창적인 실험 덕분에 우리는 어느 견해가 옳은지 알게 되었다. 호퍼는 침팬지들에게 낚싯줄로 조작하는 소위 유령 상자를 내놓았다. 이 상자는 마술처럼 저절로 열렸다 닫히면서 보상을 내놓았다. 만약 기술적 통찰만 필요하다면, 그 상자를 지켜보는 것만으로 충분할 텐데, 관찰만으로 필요한 행동과 결과를 모두 알 수 있기 때문이다. 하지만 실제로는 침팬지에게 지겹도록 유령 상자를 지켜보게 해도 침팬지는 아무것도 배우지 못했다. 다른 침팬지가 동일한 상자를 조작하는 것을 본 다음에야 보상을 얻는 법을 터득했다.[59] 따라서 유인원에게 모방이 일어나려면 움직이는 신체와 연결될 필요가 있는데, 그 신체가 같은 종이면 더욱 좋다. 기술적 이해는 열쇠가 아니다.[60]

신체가 인지와 어떻게 상호작용하는지 알기를 원한다면 엄청나게 풍부한 연구 재료가 있다. 동물을 거기에 추가하면, 한창 떠오르는 분야인 '체화된 인지embodied cognition'에 큰 자극을 줄 것이다. 체화된 인지는 몸과 세상의 상호작용이 인지에 반영된다고 가정한다. 지금까지 이 분야는 다소 인간에 초점을 맞춰 연구해왔지만, 인간의 몸은 수많은 몸 중 하나에 불과하다는 사실을 제대로 활용하지 못했다.

코끼리를 생각해보자. 코끼리는 우리와 아주 다른 몸을 지적 능력과 결합해 높은 수준의 인지를 달성한다. 가장 큰 육상 동물은 우리 종보다 세 배나 많은 신경세포를 가지고서 무엇을 할까? 어떤 사람들은 체중에 대한 비율로 고쳐 생각해야 한다고 주장하면서 신경세포의 수를 경시할지 모르지만, 체중에 대한 비율은 신경세포의 수가 아니라 뇌의 무게를 따지는 게 더 이치에 맞다. 실제로 어떤 종의 정신 능력을 가장 잘 예측하는 요소는 뇌나 몸의 크기와 상관없이 절대적인 신경세포의 수라는 주장이 제기되었다.[61] 만약 그렇다면 우리보다 신경세포 수가 훨씬 많은 종에 큰 관심을 기울여야 마땅할 것이다. 이 신경세포들 중 대부분은 코끼리의 소뇌에 있으므로 어떤 사람들은 이마엽앞겉질(전전두피질)만이 중요하다고 가정하고서 그 중요도가 떨어진다고 생각한다. 하지만 왜 우리 뇌의 조직 방식을 만물의 척도로 생각하고 겉질 아래에 있는 영역들을 경시해야 하는가?[62] 무엇보다도 우리는 사람상과의 진화 과정에서 우리 소뇌가 새겉질(신피질)보다 더 많이 팽창했다는 사실을 알고 있다. 이것은 우리 종에서도 소뇌가 아주 중요하다는 것을 시사한다.[63] 이제 코끼리 뇌의 이 주목할 만한 신경세포 수가 코끼리의 지능에 어떤 역할을 하는지 밝혀내는 일은 우리에게 달려 있다.

코끼리의 코는 냄새를 맡고 물체를 붙잡고 촉감을 느끼는 일을 하는 아주 민감한 기관으로, 약 4만 개의 근육들이 전체 길이를 따라 늘어서 있는 독특한 코 신경을 통해 통합 조정된다. 코끝에는 민감한 '손가락'이 두 개 있는데, 코끼리는 이를 이용해 풀줄기처럼 작은 물체도 집어 올릴 수 있다. 또 코로 약 8리터의 물을 빨아들이거나 귀찮게 구는 하마를 홱 뒤집을 수도 있다. 이 부속 기관에 관련된 인지는 전문화된 것이 분명하지만, 우리 자신의 인지 중 얼마나 많은 부분이 손 같은 우리 몸의 특정 부분과 연관이 있는지 누가 알겠는가? 이렇게 아주 다재다능한 부속 기관들이 없었더라면 우리는 지금과 같은 전문적 기술과 지능이 진화했을까? 언어의 진화에 관한 일부 이론들은 언어의 기원이 돌과 창을 던지는 데 필요한 신경 구조뿐만 아니라 손동작에도 있다고 가정한다.[64] 인간에게 다른 영장류와 공유하는 '손의' 지능이 있는 것처럼 코끼리에게는 '코의' 지능이 있을지 모른다.

또, 연속 진화 문제도 있다. 사람은 진화를 계속한 반면, 가까운 친척들은 진화를 멈추었다는 오해가 널리 퍼져 있다. 하지만 진화를 멈춘 종은 **잃어버린 고리**missing link뿐이다. 잃어버린 고리는 인류와 유인원의 마지막 공통 조상으로, 오래전에 멸종했기 때문에 이런 이름이 붙었다. 우리가 우연히 그 화석을 발견하지 않는 한, 이 고리는 영원히 잃어버린 상태로 남아 있을 것이다. 나는 내 연구 센터를 잃어버린 고리를 이용한 말장난으로 살아 있는 고리Living Links라고 이름 붙였는데, 과거와 연결해주는 살아 있는 고리로서 침팬지와 보노보를 연구하기 때문이다. 이 이름은 유행을 타서 지금은 세계 여러 곳에 '살아 있는 고리'가 여러 군데 생겼다. 세 종(우리와 가장 가까운 유인원 친척 두 종과 우리 자신)이 모두 공유한 특성들은 진화의 뿌리가 같을 가능성이 높다.

하지만 공통점을 제외하고는 세 종은 모두 각자 별개의 방식으로 진화했다. 중단된 진화 같은 것은 없으므로 세 종은 아마도 상당히 많이 변했을 것이다. 이러한 진화적 변화 중 일부는 우리 친척들에게 이점을 가져다주었다. AIDS가 인류에게 큰 타격을 주기 오래전에 서아프리카 침팬지들 사이에서 생겨난, HIV-1 바이러스에 대한 저항력 같은 것이 그런 예이다.[65] 인류의 면역력은 아직 이들에게 많이 뒤져 있다. 마찬가지로 세 종 모두(오직 우리만이 아니라) 인지 전문화가 일어날 시간이 충분히 있었다. 우리 종이 모든 것에서 가장 뛰어나야 한다고 말하는 자연법칙은 없다. 따라서 우리는 아유무의 사진 기억이나 유인원의 선택적 모방 능력 같은 발견들을 받아들일 마음의 준비가 되어 있어야 한다. 네덜란드의 한 교육 프로그램은 얼마 전에 어린이에게 물 위에 뜬 땅콩 과제(제3장 참고)를 낸 광고를 내놓았다. 멀지 않은 곳에 물병이 있었는데도 불구하고, 우리 종의 아이들은 같은 문제를 유인원이 해결하는 비디오를 보기 전까지는 해결책을 생각하지 못했다. 일부 유인원은 심지어 주변에 어떻게 해야 할지 암시하는 물병이 전혀 없을 때에도 자발적으로 문제를 해결한다. 그들은 그곳에서 물을 얻을 수 있다는 걸 알고 수도꼭지까지 걸어간다. 광고가 전달하고자 하는 요점은 학교들이 유인원을 영감의 원천으로 사용해 어린이에게

틀에 박힌 사고방식에서 벗어나 생각을 하도록 가르쳐야 한다는 것이다.[66]

동물의 인지에 대해 더 많은 것을 알수록 이와 같은 종류의 사례들이 더 많이 나타난다. 미국 영장류학자 크리스 마틴은 일본의 영장류연구소에서 일하면서 침팬지의 강점을 하나 더 추가했다. 침팬지들에게 각자 별개의 컴퓨터 화면을 사용하면서 상대의 수를 예상하는 게 필요한 경쟁 게임을 시켰다. 침팬지는 가위바위보 게임과 비슷하게 상대가 이전에 선택한 수를 바탕으로 경쟁자의 의표를 찌를 수 있을까? 마틴은 사람들에게도 똑같은 게임을 시켰다. 결과는 침팬지가 사람보다 성적이 좋았는데, 침팬지는 사람보다 더 빨리 그리고 더 완전하게 최적의 성적에 이르렀다. 과학자들은 침팬지가 유리했던 이유를 경쟁자가 쓰는 수와 응수를 예측하는 능력이 더 빠른 데 있다고 결론 내렸다.[67]

침팬지의 정치와 예방 전술을 잘 알고 있는 나는 이 발견에 공감했다. 침팬지의 지위는 동맹에 기반을 두고 있으며 수컷들은 동맹을 통해 서로를 지지한다. 지배적인 알파 수컷들은 분할 통치 전략으로 자신의 권력을 유지하는데, 경쟁자가 자신의 지지자에게 접근하는 것을 특히 싫어한다. 이들은 적대적인 공모를 미연에 방지하려고 노력한다. 게다가 권력을 놓고 경쟁하는 수컷들은 카메라가 돌아갈 때 아기를 번쩍 들어 올리는 대통령 후보와 비슷하게 갑자기 어린 새끼들에게 큰 관심을 보이는데, 암컷들의 환심을 사기 위해 새끼들을 안거나 간질이는 제스처를 보인다.[68] 암컷들의 지지는 수컷들의 경쟁 구도에 큰 차이를 빚어낼 수 있기 때문에, 암컷들에게 좋은 인상을 주는 것이 아주 중요하다. 침팬지가 상당히 기민한 전술들을 사용한다는 점을 감안할 때, 이제 이 놀라운 기술을 검증하는 데 컴퓨터 게임의 도움을 받을 수 있어 매우 편리하다.

하지만 오직 침팬지에만 초점을 맞추어야 할 이유는 없다. 침팬지가 출발점 역할을 할 때가 많기는 하지만, '침팬지 중심주의'는 인간 중심주의의 연장에 지나지 않는다.[69] 다른 종들도 인지의 특정 측면을 탐구하는 데 도움을 줄 수 있을 텐데, 그런 종들에 초점을 맞춰 연구해서 안 될 이유가 있는가? 우리는 시험 사례로 소수의 종에 초점을 맞출 수 있다. 의학과 일반생물학 분야에서는 이미 그렇게 하고 있다. 유전학자들은 초파리와 제브라피시zebra fish를 연구하며, 신경 발달을 연구하는 사람들은 선충 연구에서 많은 성과를 거두었다.

과학이 이런 식으로 굴러간다는 사실을 모든 사람들이 아는 건 아니다. 한 예로, 공화당 부통령 후보로 나왔던 세라 페일린이 미국의 세금이 "농담이 아니라 프랑스 파리에서 초파리 연구"[70]처럼 쓸데없는 연구 계획에 쓰이고 있다고 불평한 적이 있는데, 이 말을 듣고 과학자들은 기가 막혔다. 어떤 사람들에게는 터무니없게 들릴지 모르지만, 미천한 **초파리**는 오래전부터 유전학 분야에서 주역으로 활약하면서 염색체와 유전자 사이의 관계에 대해 많은 통찰을 제공했다. 소수의 동물 집단에서 얻은 기본 지식은 우리를 포함해 많은 종들에 적용할 수 있다. 쥐와 비둘기가 기억에 대한 연구에 큰 역할을 한 것처럼 인지 연구에서도 같은 일이 일어나고 있다. 나는 일반화 가능성이라는 전제 아래 특정 생물에게서 다양한 능력들을 탐구하는 미래를 상상한다. 우리는 누벨칼레도니까마귀와 꼬리감는원숭이에게서 전문적인 기술을, 거피에게서 동조성을, 개에게서 공감을, 앵무새에게서 대상 범주화 등을 연구할지도 모른다.

하지만 그러려면 연약한 인간의 자아에서 벗어나 인지를 다른 생물학적 현상과 똑같이 취급하는 것이 필요하다. 만약 인지의 기본 특징들이 수정되면서 점진적으로 하락하는 데에서 나온다면, 도약과 반동과 불꽃은 일어날 수가 없다. 큰 간극 대신에 우리는 수백만 개의 파도가 끊임없이 충돌하면서 빚어낸 완만하게 경사진 해변을 본다. 만약 인간의 지성이 이 해변에서 아주 높은 곳에 위치한다면, 그것은 같은 해변을 때리는 동일한 힘들에 의해 만들어진 것이다.

제 6 장

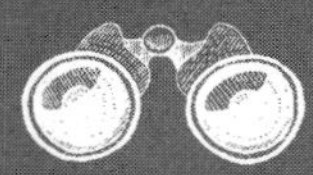

ARE WE SMART ENOUGH TO KNOW HOW SMART ANIMALS ARE?

사회성 기술

늙은 수컷은 정치인 못지않은 선택의 기로에 놓였다. 서로 경쟁 관계에 있는 두 수컷이 매일 예룬에게 다가와 털을 골라주면서 그의 지지를 얻으려고 노력했다. 예룬은 이런 관심을 즐기는 것처럼 보였다. 1년 전에 자신을 권좌에서 밀어낸 알파 수컷에게 털고르기 서비스를 받는 것은 예룬에게 큰 안도감을 주었는데, 감히 그들을 방해할 자는 아무도 없을 것이기 때문이었다. 하지만 더 젊은 두 번째 수컷에게 털고르기 서비스를 받는 것은 약간 곤란한 상황을 빚어냈다. 둘이 함께 어울리면 알파는 매우 기분이 상했는데, 둘이 만나는 것을 자신에 대항하려는 작당으로 여겨 그 사이를 갈라놓으려고 애썼다. 알파는 털을 곤두세우고 쿵쿵거리는가 하면 문을 치고 암컷을 때리며 과시적인 행동을 하면서 돌아다녀, 마침내 두 수컷은 불안한 마음에 서로 떨어져 그곳을 떠났다. 둘이 서로 떨어지는 것만이 알파를 진정시킬 수 있었다. 수컷 침팬지들은 높은 지위를 차지하기 위해 경쟁을 멈추지 않으며 늘 협정을 맺고 깨기 때문에, 순진무구한 털고르기 시간은 실제로 존재하지 않는다. 모든 털고르기 행위에는 정치적 함의가 있다.

현재의 알파 수컷은 큰 인기와 지지를 누리며 암컷들의 지도자인 늙은 가모장 마마의 지지도 받았다. 만약 예룬이 편안한 삶을 원했더라면, 이 알파 수컷의 측근 역할에 만족하며 살아가는 길을 선택했을 것이다. 평지풍파를 일으키려는 생각은 아예 하지 않았을 것이고, 자신의 위치에 아무런 위협도 받지 않았을 것이다.

반면에 야심만만한 젊은 수컷과 손을 잡는 것은 큰 위험이 따르는 행위였다. 이 젊은 수컷은 비록 몸집이 크고 근육이 우락부락하긴 하지만 청소년기를 벗어난 지 얼마 안 된 나이였다. 아직 능력이 검증되지 않은 신인이어서 권위도 별로 없는 편이라, 서열이 높은 수컷들이 흔히 그러듯이 암컷들의 싸움을 말리려고 끼어들면 양쪽 모두에게서 분노를 촉발할 위험을 무릅써야 했다. 아이러니하게도 그 결과로 암컷들의 분쟁을 해결하는 대신에 자신에게 돌아오는 손해를 감수해야 했다. 이제 암컷들은 서로에게 고함을 지르는 대신에 중재자로 나선 이 젊은 수컷을 합세해 뒤쫓았다. 하지만 암컷들은 충분히 똑똑해서 젊은 수컷을 구석으로 몰아넣은 뒤에 육체적으로 드잡이를 하며 싸우려고 하지는 않았다. 젊은 수컷의 민첩함과 힘, 날카로운 송곳니를 잘 알고 있었기 때문이다. 그는 어느새 무시할 수 없는 존재가 되어 있었다.

이와는 대조적으로 알파 수컷은 평화를 유지하는 능력이 뛰어났고, 개입할 때 어느 한쪽에 치우치지 않고 공정한 태도를 유지했으며, 자신이 크게 사랑하는 약자를 철저히 보호했다. 알파 수컷은 오랜 격동기를 거친 뒤에 무리에 평화와 화합을 가져다주었다. 암컷들은 늘 그의 털을 골라주려고 했고 그가 자기 새끼들과 놀게 했다. 이들은 알파 수컷의 통치에 도전하려는 경쟁자에게는 대항할 가능성이 높았다.

그런데도 예룬은 젊은 도전자를 편들면서 바로 그 길을 선택했다. 이 둘은 확고한 자리를 차지한 지도자를 권좌에서 끌어내리기 위해 긴 활동에 돌입했고, 그 결과로 긴장 고조와 부상이라는 피해가 발생했다. 젊은 수컷이 알파 수컷에게서 약간 거리를 두고 서서 킁킁거리는 소리를 점점 키우면서 도발할 때마다 예룬은 도전자 바로 뒤에 가서 앉아 팔을 도전자의 허리에 감고 약간 작게 킁킁거리는 소리를 따라서 냈다. 이런 식으로 자신의 충성심이 어느 쪽에 있는지 분명히 드러냈다. 마마와 암컷 친구들은 이 반란에 저항했다. 때로는 떼를 지어 두 말썽꾼을 쫓기도 했지만, 젊은 수컷의 완력과 예룬의 머리가 결합된 위력은 대단했다. 예룬이 우두머리의 위치를 노리지 않으며 그 귀찮은 일은 자신의 파트너에게 맡기는 데 만족한다는 사실은 처음부터 명백했다. 둘은 결코 물러서지 않았고, 몇 달 동안 매일 그렇게 대치한 끝에 마침내 젊은 수컷이 새로운 알파 수컷이 되었다.

둘은 함께 몇 년 동안 통치를 이어갔는데, 예룬은 딕 체니나 에드워드 케네디처럼 막후 실세로 행세했다. 예룬의 영향력은 아주 커서 그의 지지가 약해지면 권좌도 흔들렸다. 이런 일은 성적 매력이 큰 암컷을 놓고 갈

등이 생긴 후에 가끔 일어났다. 새 알파는 예룬을 자기 곁에 계속 두려면 특권을 허용할 필요가 있다는 사실을 금방 알아챘다. 그래서 대부분의 시간 동안 예룬은 암컷들과 마음대로 짝짓기를 할 수 있었는데, 이것은 젊은 알파가 다른 수컷들에게는 결코 허용하지 않는 특권이었다.

왜 예룬은 기존 권력자에게 협력하지 않고 이 신출내기 도전자를 지지했을까? 협력을 통해 게임에서 승리를 거두는 인간의 동맹 형성에 관한 연구와 국제 협정에 관한 권력 균형 이론들을 참고하면 유익한 정보를 얻을 수 있다. 여기서 기본 원리는 '강한 것이 약점이다'라는 역설로, 이에 따라 가장 강한 당사자가 가장 매력 없는 정치적 동맹이 되는 경우가 많다. 왜냐하면 강자는 다른 자들의 도움이 절실히 필요하지 않으므로 그들을 당연한 것으로 여기고 소홀히 대하기 때문이다.

예룬의 경우, 기존의 알파 수컷은 너무나도 강해서 자신의 이익에 큰 도움이 되지 않았다. 그의 편을 들어봤자 얻을 게 별로 없었는데, 이 알파 수컷은 예룬이 중립을 지켜주는 정도만으로도 권력을 유지하는 데 충분했기 때문이다. 여기서 현명한 전략은 자신이 없으면 절대로 승리를 거둘 수 없는 파트너와 손을 잡는 것이었다. 젊은 수컷의 편을 드는 것으로 예룬은 킹메이커가 되었다. 그리고 명성과 새로운 짝짓기 기회를 모두 손에 쥘 수 있었다.

마키아벨리 지능

1975년에 뷔르허르스동물원에서 세계 최대의 침팬지 집단을 관찰하기 시작했을 때, 나는 평생 동안 이 종을 연구하리라는 생각은 전혀 하지 않았다. 그래서 숲이 우거진 섬에서 나무 걸상에 앉아 약 1만 시간 동안 영장류를 관찰하면서, 나는 그와 같은 호사는 다시는 누리지 못하리란 생각도 전혀 하지 못했다. 권력관계에 관심을 가지게 되리라는 것도 예상하지 못했다. 그 당시 대학생들은 완전히 반체제적 사고방식에 젖어 있었고, 나는 이를 증명하기 위해 어깨까지 치렁치렁 내려올 정도로 머리를 길게 길렀다. 하지만 나는 침팬지를 관찰하면서 위계가 사회화의 산물인 문화적 제도에 불과하며 언제든지 우리가 완전히 없애버릴 수 있다는 개념에 의문이 들었다. 위계는 오히려 그보다 훨씬 더 깊이 뿌리박힌 제도처럼 보였다. 나는 히피 정신이 가장 강한 조직에서도 동일한 경향을 쉽게 발견할 수 있었다. 그런 조직은 일반적으로 권위를 조롱하고 평등주의를 설파하는 젊은 남자들이 이끌지만, 이들은 주변의 나머지 모든 사람들에게 명령을 내리고 동료의 여자 친구를 훔치는 것에 아무런 양심의 가책을 느끼지 않았다. 이상한 것은 침팬지가 아니라 정직하지 못한 것처럼 보이는 인간이었다. 정치 지도자들은 자신의 권력 동기를 국가에 봉사하고 경제를 발전시키려는 의지 같은 더 고상한 욕망 뒤에 숨기는 버릇이 있다. 영국 정치철학자 토머스 홉스가 억제할 수 없는 권력 추동power drive의 존재를 상정했을 때, 그 적용 대상으로 인간과 유인원을 모두 꼽은 것은 올바른 판단이었다.

생물학 문헌은 내가 관찰한 사회적 권모술수를 이해하는 데 아무 도움이 되지 않았기 때문에 나는 니콜로 마키아벨리의 저술을 참고했다. 조용히 관찰을 계속하는 동안 나는 400년도 더 전에 출판된 이 책을 읽었다. 《군주론》은 내 마음 상태를 침팬지들의 섬에서 관찰한 것을 해석하기에 적절한 것으로 만들어주었다. 하지만 나는 피렌체의 이 철학자가 자신의 사상이 바로 이 상황에 적용되리라고는 꿈도 꾸지 않았으리라고 확신한다.

침팬지들 사이에서 위계는 모든 것에 배어 있다. 우리가 두 암컷을 건물 안으로 들여보내려고 할 때마다(테스트를 위해 종종 그러는 것처럼) 한 마리는 기꺼이 눈앞의 과제를 수행하려고 나서는 반면, 나머지 한 마리는 망설이면서 뒤로 물러서려고 한다. 두 번째 암컷은 보상을 취하려 하지 않고, 퍼즐 상자나 컴퓨터를 비롯해 우리가 사용하는 모든 것을 만지려고 하지 않는다. 이 암컷은 첫 번째 암컷만큼 기꺼이 과제를 수행하고 싶을지 모르지만, 자신의 '상급자'에게 경의를 표한다. 둘 사이에 긴장이나 적대감은 전혀 없으며, 건물 밖의 집단 내에서는 가장 좋은 친구로 지낼지도 모른다. 단지 한 암컷이 다른 암컷을 지배할 뿐이다.

이와는 대조적으로 수컷들 사이에서는 누구나 항상 권력을 차지할 수 있다. 권력은 나이나 다른 특성을 기준으로 주어지는 것이 아니라 쟁취하는 것이며 도전자의 도전에 맞서 지켜내야 하는 것이다. 나는 이들의 사회적 사건들을 기록하면서 오랜 시간을 보낸 뒤 《침팬지 폴리틱스》를 쓰는 데 착수했는데, 이것은 내가 목격한 권력 투쟁을 대중의 눈높이에 맞춰 서술한 책이다.[1] 나는 동물이 지적인 사회적 권모술수를 사용한다는 주장은 무슨 일이 있어도 피하라고 훈련받았지만, 이 책에서 그것을 주장함으로써 막 시작한 학계에서의 경력을 위험에 빠뜨릴 수도 있는 모험을 감행했다. 경쟁자와 친구, 친척이 가득한 집단에서 잘 헤쳐 나가려면 상당한 수준의 사회성 기술이 필요하다는 것은 이제 누구나 당연하게 받아들이지만, 그 시절에는 동물의 사회적 행동을 지적인 것으로 생각하는 일이 드물었다. 예를 들면, 관찰자들은 두 개코원숭이 사이의 지위가 역전되는 사례를 마치 **그들이 이런 사태를 만들어낸 것**이 아니라, **그들에게 이런 일이 일어난 것**처럼 수동적인 표현을 쓰면서 서술한다. 그들은 한 개코원숭이가 다른 개코원숭이를 쫓아다니면서 커다란 송곳니를 드러내 대립 상황을 계속 도발하고 다른 수컷의 도움을 구하는 것은 전혀 언급하지 않는다. 관찰자가 이 장면을 보지 못해서가 아니라 동물이 목표와 전략을 세운다는 생각을 아예 하지 않았기 때문에 침묵할 수밖에 없었던 것이다.

내가 의도적으로 이런 전통에서 벗어나 침팬지를 수다를 떨고 계략을 세우는 권모술수가로 묘사한 책은 광범위한 관심을 끌었고, 여러 나라 언어로 번역되었다. 미국 하원의장이던 뉴트 깅리치는 심지어 내 책을 초선 국회의원들에게 권하는 추천 도서 목록에 올리기까지 했다. 내 설명에 대해 동료 영장류학자들을 포함해 사람들의 저항은 염려했던 것보다도 훨씬 적었다. 1982년 당시에는 동물의 사회적 행동에 더 인지적인 접근을 할 때가 무르익었던 것은 분명하다. 나는 내 책이 출간된 뒤에야 알았지만, 도널드 그리핀의 《동물 인식에 관한 문제》가 내 책보다 불과 몇 년 전에 출간되

었다.[2]

내 연구는 새로운 시대정신의 일부였고, 의지할 선배가 몇 사람 있었다. 침팬지의 협력과 의사소통에 관한 연구에서 목표를 상정하고 지적 해결책을 암시한 에밀 멘젤이 있었고, 자신의 개코원숭이들을 그런 식으로 행동하게 만드는 것이 무엇일까 끊임없이 생각했던 한스 쿠머도 있었다. 예를 들면, 쿠머는 개코원숭이가 자신의 여행 경로를 어떻게 짜며 어디로 갈지 누가(맨 앞에 있는 개코원숭이가? 아니면 맨 뒤에 있는 개코원숭이가?) 결정하는지 알고 싶었다. 그는 그 행동을 인식할 수 있는 메커니즘들로 분해했고 사회적 관계가 어떻게 장기적 투자 기능을 하는지 강조했다. 쿠머는 그전에 어느 누가 그랬던 것보다도 훨씬 과감하게 고전적 동물행동학을 사회인지에 관한 질문들과 결합했다.[3]

나는 또한 젊은 영국인 영장류학자가 쓴 《인간의 그늘에서》에도 깊은 인상을 받았다.[4] 그 책을 읽을 당시 나는 침팬지에 충분히 익숙해져서 제인 구달이 탄자니아의 곰베스트림국립공원에서 침팬지들의 삶을 기술한 세부 내용에 전혀 놀라지 않았다. 하지만 구달이 그것을 기술하기 위해 사용한 어조는 정말로 신선했다. 구달은 침팬지들의 인지를 반드시 자세히 설명하지는 않았지만, 마이크(텅 빈 석유통들을 서로 세게 부딪침으로써 경쟁자들에게 깊은 인상을 준 떠오르는 수컷)에 관한 내용이나 가모장 플로의 애정 생활과 가족 관계에 관한 이야기를 읽다 보면 그 복잡한 심리를 알아채지 않을 수 없었다. 구달은 침팬지를 지나치게 인간처럼 묘사하지는 않았지만 침팬지의 행동을 수수한 산문으로 서술했는데, 사무실의 하루 일상을 묘사한 것이라면 완벽하게 정상이었겠지만 동물의 일상을 묘사한 것으로는 비정통적인 것이었다. 이것은 정신적 함의를 시사하는 것을 피하기 위해 동물의 행동을 인용 부호 안에 집어넣고 많은 전문 용어를 사용해 기술하던 당시의 일반적인 경향에서 벗어난 큰 진전이었다. 그 당시에는 심지어 동물 이름과 성별까지도 회피할 때가 많았다(모든 동물은 개별적으로 불릴 때 그저 대명사 '그것it'으로 불렸다). 이와는 대조적으로 구달의 유인원들은 이름과 얼굴을 가진 사회적 행위자였다. 이들은 단순히 본능의 노예가 아니라 자기 운명의 건설자로서 행동했다. 구달의 접근법은 침팬지의 사회생활에 대해 내가 막 이해한 것과 완벽하게 일치했다.

예룬이 젊은 알파를 지지한 것이 좋은 예이다. 석유통이 없었더라면 마이크의 삶이 어떻게 달라졌을지 구달이 알 수 없는 것과 마찬가지로, 예룬이 어떻게 그리고 왜 그런 선택을 했는지 내가 그 답을 알 수 있는 것은 아니지만, 두 이야기는 의도적인 전술을 암시한다. 그런 행동 뒤에 있는 인지를 정확하게 찾아내려면, 실험을 하는 것 외에 침팬지가 아주 잘하는 것으로 알려진 전략적인 컴퓨터 게임과 같은 것에서 체계적인 데이터를 많이 수집하는 것이 필요하다.[5]

이 문제들을 다룰 수 있는 방법을 보여주는 두 가지 예를 간단히 소개한다. 첫 번째 예는 뷔르허르스동물원에서 한 연구와 관련된 것이다. 집단 내에서 발생한 갈등은 최초의 당사자 둘 사이에만 국한되는 경우가 드물었는데, 침팬지들은 남들을 분쟁에 끌어들이는 경향이 있기 때문이다. 가끔 열 마리 혹은 그 이상의 침팬지들이 서로 위협하고 쫓고 1.5Km 밖에서도 들리는 고음의 비명을 내지르면서 뛰어다니는 모습을 볼 수 있었다. 자연히 모든 경쟁자는 최대한 많은 동맹을 자기편으로 끌어들이려고 애썼다. 나는 비디오로 녹화된(그 당시로서는 신기술!) 사건 수백 건을 분석한 결과, 싸움에서 지고 있는 침팬지들이 자기 친구들에게 벌린 손을 내밂으로써 도움을 간청한다는 사실을 발견했다. 그들은 상황을 역전시키기 위해 지지를 끌어 모으려고 했다. 하지만 적의 친구들 앞에서는 다른 행동을 보였는데, 상대의 몸에 팔을 두르고 얼굴이나 어깨에 키스를 함으로써 달래려고 했다. 그들은 지원을 요청하는 대신에 상대를 중립적으로 만들려고 노력했다.[6]

경쟁자의 친구가 누구인지 알려면 경험이 필요하다. 이것은 A가 자신과 B와 C 사이의 관계를 알 뿐만 아니라, B와 C 사이의 관계도 알아야 한다는 것을 의미한다. 나는 이것을 **삼각관계 인식**triadic awareness이라고 명명했는데, 전체 삼각형 ABC에 대한 지식을 반영해야 하기 때문이다. 이것은 우리도 마찬가지여서, 누가 누구와 결혼을 했고 누가 누구의 아들이며 누가 누구의 직원인지 알아야 하는 경우가 그렇다. 인간 사회는 삼각관계 인식이 없으면 제대로 돌아갈 수 없다.[7]

두 번째 예는 야생 침팬지와 관련된 것이다. 수컷의 서열과 몸 크기 사이에 명백한 연관 관계가 없다는 사실은 잘 알려져 있다. 가장 크고 성질 나쁜 수컷이 자동적으로 우두머리가 되는 것은 아니다. 몸집이 작아도 적절한 친구들이 있으면 우두머리 자리를 노릴 수 있다. 수컷 침팬지들이 동맹을 맺는 데 그토록 많은 노력을 기울이는 이유는 이 때문이다. 곰베에서 수집한 다년간의 데이터를 분석한 결과 상대적으로 몸집이 작은 알파 수컷은 같은 지위에 있는 큰 수컷보다 다른 침팬지들의 털을 골라주는 데 훨씬 많은 시간을 썼다. 수컷의 서열이 제3자에게서 받는 지지에 의존하는 비중이 클수록 털고르기 같은 외교적 행동에 더 많은 에너지를 투자할 필요가 있는 것처럼 보인다.[8] 니시다 도시사다와 그가 이끄는 일본 과학자 팀은 곰베에서 멀지 않은 마할레산맥에서 한 연구에서 한 알파 수컷이 예외적으로 10년 이상 권력을 오래 유지하는 모습을 관찰했다. 이 수컷은 '뇌물' 제도를 발전시켰는데, 소중한 원숭이 고기를 자신에게 충성하는 동맹들에게 선택적으로 나눠주는 반면에 경쟁자들에게는 그런 호의를 베풀지 않았다.[9]

《침팬지 폴리틱스》가 나오고 나서 몇 년이 지난 후, 이 연구들은 내가 시사한 팃포탯tit-for-tat 거래(상대가 나를 대하는 것과 동일한 방식으로 대응하는 전략_옮긴이)를 확인해주었다. 하지만 내가 그 책을 쓰고 있을 당시에도 이미 이를 뒷받침하는 데이터가 나오고 있었다. 나는 몰랐지만, 니시다는 마할레산맥에서 나이가 더 많은 수컷인 칼룬데를 추적하다가, 칼룬데가 더 젊고 경쟁 관계에 있는 수컷들을 서로 싸우게 함으로써 중요한 위치에 오르는 과정을 목격했다. 자신에게 지지를 구하는 젊은 수컷들에게 다소 불규칙하게 지지를 보냄으로써, 칼룬데는 자신의 도움이 없이는 그중 어느 수컷도 높은 자리에 오를 수 없게 했다. 알파 수컷으로 있다가 권좌에서 밀려난 칼룬데는 일종의 재기에 성공했지만, 예룬처럼 자신이 최고의 지위에 오르려고 하지는 않았다. 그보다는 막후 실세로 행동했다. 그 상황은 내가 묘사한 영웅 전설과 기묘하게도 비슷한 것이어서 20년 뒤에 칼룬데를 직접 만난 나는 전율을 느꼈다. 니시다는 몇몇 야외 조사 연구에 나를 초대했고 나는 기쁘게 수락했다. 세상에서 가장 훌륭한 침팬지 전문가 중 한 명을 따라 정글을 돌아다니는 것은 내게 특별한 선물이었다.

탕가니카호 근처에서 야영을 하며 살아보면 수돗물과 전기, 수세식 화장실, 전화의 가치가 지나치게 과대평가되었다는 사실을 깨닫게 된다. 이런 것이 없어도 살아가는 데 아무 지장이 없다. 매일 목표는 일찍 일어나 빨리 아침을 먹고 해가 뜨기 전에 출발하는 것이었다. 침팬지를 발견해야 했는데, 야영지에는 우리를 돕는 추적자가 여러 명 있었다. 다행히 침팬지는 매우 시끄러워서 있는 곳을 쉽게 찾을 수 있다. 침팬지는 모두가 하나의 무리를 이루어 이동하지 않고 각각 몇 마리씩으로 이루어진 '동아리'들로 나뉘어 이동한다. 시정視程이 나쁜 환경에서 침팬지들은 서로 접촉을 유지하기 위해 소리에 크게 의존한다. 예를 들어 어른 수컷의 뒤를 따라가다 보면, 수컷이 연신 걸음을 멈추고 머리를 치켜세우면서 멀리 있는 다른 침팬지들의 소리에 귀를 기울이는 모습을 볼 수 있다. 그리고 거기에 어떤 반응을 보일지 결정을 내리는 모습을 볼 수 있는데, 자신도 소리를 질러 응답하거나 소리가 난 쪽으로 조용히 다가가거나(때로는 아주 급히 이동해 뒤따라가던 사람은 뒤엉킨 덩굴을 뚫고 나가느라 애를 먹기도 한다), 방금 들은 소리가 별것 아니라는 듯이 아까처럼 느긋하게 갈 길을 간다.

그 무렵에 칼룬데는 가장 나이가 많은 수컷이었지만, 몸집은 아주 큰 어른 수컷의 절반 정도밖에 안 되었다. 나이가 40세나 되어 몸집이 젊을 때보다 오히려 작아졌다. 하지만 많은 나이에도 칼룬데는 여전히 정치 게임에 깊숙이 관여했으며, 알파가 자리를 오래 비웠다가 돌아오기 전까지 베타 수컷과 자주 어울리며 털을 골라주었다. 알파는 공동체의 세력권 가장자리까지 발정한 암컷을 호위하면서 오갔다. 서열이 높은 수컷들은 경쟁을 피하기 위해 몇 주일 동안 암컷과 함께 '사파리 여행'을 떠날 수도 있다. 나는 저녁에 니시다에게서 듣고서야 알파가 예기치 않게 일찍 돌아왔다는 사실을 알았지만, 하루 종일 쫓아다닌 수컷들 사이에 큰 동요가 일어난 것은 이미 눈치 채고 있었다. 그들은 언덕 위로 뛰어 올라갔다 내려왔다 하면서 눈에 띄게 불안한 모습을 보였는데, 그 때문에 나는 완전히 녹초가 되었다. 알파 특유의 킁킁거리는 소리와 텅 빈 나무를 두들기는 소리가 그의 귀환을 알렸고 모두가 초긴장 상태에 빠졌다. 다음 며칠 동안 흥미롭게도 칼룬데가 이리저리 오가며 진영을 바꾸는 모습을 보여주었다. 어느 순간은 귀환한 알파의 털을 골라주는가 하면, 다음 순간에는 베타 수컷과 함께 어울리면서 어느 편에 서야 할지 재는 것 같았다. 칼룬데는 니시다가 '충성심의 변덕'이라고 부른 전술의 예를 완벽하게 보여주었다.[10]

여러분은 우리가 이야기할 게 아주 많다고, 특히 야생 침팬지와 동물원 침팬지를 비교하는 이야기가 아주 많을 것이라고 상상할 것이다. 분명히 양자 사이에는 큰 차이가 있지만, 일부 사람들, 특히 왜 사육 동물을 연구해야 하는지 의아해하는 사람들이 생각하는 것처럼 그렇게 간단하지 않다. 두 종류의 연구 목적은 아주 다르며, 우리는 둘 다 필요하다. 야외 조사는 어떤 동물의 자연적인 사회생활을 이해하는 데 꼭 필요하다. 동물의 전형적인 행동이 어떻게, 그리고 왜 진화했는지 알고자 하는 사람한테는 자연 서식지에서 살아가는 그 동물을 관찰하는 것보다 더 나은 것이 없다. 나는 코스타리카의 꼬리감는원숭이와 브라질의 양털거미원숭이에서부터 수마트라의 오랑우탄과 케냐의 개코원숭이, 중국의 티베트마카크에 이르기까지 많은 야외 연구 장소를 방문했다. 야생 영장류의 생태를 보고 동료들에게서 그들이 흥미를 느낀 문제가 무엇인지 들으면 유익한 정보를 얻을 수 있다. 오늘날 야외 연구는 아주 체계적이고 과학적으로 진행된다. 공책에 관찰한 것을 메모하던 시절은 먼 옛날의 일이다. 데이터 수집은 연속적이고 체계적으로 일어나고, 손에 든 디지털 장비에 타자를 쳐서 입력되며, DNA 분석과 호르몬 검사를 할 수 있는 소변과 대변 시료가 추가로 데이터를 보강한다. 이 모든 힘들고 고된 작업은 야생 동물 사회를 이해하는 데 큰 진전을 가져왔다.

하지만 세부 행동과 그 뒤에 숨어 있는 인지를 이해하려면 야외 연구만으로는 부족하다. 학교 운동장에서 친구들과 뛰노는 모습을 관찰하는 것만으로 어린이의 지능을 측정하려는 사람은 아무도 없을 것이다. 단순한 관찰만으로는 어린이의 마음속을 그다지 많이 들여다볼 수 없다. 대신에 우리는 어린이를 방 안으로 데려가 색칠하기 과제나 컴퓨터 게임을 하게 하거나 나무 블록을 쌓게 하거나 질문들을 던진다. 우리는 이런 식으로 인간의 인지 능력을 측정하는데, 유인원이 얼마나 똑똑한지 판단할 때에도 이것이 가장 좋은 방법이다. 야외 연구는 힌트와 암시를 주지만, 그것만으로 확실한 결론을 얻기는 어렵다. 예를 들어 돌로 견과를 깨는 야생 침팬지를 만날지 모르지만, 이것만으로는 그들이 이 기술을 어떻게 발견했는지 혹은 그것을 서로에게서 배웠는지 알 방법이 없다. 그것을 알려면 견과와 돌을 처음으로 받아보는 순진한 침팬지를 대상으로 세심하게 통제된 실험을 할 필요가 있다.

개화된 환경에서 사육되는 유인원(널찍한 실외 지역에서 살아가는 상당한 크기의 집단처럼)은 야외 현장에서 얻을 수 없는 자연적 행동을 자세히 관찰할 기회를 추가로 제공한다. 이곳에서는 유인원을 숲에서보다 훨씬 더 완전하게 관찰하고 비디오로 녹화할 수 있다. 숲에서는 뭔가 재미있는 일이 일어나려나 보다 하고 기대가 커지는 순간, 유인원이 덤불이나 수관 속으로 사라지는 일이 자주 일어난다. 야외 연구자는 단편적인 관찰 사실을 바탕으로 사건들을 재구성해야 할 때가 많다. 이렇게 하는 것은 일종의 예술이다. 연구자들이 사건의 재구성에 아주 뛰어나다고 해도, 관찰된 사실이 사육 상태에 있는 유인원에게서 정기적으로 수집하는 세부적인 행동 데이터에 비하면 턱없이 모자라기 때문이다. 예를 들어 얼굴 표정을 연구한다면 클로즈업이 가능하고 슬로모션으로 돌려볼 수 있는 고해상도 비디오가 필수인데, 이런 촬영에는 조명이 아주 밝은 조건이 필요하지만, 야외 현장에서는 이런 조건을 만나기가 힘들다.

사회적 행동과 사회인지 연구가 사육 연구와 야외 연구의 통합을 촉진한 것은 당연하다. 이 둘은 같은 퍼즐의 서로 다른 조각에 해당한다. 두 가지 출처에서 나온 증거들을 사용해 인지 이론들을 뒷받침할 수 있다면 그보다 더 이상적일 수 없다. 야외 현장에서 관찰한 사실이 연구실의 실험에 영감을 제공한 경우가 많았다. 반대로 사육 상태에서 관찰한 사실(예컨대 침팬지가 싸우고 나서 화해를 한다는 사실)은 야외 현장에서 같은 현상의 관찰을 자극했다. 반면에 만약 실험 결과가 야생에서 살아가는 종의 행동에 대해 알려진 것과 충돌한다면, 새로운 접근법을 시도할 때가 된 것일 수 있다.[11]

특히 동물 문화에 관한 질문에 대해서는 이제 사육 연구와 야외 연구가 자주 결합되고 있다. 동물학자들은 주어진 종의 행동에 나타나는 지리적 변이를 기록하는데, 이것은 지역적 기원과 전달을 시사한다. 하지만 대안 설명(개체군들 사이의 유전적 변이 같은)을 배제할 수 없는 경우가 많아, 다른 개체의 행동을 관찰한 한 개체를 통해 습관이 퍼질 수 있는지 결정하는 실험이 필요하다. 그 종은 모방 능력이 있는 것일까? 만약 있다면 이것은 야생에서 문화적 학습이 일어남을 강하게 뒷받침하는 증거이다. 오늘날 우리는 항상 두 가지 증거 출처 사이에서 왔다 갔다 한다.

하지만 이 흥미로운 발전들은 모두 내가 뷔르허르스동물원에서 관찰을 하고 나서 한참 뒤에 일어났다. 그 당시 내 목표는 쿠머의 본보기를 따라 관찰된 행동 뒤에 어떤 사회적 메커니즘이 숨어 있는지 자세히 설명하는 것이었다. 삼각관계 인식 외에 나는 분할 통치 전략, 지배적인 수컷들의 감시 활동, 호혜적 거래, 속임수, 싸움 뒤의 화해, 고통에 빠진 당사자들의 위로 등을 이야기했다. 나는 그렇게 긴 제안 목록을 만들었기 때문에 나머지 경력을 그것들을 구체화하는 데 쏟아붓게 되었다. 처음에는 자세히 관찰하였고, 나중에는 실험을 했다. 어떤 것을 제안하는 것은 그것을 실제로 입증하는 것보다 시간이 훨씬 덜 걸린다! 하지만 후자의 연구가 매우 유익한 결과를 낳을 수 있다. 예를 들면, 우리가 꼬리감는원숭이를 대상으로 한 것처럼 한 유인원이 다른 유인원에게 호의를 베풀도록 실험을 설계할 수 있는데, 그러고 나서 상대가 그 보답으로 호의를 돌려주는 조건을 실험에 추가할 수 있다. 그러면 두 당사자 사이에서 호의가 양방향으로 오갈 수 있다. 우리는 만약 호의를 제공할 기회를 한쪽에게만 주는 대신에 쌍방이 서로 주고받을 수 있게 하면, 원숭이들이 눈에 띄게 더 관대해진다는 사실을 발견했다.[12] 나는 이런 종류의 조작을 좋아하는데, 호혜성에 대해 어떤 관찰 설명보다도 훨씬 확실한 결론을 내릴 수 있기 때문이다. 관찰은 실험이 하는 것처럼 거래를 확실하게 매듭짓지 못한다.[13]

비록 《침팬지 폴리틱스》가 마키아벨리의 생각을 영장류학에 도입하면서 새로운 의제를 제시하긴 했지만, 나는 이 분야를 '마키아벨리 지능 Machiavellian intelligence'이라는 대중적인 이름으로 부르는 게 썩 유쾌하지 않았다.[14] 이 용어는 목적이 수단을 정당화한다는 신념 아래 남들을 교묘하게 조종하면서 남보다 한 수 앞을 내다보는 것과는 관계가 없는 방대한 양의 사회적 지식과 이해를 싹 무시한다. 암컷 침팬지가 잎이 많이 달린 가지를 놓고 다투는 두 어린 침팬지에게 다가가 가지를 둘로 쪼개 하나씩 나눠줌으로써 분쟁을 해결하거나, 부상을 당해 절뚝이는 어미를 보고서 수컷 침팬지가 그 새끼를 대신 들어줌으로써 도움을 줄 때, 우리는 '마키아벨리'라는 이름과 어울리지 않는 인상적인 사회성 기술을 본다. 이 냉소적인 식별자 identifier(어떤 대상을 유일하게 식별 및 구별할 수 있는 이름_옮긴이)는 모든 동물(사람을 포함해)의 삶을 경쟁적이고 추잡하고 이기적인 것으로 묘사하던 수십 년 전에는 그럴듯해 보였지만, 시간이 지나면서 나의 관심은 정반대 방향으로 옮겨 갔다. 나는 내 연구 중 대부분을 공감과 협력을 탐구하는 데 집중했다. 남을 '사회적 도구'로 이용하는 것은 중요한 주제로 남아 있고 영장류의 사회성에서 부인할 수 없는 한 측면이지만, 전체 사회인지 분야를 놓고 보면 범위가 너무 좁은 주제이다. 남을 배려하는 관계와 유대의 유지, 평화를 유지하려는 시도도 그에 못지않게 주목할 만한 주제이다.

영장류의 뇌가 놀랍도록 크게 팽창한 이유는 사회 연결망을 효율적으로 다루는 데 필요한 지능에서도 찾을 수 있다. 영장류는 예외적으로 큰 뇌를 갖고 있다. 영국 동물학자 로빈 던바가 주장한 **사회적 뇌 가설**social brain hypothesis은 영장류의 뇌 크기와 전형적인 집단 크기 사이에 상관관계가 있다는 주장인데, 이것은 뇌 크기와 사회성의 연관 관계를 뒷받침한다. 큰 무리를 지어 사는 영장류는 일반적으로 뇌가 더 크다. 하지만 나는 사회적 지능과 기술적 기능을 구별하기 힘들다는 사실을 늘 발견하는데, 뇌가 큰 종들 중 상당수는 두 영역에서 모두 뛰어나기 때문이다. 떼까마귀와 보노보처럼 야생에서 도구를 거의 사용하지 않는 종도 사육 상태에서는 뛰어난 도구 사용 능력을 보여줄 수 있다. 하지만 인지의 진화에 대한 논의는 환경과의 상호작용에 초점을 맞추는 경향이 강한 반면, 사회적 도전 과제를 너무 오랫동안 등한시해온 것이 사실이다. 사회적 문제 해결이 연구 대상의 삶에 얼마나 중요한지 감안하면 영장류학자들이 그런 관점을 수정한 것은 올바른 방향이었다.[15]

삼각관계를 아는 동물들

아시아 정글의 키가 매우 큰 나무들 높은 곳에서 큰긴팔원숭이들(몸집이 크고 검은색인 긴팔원숭이과의 한 종)이 매달려 이동한다. 매일 아침, 암컷과 수컷은 놀라운 이중창을 뽑아낸다. 이들의 노래는 컹컹 하고 몇 번 짖는 소리로 시작해 점점 더 시끄럽고 우아한 연속음으로 변해간다. 소리는 풍선 같은 목주머니에서 증폭되어 아주 멀리 퍼져나간다. 나는 인도네시아에서 큰긴팔원숭이의 울음소리를 들었는데, 숲 전체에 그 소리가 울려 퍼졌다. 큰긴팔원숭이는 휴식 시간에도 서로의 소리에 귀를 기울인다. 대부분의 육상 동물들은 자신의 경계선이 어디까지이고 이웃들이 얼마나 강하고 건강한지만 알면 되지만, 큰긴팔원숭이는 세력권을 암수 한 쌍이 공동으로 지키는 특성이 있어서 이들이 맞닥뜨리는 현실은 그만큼 복잡하다. 이것은 암수 쌍pair-bond이 중요하다는 걸 의미한다. 유대가 약한 암수 쌍은 세력권을 방어하는 능력이 약한 반면, 유대가 돈독한 암수 쌍은 방어 능력이 강하다. 암수 쌍의 노래는 결혼 생활을 반영하기 때문에 그 소리가 아름다울수록 이웃들은 이들의 세력권에 침입하지 않는 게 좋겠다고 느끼게 된다. 조화로운 이중창은 "다가오지 마!" 뿐만 아니라 "우리는 하나야!"라는 메시지를 전달한다. 반면에 이중창이 불협화를 이루면서 서로의 목소리를 방해한다면 이웃들은 그 세력권으로 쳐들어가 암수 쌍의 나쁜 관계를 활용할 기회라고 느낀다.[16]

남들 사이의 관계가 어떤지 이해하는 것은 기본적인 사회성 기술로, 집단생활을 하는 동물에게는 더욱 중요한 기술이다. 이들은 큰긴팔원숭이보다 훨씬 큰 다양성에 대처해야 한다. 예컨대 개코원숭이나 마카크 집단에서 암컷의 지위는 거의 전적으로 자신이 태어난 가족에 따라 결정된다. 아주 촘촘한 친구와 친척 연결망 때문에 어떤 암컷도 모계 질서의 규칙에서 벗어날 수 없다. 이 규칙에 따르면 서열이 높은 어미에게서 태어난 암컷은 자동적으로 서열이 높은 반면, 서열이 낮은 가족에게서 태어난 암컷은 서열이 낮다. 만일 한 암컷이 다른 암컷을 공격하면 그 즉시 제3자들이 끼어들어 그중 어느 한쪽을 지켜주는데, 이것은 기존의 혈족 제도를 강화하기 위한 행동이다. 아무리 어린 암컷이라도 서열이 아주 높은 가족 출신이라면 이 사실을 너무나도 잘 안다. 은수저를 물고 태어난 이들은 마음대로 주변의 모든 구성원에게 싸움을 도발하는데, 가장 몸집이 크고 성질 나쁜 암컷이라도 서열이 낮은 가족 출신이라면 자신에게 대항할 수 없다는 사실을 알기 때문이다. 어린 암컷의 비명 소리가 들리면 즉각 강력한 어미와 자매들이 달려온다. 사실, 맞붙는 상대가 누구냐에 따라 따라 비명 소리가 달라진다. 따라서 시끄러운 싸움이 벌어졌을 때 전체 무리는 그것이 기존의 질서에 부합하는 것인지 위배되는 것인지 즉각 알아챈다.[17]

어린 원숭이가 시야에서 사라졌을 때 덤불에 숨겨둔 확성기로 그 원숭이가 구원을 요청하는 소리를 들려주면서 야생 원숭이의 사회적 지식을 시험하는 연구를 한 적이 있다. 이 소리를 들은 어른들은 확성기 쪽을 쳐다보았을 뿐만 아니라 그 새끼의 어머니도 훔쳐보았다. 그들은 새끼 원숭이의 목소리를 알아채고 그것을 어미와 연결 짓는 것으로 보였는데, 아마도 새끼가 처한 곤경에 대해 어미가 어떤 반응을 보일지 생각하는 것 같았다.[18] 더 자연스러운 순간들에서도 같은 종류의 사회적 지식을 볼 수 있다. 예컨대 어린 암컷이 제대로 걷지도 못하는 새끼를 집어 들어 어미에게 가져다주는 경우가 그렇다. 이것은 어린 암컷이 그 새끼의 어미가 누구인지 안다는 것을 의미한다.

미국 인류학자 수전 페리는 흰얼굴카푸친이 싸움을 할 때 각자 동맹을 어떻게 맺는지 분석했다. 지나치게 활동적인 이 원숭이들을 20년 이상 따라다니며 연구한 수전은 이들 하나하나의 이름과 생활사까지 훤히 꿰고 있다. 나는 코스타리카에 있는 그녀의 야외 연구 장소를 방문했을 때 이들이 특징적인 동맹의 태도를 표출하는 모습을 직접 보았다. 두 원숭이가 **대군주** overlord라는 자세를 취하는데, 한 원숭이가 다른 원숭이의 몸 위에 자기 몸을 기대고 매서운 눈초리와 크게 벌린 입으로 세 번째 원숭이를 위협한다. 따라서 상대는 험악한 표정의 머리 두 개가 하나로 겹쳐진 두 원숭이의 위협적인 과시 행동에 직면하게 된다. 수전은 이러한 동맹을 알려진 사회적 유대와 비교하다가, 흰얼굴카푸친이 자신의 적보다 더 우월한 친구들을 자기편으로 삼기를 선호한다는 사실을 발견했다. 이것은 그 자체만 놓고 보면 상당히 논리적이지만, 수전은 흰얼굴카푸친이 가장 친한 친구들의 지지를 구하는 대신에 적보다 자신에게 더 가까운 친구들에게만 지지를 구한다는 사실도 발견했다. 이들은 적의 친구들에게 호소해봤자 아무 소용이 없다는 사실을 아는 것처럼 보인다. 이 전술 역시 삼각관계 인식이 필요하다.[19]

흰얼굴카푸친 두 마리가 '대군주' 자세를 취하면 상대방은 동시에 위협적인 얼굴 두 개와 그 이빨들을 맞닥뜨리게 된다.

흰얼굴카푸친은 잠재적 지지자와 적 사이에서 갑자기 머리를 앞뒤로 홱 흔듦으로써 지지를 구하는데, **머리 흔들기**headflagging라 부르는 이 행동은 뱀 같은 위험을 만났을 때에도 사용한다. 사실, 이 원숭이들은 자신들이 좋아하지 않는 것은 모두 위협하는데, 가끔 주의를 딴 데로 돌리려고 할 때에도 사용하는 행동이다. 수전은 다음과 같은 속임수를 관찰한 적도 있다.

서열이 높은 수컷 세 마리 동맹에게 쫓기던 과포는 갑자기 발길을 멈추고 땅을 바라보면서 뱀 경고 소리를 미친 듯이 지르기 시작했다. 나는 그 옆에 서 있었기 때문에 맨땅 외에는 아무것도 없다는 사실을 분명히 알 수 있었다. 과포는 커머전(자신의 적 중 하나)에게 머리를 흔들면서 이 가상의 뱀에 대해 도움을 청했다. 과포를 뒤쫓던 원숭이들은 갑자기 멈춰서더니 뒷발로 서서 뱀이 있는지 살펴보았다. 신중하게 땅을 살펴본 뒤에 그들은 다시 과포를 위협하기 시작했다. 그러자 과포는 전술을 바꾸어 지나가던 까치어치(전혀 위협적이지 않은 새)를 흘끗 올려다보면서 새 경고 소리(대개는 큰 맹금과 올빼미를 만났을 때 내지르는 소리)를 빠르게 세 번 연속으로 질렀다. 과포의 적들은 위를 올려다보고 그것이 위험한 새가 아니라는 걸 알고는 또다시 과포를 위협하기 시작했다. 과포는 다시 뱀 경고 소리 전술을 사용했는데, 텅 빈 땅을 격렬하게 쿵쿵 밟으면서 '뱀'을 경고하는 소리를 내면서 위협했다. 커머전은 좀 더 오래 과포를 계속 노려보긴 했지만 나머지 원숭이들은 위협 행위를 멈췄고, 과포는 곤충을 잡아먹는 데 다시 몰두할 수 있었는데, 가끔 커머전이 있는 방향을 몰래 훔쳐보면서 천천히 그리고 무관심하게 그가 있는 쪽으로 다가갔다.[20]

이런 관찰들은 동물의 높은 지능을 시사하지만 증명하지는 못한다. 무엇보다 야생 영장류의 인지에 관한 정보가 절실히 필요하다. 야외 연구자들은 이런 정보를 수집할 수 있는 기발한 방법들을 발견하고 있다. 예를 들면, 우간다의 부동고 숲에서 케이티 슬로콤브와 클라우스 추베르뷜러는 위협이나 공격을 받는 침팬지의 비명 소리를 녹음하는 작업에 착수했다. 이 시끄러운 소리는 도움을 구하는 역할을 하는데, 과학자들은 비명의 음향 상태가 청중에 따라 달라지는지 조사해보기로 했다. 야생 침팬지들이 분산되어 살아가는 생활 방식을 감안할 때 목소리를 들을 수 있는 거리 내에 있는 침팬지들(청중)만이 비명을 지르는 피해자에게 도움을 제공할 수 있을 것이다. 비명 소리의 세기가 공격의 강도를 반영한다는 사실 외에 과학자들은 비명 소리에 미묘한 속임수가 숨어 있다는 사실을 알아챘다. 공격자보다 서열이 높은 침팬지가 청중에 포함되어 있는 경우에는 침팬지 피해자가 비명 소리를 과장하는 것처럼 보였다(공격을 실제보다 더 심각한 것으로 보이게 하려고). 다시 말해서, 가까이에 우두머리급 침팬지가 있을 경우에는 침팬지 피해자는 죽어라고 악을 쓰며 비명을 질러댄다. 이렇게 사실을 왜곡한 비명 소리는 나머지 모든 침팬지들과 비교하여 공격자의 상대적인 서열을 정확히 알고 있음을 시사한다.[21]

영장류가 서로의 관계를 안다는 사실을 뒷받침하는 추가 증거는 가족 구성원을 바탕으로 남들을 분류하는 방식에서 얻을 수 있다. 일부 연구는 유인원이 공격의 화살을 **다른 데로 돌리**는 경향을 조사했다. 공격을 당한 유인원은 희생양을 찾을 때가 많은데, 직장에서 질책을 받은 사람이 집에 와서 배우자와 자식을 학대하는 것과 비슷하다. 엄격한 위계를 감안하면 마카크가 아주 좋은 예를 제공한다. 위협을 받거나 쫓기는 마카크는 곧 다른 원숭이를 위협하거나 쫓는데, 항상 쉬운 상대를 고른다. 따라서 적대 행위의 전환은 위계를 따라 아래로 내려간다. 놀랍게도 공격 방향을 전환하는 원숭이들은 원래 공격자의 가족을 표적으로 삼는 경향이 강하다. 서열이 높은 원숭이에게 공격을 받은 원숭이는 자신을 공격한 원숭이 가족 중에서 더 어리고 힘이 약한 원숭이를 골라 그 불쌍한 원숭이에게 분풀이를 한다. 공격을 받았을 때 이런 식으로 다른 구성원에게 분풀이를 하는 경향은 복수를 닮는데, 처음 공격자의 가족에게 그 분풀이가 돌아가기 때문이다.[22]

가족 관계에 대한 동일한 지식이 더 건설적인 목적에 도움을 줄 때도 있다. 예컨대 서로 **다른** 가족에 속한 두 원숭이 사이에 싸움이 벌어졌을 때 같은 가족들의 다른 구성원들이 나서서 긴장을 해소하는 경우가 그렇다. 따라서 두 어린 원숭이의 장난이 비명을 지르는 싸움으로 번지면 어미들이 만나서 새끼들이 저지른 문제를 좋게 해결할 수 있다. 이것은 기발한 제도이지만, 그러려면 모든 원숭이가 나머지 원숭이들이 어느 가족에 속하는지 다 알아야 한다.[23]

납들을 어떤 가족에 속하는지 분류하는 것은 미국의 해양 포유류 전문가 고故 로널드 셔스터먼이 제안한 **자극 등가** stimulus equivalence 사례일지도 모른다. 론(로널드의 애칭)은 내가 본 동물 실험실 중에서 가장 기묘하고 즐거운 실험실을 운영했는데, 그 실험실은 햇살이 눈부신 캘리포니아주 샌타크루즈에 있는 실외 수영장이었다. 론의 실험실은 궁극적인 '젖은 실험실wet lab(원래는 액체 물질이나 휘발성 물질을 주로 다루는 실험실을 가리키지만, 저자가 말장난을 한 것임_옮긴이)'이었다. 수영장 옆에는 나무 패널이 몇 개 세워져 있었는데, 그 위에 바다사자를 위한 기호를 올려놓을 수 있었다. 바다사자들은 수영장에서 어떤 사람보다도 더 빠르게 헤엄을 치다가 몇 초 동안 물 밖으로 점프를 해 젖은 코를 기호에 갖다 댔다. 론의 실험실에서 스타는 리오로, 론이 가장 좋아하는 기각류脚類(식육목의 해양 포유류. 바다코끼리과, 물개과, 물범과의 세 과가 있다_옮긴이)였다. 만약 리오가 선택을 제대로 하면 물고기를 던져주었는데, 그러면 리오는 물고기를 물고 수영장으로 곧장 뛰어들었다. 리오는 물고기를 받는 동시에 물속으로 미끄러져 돌아가면서 이 모든 것을 물 흐르듯 하나의 연결 동작으로 펼쳐 보여주었는데, 실험자와 피험자 사이의 완벽한 협응이 반영된 움직임이었다. 론은 대부분의 테스트가 리오에게는 너무나도 간단한 것이어서 리오가 지루해진 나머지 집중력을 잃는 결과를 초래한다고 설명했다. 실수를 저지르면 리오는 물고기를 충분히 주지 않는다고 론에게 성질을 내는데, 화를 참지 못하고 수영장에서 모든 플라스틱 장난감을 밖으로 던진다.

리오는 임의적인 기호들을 연관 짓는 법을 터득했다. 먼저 A와 B가 연관이 있다는 사실을 배우고, 다음에는 B와 C가 연관이 있다는 사실을 배우고, 이런 식으로 기호들의 연관 관계를 계속 배워나갔다. 올바르게 연결하면 보상을 준 뒤에 론은 리오에게 A와 C처럼 완전히 새로운 조합을 갑자기 제시했다. 만약 A와 B가 같고, B와 C도 같다면 A와 C도 같아야 한다. 리오는 이전의 연관 관계를 바탕으로 A와 B와 C가 같다는 사실을 유추할 수 있을까? 리오는 이 테스트에 성공했는데, 이전에 한 번도 마주친 적이 없는 조합에 이 논리를 적용함으로써 성공할 수 있었다. 론은 이것을 동물이 집단 구성원을 가족이나 파벌 같은 집단으로 분류하는 방법의 원형이라고 보았다.[24] 우리도 똑같이 한다. 만약 여러분이 나를 먼저 내 형제 중 한 사람과 연결 짓고, 그 다음에는 또 다른 형제(내겐 형제가 다섯 명 있다!)와 연결 짓는다면, 여러분은 이 두 사람을 함께 본 적이 없더라도 두 사람을 같은 가족으로 분류할 것이다. 등가 학습은 빠르고 효율적인 범주화를 가능케 한다.

론은 거기서 더 나아가 보이지 않는 다른 연결 관계들까지 생각했다. 예를 들면, 수컷 침팬지는 자신의 세력권 경계에 위치한 나무에 경쟁자 수컷이 남기고 간 잠자리 둥지를 보면 분노를 참지 못하고 공격해서 부수는 것으로 알려져 있다. 적을 직접 공격할 수 없다면 차선의 표적은 적이 만들어놓은 둥지임이 분명하다. 이 사례에서 나는 네덜란드에서 살던 시절에 겪은 사건이 떠오른다. 그 당시 검은색 스즈키 스위프트 자동차 소유주들은 어려운 시기를 보냈다. 그들은 사람들로부터 불쾌한 말을 자주 들었고, 심지어는 고의적으로 차를 손상시키는 사람들도 있었다. 이런 상황은 살인 의도를 가진 사람이 검은색 스즈키 스위프트를 몰고 퀸즈데이 축제 인파에 돌진해 여덟 명을 사망케 한 사건이 일어난 후에 생겨났다. 자동차 자체야 아무 잘못이 없지만, 사람들은 단편적 사실들을 연결해 결론을 유추하는 경향이 있다. 증오를 촉발한 행동 때문에 특정 자동차 브랜드가 증오의 대상으로 변했다. 이 모든 일은 바로 자극 등가 때문에 일어났다.

동물이 우리처럼 삼각관계 인식을 자발적으로 사용한다는 것을 알았다면 다음 질문은 이것을 어떻게 습득하느냐 하는 것이다. 사실을 알려면 실험이 필요하다. 동물이 그저 남들이 하는 행동을 관찰하는 것만으로 충분할까? 한 연구에서 프랑스 심리학자 달릴라 보베는 조지아 주립대학의 레서스원숭이(붉은털원숭이)들이 비디오를 보여주면서 지배적인 원숭이를 알아내면 보상을 주었다. 레서스원숭이들은 비디오에 나오는 원숭이들과 전혀 모르는 사이였기 때문에 오로지 행동만을 보고 서로의 관계를 판단해야 했다. 예를 들면, 비디오에서 한 원숭이가 다른 원숭이를 쫓아가는 장면을 보여준 뒤에 정지된 그 화면에서 지배적인 원숭이(쫓아간 원숭이)를 선택하도록 피험자 원숭이들을 훈련시켰다. 요령을 터득한 원숭이들은 뒤쫓아가는 것으로 보이지 않지만, 지배력을 시사하는 행동들에까지 지배적 행동을 확대 적용했다. 예를 들면, 복종적인 레서스원숭이는 지배적인 레서스원숭이에게 크게 웃으면서 이빨을 드러냄으로써 자신의 지위를 알려주었다. 보베는 이런 신호가 교환되는 비디오를 보여주었다. 레서스원숭이들은 이 장면을 처음 보는 것이었는데도 누가 지배적인지 정확하게 골라냈다. 이 연구에서 레서스원숭이들이 서열 개념을 분명히 알고 있고, 낯선

원숭이라도 남들과 상호작용하는 모습을 바탕으로 그 지위를 금방 평가할 수 있다는 결론을 얻었다.[25]

큰까마귀도 이와 비슷한 이해 능력이 있는데, 그 증거로는 확성기에서 흘러나오는 소리에 대한 반응이 있다. 큰까마귀는 서로의 목소리를 알아보며 지배적인 목소리와 복종적인 목소리에 세심한 주의를 기울인다. 그러고 나서 녹음된 목소리를 조작해 지배적인 큰까마귀가 복종적인 목소리를 내는 것처럼 바꾸어 들려주었다. 권력 교체가 일어난 듯한 증거를 들은 큰까마귀들은 하던 일을 멈추고 귀를 기울였는데, 곤혹스러워하는 기색도 내비쳤다. 이들은 무엇보다도 같은 집단 내에서 동성 구성원들 사이에서 일어난 지위 역전에 당황해했지만, 이웃 새장의 큰까마귀들 사이에서 일어난 지위 역전에도 반응을 보였다. 연구자들은 큰까마귀가 자신의 위치를 넘어서서 적용되는 지위 개념을 알고 있다고 결론 내렸다. 큰까마귀는 다른 큰까마귀들이 평소에 어떻게 상호작용하는지 알며, 이 패턴에서 벗어나는 사건에 크게 놀란다.[26]

이것과 밀접한 관련이 있는 질문으로, 나는 사육 상태의 침팬지가 주변 사람들 사이의 지위 차이를 평가하는지 늘 궁금했다. 나는 한 동물원에서 사람들에게 이것저것 요구하는 게 많은 상사와 함께 일한 적이 있었다. 그는 가끔 관련 시설을 방문하여 문제점들을 지적하면서 이것은 깨끗이 청소하고 저것은 어디로 옮기라는 둥 모든 사람들에게 시시콜콜 지시를 내렸다. 그는 훌륭한 관리자가 으레 그러듯이, 전형적인 알파의 행동을 보여주면서 사람들에게 긴장의 끈을 놓지 않게 했다. 침팬지들은 그와 상호작용을 하는 일이 거의 없었지만(그는 절대로 침팬지에게 먹이를 주거나 말을 걸지 않았다), 침팬지들은 이 행동이 어떤 것인지 알아챘다. 침팬지들은 그에게 최대로 존중하는 태도를 보였는데, 그가 나타나면 마치 **여기 주변 사람들이 모두 불안해하는 우두머리가 오고 있다**는 사실을 알아챈 듯이 멀리서부터 복종적인 끙끙거리는 소리를 내면서 그를 맞았다(이것은 그 사람 외에는 어느 누구에게도 하지 않는 행동이었다).

침팬지가 단지 지배성과 관련이 있는 상황에서만 이런 판단을 하는 것은 아니다. 침팬지의 삼각관계 인식을 가장 잘 보여주는 예는 중재를 통한 갈등 해결에서 볼 수 있다. 수컷 경쟁자들 간의 싸움이 끝난 뒤, 제3자가 둘의 화해를 설득할 수 있다. 흥미롭게도 암컷 침팬지만이 이 일을 하며, 그것도 암컷들 중에서 지위가 가장 높은 침팬지만 이 일을 맡는다. 수컷 경쟁자들은 서로 가까이 앉은 채 눈을 피하고 화해 제스처를 먼저 취하려고 하지 않는다. 만약 다른 수컷이 다가온다면, 설사 화해를 주선하기 위해서 그랬다 하더라도, 그 수컷은 갈등에 가담한 당사자로 인식될 것이다. 수컷 침팬지들은 늘 동맹을 맺고 지내기 때문에 다른 수컷의 존재는 결코 중립적인 것이 될 수 없다.

이런 상황에서 나이 많은 암컷들이 개입한다. 아른험의 동물원에서는 가모장 마마가 탁월한 중재자이다. 어떤 수컷도 마마를 무시하지 않으며 마마의 분노를 촉발할 수 있는 싸움을 무분별하게 시작하지 않는다. 마마는 한 수컷에게 다가가 한동안 털고르기를 해준 뒤 천천히 경쟁자를 향해 걸어가고 첫 번째 수컷이 그 뒤를 따른다. 마마는 첫 번째 수컷의 표정을 확인하기 위해 뒤를 돌아보고는, 만약 주저하는 기색이 있으면 돌아가서 팔을 끌어당긴다. 그러고 나서 마마는 두 번째 수컷 옆에 앉고 두 수컷이 양쪽에서 마마의 털을 골라준다. 그러다가 마침내 마마는 거기서 빠져나오고 두 수컷은 이전보다 더 크게 헐떡이고 식식거리고 입맛을 다신다. 이 소리들은 털고르기를 몹시 하고 싶어 한다는 신호인데, 물론 이때쯤에는 두 수컷은 서로의 털을 골라주고 있다.

나는 다른 침팬지 집단들에서도 나이 든 암컷이 수컷들의 긴장을 완화하는 장면을 목격했다. 이것은 꽤 위험한 일인데(수컷들은 분명히 매우 기분이 나쁜 상태에 있으므로), 젊은 암컷들이 직접 중재에 나서려고 하는 대신에 남에게 나서라고 부추기는 이유도 이 때문이다. 그들은 화해를 거부하는 수컷들을 돌아보면서 서열이 가장 높은 암컷에게 다가간다. 이런 식으로 그들은 자신들이 안전하게 해낼 수 없는 일을 남의 손을 빌려 해내려고 노력한다. 이런 행동은 침팬지가 경쟁자 수컷들 사이에 무슨 일이 일어났고 화합을 회복하기 위해 무슨 일을 해야 하며 그 임무를 수행할 적임자가 누구인지와 같은, 남들의 사회적 관계에 대해 얼마나 잘 알고 있는지 잘 보여준다. 이런 종류의 지식은 우리 자신의 종에서는 당연한 것으로 받아들여지지만, 다른 동물에게도 이런 지식이 없다면 동물의 사회생활은 알려진 수준의 복잡성에 결코 이르지 못했을 것이다.

실제로 해봐야 알 수 있는 실험

여키스국립영장류연구센터에서 낡은 도서관을 청소하던 중에 우리는 잊고 있던 보물을 발굴했다. 하나는 로버트 여키스의 낡은 나무 책상이었는데, 지금은 내 개인 책상으로 쓰고 있다. 또 하나는 아마도 약 50년 동안 아무도 들여다보지 않은 필름이었다. 적절한 영사기를 찾는 데 시간이 좀 걸렸지만 수고한 보람이 있었다. 소리가 나오지 않는 그 필름은 질이 떨어지는 흑백 장면들 사이에 제목이 삽입되어 있었다. 어린 침팬지 두 마리가 같은 과제를 풀기 위해 협력하는 모습을 담은 필름이었다. 한 침팬지는 다른 침팬지가 노력을 덜 기울일 때마다 화면이 깜빡거리는 영화 양식에 딱 어울리는 진정한 슬랩스틱 스타일로 상대의 등을 쳤다. 나는 이 영화의 디지털 버전을 많은 사람들에게 보여주었는데, 침팬지가 사람처럼 상대를 독려하는 모습에 많은 웃음이 터져 나왔다. 사람들은 영화의 본질이 무엇인지 금방 파악했는데, 유인원도 협력의 이점을 확실히 이해하고 있다는 것이 그것이다

이 실험은 1930년대에 여키스국립영장류연구센터의 학생이던 메러디스 크로퍼드가 했다.[27] 영화에는 불라와 빔바라는 두 어린 침팬지가 등장해 우리 밖의 무거운 상자에 연결된 밧줄을 끌어당긴다. 상자 위에 먹이가 올려져 있는데, 상자가 너무 무거워 혼자 힘만으로는 끌어당길 수가 없다. 불라와 빔바가 동작을 일치시켜 밧줄을 끌어당기는 모습이 매우 놀랍다. 둘은 네댓 번 함께 힘을 쓰는데, 아주 잘 일치된 동작으로 작업을 해 "하나,

둘, 셋,……당겨!"라고 수를 세면서 힘을 쓰는 게 아닐까 하는 생각이 들 정도이지만, 물론 그렇게 하는 것은 아니다. 두 번째 단계에서는 불라는 이미 음식을 배불리 먹어 먹이를 더 구해야 할 동기가 사라졌기 때문에 함께 힘을 쓰면서도 별로 열정이 보이지 않는다. 빔바는 때때로 몸을 쿡 찌르거나 불라의 손을 밧줄을 향해 밀거나 하면서 불라에게 간청을 한다. 마침내 상자를 끌어당겨 먹이를 손에 넣게 되었을 때 불라는 먹이에 별로 손을 대지 않고 빔바가 다 먹게 내버려둔다. 불라는 대가에 별로 관심도 없으면서 왜 그토록 열심히 노력했을까? 그럴듯한 답은 호혜성이다. 두 침팬지는 서로 아는 사이이고, 아마도 함께 살고 있으므로 상대에게 베푼 호의는 나중에 보답을 받을 가능성이 높다. 둘은 친구 사이이고 친구는 기꺼이 서로를 돕는다.

이 선구적인 연구에는 훗날 더 엄격한 연구를 통해 확대된 요소들이 모두 들어가 있다. **협력적 당기기 패러다임** cooperative pulling paradigm이라 알려진 이 패러다임은 원숭이, 하이에나, 앵무새, 큰까마귀, 코끼리 등에 적용되어왔다. 만약 파트너들이 서로를 보지 못하면 당기기 작업의 성공률이 낮기 때문에 성공은 진정한 협응에 달려 있다. 둘이 각자 임의로 끌어당기다가 우연히 함께 힘을 주는 일이 일어나는 게 아니다.[28] 게다가 영장류는 기꺼이 협력할 뿐만 아니라 전리품을 함께 나눌 만큼 아량이 있는 파트너를 선호한다.[29] 또 파트너의 노동을 되갚아야 한다는 사실도 이해한다. 예컨대 꼬리감는원숭이는 도움이 불필요했던 파트너보다 그것을 얻는 데 도움을 준 파트너에게 먹이를 더 많이 나눠주는 걸로 보아 서로의 노력을 인정하는 것처럼 보인다.[30] 이 모든 증거를 고려할 때, 최근에 사회과학이 왜 인간의 협력은 자연계에서 '매우 이례적인 일'이라는 흥미로운 개념에 빠졌는지 의아한 생각이 든다.[31]

협력이 어떻게 작용하는지 혹은 경쟁과 무임승차를 어떻게 다루어야 하는지 진정으로 이해하는 종은 오직 인간밖에 없다고 주장하는 일이 흔하다. 동물의 협력은 포유류가 마치 사회적 곤충인 양 대부분 혈연관계를 바탕으로 제시된다. 야외 연구자들이 야생 침팬지의 대변에서 추출한 DNA를 분석해 유전적 관계가 밝혀지자, 이 개념은 금방 틀린 것으로 입증되었다. 그들은 숲에서 일어나는 상호 부조 중 대다수는 서로 친족이 아닌 유인원들 사이에서 일어난다고 결론 내렸다.[32] 사육 연구에서는 심지어 낯선 유인원(사육 공간에서 함께 만나기 전에는 서로 모르던 사이인)끼리도 함께 먹이를 나누거나 호의를 교환한다는 사실이 밝혀졌다.[33]

이러한 발견들에도 불구하고, 인간의 독특성이라는 밈은 완고하게 계속 복제되고 있다. 이것을 지지하는 사람들은 자연에서 광범위하고 다양하게 대규모로 일어나는 협력에 눈을 감은 것일까? 나는 얼마 전에 '집단행동: 세포부터 사회까지'를 주제로 열린 학회에 참석했는데, 여기서는 단세포와 생물 개체, 그리고 종 전체가 목표를 함께 인식하는 기묘한 방법들에 대해 논의했다.[34] 협력의 진화에 관한 훌륭한 이론들은 동물 행동에 관한 연구에서 나온다. 에드워드 윌슨은 1975년에 출판한 《사회생물학》에서 이 개념들을 정리해 소개하면서 인간의 행동에 진화적으로 접근하는 데 큰 도움을 주었다.[35]

하지만 윌슨의 거대한 종합에 대해 처음에 표출되었던 큰 열광은 그 후에 식은 것처럼 보인다. 그것은 인간을 따로 다루는 분야들이 받아들이기에는 너무 광범위하고 포괄적이었을 것이다. 특히 침팬지는 오늘날 너무 공격적이고 경쟁적이어서 진정한 협력을 할 수 없는 동물로 자주 묘사된다. 만약 우리와 가장 가까운 친척마저도 그렇다면, 논리적으로 나머지 동물계도 싹 무시할 수 있다. 이 견해의 주요 지지자인 미국 심리학자 마이클 토마셀로는 어린이와 유인원을 광범위하게 비교하여 공동 목표에 대해 공유된 의도를 가질 수 있는 종은 우리가 유일하다고 결론 내렸다. 그는 자신의 견해를 "두 침팬지가 통나무를 함께 들고 가는 모습은 상상조차 할 수 없다"[36]라는, 이목을 끄는 진술로 요약한 적도 있다.

어린 유인원들이 집단적으로 서로 도움을 끌어내면서 무거운 막대를 우리 벽에 기대놓고 우리를 탈출하는 모습을 에밀 멘젤이 사진으로 찍고 촬영했다는 사실을 고려할 때,[37] 이것은 상당히 놀라운 주장이다. 나는 침팬지들이 살아 있는 너도밤나무들을 둘러싼 전기 철조망을 건너가기 위해 긴 막대를 사닥다리로 사용하는 모습을 자주 보았다. 한 침팬지가 나뭇가지를 붙들고 있는 동안 다른 침팬지가 그것을 붙잡고 기어 올라가 전기 충격을 받지 않고 신선한 잎을 딴다. 우리는 또한 청소년 나이의 두 암컷 침팬지가 여키스야외연구기지에서 침팬지 거주 구역이 내려다보이는 내 사무실 창문으로 기어오르려고 자주 시도하는 모습을 비디오로 녹화했다. 두 암컷은 손동작을 교환하면서 무거운 플라스틱 드럼통을 내 창문 바로 아래로 옮겼다. 한 침팬지가 드럼통 위로 올라가면, 다른 침팬지가 그 위로

뷔르허르스동물원에서는 살아 있는 나무들이 전기 철조망으로 둘러싸여 있지만, 그래도 침팬지들은 나무에 올라간다. 침팬지들은 죽은 나무에서 긴 나뭇가지를 부러뜨려 살아 있는 나무로 가져온다. 그리고 한 침팬지가 나뭇가지를 붙들고 있는 동안 다른 침팬지가 이것을 붙잡고 기어 올라간다.

뛰어올라 어깨를 밟고 섰다. 그러고 나서 두 침팬지는 마치 거대한 용수철처럼 박자를 맞춰 위아래로 까닥거렸다. 위에 선 침팬지는 내 창문에 가까이 다가올 때마다 손을 뻗어 창문을 잡으려고 시도했다. 잘 일치된 동작으로 그리고 분명히 같은 마음으로 두 침팬지는 서로 역할을 바꿔가며 이 게임을 자주 했다. 하지만 이 시도는 한 번도 성공하지 못했기 때문에 이들의 공동 목표는 상상에 그쳤다.

문자 그대로 통나무를 실제로 함께 옮기는 것은 이런 노력의 일부가 아닐지 모르지만, 아시아코끼리들은 늘 이런 행동을 훈련받는다. 얼마 전까지만 해도 동남아시아의 임업 분야는 코끼리를 짐 나르는 짐승으로 사용했다. 이제는 코끼리를 이 목적으로 사용하는 일이 드물지만, 아직도 코끼리들은 관광객에게 그 재주를 보여준다. 태국 치앙마이의 코끼리보전센터에서는 청소년 나이의 키 큰 수컷 코끼리 두 마리가 긴 통나무 양쪽 끝에 한 마리씩 서서 별로 힘들이지 않고 통나무를 엄니로 번쩍 들어 올리는데, 통나무가 굴러 떨어지지 않게 코로 통나무를 꽉 감싼다. 그러고 나서 통나무를 함께 들고 완벽한 조화를 이루어 몇 미터를 걸어가는데, 두 코끼리 조련사는 목 위에 걸터앉은 채 잡담을 나누고 웃으면서 주위를 둘러본다. 이들이 모든 동작을 지시하는 게 아님은 거의 확실하다.

여기서 훈련이 중요한 역할을 한 것은 사실이지만, 아무 동물이나 이렇게 협응을 잘하도록 훈련시킬 수 있는 것은 아니다. 돌고래들을 훈련시켜 동시에 점프를 하도록 할 수 있는 이유는 야생에서도 돌고래가 그런 행동을 하기 때문이고, 말들을 같은 페이스로 함께 달리도록 가르칠 수 있는 이유는 야생마들도 그렇게 하기 때문이다. 조련사는 동물의 타고난 능력을 기반으로 어떤 재주를 발휘하도록 훈련시킨다. 만약 통나무를 나를 때 한 코끼리가 다른 코끼리보다 조금이라도 더 빨리 걷거나 어긋난 높이에서 통나무를 든다면, 전체 작업은 금방 무너지고 말 게 틀림없다. 이 과제를 제대로 해내려면 매 단계마다 두 코끼리 사이에 리듬과 움직임의 조화가 필요하다. 두 코끼리의 정체성은 '나(내가 이 과제를 수행한다)'에서 '우리(우리가 이 과제를 함께 수행한다)'로 옮겨 가는데, 이것은 집단행동의 특징이다. 두 코끼리는 통나무를 함께 내려놓으면서 일을 끝내는데, 먼저 통나무를 엄니에서 코로 옮긴 뒤에 천천히 땅으로 내려놓는다. 두 코끼리는 소리 한 번 내지 않고 완벽한 협응을 보여주면서 가장 무거운 통나무를 통나무 더미 위에 내려놓는다.

조슈아 플로트닉은 코끼리를 대상으로 협력적 당기기 패러다임을 시험했을 때 코끼리들이 서로 동작을 일치시킬 필요를 분명히 이해한다는 사실을 발견했다.[38] 팀워크는 물고기 떼 주위에 수많은 거품을 불어 거품 기둥 그물에 물고기를 가두는 혹등고래처럼 무리를 지어 사냥하는 동물에게서 더 전형적으로 나타난다. 혹등고래들은 거품 기둥을 점점 더 촘촘하게 만들기 위해 함께 협력하다가, 결국 그중 몇 마리가 입을 크게 벌린 채 그 중심을 지나가며 물고기들을 삼키면서 수면 위로 떠오른다. 범고래는 여기서 한 술 더 떠 인간을 포함해 필적할 만한 종이 거의 없을 정도로 놀라운 협응 행동을 보여준다. 남극 반도를 따라 이동하던 범고래가 부빙 위에서 물개를 발견하면 부빙을 다른 장소로 옮긴다. 그러려면 많은 힘이 들지만, 어쨌든 부빙을 밀어서 넓은 바다로 옮긴다. 그런 다음 범고래 네댓 마리가 나란히 늘어서서 한 마리의 거대한 고래처럼 행동한다. 이들은 완벽하게 일치된 움직임으로 부빙을 향해 빠르게 헤엄을 치면서 큰 파도를 일으키는데, 운 없는 물개는 이 파도에 휩쓸려 부빙 밖으로 떨어진다. 범고래들이 어떻게 열을 맞춰 늘어서기로 합의를 하는지 또는 어떻게 행동을 일치시키는지는 알 수 없지만, 이런 행동을 하기 전에 의사소통을 하는 게 분명하다. 범고래들이 왜 이런 수고를 하는지 그 이유가 완전히 명쾌하게 밝혀진 것은 아닌데, 물개를 넓은 바다 쪽으로 옮기고 나서도 사냥에 실패해 놓치는 경우가 많기 때문이다. 한 물개는 다른 부빙으로 옮겨 가 목숨을 구했다.[39]

동물계에서 가장 높은 수준의 공유된 의도성은 아마도 범고래에게서 볼 수 있을 것이다. 부빙 위에 있는 물개를 잘 보기 위해 점프를 해서 살핀 뒤 여러 마리가 나란히 열을 지어 모두가 완전히 일치된 동작으로 빠른 속도로 부빙을 향해 돌진한다. 그러면 큰 파도가 일어나고, 부빙 위에 있는 물개는 파도에 휩쓸려 기다리고 있던 범고래의 입속으로 들어간다.

육지에서도 사자, 늑대, 들개, 해리스매(런던의 트라팔가 광장에서 비둘기를 억제하는 데 사용된), 꼬리감는원숭이 등이 치밀한 팀워크를 많이 보여준다. 스위스 영장류학자 크리스토퍼 뵈슈는 코트디부아르에서 침팬지가 콜로부스원숭이를 어떻게 사냥하는지 기술했다. 일부 수컷들은 몰이꾼 역할을 하는 동안 다른 침팬지들은 멀리 떨어진 나무 높은 곳에 자리를 잡고 수관 사이로 도망 오는 원숭이 떼를 기다렸다가 공격한다. 이 사냥은 타이 국립공원의 울창한 정글 속에서 일어나고 침팬지들과 원숭이들이 흩어져 있기 때문에 3차원 공간에서 어떤 일이 일어나는지 정확하게 파악하기가 쉽지 않지만, 역할 분담과 먹이의 움직임에 대한 예상이 그 과정에 포함된 것으로 보인다. 먹이는 매복조 중 한 마리가 붙잡는데, 이 침팬지는 고기를 들고 조용히 사라질 수도 있지만, 정반대의 행동을 보인다. 침팬지들은 사냥을 하는 동안에는 침묵을 지키지만, 원숭이를 한 마리 잡자마자 우우하는 고함 소리와 울음소리가 요란하게 울려 퍼지면서 모두가 일시에 몰려든다. 수컷과 암컷, 어린 침팬지가 좋은 자리를 차지하려고 서로 밀치면서 무리의 규모는 금세 커진다. 나는 이런 일이 일어날 때 한 나무 밑에 서 있었던 적이 있는데(다른 숲에서), 위에서 내려오는 고막을 찢는 듯한 소음에 침팬지들이 이 고기를 얼마나 귀중하게 여기는지 분명히 알 수 있었다. 분배는 나중에 합류한 침팬지보다는 사냥에 직접 참여한 침팬지에게 더 유리하게 일어나는 것처럼 보인다. 심지어 알파 수컷도 사냥에 직접 참여하지 않았다면 빈손으로 돌아갈 수 있다. 침팬지들은 사냥 성공에 기여한 공을 인정하는 것처럼 보인다. 사냥 뒤에 잇따르는 공동의 잔치는 이런 종류의 협력을 유지하는 유일한 방법이다. 공동의 대가를 받을 전망이 없다면, 누가 공동의 노력에 투자하려고 하겠는가?[40]

이러한 관찰 사실들은 침팬지와 그 밖의 포유류는 공유된 의도를 바탕으로 한 공동 행동을 하지 않는다는 견해와 분명히 모순된다. 같은 건물에 사무실이 있는 뵈슈와 토마셀로처럼 정반대의 견해를 가진 두 과학자 사이에 격렬한 충돌이 일어나는 것은 불가피해 보인다. 두 사람이 라이프치히에 있는 막스플랑크연구소의 공동 책임자로 임명된 것은 인간의 협력이 의견 충돌 앞에서 어떻게 되는지 알아보기 위한 실험이었을까? 이렇게 서로 다른 관점들을 감안하여 토마셀로가 인간의 독특성 주장을 하게 된 실험들을 다시 살펴보기로 하자. 토마셀로는 어린이와 유인원을 대상으로 협력적 당기기 과제를 시험한 뒤에 오직 어린이만이 공유된 의도성을 보인다고 결론 내렸다.

하지만 비교 가능성 문제는 전에도 제기된 적이 있으며, 또 다행히도 각각의 실험 장면을 촬영한 사진들이 있다.[41] 한 사진은 서로 다른 우리에 갇힌 두 유인원을 보여주는데, 각 우리 앞에는 작은 플라스틱 탁자가 놓여 있고 밧줄로 그것을 더 가까이 끌어당길 수 있다. 이상한 점은 크로퍼드의 고전적인 연구에서처럼 유인원들이 같은 공간에 있지 않다는 사실이다. 심지어 두 우리는 붙어 있지도 않다. 두 우리는 서로 떨어져 있고 그 사이에는 두 층의 철망이 있는데, 이것은 시야와 의사소통을 방해한다. 각각의 유인원은 자신이 잡고 있는 밧줄 끝부분에만 신경을 집중하며 다른 유인원이 하는 일은 전혀 알지 못하는 것처럼 보인다. 이와는 대조적으로 어린이들을 찍은 사진은 어린이들이 큰 방의 카펫 위에 앉아 있는 모습을 보여주는데, 그들 사이에는 아무런 장벽이 없다. 어린이들 역시 끌어당기는 장비를 사용하지만, 나란히 앉아 있어 서로의 모습을 완전히 볼 수 있고 마음대로 돌아다니면서 서로를 만지고 이야기를 나눌 수 있다. 이렇게 서로 다른 설정은 어린이가 공유된 목적을 보여주는 반면, 왜 유인원은 보여주지 않았는지 설명하는 데 도움이 된다.

만약 다른 두 종(예컨대 쥐와 생쥐)의 실험에서 이와 같은 차이가 났더라면, 우리는 이처럼 불공평한 실험 설정을 절대로 받아들이지 않았을 것이다. 만약 쥐들은 나란히 앉은 채로 공동 과제를 수행하게 하고 생쥐들은 서로 분리시킨 채 공동 과제를 수행하게 한다면, 지각 있는 과학자 중에서 쥐가 생쥐보다 더 똑똑하거나 더 협력적이라는 결론을 곧이곧대로 받아들일 사람은 아무도 없을 것이다. 우리는 동일한 절차를 적용하라고 요구할 것이다. 그러나 어린이와 유인원을 비교하는 실험에서는 연구자의 재량권이 예외적으로 너무 남용되며, 그 결과로 어린이와 유인원의 인지 차이를 확인한 연구들이 계속 나오는데, 나는 이 차이가 방법론의 차이에서 비롯된 결과와 구별할 수 없다고 생각한다.

계속되는 논란을 감안하여 우리는 한 쌍(따로 떨어져 있건 함께 있건)을 묶어서 진행하는 테스트에서 벗어나 더 자연스러운 실험 설정을 개발하기로 결정했다. 나는 가끔 이것을 '실제로 해봐야 알 수 있는 실험proof-in-the-pudding experiment'이라고 부르는데, 이해가 서로 충돌하는 상황에서 침팬지가 얼마나 잘 대처하는지, 즉 경쟁 앞에서 협력에 어떤 일이 일어나는지 최종적인 결론을 얻기 원하기 때문이다. 어떤 성향이 우세한지 알 수 있는 유일한 방법은 침팬지가 두 가지 성향을 동시에 표출할 기회를 주는 것이다.

내 학생인 말리니 서샤은 여키스야외연구기지에서 침팬지 열다섯 마리로 이루어진 집단을 테스트하는 데 적절한 장비를 개발했다. 실외 우리 울타리 위에 그 장비를 올려놓았는데, 보상을 얻기 위해 그것을 더 가까이 끌어당기려면 아주 정확한 협응이 필요했다. 침팬지 두 마리 혹은 세 마리가 정확하게 동시에 각자 서로 다른 막대를 당겨야 했다. 한 파트너와 협응하는 것보다는 두 파트너와 협응하는 것이 더 어려웠지만, 침팬지들은 어느 쪽이건 별 어려움이 없었다. 침팬지들은 조금 간격을 두고 서로가 잘 보이는 곳에 자리를 잡고 앉았다. 전체 집단이 다 그곳에 있었으므로 파트너의 조합이 다양하게 이루어졌다. 침팬지들은 누구와 함께 힘을 합칠지 결정할 수 있었지만, 그와 동시에 지배적인 암컷이나 수컷 같은 경쟁자와 아무 노력도 기울이지 않고 보상을 훔쳐 가는 무임승차자를 경계해야 했다. 그들은 자유롭게 정보를 교환하고 자유롭게 파트너를 선택할 수 있었지만, 또 자유롭게 경쟁도 했다. 이런 종류의 실험을 대규모로 시도한 적은 일찍이 없었다.

침팬지가 경쟁을 극복할 수 없다는 주장이 사실이라면 이 실험은 완전한 대혼란으로 끝나야 할 것이다! 침팬지 집단은 보상을 놓고 싸우고 실험 장소에서 서로를 쫓아내면서 전체 상황은 완전히 아수라장으로 변할 것이다. 경쟁 상태는 공유된 목적을 모두 죽이고 말 것이다. 나는 침팬지들을 충분히 오랫동안 알아왔기 때문에 이 실험의 결과에 대해 그다지 크게 걱정하지 않았다. 나는 수십 년 동안 이들 사이에서 일어나는 갈등 해결을 연구해왔다. 침팬지의 나쁜 평판에도 불구하고, 나는 침팬지들이 평화를 유지하고 긴장을 줄이려고 노력하는 장면을 너무나도 많이 보아왔으므로 이들이 갑자기 이런 노력을 모두 포기할지 모른다는 걱정은 하지 않았다.

말리니와 나머지 연구자들은 침팬지들이 과제 해결 방법을 스스로 알아내는지 알고 싶었기 때문에 침팬지들에게 사전 훈련을 전혀 시키지 않았다. 침팬지들이 아는 것이라고는 새로운 장비가 있다는 것과 음식물이 그것과 관련이 있다는 것뿐이었다. 침팬지들은 놀랍도록 빨리 배우는 능력이 있음을 입증했는데, 서로 힘을 합쳐야 한다는 사실을 깨닫고 며칠 안에 장비를 둘이서 끌어당기는 방법과 셋이서 끌어당기는 방법을 모두 터득했다. 끌어당기는 막대 하나 옆에 앉아 있던 리타는 어미인 보리를 쳐다보았는데, 보리는 높은 정글짐 꼭대기에 있는 둥지에서 자고 있었다. 리타는 정글짐을 기어 올라가 보리의 옆구리를 쿡쿡 찔러 함께 아래로 내려왔다. 리타는 장비가 있는 쪽으로 다가가는 동시에 어미가 따라오는지 확인하려고 연신 어깨 너머로 뒤를 돌아보았다. 가끔 우리는 어떻게 하는지는 모르겠지만, 침팬지들이 합의에 이르렀다는 인상을 받았다. 두 침팬지가 상당히 먼 거리에 있는, 밤을 보내는 건물에서 나란히 걸어 나와 자신들이 무엇을 할지 정확하게 아는 듯이 곧장 장비가 있는 곳으로 향했다. 이게 공유된 의도성이 아니고 뭐란 말인가!

이 연구의 핵심 목표는 유인원이 경쟁을 하는지 협력을 하는지 보기 위한 것이었다. 분명히 협력이 매우 우세하게 나타났다. 공격성도 일부 나타나기는 했지만 다친 유인원은 사실상 하나도 없었다. 대부분의 싸움은 낮은 수준으로 일어났는데, 누구를 잡아당기거나 장비로부터 멀리 끌고 가거나 쫓아내거나 모래를 던지는 등의 행동에 그쳤다. 또, 자신을 그 자리에 들여보내줄 때까지 장비를 끌어당기는 침팬지의 털을 골라줌으로써 접근하려고 노력하기까지 했다. 장비 옆에서 협력은 거의 조금도 쉬지 않고 계속 일어났고, 함께 협력해 장비를 끌어당긴 횟수가 모두 합쳐 3565회나 되었다.[42] 무임승차자는 기피 대상이 되었고 때로는 그런 행동 때문에 처벌을 받은 반면, 지나치게 경쟁적인 침팬지들은 자신의 행동 때문에 다른 침팬지들이 얼마나 불쾌해하는지 금방 알아챘다. 이 실험은 몇 개월 동안 계속되었는데, 모든 침팬지가 함께 협력할 파트너를 찾는 데에는 인내가 필요하다는 교훈을 얻을 만큼 충분한 시간이었다. 결국 우리는 실험 연구를 통해 침팬지가 매우 협력적이라는 사실을 확인했다. 침팬지는 공동의 목표를 달성하기 위해 별다른 어려움 없이 갈등을 조절하거나 완화할 수 있다.

우리가 관찰한 행동이 자연 서식지에서 알려진 행동과 더 비슷한 한 가지 이유는 우리 침팬지 집단의 배경에 있을지도 모른다. 우리가 실험을 할 무렵에 우리 침팬지들은 약 40년 동안이나 함께 살아왔다. 이것은 어떤 기준으로 보더라도 아주 긴 시간이어서 특별히 아주 잘 통합된 집단을 낳았다. 하지만 얼마 전에 서로를 안 지 불과 몇 년밖에 안 되는 침팬지들이 많은 집단을 대상으로 한 실험에서도 우리는 동일하게 높은 수준의 협력과 낮은 수준의 공격성을 발견했다. 다시 말해서, 침팬지는 일반적으로 협력을 위해 갈등을 관리하는 데 아주 뛰어나다.

침팬지가 폭력적이고 호전적이라는(심지어는 '악마 같다는') 최근의 평판은 거의 다 야생에서 이웃 집단 구성원들을 대하는 방식을 관찰한 결과를 바탕으로 나온 것이다. 야생에서 침팬지는 가끔 세력권 때문에 잔인한 공격을 한다. 치명적인 싸움은 아주 드물게 일어나 과학자들이 그런 일이 일어난다는 데 합의하기까지 수십 년이나 걸렸지만, 이 사실 때문에 침팬지는 이미지를 단단히 구겼다. 어느 야외 현장에서 싸움으로 인해 사망자가 나오는 비율은 평균적으로 7년에 한 번 정도이다.[43] 더구나 이 행동은 침팬지를 우리와 구분하는 특징으로 보이지도 않는다. 그렇다면 우리 종의 집단 간 전쟁은 대규모 집단 노력으로 제대로 바라보는 반면, 왜 이 행동은 침팬지의 협력적 본성을 부정하는 근거로 내세운단 말인가? 침팬지에게도 우리와 똑같은 논리를 적용해야 마땅하다. 침팬지가 단독으로 이웃을 공격하는 일은 거의 없다. 이제 침팬지의 본 모습을 제대로 볼 때가 되었다. 이들은 재능 있는 협력자들로, 집단 내부의 갈등을 별 어려움 없이 억제할 수 있다.

최근에 시카고의 링컨공원동물원에서 일어난 실험은 침팬지의 협력 기술을 확인해주었다. 과학자들은 한 침팬지 집단에게 인공 '흰개미' 둔덕의 구멍 속에 넣어둔 케첩을 계량봉으로 낚시질해 꺼내게 했다. 처음에는 모든 침팬지가 독립적으로 먹이를 구할 수 있을 만큼 구멍이 충분히 많았지만, 하루가 지날 때마다 구멍 수가 줄어들어 나중에는 몇 개만 남았다. 각각의 구멍은 독점이 가능했기 때문에, 침팬지들이 줄어든 자원에 접근할

권리를 놓고 경쟁하고 싸울 것으로 예상되었다. 하지만 그런 일은 전혀 일어나지 않았다. 침팬지들은 정반대의 행동을 보여주면서 새로운 상황에 대처했다. 남아 있는 구멍들 주위에 평화적으로 모여(대개는 한 번에 두 마리씩, 때로는 세 마리씩) 교대로 구멍에 계량봉을 집어넣었고, 나머지 침팬지들은 얌전하게 자기 차례가 돌아오길 기다렸다. 과학자들이 관찰한 것은 갈등 증가가 아니라 나눔과 자기 차례 기다리기였다.[44]

먹이 자원 주위에 지능이 높고 협력적인 종이 둘 혹은 그 이상이 모이면 그 결과는 경쟁 대신에 협력으로 나타날 수 있다. 각 종은 다른 종을 어떻게 이용해야 할지 안다. 인간과 고래목(고래와 돌고래) 간의 어업 협력 관계는 아마도 수천 년은 이어져온 것으로 보이는데, 오스트레일리아와 인도, 지중해, 브라질 등지에서 보고되었다. 남아메리카에서 어업 협력은 석호의 갯벌 해안에서 일어난다. 어부들은 물을 찰싹 두들김으로써 자신들이 왔음을 알리는데, 그러면 큰돌고래들이 물속에서 솟아오르면서 숭어를 어부들이 있는 쪽으로 몬다. 어부들은 돌고래가 보여주는 다이빙 형태 같은 독특한 신호를 기다렸다가 그물을 던진다. 돌고래는 자기들 사이에서도 그런 몰이를 하지만 여기서는 물고기 떼를 어부들의 그물 쪽으로 몬다. 어부들은 돌고래 파트너들을 일일이 알고 있어 각자에게 유명한 정치인이나 축구 선수 이름을 붙여준다.

더욱 극적인 것은 인간과 범고래 사이의 협력 관계이다. 오스트레일리아 투폴드만 주변에서 고래잡이가 여전히 일어나던 시절에 범고래는 포경 기지로 접근해 물 위로 뛰어오르거나 꼬리로 수면을 내리치는 동작으로 눈길을 끌었는데, 이것은 혹등고래의 출현을 알리는 신호였다. 범고래들은 거대한 혹등고래를 수심이 얕은 곳으로, 곧 범선이 기다리고 있는 쪽으로 몰았고, 그러면 고래잡이들이 범고래들에게 시달린 혹등고래에게 작살을 던졌다. 혹등고래가 죽으면 고래잡이들은 범고래들에게 좋아하는 부위(혀와 입술)를 먹도록 하루의 시간을 주고 나서 전리품을 거둬갔다. 여기서도 사람들은 범고래 파트너들에게 일일이 이름을 붙여주었고, 동물뿐만 아니라 인간 사이에서도 모든 협력의 기반을 이루는 텃포탯을 인정했다.[45]

인간의 협력이 우리가 아는 다른 종들의 협력보다 더 나은 측면은 딱 하나, 조직과 규모의 정도뿐이다. 우리에게는 자연계의 다른 곳에서는 발견할 수 없는 수준의 복잡성과 지속성을 지닌 계획을 세워서 추진하는 위계 구조가 있다. 동물의 협력은 각자 자신의 능력에 따라 역할을 수행한다는 점에서 대부분 자기 조직적이다. 동물들은 때로는 사전에 과제 분담에 합의한 것처럼 협력한다. 공유된 의도와 목표를 어떻게 의사소통하는지 우리는 알 수 없지만, 동물들은 인간처럼 지도자를 통해 위에서 이것을 조율하는 것처럼 보이지는 않는다. 우리는 계획을 세우고 위계 조직을 사용해 계획의 실행을 관리하는데, 이 덕분에 온 나라를 가로지르는 철도를 깔거나 완공하기까지 수 세대가 걸리는 거대한 성당을 건설할 수 있다. 우리는 아주 오래된 진화한 경향성들에 의존해 사회를 복잡한 협력 연결망으로 만듦으로써 유례없는 규모의 계획을 실행에 옮길 수 있다.

물고기들도 협력한다

협력에 관한 실험은 인지에 관한 질문을 자주 던진다. 행위자들은 파트너가 필요하다는 사실을 인식하는가? 그들은 파트너의 역할을 아는가? 그들은 전리품을 나누려고 하는가? 만약 한 개체가 모든 전리품을 독차지하려고 한다면 장래의 협력을 망칠 게 분명하다. 따라서 동물은 자신이 얻는 것뿐만 아니라 자신이 얻는 것과 파트너가 얻는 것을 비교하는 데에도 신경을 쓴다고 가정해야 한다. 불공평은 분명히 염려할 만한 요소이다.

이 통찰은 세라 브로스넌과 내가 검은머리카푸친 쌍들을 대상으로 실시해 아주 큰 인기를 끈 실험에 영감을 주었다. 검은머리카푸친이 어떤 과제를 수행하고 나면 우리는 두 원숭이에게 오이 조각과 포도를 보상으로 주었는데, 이렇게 결정한 것은 모든 검은머리카푸친이 포도를 오이보다 좋아한다는 사실을 확인했기 때문이다. 동일한 보상을 받는다면, 설사 그것이 오이라 하더라도, 원숭이들은 별 탈 없이 과제를 수행했다. 하지만 한 원숭이에게는 포도를 주고 다른 원숭이에게는 오이를 주면 불공평한 결과에 격렬하게 저항했다. 오이를 받은 원숭이는 첫 번째 조각은 만족스럽게 씹어 먹었지만, 자신의 동료가 포도를 받았다는 사실을 알고 나서는 성질을 부렸다. 이 원숭이는 초라한 채소를 던져버리고는 흥분을 이기지 못해 부서질 정도로 시험실을 심하게 흔들어댔다.[46]

다른 동료가 더 좋은 음식을 받았다는 이유로 괜찮은 음식을 아예 거부하는 태도는 경제 게임에서 사람들이 나타내는 반응과 닮았다. 경제학자들은 이런 반응을 '비합리적'이라고 이야기하는데, 정의상 아무것도 받지 않는 것보다는 그래도 뭔가를 받는 게 이익이기 때문이다. 그들은 원숭이는 평소라면 아무 문제 없이 먹을 음식을 절대로 거부하지 않아야 하며, 사람 역시 아무리 작은 제의라도 거부하지 말아야 한다고 말한다. 1달러라도 받는 편이 한 푼도 받지 못하는 것보다 낫다. 하지만 세라와 나는 이런 종류의 반응이 과연 비합리적인지 확신이 서지 않았다. 왜냐하면 이런 반응은 결과를 공정하게 만들려는 노력이며, 협력을 계속 유지할 수 있는 유일한 방법이기 때문이다. 이 점에서 유인원은 원숭이보다 한 발 더 나아가는지도 모른다. 세라는 침팬지가 가끔 반대 방향의 불공정에도 항의한다는 사실을 발견했다. 즉, 남보다 **적게** 얻는 것에만 반대할 뿐만 아니라 남보다 **많이** 얻는 것에도 반대한다. 포도를 받은 침팬지는 자신에게 유리한 결과를 거부할 수도 있다! 이것은 분명히 인간의 공정성 감각에 더 가까운 것이다.[47]

자세한 설명은 하지 않겠지만, 이 연구들에서 뭔가 고무적인 일이 일어났다. 이것은 곧 영장류 밖에 있는 종들을 포함해 다른 종들에게까지 확대되었다. 이것은 어떤 분야가 충분히 성숙하여 팽창할 때 항상 나타나는 신호이다. 불공정 테스트를 개와 까마귀에게 적용한 연구자들은 원숭이가 나타낸 것과 비슷한 반응을 발견했다.[48] 좋은 파트너의 선택에 관한 문제이건 노력과 대가 사이의 균형에 관한 문제이건, 어떤 종도 협력의 논리에서 벗어날 수 없는 것처럼 보인다.

이 원리들의 보편성은 스위스의 동물행동학자이자 어류학자 르두안 브샤리가 물고기를 대상으로 실시한 연구가 잘 보여준다. 다년간 브샤리는 작은 청소놀래기와 그 숙주인 큰 물고기 사이에서 벌어지는 상호작용과 상리 공생(청소놀래기는 큰 물고기의 몸에 붙어 있는 외부 기생충을 뜯어먹는다)을 관찰한 결과로 우리를 매혹시켰다. 각각의 청소놀래기는 산호초에 '작업장'과 단골 고객들이 있는데, 고객들은 이곳을 방문해 가슴지느러미를 쫙 펼치고 청소놀래기가 작업을 하기 편한 자세를 취한다. 이 둘은 완벽한 상리 공생 관계를 보여주는데, 청소놀래기는 고객의 몸 표면과 아가미, 심지어 입속에 붙어 있는 기생충을 제거한다. 때로는 청소놀래기가 너무 바빠 고객들이 줄을 서서 기다리기도 한다. 브샤리의 연구에는 산호초에서 한 관찰뿐만 아니라 연구실에서 한 실험도 포함되어 있다. 그의 논문은 마치 훌륭한 사업 안내서처럼 보인다. 예를 들면, 청소놀래기는 토박이 물고기보다는 떠돌이 물고기를 더 환대한다. 떠돌이 물고기와 토박이 물고기가 동시에 도착하면 청소놀래기는 떠돌이 물고기를 먼저 돌봐준다. 토박이 물고기는 달리 갈 곳이 없기 때문에 얼마든지 기다리게 할 수 있다. 전체 과정은 공급과 수요의 법칙에 따른다. 청소놀래기는 가끔 고객의 건강한 피부를 약간 물어뜯음으로써 고객을 속인다. 고객은 이것을 좋아하지 않아 몸을 크게 흔들거나 다른 데로 가버린다. 청소놀래기가 유일하게 속이지 않는 고객은 포식 동물인데, 포식 동물은 속임수에 과격하게 대응하는 전략을 갖고 있기 때문이다. 그 전략이란 바로 청소놀래기를 삼켜버리는 것이다. 청소놀래기는 자기 행동의 비용과 편익을 아주 잘 아는 것

기묘한 사냥꾼 커플! 무늬바리와 대왕곰치가 산호초 주위에서 먹이를 찾아 함께 돌아다닌다.

처럼 보인다.[49]

브샤리는 홍해에서 한 일련의 연구에서 무늬바리(아름다운 적갈색의 농어목 물고기로, 몸길이가 90cm까지 자란다)와 대왕곰치가 협력 사냥을 하는 모습을 관찰했다. 이 두 종은 완벽한 짝이다. 대왕곰치는 산호초의 바위틈 속으로 들어갈 수 있는 반면, 무늬바리는 그 주변의 물에서 사냥한다. 먹이 동물은 무늬바리를 피해 바위틈으로 숨을 수 있고 대왕곰치를 피해 바깥의 물속으로 달아날 수 있지만, 둘 다 피할 수는 없다. 브샤리가 촬영한 한 비디오에는 무늬바리와 대왕곰치가 마치 산책을 하는 친구들처럼 나란히 헤엄치는 모습이 나온다. 이들은 서로 함께 다니려고 하는데, 무늬바리는 가끔 대왕곰치의 머리 가까이에서 머리를 흥미롭게 흔들면서 적극적으로 협력을 간청한다. 그러면 대왕곰치는 바위틈에서 나와 무늬바리에게 합류함으로써 그 요청에 응한다. 두 종이 먹이를 서로 나누지 않고 통째로 삼킨다는 점을 감안하면 이들의 행동은 어떤 것도 상대에게 희생하는 일

없이 각자가 보상을 챙기는 형태의 협력으로 보인다. 이들은 각자 자신의 이익을 추구하는데, 혼자서 노력할 때보다 협력할 때 더 쉽게 이익을 얻는다.[50]

사냥 방식이 서로 다른 두 포식 동물에게는 역할 분담이 자연스러워 보인다. 정말로 놀라운 것은 전체 패턴(자신이 무엇을 하려고 하는지 그리고 그 결과가 자신에게 어떻게 이익을 가져다주는지 아는 것처럼 보이는 두 행위자의 행동)이 우리가 물고기를 생각할 때 일반적으로 떠올리는 행동이 아니라는 점이다. 우리는 자신의 행동에 대해 높은 수준의 인지적 설명을 많이 하지만, 훨씬 작은 뇌를 가진 동물들에게도 그것을 마찬가지로 적용할 수 있다고는 생각하지 않는다. 하지만 브샤리는 물고기가 단순한 형태의 협력을 보여주는 것에 그친다는 생각을 불식시키기 위해 최근에 한 연구에서 이 개념이 틀렸음을 입증하려고 했다. 무늬바리에게 물고기를 잡는 데 도움을 줄 수 있는 가짜 대왕곰치(관 속에서 나오는 것과 같은 몇 가지 행동을 할 수 있는 플라스틱 모형)를 다가가게 했다. 이 실험 설정은 침팬지들이 필요할 때에는 도움을 청하지만, 혼자서 할 수 있을 때에는 도움을 청하지 않는 당기기 테스트와 동일한 논리를 따른 것이었다. 무늬바리는 모든 면에서 유인원과 비슷하게 행동했고, 파트너가 필요한지 필요하지 않은지 결정하는 데에서도 유인원만큼 능숙한 판단을 보여주었다.[51]

이 결과를 해석하는 한 가지 방법은 침팬지의 협력이 우리가 생각하는 것보다 훨씬 단순하다고 말하는 것이고, 또 한 가지는 물고기가 협력의 작용 방식을 우리가 가정했던 것보다 훨씬 잘 이해한다고 말하는 것이다. 이 모든 것이 물고기의 연합 학습으로 귀결되는지는 좀 더 두고 보아야 할 것이다. 만약 그렇다면 어떤 종류의 물고기든지 이 행동이 발전할 수 있어야 할 것이다. 이것은 의심스러워 보이는데, 나는 어떤 종의 인지는 그 진화사와 생태와 밀접한 관련이 있다는 브샤리의 견해에 동의한다. 무늬바리와 대왕곰치의 협력 사냥을 야생에서 관찰한 결과와 합쳐서 보면, 이 실험 결과는 두 종의 사냥 기술에 어울리는 인지를 시사한다. 무늬바리가 대부분의 주도권과 결정을 행사하기 때문에 모든 것이 한 종만의 전문화된 지능에 의존할 수도 있다.

포유류 이외의 동물들에서 이렇게 흥미로운 행동들을 살펴보는 방식은 진화인지의 특징인 비교 접근법과 부합한다. 단일한 형태의 인지는 존재하지 않으며, 단순한 것부터 복잡한 것까지 인지의 서열을 매기는 것은 아무 의미가 없다. 어떤 종의 인지는 일반적으로 그 종의 생존에 필요한 만큼 뛰어나다. 마키아벨리식 권력 투쟁 전략 영역에서 일어난 것처럼 관계가 먼 종들도 비슷한 필요에 직면했을 때 비슷한 해결책에 이를 수 있다. 내가 침팬지들 사이에서 분할 통치 전술을 발견하고, 니시다가 야생에서 그 전술이 실제로 사용되는 것을 확인한 후에 이제 큰까마귀에 관한 보고까지 나왔다.[52] 이 보고가 뷔르허르스동물원에서 몇 년 동안 침팬지를 연구하다가 오스트리아 알프스 산맥에서 야생 큰까마귀를 연구한 젊은 네덜란드인 요르흐 마선에게서 나왔다는 사실은 아마도 우연이 아닐 것이다. 마선은 그곳에서 다른 새들이 서로 부리로 깃을 다듬는 것과 같은 우호적인 접촉을 할 때 그중 한 새를 공격하거나 두 새 사이에 자신이 끼어듦으로써 방해하는 분리 개입을 많이 관찰했다. 개입하는 새는 거기서 직접적 이익을 얻지는 못했지만(먹이나 짝짓기 기회가 걸린 것은 아니었으므로), 다른 새들 사이에 유대가 형성되지 못하도록 방해하는 데에는 성공했다. 큰까마귀에게 유대는 중요한데, 마선이 설명한 것처럼 큰까마귀의 지위는 바로 유대에 달려 있기 때문이다. 서열이 높은 큰까마귀는 일반적으로 다른 큰까마귀들과 유대가 돈독한 반면, 중간 범주의 큰까마귀는 유대가 느슨하고, 서열이 바닥인 큰까마귀는 특별한 유대를 맺은 동료가 거의 없다. 개입은 주로 유대가 좋은 새들이 유대가 느슨한 새들을 겨냥해 일어나므로 주요 목표는 후자가 지위 상승을 노려 다른 새들과 우정을 쌓지 못하도록 방해하기 위해서일 것이다.[53] 이것은 침팬지 정치학과 상당히 비슷해 보이기 시작하는데, 뇌가 크고 건강한 권력 충동을 지닌 종에게 기대할 수 있는 바로 그런 모습이다.

코끼리 정치학

우리는 코끼리를 모계 중심 동물로 생각하는 경향이 있는데, 이 생각은 완전히 옳다. 코끼리 무리는 암컷들과 새끼들로 이루어져 있고, 그 뒤를 가끔 짝짓기를 원하는 수컷 코끼리 한두 마리가 따라다닌다. 수컷은 주위를 어슬렁거리는 식객에 지나지 않는다. 코끼리 무리에게 **정치**라는 용어는 사용하기가 어려워 보인다. 암컷들의 서열이 모두 안정적인 요소인 나이와 혈통, 그리고 아마도 개성에 따라 매겨지기 때문이다. 정치 투쟁의 특징인 지위 경쟁과 기회주의적 동맹 형성과 파기가 끼어들 여지가 별로 없다. 이 때문에 코끼리의 경우에도 우리는 수컷들을 살펴보아야 한다.

아주 오랫동안 수컷 코끼리는 사바나에서 위아래로 이동하며 홀로 살아가는 생활을 하며, 가끔 **머스트**musth 상태(수컷 코끼리가 발정기에 접어들어 행동이 난폭해지는 상태_옮긴이)에 빠지면 행동이 크게 변한다고 간주되어 왔다. 테스토스테론 수치가 20배나 증가한 수컷은 시금치를 먹은 뽀빠이와 비슷한 상태로 변하는데, 자신감이 넘치는 얼간이처럼 자신의 앞길을 막는 것은 그것이 무엇이건 싸우려 든다. 생리적으로 아주 별난 존재가 자신들의 사회 제도 안으로 굴러 들어오는 일이 일어나는 종은 그렇게 많지 않다. 하지만 이제 우리는 미국 동물학자 케이틀린 오코넬이 나미비아의 에스토샤국립공원에서 한 연구로부터 그것보다 더 많은 일이 일어난다는 사실을 알게 되었다. 수컷 아프리카코끼리는 생각했던 것보다 사회성이 훨씬 좋다. 이들은 암컷들(포식 동물이 새끼를 공격하는 걸 막기 위해 촘촘히 모여 다니는)처럼 무리를 지어 이동하지 않지만 서로를 개별적으로 알며, 지도자와 추종자가 있고, 반영구적으로 유지되는 관계들도 있다.

어떤 면에서 오코넬이 기술한 보고는 내게 영장류 정치학을 연상시키지만, 코끼리들의 기묘한 의사소통 방식 때문에 아주 이상하게 들릴 때도 있다. 예를 들면, 선두에 선 수컷이 다른 수컷을 경계해 머리를 흔들며 물러서면서 성기를 길게 늘어뜨릴 수 있다. 무슨 일이 일어나는 것일까? 이 수컷은 자신의 성기(코끼리에게서는 너무나도 명백하게 드러나는)를 신호로 사용하면서 거북하게 뒷걸음질을 친다. 그런 순간에 왜 성기를 집어넣지 않을까? 이 수컷은 굴복의 의미로, 혹은 오코넬의 표현을 빌리면 '애원'의 의미로 성기를 늘어뜨린다. 지배성 측면에서도 코끼리는 아주 이상한 행동을 보인다. 수컷의 '머스트' 행동을 묘사한 글을 읽어보자.

> 수컷은 아주 크게 동요하여 그레그가 이전에 똥을 싼 곳까지 걸어가 역겨운 똥 더미 위에다 극적인 머스트 행동을 보여주었는데, 오줌을 싸고 코를 머리 위로 감고 양 귀를 흔들며 앞다리를 공중으로 들어 올린 채 입을 크게 벌렸다.[54]

이전에는 나이가 많고 몸집이 큰 수컷일수록 서열이 높을 것이라고 생각했다. 만약 이게 사실이라면 이 시스템은 다소 고정되어 있을 것이다. 하지만 오코넬은 지위 역전이 일어나는 사례들을 기록했다. 한 우두머리급 수컷은 추종자를 모으는 능력을 점차 잃었다. 이 수컷은 양 귀를 펄럭이면서 이제 출발하자는 울음소리를 냈지만, 아무도 이전에 그랬던 것처럼 주의를 집중하지 않았다. 이 수컷을 따르는 추종자들은 이전에는 인상적인 응집력을 보여주었지만, 이제는 와해되고 있었다. '수컷들의 클럽'이 정상적으로 유지된다는 것을 보여주는 한 가지 징후는 우두머리 수컷이 소리를 내면 주변의 수컷들이 함께 따라 소리를 내는 것이다. 우두머리의 소리가 멈추는 순간에 한 추종자의 소리가 시작되고, 그 소리가 끝나면 또 다른 추종자의 소리가 시작되고, 그런 식으로 수컷들 사이에서 같은 소리가 연쇄적으로 반복되면서 나머지 세계에 자신들이 잘 단합되어 있다는 것을 알린다.

코끼리들의 연합은 미묘하며 이들이 하는 일은 모두 인간의 눈에는 슬로모션 영화처럼 보인다. 가끔 두 수컷이 의도적으로 귀를 펼친 채 서로 옆에 가서 서는데, 적에게 이제 그만 웅덩이에서 떠날 때가 되었음을 알리는 신호이다. 이러한 연합들이 상황을 지배하며 대개 분명한 지도자를 중심으로 펼쳐진다. 다른 수컷들은 다가와 지도자에게 경의를 표시하는데, 길게 뻗은 코를 심하게 떨면서 신뢰의 표시로 그 끝을 지도자의 입속에 넣는다. 긴장이 넘치는 이 의식을 펼친 뒤에 서열이 낮은 수컷들은 마치 어깨에서 무거운 짐을 내려놓은 듯이 안도한다. 이 장면은 지배적인 위치에 있는 수컷 침팬지가 서열이 낮은 침팬지들이 복종적인 끙끙거리는 소리를 내면서 흙 위에서 기기를 기대하는 모습을 연상시킨다. 두목의 반지에 키스를 하게 하거나 사담 후세인이 부하들에게 자신의 겨드랑이에 코를 박으라고 강요한 것과 같은 인간의 지위 의식은 말할 것도 없다. 우리 종은 위계를 강화하는 문제에서 매우 창의적이다.

우리는 이런 과정들에 충분히 익숙하기 때문에 다른 동물들에서도 이것을 쉽게 알아볼 수 있다. 권력이 개인의 몸 크기나 힘보다 동맹을 바탕으로 하는 순간, 계산된 전략으로 향하는 문이 열린다. 다른 영역들에서 코끼리가 보여주는 지능을 감안할 때 코끼리 사회가 다른 정치적 동물들의 사회만큼 복잡할 것이라고 충분히 예상할 수 있다.

제7장

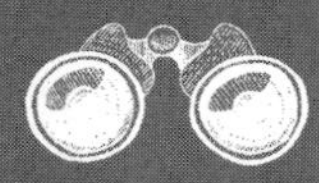

ARE WE SMART ENOUGH TO KNOW HOW SMART ANIMALS ARE?

시간이 지나야 알 수 있을 것이다

시간이란 무엇인가?
지금 이 순간은 개와 유인원의 것!
인간에겐 영원의 시간이 있지!
– 로버트 브라우닝(1986)[1]

두 나무 사이의 거리를 가늠하면서 원숭이는 과거에 점프를 한 기억에 의존해 다음번 점프를 계산한다. 저 건너편에 착지할 지점이 있을까? 점프를 하면 저곳까지 닿을 수 있을까? 나뭇가지는 그 충격을 견딜 수 있을까? 생사가 달린 이 결정을 내리는 데에는 많은 경험이 필요하며, 어떤 종의 행동에 과거와 미래가 어떻게 뒤얽혀 있는지 보여준다.

과거는 필요한 실제 행동을 제공하는 반면, 미래는 다음번 동작이 일어날 장소이다. 장기적 미래 지향성도 흔히 볼 수 있는데, 가뭄이 계속되는 동안 코끼리 무리의 암컷 우두머리가 아무도 모르는 수십 km 밖의 물웅덩이를 기억하는 경우가 이에 해당한다. 그렇게 해서 무리는 며칠이 걸리는 긴 여행에 나서 귀중한 물을 얻는다. 암컷 우두머리는 지식을 바탕으로 행동하는 반면, 나머지 무리는 신뢰를 바탕으로 행동한다. 몇 초가 걸리는 것이건 며칠이 걸리는 것이건 동물의 행동은 단지 목표만 지향하는 게 아니라 미래도 지향한다.

그래서 동물은 현재에만 갇혀 살아간다고 사람들이 흔히 하는 생각이 내게는 참 이상해 보인다. 현재는 순식간에 사라진다. 한순간 눈앞에 있다가 눈을 깜박이고 나면 사라지고 없다. 먼 둥지에 있는 새끼를 위해 벌레를 잡는 지빠귀이건 아침에 자신의 세력권을 정찰하러 나서서 전략적 위치들에 오줌을 누는 개이건 모든 동물은 해야 할 일들이 있는데, 이것은 미래를 생각한다는 것을 뜻한다. 물론 대부분은 가까운 미래의 일이고 동물이 그것을 얼마나 깊이 인식하는지는 불분명하다. 하지만 동물이 순전히 지금 이 순간만 살아간다면 그런 행동들은 설명할 길이 없다.

우리 자신은 과거와 미래를 의식적으로 생각하므로, 동물이 과거와 미래를 생각하느냐 않느냐 하는 문제가 치열한 논쟁거리가 된 것은 어쩌면 불가피한 일이었다. 의식은 인간만의 전유물이 아닌가? 어떤 사람들은 과거를 적극적으로 회상하고 미래를 상상할 수 있는 종은 우리뿐이라고 주장하지만, 다른 사람들은 반대 증거를 수집하느라 바빴다. 언어 보고가 없이는 의식적 생각을 입증할 수 없기 때문에 그 논쟁에서는 주관적 경험을 정확하게 확인할 수 없는 것(적어도 현재로서는)으로 간주해 논의를 피했다. 하지만 동물이 시간 차원을 어떻게 이해하는지 탐구하는 연구에서 실질적인 진전이 일어났다. 진화인지의 모든 분야 중에서 아마도 이것이야말로 가장 심원하고 이해하기 어려운 분야일 것이다. 전문 용어들은 자주 변하며 논쟁은 치열하다. 이런 이유 때문에 나는 현재 우리가 서 있는 지점이 어디인지 묻기 위해 두 전문가를 찾아갔는데, 이들의 의견은 이 장 말미에 소개할 것이다.

잃어버린 시간을 찾아서

논란은 우리가 생각하는 것보다 더 일찍 시작된 것으로 보인다. 왜냐하면 1920년대에 미국 심리학자 에드워드 톨먼이 동물은 자극과 반응을 생각 없이 연결하는 것 이상의 일을 할 능력이 있다고 주장하며 큰 논란을 불러일으켰기 때문이다. 톨먼은 동물이 순전히 동기에 좌우되어 행동한다는 개념을 일축했다. 톨먼은 용감하게 **인지가 있는**cognitive이라는 용어를 사용했고(그는 미로 학습을 하는 쥐를 대상으로 인지 지도를 연구한 것으로 유명했다), 미래를 겨냥한 목표와 기대에 이끌리기 때문에 동물이 '목적적purposive'이라고 표현했다.

톨먼이 더 강력한 **'목적의식이 있는**purposeful'이라는 용어를 피한 반면(그 시대를 숨 막히게 지배하던 고전적 행동주의에 굴복하여), 제자인 오토 팅클포는 상추 잎이나 바나나를 컵 밑에 집어넣는 장면을 마카크에게 보여주는 실험을 설계했다. 다가갈 기회를 주자마자, 마카크는 미끼가 든 컵으로 달려갔다. 마카크가 컵 밑에서 아까 숨기는 것을 본 해당 음식을 발견하면 아무 문제가 없었다. 그러나 실험자가 몰래 바나나를 상추로 바꿔치기하자 원숭이는 멍하니 상추를 바라보기만 했다. 그러고는 곧 미친 듯이 주위를 둘러보고 주변을 반복해서 뒤지면서 교활한 실험자를 향해 화난 듯이 소리를 질렀다. 시간이 한참 지난 뒤에야 원숭이는 겨우 진정하고서 실망스러운 상추를 먹었다. 행동주의자의 관점에서 볼 때 원숭이의 이런 태도는 이상했는데, 동물은 단순히 행동을 보상(**어떤** 보상이라도)과 연결 짓는다고 보았기 때문이다. 그렇다면 보상의 성격이 문제가 될 리가 없었다. 하지만 팅클포는 그 이상의 일이 일어난다는 것을 보여주었다. 원숭이는 음식물을 숨기는 것을 본 장면의 심적 표상에 안내를 받아 어떤 기대가 생겼고, 이 기대와 어긋나는 현실이 나타나자 큰 혼란에 빠졌다.[2]

단순히 한 가지 행동을 다른 행동보다 혹은 한 컵을 다른 컵보다 더 좋아하는 대신에 원숭이는 특정 사건을 기억에서 떠올렸다. 그것은 마치 원숭이가 "이봐, 난 분명히 아까 저 사람이 저 컵 밑에 바나나를 넣는 걸 봤다고!"라고 말하는 것과 같았다. 이렇게 특정 사건을 정확하게 불러오는 기억을 **일화 기억** episodic memory이라고 하는데, 오랫동안 이 기억은 언어가 필요하다고 간주되어 오로지 인간만이 가진 기억으로 여겨졌다. 동물은 세부 사항을 기억하지 못하더라도 행동의 일반적인 결과를 학습하는 데 뛰어나다고 간주되었다. 하지만 이 견해는 이제 기반이 뿌리째 흔들리게 되었다. 이보다 훨씬 더 놀라운 예를 다음에 소개하려고 하는데, 여기에는 위의 원숭이 실험보다 훨씬 긴 시간의 기억이 관여한다.

소코가 아직 청소년기의 침팬지일 때 우리는 소코에게 멘젤식 테스트를 한 적이 있다. 작은 창문을 통해 소코는 내 조수가 실외 거주 공간의 큰 트랙터 타이어에 사과를 숨기는 장면을 지켜보았다. 나머지 침팬지 무리는 닫힌 문 뒤에 있어 이것을 보지 못했다. 그러고 나서 우리는 침팬지 무리를 풀어주었고, 소코는 붙들어두었다가 맨 나중에 내보냈다. 문에서 나온 뒤에 소코가 맨 먼저 한 일은 타이어로 기어 올라가 속을 들여다보면서 사과가 있는지 확인하는 것이었다. 하지만 소코는 사과를 그대로 내버려두고 아무 일 없다는 듯이 자리를 떴다. 그러고 나서 나머지 침팬지들이 각자 딴 일에 한눈을 팔 때까지 20분 이상 기다렸다가 타이어로 돌아가서 사과를 꺼냈다. 이것은 현명한 행동이었는데, 그렇게 하지 않았더라면 전리품을 딴 침팬지에게 빼앗겼을지도 모른다.

하지만 정말로 흥미로운 반전은 우리가 이 실험을 반복한 몇 년 뒤에 일어났다. 소코는 단 한 번만 테스트를 했고, 우리는 방문한 카메라 담당자에게 그 비디오를 보여주었다. 하지만 으레 그렇듯이 카메라 담당자는 자신의 촬영 솜씨가 더 낫다고 생각해서 전체 테스트를 다시 하자고 요구했다. 이 무렵에는 소코가 알파 수컷이 되어 있었으므로 더 이상 그 테스트의 피험자로 쓸 수가 없었다. 지위가 높은 소코는 숨겨진 음식에 대해 자신이 아는 정보를 남에게 숨길 이유가 전혀 없었다. 그래서 우리는 대신에 지위가 낮은 암컷 나타샤를 선택했고, 모든 조건을 이전과 거의 똑같게 했다. 우리는 침팬지들을 모두 가둔 뒤 나타샤에게 창문을 통해 우리가 사과를 숨기는 과정을 지켜보게 했다. 이번에는 땅에 구멍을 파고 그 속에 사과를 넣은 뒤 모래와 잎으로 위를 덮었다. 아주 감쪽같이 일을 처리해 나중에 우리조차 사과를 묻은 장소가 정확하게 어디인지 알 수 없었다.

다른 침팬지들이 모두 나온 뒤에 마지막으로 나타샤가 나왔다. 우리는 여러 대의 카메라와 함께 나타샤 뒤를 따라가면서 초조하게 기다렸다. 나타샤는 소코와 비슷한 행동 패턴을 보였고, 게다가 위치 추적 감각이 우리보다 훨씬 나았다. 사과를 숨겨둔 장소 바로 위를 천천히 지나가더니 10분 뒤에 다시 돌아와 자신 있게 사과를 파냈다. 그러는 동안 소코는 분명히 놀란 듯한 표정으로 나타샤를 지켜보았다. 땅속에서 사과를 파내는 일은 매일 일어나는 일이 분명히 아니다! 나는 소코가 바로 자기 눈앞에서 사과를 먹는다고 나타샤에게 벌을 내릴까 봐 염려했지만, 소코는 그러지 않고 곧장 트랙터 타이어로 달려갔다! 그리고 여러 각도에서 그 안을 들여다보았지만, 당연히 안에는 아무것도 없었다. 마치 소코는 우리가 사과를 또 다시 타이어 안에 숨겨놓았다고 결론 내린 것처럼 보였다. 그리고 우리가 이전에 사용했던 바로 그 장소를 기억해냈다. 이것은 정말로 놀라운 일이었다. 소코는 평생 동안 그런 종류의 경험을 단 한 번밖에 하지 않았고, 그것도 5년 전에 일어난 일이었기 때문이다.

이것은 단순히 우연의 일치일까? 단 한 가지 사건만을 바탕으로 판단하기는 어렵지만, 다행히도 스페인 과학자 헤마 마르틴-오르다스가 이런 종류의 기억을 테스트하고 있었다. 마르틴-오르다스는 많은 침팬지와 오랑우탄을 대상으로 과거 사건에 대한 기억을 테스트했다. 예전에 이 유인원들에게 바나나나 냉동 요구르트를 가져오기에 적합한 도구를 찾는 게 필요한 과제를 내준 적이 있었다. 이들은 상자 속에 도구를 숨기는 과정을 지켜본 뒤에 과제 해결에 필요한 도구가 들어 있는 상자를 정확하게 선택해야 했다. 이것은 유인원에게는 아주 쉬운 일이어서 모든 것이 순조롭게 진행되었다. 그런데 유인원들이 수십 가지 사건과 테스트를 거치면서 몇 년이 지난 뒤, 이들은 갑자기 똑같은 사람인 마르틴-오르다스가 건물의 같은 방들에서 이전과 동일한 조건으로 자신들을 테스트하는 상황을 맞이하게 되었다. 동일한 연구자와 상황은 유인원들에게 자신들이 직면한 과제에 대해 단서를 제공할까? 이들은 어떤 도구를 사용해야 할지 그리고 어디서 그것을 찾아야 할지 즉각 알까? 이들은 실제로 그것을 알았는데, 적어도 이전의 경험이 있는 유인원들은 그랬다. 경험이 없는 유인원들은 전혀 그렇게 하지 못했는데, 따라서 여기서 기억의 역할을 확인할 수 있었다. 그뿐만이 아니라 유인원들은 망설이지도 않았다. 불과 몇 초 만에 문제를 풀었다.[3]

대부분의 동물 학습은 내가 하루 중 특정 시간에는 애틀랜타의 일부 고속도로를 피하는 게 좋다는 교훈을 터득한 방식과 비슷하게 다소 모호한 성격을 띤다. 교통 체증을 자주 겪으면 이전의 통근에서 무슨 일이 일어났는지 구체적인 기억이 전혀 없는 상태에서 더 빠른 길을 찾으려고 노력하게 된다. 이것은 미로에서 쥐가 어느 길로 접어들고 다른 길로는 가지 않는 법을 터득하거나, 새가 하루 중 어느 시간에 내 부모님의 발코니에서 빵 부스러기를 발견하는지 배우는 방식이기도 하다. 이런 종류의 학습은 우리 주변 곳곳에 널려 있다. 우리가 여기서 쟁점이 되고 있는 특별한 종류의 학습으로 간주하는 것은 프랑스 소설가 마르셀 프루스트가 《잃어버린 시간을 찾아서》에서 '프티트 마들렌'의 맛을 음미하며 과거를 떠올리는 것처럼 세부 사항을 기억해내는 것이다. 차에 적신 마들렌 맛은 어린 시절에

레오니 고모 집을 방문한 기억을 되살아나게 했다.

"빵 부스러기가 섞인 차 한 모금이 입천장에 닿는 순간 나는 전율을 느꼈고, 내게 일어난 이상한 일에 주목하면서 움직임을 멈췄다."[4]

자전적 기억의 힘은 특수성에 있다. 다채롭고 생생한 그 기억은 적극적으로 불러와 반추할 수 있다. 이것은 재구성(종종 잘못된 기억이 떠오르는 이유는 이 때문이다)이지만, 너무나도 강력한 재구성이어서 그것이 맞다는 특이한 감각까지 수반한다. 이것은 우리를 프루스트에게 일어났던 것과 같은 감정과 감각에 휩싸이게 한다. 누군가의 결혼식이나 아버지의 장례식을 언급하면 날씨와 손님, 음식, 행복감 또는 슬픔에 관한 온갖 종류의 기억들이 마음속에 솟구쳐 오른다.

유인원이 몇 년 전의 사건과 연결된 단서에 반응할 때에도 이런 종류의 기억이 작용하는 게 분명하다. 이와 동일한 기억은 매일 열매가 열린 나무 10여 그루를 찾아가면서 먹이를 구하러 다니는 야생 침팬지에게도 도움을 준다. 이들은 어디를 가야 할지 어떻게 알까? 숲에는 나무가 너무나도 많아서 무작위로 방문해서는 효과적으로 먹이를 구할 수 없다. 코트디부아르의 타이국립공원에서 연구하던 네덜란드 영장류학자 카를리너 얀마트는 유인원이 과거에 먹었던 음식을 아주 잘 기억한다는 사실을 발견했다. 이들은 대개 그전 몇 년 동안에 열매를 따먹었던 나무들을 확인했다. 만약 잘 익은 열매를 많이 발견한다면, 만족하여 꿀꿀거리는 소리를 내면서 그것을 맛있게 먹고는 며칠 뒤에 다시 돌아와야겠다고 생각한다.

얀마트는 침팬지가 그런 나무들로 가는 길목에다가 매일 둥지(하룻밤만

잠을 자는 곳)를 만들고 동이 트기 전에 일어나는 모습을 기술했는데, 침팬지는 보통은 그렇게 일찍 일어나는 걸 싫어한다. 용감무쌍한 영장류학자는 이렇게 이동하는 침팬지 무리 뒤를 걸어서 따라갔다. 침팬지는 일반적으로 그녀가 나뭇가지에 걸려 넘어지거나 나뭇가지를 밟으면서 시끄러운 소리를 내더라도 무시하지만, 이번에는 모두 고개를 돌려 날카롭게 바라보면서 그녀에게 큰 잘못을 했다는 느낌이 들게 했다. 소리는 주의를 끌었고, 침팬지들은 어둠 속에서 신경이 곤두섰다. 얼마 전에 한 암컷이 표범에게 새끼를 잃은 일이 있었기 때문에 이것은 충분히 이해할 수 있는 태도였다.

침팬지들은 깊이 뿌리박힌 두려움을 무릅쓰고 얼마 전에 열매를 따먹었던 특정 무화과나무를 향해 긴 여행을 시작했다. 이들의 목표는 무화과 러시가 일어나기 전에 먼저 선수를 치는 것이었다. 부드럽고 달콤한 이 열매는 다람쥐에서부터 코뿔새에 이르기까지 숲 속의 많은 동물들이 좋아하기 때문에, 풍부한 무화과를 최대한 확보하려면 남들보다 먼저 도착하는 것이 유일한 방법이다. 놀랍게도 침팬지는 둥지에서 가까이 있는 나무를 향해 갈 때보다 멀리 있는 나무를 향해 갈 때에는 더 일찍 일어났으므로 각각의 나무에 도착하는 시각이 거의 같다. 이것은 예상 거리를 바탕으로 여행 시간을 계산한다는 것을 시사한다. 얀마트는 이 모든 것을 고려할 때, 타이국립공원의 침팬지들이 풍요로운 아침 식사를 계획하기 위해 이전의 경험을 적극적으로 기억에서 되살린다고 믿는다.[5]

에스토니아계 캐나다 심리학자 엔델 툴빙은 일화 기억이란 특정 시간,

특정 장소에서 일어난 특정 사건을 상기하는 것이라고 정의했다. 이것은 사건의 3W what, when, where에 대한 기억 연구를 촉진했다.[6] 위에서 든 유인원 사례는 이에 딱 알맞은 것처럼 보이지만, 더 엄격하게 통제된 실험이 필요하다. **일화 기억**이 인간에게만 국한된 현상이라는 툴빙의 주장에 대한 최초의 반박은 유인원이 아니라 새를 대상으로 실시한 실험에서 나왔다. 니키 클레이턴은 앤서니 디킨슨과 함께 캘리포니아덤불어치가 먹이를 숨기는 습성을 활용해 이 새가 숨겨둔 먹이로 기억하는지 알아보기로 했다. 이 새들에게 숨겨야 할 먹이로 금방 썩는 것(벌집나방 애벌레)과 오래 보존되는 것(땅콩)을 섞어서 주었다. 네 시간 뒤, 이 새들은 애벌레(더 좋아하는 먹이)를 찾은 뒤에 땅콩을 찾았지만 닷새 뒤에는 반대로 행동했다. 심지어 애벌레는 찾으려고 하지도 않았는데, 아마 이 무렵에는 애벌레가 이미 썩어서 맛이 불쾌했을 것이다. 하지만 비교적 긴 시간이 지났는데도 새들은 땅콩을 숨겨둔 장소를 기억했다. 냄새 요인은 배제할 수 있었는데, 테스트를 할 때 과학자들은 먹이가 없는 상태에서 탐색 패턴을 기록했기 때문이다. 이 연구는 상당히 기발한 것이었고, 추가로 몇 가지 통제 요소를 포함하고 있었는데, 이 덕분에 저자들은 덤불어치가 자신이 언제 어디에 무엇을 숨겼는지 기억한다는 결론을 얻었다. 덤불어치는 자신이 한 행동의 3W를 기억했다.[7]

동물의 일화 기억을 뒷받침하는 증거는 미국 심리학자 스테파니 배브와 조너선 크리스털이 팔이 여덟 개 달린 방사상 미로에서 쥐를 돌아다니게 한 실험에서 추가로 나왔다. 쥐는 한 팔을 방문해 거기에 있는 먹이를 먹으면 이 먹이가 영원히 사라지며 따라서 이곳으로 다시 돌아올 필요가 없다는 사실을 학습했다. 하지만 한 가지 예외가 있었다. 쥐는 가끔 초콜릿 맛이 나는 알갱이를 발견했는데, 이것은 시간이 한참 지난 뒤에 다시 보충되었다. 쥐는 초콜릿 알갱이를 발견한 장소와 시간을 바탕으로 이 맛있는 먹이에 대한 기대가 생겼다. 쥐는 이 특정 팔로 되돌아왔는데, 시간이 한참 지난 뒤에 돌아왔다. 다시 말해서, 쥐는 초콜릿 먹이의 3W를 계속 알고 있었다.[8]

하지만 툴빙과 몇몇 학자들은 이 결과에 만족하지 않았다. 이 실험 결과들은 새나 쥐 또는 유인원이 자신의 기억을 어느 정도나 인식하는지는 말해주지 않는다(프루스트가 그토록 감동적으로 서술한 방식으로). 만약 그런 게 있다면 어떤 종류의 의식이 관여하는 것일까? 동물은 자신의 과거를 자기 역사의 한 단편으로 간주할까? 이런 질문들은 답할 수 없기 때문에 어떤 사람들은 동물에게는 '일화 비슷한' 기억이라는 용어를 사용함으로써 그 의미를 격하시켰다. 하지만 나는 이렇게 뒤로 후퇴하는 견해에 동의하지 않는다. 이것은 오로지 자기 성찰과 언어를 통해서만 알려진, 인간 기억의 잘못 정의된 측면을 중요시하기 때문이다. 기억을 전달하는 데 언어가 도움이 되기는 하지만, 언어가 기억을 만들어내는 일은 거의 없다. 나는 증명의 부담을 이를 입증할 책임이 있는 사람에게 지우는 쪽을 선호한다. 특히 우리와 가까운 종에 관한 문제라면 더욱 그렇다. 만약 다른 영장류가 인간만큼 정확하게 사건을 기억한다면, 가장 경제적인 가정은 그들도 똑같은 방식으로 그렇게 한다는 것이다. 인간의 기억이 독특한 수준의 인식에 기반을 두고 있다고 주장하는 사람들은 그 주장을 입증하기 위해 그에 합당한 연구를 해야 할 것이다.

그것은 그저 우리 상상 속에만 있는 개념일지 모른다.

고양이는 왜 우산을 준비하지 않을까?

동물이 시간 차원을 어떻게 경험하느냐를 둘러싼 논쟁은 미래를 다룰 때 더욱 뜨겁게 타올랐다. 동물이 미래의 사건을 생각한다는 이야기를 들어본 적이 있는가? 툴빙은 자신이 기르는 고양이 캐슈에 대해 아는 것을 바탕으로 생각해보았다. 그는 캐슈가 비를 예측하는 능력이 있는 것처럼 보이며 비를 피할 곳을 찾는 데 뛰어나지만, "미리 앞일을 생각하고 우산을 챙기지는 않는다"라고 말한다.[9] 이 저명한 과학자는 이 통찰력 있는 관찰을 전체 동물계로 일반화해 동물은 현재의 환경에 적응하지만, 슬프게도 미래를 상상하지 못한다고 설명했다.

인간의 독특성을 지지하는 또 다른 사람은 "동물이 5개년 계획에 동의한 적이 있다는 증거는 명백하게 드러난 것이 하나도 없다"라고 지적했다.[10] 그것은 사실이지만, 사람들 중에서는 과연 몇이나 그렇게 할까? 5개년 계획이라고 하면 나는 으레 중앙정부가 하는 일이 떠오르며 그보다는 인간이나 동물 모두 일상적인 일을 처리하는 방식에서 얻은 사례를 선호한다. 예를 들면, 나는 퇴근하는 길에 식료품을 사기로 계획을 세우거나 다음 주에 학생들에게 쪽지 시험을 치르게 해야겠다고 마음먹을 수 있다. 우리가 세우는 계획들의 성격은 대체로 이와 같다. 이것은 이 책 서두에서 밤을 지낸 둥지의 짚을 모아 실외에 따뜻한 둥지를 지은 프란여의 행동을 다룬 이야기와 별반 다르지 않다. 아직 실내에 있으면서 바깥의 쌀쌀한 공기를 실제로 느끼기 전에 프란여가 이런 대비를 했다는 사실이 중요한 이유는 이것이 툴빙의 소위 숟가락 테스트와 딱 들어맞는 사례이기 때문이다. 에스토니아의 한 동화에서 주인공 소녀는 꿈에서 친구의 초콜릿 푸딩 파티에 참석하는데, 다른 아이들은 초콜릿 푸딩을 맛있게 먹지만 소녀는 구경만 한다. 다른 아이들은 모두 자기 숟가락을 가져왔는데 소녀는 가져오지 않았기 때문이다. 이런 일이 다시 일어나지 않도록 하기 위해 소녀는 그날 밤 숟가락을 꼭 거머쥔 채 침대에 눕는다. 툴빙은 장래 계획을 세우는 능력을 인정하는 데 필요한 두 가지 기준을 제안했다. 첫째, 그 행동은 현재의 필요와 욕망에서 직접 비롯된 것이 아니어야 한다. 둘째, 그것은 현재와 맥락이 다른 미래의 상황에 대비하는 것이어야 한다. 소녀에게 숟가락은 침대에서 필요한 것이 아니라 꿈속에서 만나기를 기대한 초콜릿 푸딩 파티에서 필요한 것이었다.[11]

툴빙은 숟가락 테스트를 제안하면서 혹시 이 테스트가 불공정한 것이 아닐까 하는 생각이 들었다. 혹시 이것은 동물에게 지나치게 많은 것을 요구하는 것이 아닐까? 툴빙은 장래 계획에 관한 대부분의 실험이 실시되기 훨씬 전인 2005년에 이 테스트를 제안했는데, 유인원이 일상적으로 자발적인 행동을 통해 숟가락 테스트를 통과한다는 사실을 몰랐던 것으로 보인다. 프란여는 짚이 실제로 필요한 곳이 아닌 다른 장소와 다른 환경에서 짚을 모았을 때 이 테스트를 통과했다. 여키스국립영장류연구센터에서 수컷 침팬지 스튜어드는 실험에서 다양한 것을 가리키는 데 사용할 막대나 나뭇가지를 실외에서 찾은 뒤에야 시험실로 들어온다. 우리는 스튜어드가 나머지 침팬지들과 마찬가지로 손가락으로 표적을 가리키도록 그 손에서 막대를 빼앗는 방법으로 이런 행동을 못 하게 하려고 시도했지만, 스튜어드는 굴하지 않았다. 스튜어드는 막대로 가리키는 걸 선호했고, 굳이 막대를 구해 가져오려고 했는데, 그럼으로써 우리의 테스트와 스스로 만들어 낸 도구의 필요성을 예상했다.

하지만 내가 들 수 있는 수십 가지 예 중에서 가장 좋은 예는 리살라라는 보노보이다. 리살라는 우리가 공감에 대한 연구를 한 콩고 킨샤사 근처의 롤로야보노보 정글 보호구역에서 살고 있다. 하지만 문제의 관찰은 우리가 연구한 주제하고는 관계가 없는 것이었다. 나와 함께 일하던 재나 클레이는 리살라가 무게 약 7kg의 큰 돌을 집어 들어 등 위에 올리는 예상 밖의 광경을 보았다. 리살라는 새끼가 등 아래쪽에 매달린 상태에서 이 무거운 돌을 어깨 위에 올리고 운반했다. 이것은 다소 우스꽝스러운 장면이었다. 무거운 돌은 이동을 방해했고 추가로 많은 힘이 들게 했기 때문이다. 재나는 도대체 저 돌을 어디다 쓰려고 저럴까 궁금하여 비디오카메라를 켠 채 리살라 뒤를 따라갔다. 여느 진정한 유인원 전문가와 마찬가지로 재나는 리살라의 마음속에 어떤 목표가 있을 것이라고 가정했는데, 퀼러

보노보 리살라는 견과가 있는 것을 아는 장소까지 먼 거리를 걸어 무거운 돌을 운반한다. 견과를 모은 뒤에 리살라는 계속 이동해 그 지역에서 유일하게 큰 돌판이 있는 곳으로 간 뒤, 가져온 돌을 망치로 사용해 견과를 깬다. 그렇게 오래전에 도구를 준비한 것은 리살라가 계획을 세웠다는 것을 시사한다.

가 지적한 것처럼 유인원의 행동은 '확고한 목적의식이 있기' 때문이다. 인간의 행동에 대해서도 똑같이 말할 수 있다. 만약 거리에서 사닥다리를 들고 걸어가는 남자를 본다면 우리는 자동적으로 저렇게 무거운 도구를 아무 이유 없이 운반할 리가 없다고 가정할 것이다.

재나는 리살라가 약 500m를 이동하는 과정을 촬영했다. 이 여행 동안 리살라는 돌을 내려놓고 무엇인지 알아보기 위해 물건을 집어 올린 단 한 순간만 멈췄다. 그러고 나서 리살라는 다시 돌을 등에 지고 여행을 계속했다. 리살라는 모두 합쳐 약 10분을 걸은 뒤에 목적지에 도착했는데, 거기에는 단단하고 큰 돌판이 있었다. 리살라는 손으로 그 위를 몇 번 쓱쓱 문질러 부스러기들을 제거한 뒤에 돌과 새끼와 아까 모았던 것들을 내려놓았는데, 그것은 한 줌의 기름야자 열매였다. 리살라는 아주 단단한 견과들을 커다랗고 판판한 돌판 위에 올려놓고 무게 7kg의 돌을 망치처럼 사용해 견과를 깨는 작업에 착수했다. 리살라는 이 작업에 약 15분을 보낸 뒤 그 자리에 도구를 남겨두고 떠났다. 리살라가 계획을 세우지 않고 이 모든 일을 했다고는 생각하기 어려웠다. 아마 견과를 모으기 훨씬 전부터 이 계획을 세운 게 틀림없었다. 리살라는 아마도 이것들을 어디서 발견할 수 있는지 알았을 테고, 그래서 그 장소를 지나가도록 여행 경로를 계획했으며, 최종 목적지를 견과를 깨기에 충분히 단단한 표면이 있는 곳으로 선택했다. 요컨대 리살라는 툴빙의 모든 기준을 만족시켰다. 리살라는 상상만 할 수 있었던 음식물을 처리하기 위해 멀리 떨어진 장소에서 사용할 도구를 미리 구했다.

미래 지향적 행동을 보여주는 또 하나의 놀라운 예는 스웨덴 동물학자 마티아스 오스바트가 한 동물원에서 기록했는데, 이번에는 산티노라는 수컷 침팬지가 등장한다. 매일 아침 관람객이 들어오기 전에 산티노는 우리 주변의 해자에서 한가롭게 돌들을 주워 보이지 않는 곳에 쌓아 작은 돌더미를 만들었다. 이런 식으로 산티노는 동물원 문이 열리기 전에 자신의 무기고를 준비했다. 많은 수컷 침팬지와 마찬가지로 산티노도 하루에 여러 차례 털을 쭈뼛 세운 채 돌아다니면서 침팬지 무리와 관람객에게 강렬한 인상을 주었다. 물건을 집어던지는 것도 쇼의 일부였는데, 구경하는 군중을 향해 던지는 물건도 있었다. 대부분의 침팬지들은 결정적인 순간에 빈손이 된 반면, 산티노는 이 순간을 위해 준비해둔 돌 더미가 있었다. 산티노는 아직 아드레날린이 넘쳐나지 않아 평소처럼 예의 극적인 장면을 보여줄 기분이 나지 않는, 하루 중 조용한 시간에 돌을 준비했다.[12]

이런 사례는 관심을 기울일 필요가 있는데, 유인원이 인간이 만든 실험 조건에 자극을 받아 장래 계획을 세우는 게 아님을 보여주기 때문이다. 유인원은 자발적으로 장래 계획을 세운다. 이들이 하는 일은 많은 동물들이 다가오는 사건에 대처하는 방식과는 아주 다르다. 우리는 다람쥐가 가을에 도토리를 모아 숨겨두었다가 겨울과 가을에 꺼내 먹는다는 사실을 잘 안다. 다람쥐가 견과를 저장하는 행동은 겨울이 무엇인지 다람쥐가 아는가에 상관없이 낮의 길이가 짧아지고 견과가 줄어드는 데 자극을 받아 일어난다. 계절을 모르는 어린 다람쥐도 정확하게 똑같은 행동을 한다. 이 행동은 장래의 필요에 도움이 되고, 저장할 견과의 종류를 선택하거나 그것을 다시 찾는 데에는 상당한 인지 능력이 필요하지만, 다람쥐가 이렇게 계절적으로 준비를 하는 행동에 실제 계획이 반영된 것이라고 보기는 어렵다.[13] 그것은 같은 종의 모든 구성원들에게서 나타나는 진화한 경향이며 오직 한 가지 맥락에 국한해서 나타난다.

이와는 대조적으로 유인원의 계획은 상황에 따라 조절되며 다양한 방식으로 융통성 있게 표현된다. 하지만 이것이 학습과 이해를 바탕으로 일어난다는 사실은 관찰만으로는 증명하기 어렵다. 이런 사실을 증명하려면 유인원을 이전에 한 번도 접한 적이 없는 조건들에 노출시키는 것이 필요하다. 예를 들어 만약 동물이 지금 숟가락을 움켜잡으면 나중에 큰 도움이 되는 상황을 우리가 인위적으로 만든다면 어떤 일이 일어날까?

이에 대한 최초의 연구는 독일에서 니홀라스 물카히와 호셉 칼이 했다. 두 사람은 오랑우탄과 보노보에게, 비록 보상이 눈에 보이기는 해도 당장은 사용할 수 없는 도구를 선택하게 했다. 그러고 나서 유인원들을 대기실로 옮겼는데, 이 테스트는 보상 받는 순간이 열네 시간이 지난 뒤에야 찾아오는 것을 알면서도 이들이 나중에 사용하려고 도구를 챙기는지 알아보기 위해서였다. 유인원들은 도구를 챙겼지만, 특정 도구에 대해 긍정적 연관성이 발달해 미래에 대해 아는 것과 상관없이 그 도구를 소중하게 여길지 모른다는 주장이 나올 수 있다(그리고 실제로 그런 주장이 제기되어왔다).[14]

이 문제를 해결하기 위해 유인원에게 도구를 선택하게 하되, 이번에는 보이지 않는 곳에 보상을 둔 상황을 만들어 비슷한 실험을 했다. 유인원은 바로 옆에 있는 포도 대신에 장래에 사용할 수 있는 도구를 선호했다. 유인원은 미래의 이익에 도박을 걸기 위해 눈앞의 이익에 대한 욕망을 억눌렀다. 하지만 적절한 도구를 손에 넣고 나서 다시 같은 도구와 포도를 보여주었을 때에는 포도를 집었다. 이들이 도구 자체를 다른 것보다 더 가치 있게 여기지는 않는 게 분명했는데, 만약 더 가치 있게 여긴다면 두 번째에서도 첫 번째와 마찬가지 선택을 했을 것이다. 유인원은 일단 적절한 도구를 손에 넣고 나면 같은 종류의 도구를 하나 더 가질 이유가 없다는 사실을 안 게 틀림없고, 그래서 포도가 더 나은 선택이 될 수밖에 없었다.[15]

이 기발한 실험들에서 나온 결과는 툴빙뿐만 아니라 쾰러도 미리 예견한 바 있는데, 쾰러는 장래 계획을 세우는 동물에 대해 최초로 생각한 사람이었다. 심지어 지금은 유인원에게 실제 도구를 제시하는 대신에 사전에 도구를 만들 기회를 주는 테스트도 있다. 유인원에게 약한 나무판자를 분질러 작은 조각들로 만든 뒤 이것들을 이어 포도를 끌어당기는 막대로 만드는 방법을 가르쳤다. 막대의 필요성을 예상한 유인원은 제때에 조각들을 이어 도구를 완성하려고 열심히 노력했다.[16] 이를 준비하는 모습은 원재료를 가지고 먼 거리를 이동해 필요한 장소에서 그것을 변형시키고 날카롭게 벼리고 닳게 함으로써 도구로 만드는 야생 유인원의 행동을 닮은 것이었다. 야생 유인원은 가끔 숲에서 어떤 과제를 해결하기 위해 한 종류 이상의 도구를 가져가기도 한다. 침팬지는 땅속의 개미를 사냥하거나 꿀을 얻으려고 벌집을 습격할 때 최대 다섯 종류의 막대와 잔가지로 이루어진 연장 세트를 준비해 가져간다. 유인원이 아무 계획도 없이 다양한 도구를 찾고 그것을 가지고 여행한다고는 생각하기 어렵다. 그래서 리살라는 그 자체로는 아무 쓸모가 없고, 아직 줍지 않은 견과와 먼 곳의 단단한 표면과 결합될 때에만 그 목적에 도움이 되는 무거운 돌을 주워 운반했다. 동물의 선견지명을 무시한 채 이런 종류의 행동을 설명하려는 시도는 항상 길고 복잡하며 지나친 억지로 들린다.

이제 문제는 숟가락이나 우산 또는 막대 같은 도구에 의존하지 않고서 비슷한 증거를 얻을 수 있느냐 하는 것이다. 만약 더 넓은 행동 스펙트럼을 고려한다면 어떻게 될까? 또다시 클레이턴의 덤불어치가 그렇게 할 수 있는 방법을 보여주었다. 이 새들은 일상적으로 먹이를 숨기는데, 일부 과학자들은 이 행동이 인지에 관해 다소 좁은 창을 제공한다고 불평하지만, 그래도 어쨌든 창은 창이며, 영장류에게 사용하는 것과는 극단적으로 다른 창이다. 도구 사용 연구가 영장류의 전문화된 기술을 활용하는 것처럼 이 연구는 까마귓과 동물이 특별히 잘하는 행동을 활용한다. 그 결과는 아주 놀라운 것이었다.

캐롤라인 레이비는 덤불어치에게 우리 안의 두 칸에 먹이를 숨길 기회를 주었는데, 밤 동안에는 두 칸을 닫아두었다. 그리고 다음 날 덤불어치에게 두 칸 중 하나만 찾아갈 수 있는 기회를 주었다. 한 칸은 굶주림과 연관이 있었는데, 새들이 몇 날 아침을 그곳에서 아침을 먹지 못하고 보냈기 때문이다. 반면에 두 번째 칸은 '급식소'로 알려졌는데, 그곳에는 매일 아침 먹이가 채워져 있었기 때문이다. 저녁에 잣을 숨길 기회를 주자 덤불어치는 첫 번째 칸에 두 번째 칸보다 세 배나 많은 잣을 숨겼다. 그곳에서 겪을지도 모를 굶주림을 예상해 그런 것으로 보인다. 또 다른 실험에서는 새들에게 각각의 칸을 서로 다른 종류의 먹이와 연관 짓도록 가르쳤다. 어떤 종류의 먹이를 만나게 될지 일단 알고 나자 새들은 저녁에 각각의 칸에 그것과는 **다른** 먹이를 숨기는 경향을 보였다. 이것은 다음 날 아침에 둘 중 한 칸에서 마주치게 될 먹이를 좀 더 다양하게 만드는 결과를 낳았다. 이 모든 것을 종합해 판단하면, 덤불어치는 먹이를 숨길 때 현재의 필요와 욕망을 따르는 게 아니라 미래에 예상되는 필요와 욕망을 따르는 것으로 보인다.[17]

도구를 사용하지 않는 영장류의 사례를 생각할 때 당장 떠오르는 것은 외교적 행동이 도움이 되는 사회적 상황이다. 예를 들면, 침팬지는 가끔 이성과 비밀 만남을 도모한다. 보노보는 그럴 필요가 없는데, 남의 애정 행위에 간섭하는 일이 드물기 때문이다. 침팬지는 이런 일에 훨씬 덜 관대하다. 서열이 높은 수컷은 생식기가 매력적으로 부풀어 오른 암컷 가까이에 경쟁자가 다가가는 것을 허용하지 않는다. 하지만 알파 수컷이 항상 두 눈을 부릅뜨고 암컷을 감시하고 있을 수는 없는 일이어서, 젊은 수컷들이 암컷을 조용한 장소로 꾀어낼 기회가 가끔 찾아온다. 보통은 젊은 수컷은 다리를 쫙 벌려 발기한 성기를 보여주는데(성적 초대), 반드시 다른 수컷들을 등진 채 그렇게 하거나 팔을 무릎 위에 올린 채 한 손을 성기 바로 옆에 갖다 댐으로써 유혹하려는 암컷에게만 그것을 보여준다. 이런 행동을 보인 뒤에 수컷은 무심하게 어느 방향으로 걸어가 지배적인 수컷들의 시야에서 벗어난 곳에 자리를 잡고 앉는다. 이제 나머지는 암컷에게 달려 있다. 암컷은 그 수컷을 따라갈 수도 있고 따라가지 않을 수도 있다. 아무도 눈치 채지 못하게 하기 위해 암컷은 대개 다른 쪽으로 갔다가 빙 돌아서 결국 그 젊은 수컷이 있는 곳에 도착한다. 이 얼마나 놀라운 우연의 일치인가! 그러고 나서 둘은 재빨리 교미를 하는데, 숨을 죽이고 일을 치르려고 애쓴다. 이 모든 것은 아주 잘 계획된 일이라는 인상을 준다.

더 놀라운 것은 지위를 놓고 도전하는 어른 수컷들의 전술이다. 대결이 단지 두 경쟁자 사이에서만 일어나는 일은 드물고, 그중 한쪽을 지지하는 제3자까지 개입한다는 사실을 감안하면, 사전에 여론에 좋은 인상을 주어야 대결을 유리하게 이끌 수 있다. 수컷들은 온 털을 곤두세운 채 경쟁자를 도발하는 행동을 하기 전에 대개 서열이 높은 암컷들이나 한 수컷 친구의 털을 골라주는 행동을 한다. 털고르기는 다음 단계가 어떤 것이 될지 완전히 알고서 사전에 지원 세력을 확보하기 위해 비위를 맞춘다는 인상을 준다. 이 문제를 체계적으로 다룬 연구가 있었다. 니콜라 코야마는 영국 체스터동물원에서 큰 침팬지 집단을 대상으로 누가 누구의 털을 골라주는지 2000시간 이상 기록했다. 또 수컷들 사이에 어떤 종류의 분쟁이 일어나는지, 누가 누구와 동맹을 맺는지도 기록했다. 어느 날부터 다음 날까지 두 가지 행동(털고르기와 동맹 맺기)의 기록을 비교했더니, 수컷들은 하루 전에 털고르기를 해준 침팬지들로부터 더 많은 지지를 받았다는 사실이 드러났다. 이것은 침팬지들에게서 흔히 볼 수 있는 종류의 텃포탯이다. 하지만 이 연결 관계는 공격자에게만 성립하고 피해자에게는 성립하지 않았기 때문에 단순히 털고르기가 지지를 촉진한다고 설명할 수는 없었다. 코야마는 이 연결 관계를 적극적인 전략의 일부로 보았다. 수컷들은 사전에 자신이 촉발하려고 하는 대결이 어떤 것인지 알고 하루 전에 친구들의 털을 골라줌으로써 사전 공작을 펼친다. 이런 식으로 수컷들은 친구들의 지지를 확보하기 위해 만전을 기한다.[18] 이것은 대학의 정치를 연상시키는데, 중요한 교수 회의가 열리기 전에는 동료들이 내 연구실을 방문해 내 투표에 영향을 미치려고 애쓴다.

관찰 결과는 어떤 사실을 시사하지만 결정적 증거가 되는 경우는 드물다. 하지만 관찰 결과는 장래 계획을 세우는 것이 어떤 상황에서 도움이 되는지 파악하는 데 도움을 준다. 만약 자연적 관찰과 실험 결과가 같은 방향을 가리킨다면, 우리는 올바른 방향으로 나아가고 있는 게 분명하다. 예를 들면, 최근의 한 연구는 야생 오랑우탄이 장래의 여행 경로에 대해 의사소통을 한다고 시사했다. 오랑우탄은 남의 눈에 띄지 않고 혼자 살아가기를 좋아하기 때문에, 수관에서 서로 만나는 두 오랑우탄은 밤중에 서로 지나쳐가는 배와 같다고 묘사되어왔다. 오랑우탄은 대개 딸린 자식만 동반한 채 혼자서 이동하며, 오랫동안 시각적으로 격리된 채 살아간다. 서로의 위치를 알려주는 청각 정보만이 서로를 파악할 수 있는 유일한 정보인 경우가 많다.

카럴 판 스하이크(한때 나와 함께 공부했던 네덜란드 영장류학자. 나는 수마트라섬에 있는 그의 야외 연구 장소를 방문한 적이 있다)는 야생 수컷 오랑우탄들이 나무 높은 곳에 만든 둥지로 잠자러 가기 직전에 그 뒤를 추적했다. 이들은 밤이 되기 전에 1000번이 넘게 크게 소리를 질렀는데, 카럴은 그것을 녹음했다. 최대 4분까지 계속 이어지기도 하는 이 시끄러운 소리에 주변의 모든 오랑우탄이 주의를 집중하는데, 지배적인 수컷(유일하게 완전히 성장한 수컷으로, 잘 발달한 볼 지방덩이가 있는)은 절대 무시할 수 없는 존재이기 때문이다. 숲의 어느 한 지역에서 그런 수컷은 대개 한 마리밖에 없다.

카럴은 어른 수컷이 잠자러 가기 전에 소리를 지르는 방향이 다음 날의 여행 경로를 미리 알린다는 사실을 발견했다. 설사 그 방향이 매일 바뀌더라도, 그 소리에는 이 정보가 포함되어 있다. 암컷들은 자신의 여행 경로를 수컷의 여행 경로에 맞춰 조절하는데, 발정이 난 암컷이 수컷에게 접근하기 위해 그리고 나머지 암컷들은 청소년 수컷들이 귀찮게 할 때 어른 수컷을 찾기 위해 그렇게 한다(암컷 오랑우탄은 일반적으로 지배적인 수컷을 선호한다). 카럴은 야외 연구의 한계를 알지만, 그가 얻은 데이터는 오랑우탄이 자신이 어디로 가는지 알며, 적어도 실행하기 열두 시간 전에 그 계획을 목소리로 알린다고 시사한다.[19]

계획을 세우는 과정이 어떻게 일어나는지 신경과학이 언젠가 밝힐 날이 올지도 모른다. 최초의 단서들은 해마에서 나오고 있는데, 해마는 오래전부터 기억과 장래의 지향성에 필수적인 역할을 담당하는 것으로 알려졌다. 알츠하이머병의 무서운 효과는 일반적으로 뇌에서 이 부분이 퇴행하면서 시작된다. 하지만 모든 주요 뇌 지역과 마찬가지로 인간의 해마는 결코 독특한 것이 아니다. 쥐에게도 비슷한 구조가 있는데, 이 부위는 그동안 집중적으로 연구되었다. 미로 과제를 수행하고 나서 쥐가 잠을 자거나 깨어서 가만히 앉아 있는 동안, 뇌의 이 지역은 경험한 것을 계속 반복 재생한다. 쥐가 머릿속에서 연습하는 미로의 경로가 어떤 종류인지 알아내기 위해 뇌파를 사용해 조사한 결과, 과학자들은 여기서 과거의 경험을 강화하는 것 외에 더 많은 일이 일어난다는 사실을 발견했다. 해마는 쥐가 (아직) 가보지 않은 미로의 길들을 탐사하는 일에도 관여하는 것으로 보인다. 인간 역시 미래를 상상할 때 해마의 활동이 나타나기 때문에, 쥐와 인간은 동일한 방식으로 과거와 현재와 미래에 연결된다는 주장이 나왔다.[20] 이것은 영장류와 새의 미래 지향성에 대해 축적된 증거와 함께 의심을 품은 여러 사람(오직 인간만이 정신적 시간 여행을 할 수 있다고 생각한)의 견해를 뒤흔들었다. 우리는 다윈의 연속성 견해에 더 가까이 다가가고 있는데, 다윈은 인간과 동물의 차이는 종류의 차이가 아니라 정도의 차이라고 보았다.[21]

동물의 의지력

성폭행 혐의로 기소된 어느 프랑스 정치인은 '음탕한 침팬지'처럼 행동했다고 표현되었다.[22] 이 얼마나 (유인원에게) 모욕적인 표현인가! 충동을 억제하지 못하는 사람을 보면 우리는 그 사람을 동물에 비교한다. 하지만 앞에서 보았듯이, 침팬지는 성적 욕망에 굴복하는 대신에 충분한 감정 조절 능력이 있어서 그런 행동을 삼가거나 먼저 프라이버시를 확보하려고 노력한다. 이 모든 것의 본질은 사회적 위계에 있는데, 사회적 위계는 큰 영향력을 지닌 행동 조절 인자이다. 만약 모두가 자신이 원하는 방식으로 행동한다면 어떤 위계도 무너지고 말 것이다. 위계는 억제를 기반으로 한다. 물고기와 개구리에서부터 개코원숭이와 닭에 이르기까지 온갖 종들의 집단에는 사회적 사닥다리가 존재하기 때문에, 자기 통제는 동물 사회에서 역사가 아주 오래된 특징이다.

침팬지들이 아직도 인간에게서 바나나를 받아먹던 곰베스트림국립공원의 초기 시절에 생겨난 유명한 일화가 있다. 네덜란드 영장류학자 프란스 플로이는 사람들이 멀리서 열 수 있는 먹이 상자로 어른 수컷이 다가오는 모습을 관찰했다. 그동안 각각의 침팬지에게는 엄격하게 정해진 양의 먹이를 할당했다. 자물쇠를 여는 장치는 열릴 때 독특하게 찰칵거리는 소리가 났는데, 그럼으로써 거기서 과일을 꺼내 먹을 수 있음을 알렸다. 하지만 이 수컷이 그 소리를 듣고 행운에 기뻐하려는 그 찰나에 애석하게도 지배적인 수컷이 그곳에 나타났다. 이제 어떻게 해야 할까? 첫 번째 수컷은 아무 일도 없는 것처럼 행동했다. 상자를 여는(그래서 자신의 바나나를 잃는) 대신에 멀찌감치 떨어진 곳에 자리를 잡고 앉았다. 지배적인 수컷도 멍청이가 아니었는데, 느릿느릿 거닐며 그곳을 떠났다. 하지만 시야에서 벗어나자마자 지배적인 수컷은 나무 뒤에 숨어서 첫 번째 수컷이 어떻게 하나 몰래 지켜보았다. 그리고 첫 번째 수컷이 상자를 열자마자 달려와서 재빨리 바나나를 빼앗았다.

이 사건을 재구성하면, 처음에 지배적인 수컷은 첫 번째 수컷이 이상한 행동을 보여 의심을 품었다. 그래서 그 수컷을 지켜보기로 결정했다. 어떤 사람들은 심지어 의도성에도 여러 층위가 있다고 주장했다. 첫째, 지배적인 수컷은 첫 번째 수컷이 뚜껑이 여전히 잠겨 있다는 인상을 풍기려고 애쓴다는 사실을 알아채고 의심을 품었다. 둘째, 지배적인 수컷은 첫 번째 수컷에게 자신이 그 사실을 알아채지 못했다고 생각하게 했다.[23] 만약 사실이라면, 이것은 대부분의 전문가들이 인정하고 싶은 것보다 훨씬 복잡한 기만적 심리 게임이 유인원에게 일어나고 있음을 보여준다. 하지만 내가 흥미롭게 생각하는 부분은 두 수컷이 보여준 인내심과 자제력이다. 쉽게 구할 수 없는 아주 맛있는 음식이 들어 있었는데도, 둘 다 상대가 보는 앞에서는 상자를 열고 싶은 충동을 억제했다.

애완동물에게서도 억제가 작동하는 것을 쉽게 볼 수 있는데, 다람쥐를 발견한 고양이가 보이는 행동이 그런 예이다. 작은 설치류를 향해 곧장 달려가는 대신에 고양이는 몸을 땅에 납작댄 채 빙 돌아 아무 눈치도 채지 못하는 먹이 동물을 덮치기에 적합한 장소로 가서 몸을 숨긴다. 혹은 자기 몸 위로 강아지들이 밟고 다니고 꼬리를 물고 잠을 방해하더라도 꾹 참고 싫은 기색을 전혀 내비치지 않는 큰 개를 생각해보라. 매일 동물을 대하는 사람에게는 동물의 억제가 명백한 능력으로 보이는 반면, 서양에서는 이 능력을 좀체 인정하지 않는다. 전통적으로 동물은 감정의 노예로 묘사되어왔다. 이 모든 것은 동물과 인간을 '야만적 존재'와 '문명화된 존재'로 나누는 이분법적 사고로 되돌아간다. 야만적인 것은 제지하지 않으면 규율이 없고 심지어 무분별한 행동을 한다는 것을 의미한다. 이와는 대조적으로 문명화되었다는 것은 좋은 환경에서 인간이 보일 수 있는 품위 있는 억제 능력을 뜻한다. 이러한 이분법은 우리를 인간으로 만드는 것이 무엇인가에 관한 거의 모든 논쟁 뒤에 숨어 있다. 그것은 아주 깊이 뿌리박혀 있어, 사람들이 나쁜 행동을 할 때마다 우리는 그들을 '동물' 또는 '짐승'이라고 부른다.

데즈먼드 모리스는 내게 이것을 쉽게 이해시키려고 재미있는 이야기를 들려준 적이 있다. 그 당시 데즈먼드는 런던동물원에서 일했는데, 그곳에서는 관람객이 구경하는 가운데 유인원들의 다과회를 열었다. 유인원들은 탁자 주위의 의자에 앉아 그릇과 스푼, 컵, 찻주전자를 사용하는 법을 훈련받았다. 도구를 사용할 줄 아는 이 동물들에게 이 도구들을 사용하는 것은 당연히 아무 문제가 되지 않았다. 불행하게도 시간이 지나자 유인원들은 차 문화를 문명의 정점으로 여기던 영국의 일반 대중이 보기에 너무나도 세련되고 완벽하게 차를 마셨다. 유인원들의 공개 다과회가 인간의 자아를 위협하기 시작하자 뭔가 조치를 취하지 않으면 안 되었다. 그래서 유인원들을 다시 훈련시켜 차를 엎지르고, 음식을 마구 던지고, 찻주전자 주둥이에 입을 대고 차를 마시고, 조련사가 등을 돌리자마자 컵을 그릇에다 집어던지게 했다. 관람객들은 그 모습을 보고 좋아했다! 사람들이 당연히 그럴 것이라고 생각한 것처럼 유인원은 야만적이고 버릇이 없었다.[24]

이러한 오해와 같은 맥락에서 미국 철학자 필립 키처는 침팬지를 모든 충동에 취약한 짐승이라는 의미로 '천방지축wanton'이라고 불렀다. 이 단어가 흔히 연상시키는 악의적인 행동과 바람기(wanton이라는 단어는 악의적이라는 뜻과 바람기가 많다는 뜻도 포함하고 있다_옮긴이)는 키처가 내린 정의의 일부가 아니었는데, 키처의 정의는 행동의 결과를 무시하는 태도에 초점을 맞추었다. 키처는 더 나아가 우리가 진화하다가 어느 시점에서 이렇게 무분별한 천방지축 단계를 극복했다고 추측했는데, 이것이 바로 우리를 인간으로 만들었다고 주장했다. 이 과정은 "예상되는 특정 형태의 행동이 곤란한 결과를 초래할지 모른다는 인식"[25]과 함께 시작되었다. 이러한 인식은 정말로 중요한 핵심 요소이지만, 분명히 많은 동물에게도 있다. 그렇지 않다면 이 동물들은 온갖 종류의 문제에 부닥칠 것이다. 이동하는 누 떼는 건너야 하는 강물 속으로 뛰어들기 전에 왜 그렇게 오랫동안 망설일까? 어린 원숭이는 왜 친구의 어미가 눈앞에서 사라진 뒤에야 싸움을 시작할까? 왜 고양이는 여러분이 보지 않을 때에만 부엌의 긴 테이블 위로 뛰어오를까? 곤란한 결과에 대한 인식은 우리 주변 곳곳에 존재한다.

행동 억제에서 생겨난 부산물은 아주 풍부한데, 인간의 도덕과 자유의지의 기원에까지 뻗어 있다. 충동을 억제하지 못한다면 옳은 것과 그른 것을 구별하는 게 무슨 의미가 있겠는가? 철학자 해리 프랭크퍼트는 '인격 person(철학에서 도덕적 행위의 주체가 되는 개인을 일컫는 말_옮긴이)'을 단지 자신의 욕망을 따르기만 할 뿐만 아니라 그것을 인식하고 그것이 달라지기를 바라는 능력이 있는 사람으로 정의한다. 개인이 '자기 욕망의 바람직성'을 고려하는 순간 그는 자유의지를 가진 인격이 된다.[26] 하지만 프랭크퍼트는 동물과 어린아이는 자신의 욕망을 감시하거나 판단하지 않는다고 믿는 반면, 과학은 바로 이 능력을 갈수록 점점 더 많이 시험하고 있다. **만족 지연**에 관한 실험에서 유인원과 아이를 미래의 이익을 위해 적극적으로 저항할 필요가 있는 유혹에 노출시켰다. 감정 통제와 미래 지향성이 성공의 비결이고, 자유의지도 중요하다.

대부분의 사람들은 탁자 뒤에 홀로 앉아 마시멜로를 먹지 않으려고 필사적으로 애쓰는 어린이들의 모습(몰래 그것을 핥거나 아주 조금만 뜯어먹거나 유혹을 피하기 위해 딴 곳을 바라보는 등)을 촬영한 비디오를 재미있게 본 적이 있을 것이다. 이것은 충동 억제를 가장 명시적으로 테스트한 실험 중 하나이다. 어린이들에게는 만약 실험자가 돌아올 때까지 마시멜로를 먹지 않는다면 마시멜로를 하나 더 주겠다고 약속했다. 어린이들은 단지 만족을 뒤로 미루기만 하면 더 큰 보상을 얻을 수 있다. 하지만 그러려면 즉각적인 보상이 지연된 보상보다 더 매력적이라는 일반 규칙에 어긋나는 행동을 해야 한다. 우리가 힘든 시기에 대비해 저축을 하는 것이 힘들거나 흡연자가 장기적인 건강보다 담배를 더 매력적으로 느끼는 이유는 이 때문이다. 마시멜로 테스트는 어린이가 미래를 얼마나 중시하는지 그 정도를 측정한다. 이 테스트에서 어린이들이 얻는 점수는 천차만별인데, 이 테스트에서 보여주는 인내심의 정도는 나중에 인생에서 얼마나 성공할지 알려주는 훌륭한 지표가 된다. 충동 억제와 미래 지향성은 사회에서의 성공을 좌우하는 주요 요소이다.

많은 동물은 비슷한 과제를 수행하는 데 어려움을 겪으며, 망설이지 않고 눈앞의 먹이를 즉각 먹어치운다. 아마도 자연 서식지에서는 그렇게 하지 않으면 먹이를 잃기 쉽기 때문일 것이다. 만족 지연이 아주 약하게 나타나는 종들도 있는데, 최근에 꼬리감는원숭이를 대상으로 한 실험에서 그런 결과가 나왔다. 꼬리감는원숭이들은 당근 한 조각과 바나나 한 조각이 놓여 있는 커다란 회전식 쟁반을 보았다. 처음에는 둘 중 하나가 그리고 조금 뒤에는 다른 하나가 지나가는 것을 보았는데, 유리창 뒤에 앉아 있는 꼬리감는원숭이는 오직 한 번만 손을 뻗어 음식을 집을 수 있었다. 대다수는 당근을 무시하고 눈앞으로 그냥 지나가게 한 반면, 바나나가 지나갈 때 손을 뻗어 더 나은 보상을 얻었다. 두 음식 사이에서 만족을 지연시키는 시간은 15초에 불과했지만, 이들은 충분한 인내심을 보여 당근보다 바나나를 훨씬 많이 먹었다.[27] 어떤 종들은 우리와 비슷한 수준의 극적인 자제력을 보여준다. 예를 들면, 침팬지는 30초마다 캔디가 하나씩 떨어지는 통을 끈기 있게 지켜본다. 침팬지는 언제든지 통을 끌어당겨 그 안에 든 것을 먹을 수 있지만, 그렇게 하면 더 이상 캔디가 떨어지지 않는다는 사실을 안다. 더 오래 기다릴수록 더 많은 캔디를 얻을 수 있다. 유인원은 이 과제에서 최대 18분 동안 만족을 지연시키면서 어린이만큼 좋은 성적을 거둔다.[28]

큰 뇌를 가진 새들을 대상으로 비슷한 테스트를 해보았다. 새에게는 자제력이 필요 없을 것이라고 생각하기 쉽지만, 다시 한 번 생각해보라. 많은 새가 자신이 쉽게 삼킬 수도 있는 먹이를 물어다가 새끼에게 가져다준다. 어떤 종들은 구애를 하는 동안 수컷이 자신은 굶으면서도 짝에게 먹이를 가져다준다. 먹이를 숨기는 새는 장래의 필요에 대비하기 위해 당장의 만족을 억제한다. 따라서 새도 자제력을 발휘할 것이라고 기대할 만한 이유가 많다. 테스트 결과도 이를 입증한다. 까마귀와 큰까마귀에게 콩(보통은 당장 먹어치우는 먹이)을 나중에 그들이 훨씬 좋아하는 소시지와 바꿀 수 있다는 것을 가르친 후에 콩을 주었다. 이 새들은 최대 10분까지 콩을 붙잡고 기다렸다.[29] 아이린 페퍼버그가 기르던 아프리카회색앵무인 그리핀을 비슷한 방식으로 테스트했을 때, 그리핀은 그보다 훨씬 더 오래 기다렸다. 앵무새는 "기다려!"라는 지시를 이해하는 이점이 있었다. 그래서 그리핀이 횃대에 앉아 있는 동안 곡물처럼 덜 좋아하는 먹이를 앞에 갖다놓고 기다리라고 말했다. 그리핀은 충분히 오래 기다리면, 캐슈너트나 심지어 캔디를 얻을 수 있다는 사실을 알았다. 만약 10분부터 15분 사이의 임의적인 시간이 지난 뒤에 컵 속에 곡물이 그대로 있다면 그리핀에게 더 나은 먹이를 주었다. 그리핀은 전체 시행 중 90%에서 성공했는데, 그중에는 가장 오래 기다린 시간도 포함되어 있었다.[30]

무엇보다 흥미로운 것은 어린이와 동물이 유혹에 대처하는 다양한 방법이다. 이들은 그냥 수동적으로 가만히 앉아서 갖고 싶은 물체를 바라보는 대신에 다른 데 신경을 쓰려고 노력했다. 어린이는 마시멜로를 보지 않으려고 애썼는데, 때로는 손으로 눈을 가리거나 머리를 두 팔에 묻었다. 스스로에게 말을 하는가 하면 노래를 부르고, 손과 발을 사용하는 게임을 만들고, 끔찍하게 긴 시간 동안 기다리면서 견뎌내는 고통을 피하려고 심지어 잠을 자기도 했다.[31] 유인원의 행동도 별반 다르지 않았는데, 한 연구에서는 장난감을 주면 유인원이 더 오래 버틸 수 있다는 사실을 발견했다. 장난감은 캔디 기계에서 주의를 돌리는 데 도움을 주었다. 그리핀의 경우에는 가장 오래 기다린 한 테스트에서 시간이 3분의 1쯤 흘렀을 때 곡물이 든 컵을 방 건너편으로 휙 던져버렸다. 그럼으로써 그것을 쳐다보지 않아도 되었다. 또 어떤 때에는 컵을 닿지 않는 곳으로 옮기거나, 스스로에게 말을 하거나, 부리로 깃을 다듬거나, 깃털을 흔들거나, 크게 하품을 하거나, 잠을 잤다(혹은 적어도 눈을 감았다). 또 그리핀은 때로는 그것을 먹지 않고 핥기만 하거나 "캐슈너트를 원해!"라고 소리쳤다.

이런 행동들 중 일부는 눈앞의 상황에 어울리지 않고 동물행동학자들이 **전위 행동**displacement activity이라고 부르는 범주에 속하는데, 이것은 충동을 억제할 때 일어나는 행동이다. 전위 행동은 싸우는 것과 도망치는 것처럼 서로 충돌하는 두 가지 충동이 동시에 일어날 때 나타난다. 두 가지 충동이 다 표출될 수는 없으므로 상관없는 행동을 통해 그런 충동의 압력을 낮춘다. 경쟁자에게 겁을 주기 위해 지느러미를 좍 펼치던 물고기가 갑자기 아래로 헤엄쳐 모래 속으로 파고 들어가기도 하고, 수탉이 갑자기 싸움을 중단하고 그냥 가상의 낟알을 쪼기 시작하기도 한다. 사람의 경우 전형적인 전위 행동은 어려운 질문을 받았을 때 머리를 긁적이는 것이다. 머리를 긁적이는 행동은 다른 영장류도 인지 테스트를 할 때 공통적으로 나타나는데, 특히 도전적인 과제에 맞닥뜨렸을 때 흔히 나타난다.[32] 전위 행동은 동기 에너지가 배출구를 찾는 도중 아무 관련이 없는 행동으로 '불꽃이 옮겨 갈' 때 일어난다. 이 메커니즘을 발견한 네덜란드 동물행동학자 아드리안 코르틀란트는 놓아서 기르는 가마우지 집단을 관찰한 암스테르담의 동물원에서 아직도 크게 존경받고 있다. 그가 새들을 추적하며 많은 시간을 보냈던 나무 벤치에는 '전위 벤치displacement bench'라는 이름이 붙어 있다. 나는 얼마 전에 그 벤치에 앉아보았는데, 하품이 나오고 빈둥거리고 내 몸을 긁적이고 싶은 충동을 참을 수가 없었다.

하지만 이것은 동물이 만족 지연에 어떻게 대처하며 왜 부리로 자신의 몸을 다듬거나 하품을 하는가라는 질문에 대해 완전한 설명이 되지 못한다. 여기에는 인지적 해석도 있다. 오래전에 미국 심리학의 아버지 윌리엄 제임스는 '의지'와 '자아 강도ego strength'가 자기 통제의 기반이라고 주장했다. 마시멜로 테스트를 묘사한 다음 글에서처럼 어린이의 행동은 대개 이런 식으로 해석된다.

"피험자는 기다리는 패러다임에서 나중으로 미루어진 더 큰 결과를 정말로 얻을 것이라고 기대하고 그것을 간절히 원한다면 매우 금욕적으로 기다릴 수 있지만, 주의를 다른 곳으로 돌리고, 마음속으로 인지적 주의 분산에 몰두한다."[33]

여기서는 의도적이고 의식적인 전략을 강조한다. 어린이는 미래에 무엇이 기다리고 있는지 알며, 자신의 마음을 눈앞의 유혹에서 떨쳐내려고 애쓴다. 동일한 조건에서 어린이와 일부 동물들이 얼마나 비슷하게 행동하는지를 감안하면 동일한 설명을 선호하는 것이 논리적이다. 인상적인 의지력을 보여줌으로써 동물 역시 자신의 욕망을 알고 그것을 억제하려고 노력하는지 모른다.

이것을 더 깊이 탐구하기 위해 나는 조지아 주립대학에서 일하는 미국인 동료 마이클 베런을 찾아갔다. 마이크의 연구소가 자리한 애틀랜타 중앙부 디케이터의 넓은 숲속에는 침팬지와 원숭이를 수용하는 널찍한 시설들이 있다. 이 연구소는 언어연구센터라 알려졌는데, 기호를 인식하는 훈련을 받은 보노보 칸지가 이곳에 들어온 첫 번째 유인원이었기 때문에 이런 이름이 붙었다. 같은 장소에서 찰리 멘젤은 유인원을 대상으로 공간 기억 테스트를 하며, 세라 브로스넌은 꼬리감는원숭이의 경제적 의사 결정을 연구한다. 애틀랜타 지역은 세계에서 영장류 학자의 인구 밀도가 가장 높은 장소일 것이다. 조지아주 애선스 부근의 애틀랜타동물원에서도, 역사적으로 이 모든 흥미로운 사실에 불을 붙인 여키스국립영장류연구센터에서도 이들 학자를 볼 수 있다. 그 결과 우리는 광범위한 주제들에 대해 전문 지식을 갖게 되었다.

나는 자기 통제에 대해 광범위한 연구[34]를 한 마이크에게, 이 분야의 논문들은 왜 그토록 자주 의식과 관련된 문제로 시작했다가 금방 실제 행동 문제로 옮겨 가고, 의식 문제로 돌아가는 일이 절대로 없느냐고 물어보았다. 저자들이 우리를 놀리는 것일까? 마이크는 그 이유가, 의식과 연결 짓는 것이 다소 사변적이기 때문이라고 생각한다. 엄밀하게 말하면 기다림으로써 더 나은 결과를 얻는다고 해서 동물이 장래에 어떤 일이 일어날지 마음속으로 안다는 사실이 증명되는 것은 아니다. 반면에 이들의 반응은 점진적 학습에 좌우되지 않는데, 일반적으로 이들은 반응을 즉각 나타내기 때문이다. 자기 통제 결정을 미래 지향적이고 인지적이라고 간주하는 이유는 이 때문이다. 우리는 의심의 여지가 없는 증거를 얻지 못할 수도 있지만, 유인원이 더 나은 결과를 기대하면서 이런 결정을 내린다고 추정할 수 있다. "유인원의 행동이 완전히 외부적 자극에 통제를 받는다는 주장은 내가 보기에 터무니없어 보입니다."

인지적 해석을 뒷받침하는 또 하나의 논거는 캔디가 규칙적인 간격으로 그릇에 떨어지는 동안 최대 20분까지 오래 기다리면서 유인원이 보이는 행동이다. 기다리는 유인원은 그동안 물건을 가지고 놀기를 좋아하는데, 이것은 자기 통제가 필요하다는 사실을 인식한다는 걸 시사한다. 마이크는 유인원이 정신을 몰두하기 위해 하는 기이한 행동을 몇 가지 들었다. 셔먼(어른 수컷 침팬지)은 그릇에서 캔디를 하나 집어 살펴보고는 도로 그릇에 넣었다. 팬지는 캔디가 굴러 들어오는 관을 떼어냈다. 그리고 이것을 살펴보고 흔들어본 뒤에 캔디가 나오는 장치에 도로 연결시켰다. 장난감을 주면 그것을 정신을 몰두하는 데 사용하면서 기다리는 고통을 줄였다. 이런 행동은 예상과 전략 구상을 시사하는데, 이 둘은 모두 의식적 인식을 시사한다.

마이크는 미국 영장류학자 세라 보이선이 침팬지 시바와 함께한 관한 전설적인 실험 때문에 이 주제에 관심을 갖게 되었다. 시바에게 서로 다른 양의 캔디가 담긴 두 컵 중에서 하나를 선택하게 했다. 하지만 시바가 가리킨 컵은 다른 침팬지에게 가고, 시바에게는 남은 컵이 간다는 게 함정이었다. 그렇다면 반대로 가리키는 것, 즉 캔디가 **적게** 든 컵을 가리키는 것이 명백히 현명한 전략이다. 하지만 시바는 더 많은 캔디를 갖고 싶은 욕망을 극복하지 못해 이 비결을 결코 터득하지 못했다. 그런데 캔디를 숫자로 대체하자 상황이 변했다. 시바는 1부터 9까지의 숫자를 배웠고, 이것과 관련된 음식의 개수를 알게 되었다. 서로 다른 두 숫자를 제시하자 시바는 망설이지 않고 더 작은 숫자를 가리키면서 '반대로 가리키기' 전략의 작용 방식을 이해한다는 것을 보여주었다.[35]

마이크는 침팬지가 실제 캔디로는 반대로 가리키기 과제를 제대로 해내지 못한다는 것을 보여준 샐리(세라의 애칭)의 연구에 깊은 인상을 받았다. 이것은 분명히 자기 통제와 관련된 문제였다. 마이크가 자기 침팬지들을 대상으로 같은 테스트를 해보았더니 그들 역시 테스트를 통과하지 못했다. 캔디를 숫자로 대체한 샐리의 아이디어는 정말로 훌륭했다. 물건을 기호로 대체했건 아니면 그저 쾌락적 속성을 제거했건 간에, 숫자로 훈련받은 침팬지들은 테스트를 아주 잘 통과했다. 내가 어린이를 대상으로 같은 실험을 해본 적이 있느냐고 물었을 때 마이크가 한 답변은 동물인지를 연구하는 과학자들이 공정한 비교가 가능한지에 대해 얼마나 크게 우려하는지 보여주었다.

"기억이 나지는 않지만 시도를 해보았을지도 모릅니다. 하지만 아마도 그들은 어린이들에게 설명해주었을 텐데 나는 아무것도 설명하지 않는 쪽을 선호합니다. 유인원에게는 설명할 수 없으니까요."

네가 아는 것을 알라

나머지 종들은 모두 플랫폼에 발이 묶여 있는 가운데 오직 인간만이 정신적으로 시간 열차에 올라탈 수 있다는 주장은 우리가 의식적으로 과거와 미래에 접근할 수 있다는 사실과 긴밀히 연결되어 있다. 의식과 관련된 것은 무엇이건 다른 종에게도 이 능력이 있다는 사실을 받아들이기가 어려웠다. 하지만 이런 태도는 문제가 있다. 우리가 의식에 대해 훨씬 많은 것을 알아서가 아니라 다른 종들도 일화 기억이나 장래 계획 세우기, 만족 지연 등의 능력이 있다는 증거가 점점 더 많이 쌓이고 있기 때문이다. 그렇다면 이 능력들에 의식이 필요하다는 개념을 포기하든가, 아니면 동물도 이런 능력이 있을 가능성을 받아들여야 할 것이다.

이 바퀴의 네 번째 살은 **메타인지**metacognition(초인지라고도 함)인데, 문자 그대로 인지에 대한 인지라는 뜻이며 '생각에 대한 생각'이라고도 부른다.

퀴즈 프로그램 참가자들에게 주제를 선택하게 하면 당연히 자신이 가장 잘 아는 주제를 고른다. 이것은 바로 메타인지가 작동하는 사례인데, 왜냐하면 자신이 무엇을 아는지 안다는 것을 뜻하기 때문이다. 마찬가지로 어떤 질문에 대해 "잠깐만요, 생각이 날 듯 말 듯 해요"라고 대답할 수도 있다. 다시 말해서, 비록 이것을 생각해내기까지 시간이 좀 걸리기는 하겠지만, 나는 내가 그 답을 안다고 생각한다는 뜻이다. 수업 중에 질문을 듣고 손을 드는 학생도 역시 메타인지에 의존하는데, 자신이 답을 안다고 생각해야만 이렇게 행동할 수 있기 때문이다. 메타인지는 자신의 기억을 점검하게 해주는 뇌의 집행 기능을 토대로 작동한다. 또다시 우리는 이 과정을 의식과 결부시키는데, 메타인지 역시 우리 종만의 독특한 능력이라고 간주된 이유도 바로 이 때문이다.

이 분야에서의 동물 연구는 아마도 1920년대에 톨먼이 알아챈 **불확정성 반응**uncertainty response과 함께 시작되었을 것이다. 그의 쥐들은 어려운 과제 앞에서 망설이는 것처럼 보였는데, 그것은 그 '표정과 앞뒤로 왔다 갔다 하는 행동'으로 드러났다.[36] 이것은 아주 놀라운 일이었는데, 당시만 해도 동물은 단순히 자극에만 반응한다고 생각했기 때문이다. 내면의 삶이 없는 동물이 왜 어떤 결정을 놓고 고민을 한단 말인가? 수십 년 뒤에 미국 심리학자 데이비드 스미스가 큰돌고래에게 고음과 저음의 차이를 구별하는 과제를 내주었다. 그 큰돌고래는 플로리다주 돌고래연구센터 수족관에서 살던 열여덟 살의 수컷 나투아였다. 톨먼의 쥐들과 마찬가지로 나투아의 자신감 수준은 상당히 명백했다. 나투아는 두 가지 음을 구분하는 게 쉽거나 어려운 정도에 따라 응답을 향해 헤엄쳐 가는 속도가 달랐다. 두 음이 아주 다를 때에는 나투아는 아주 빠른 속도로 달려 그 앞에 생기는 파도 때문에 측정 장비의 전자 부품이 젖을 위험이 생길 정도였다. 그래서 장비를 비닐로 씌워 보호해야 했다. 하지만 두 음이 비슷할 때에는 나투아는 속도를 늦추고 머리를 좌우로 흔들었으며, 높은 소리나 낮은 소리를 표시하기 위해 접촉해야 하는 두 패들 사이에서 망설였다. 즉, 어느 쪽을 선택해야 할지 몰랐다. 스미스는 이것이 의식을 반영한 것일지도 모른다는 톨먼의 제안을 염두에 두고 나투아의 불확정성을 연구해보기로 결정했다. 그래서 동물이 양자택일을 유보할 수 있는 방법을 생각해냈다. 나투아가 더 쉽게 구별할 수 있는 테스트를 새로 시도해보기 원할 경우, 선택할 수 있는 세 번째 패들을 추가한 것이다. 선택이 어려울수록 나투아가 세 번째 패들로 가는 비율이 더 높았는데, 정답을 맞히기가 어렵다는 사실을 나투아가 인식했다는 것을 시사했다. 이렇게 해서 동물메타인지 분야가 탄생했다.[37]

연구자들은 본질적으로 두 가지 접근법을 취했다. 하나는 돌고래 연구에서와 마찬가지로 불확정성 반응을 탐구하는 것이고, 다른 하나는 동물이 더 많은 정보가 필요할 때 그 사실을 인식하는지 조사하는 것이었다. 첫 번째 접근법은 쥐와 마카크를 대상으로 한 연구에서 성공을 거두었다. 현재 에모리 대학에서 내 동료로 일하는 로버트 햄프턴은 원숭이들에게 터치스크린을 사용하는 기억 과제를 내주었다. 원숭이에게 예컨대 분홍색 꽃 같은 특정 이미지를 먼저 보여준 뒤, 잠시 간격을 두었다가 그 분홍색 꽃을 포함해 여러 장의 사진을 보여주었다. 지연 시간은 다양하게 변화를 주었다. 매번 테스트를 하기 전에 원숭이에게 테스트를 받거나 거절할 기회를 주었다. 만약 테스트를 받기로 선택하여 분홍색 꽃을 제대로 맞히면 상으로 땅콩을 하나 주었다. 테스트를 거절하면 매일 먹는 지겨운 먹이인 펠릿 사료를 하나 주었다. 지연 시간이 길수록 더 나은 보상이 주어졌는데도 테스트를 거절하는 비율이 더 높았다. 원숭이는 자신의 기억이 희미해졌다는 사실을 아는 것처럼 보였다. 가끔은 원숭이에게 회피할 기회를 주지 않고 억지로 테스트를 받게 했다. 그럴 경우에는 성적이 별로 좋지 않았다. 다시 말해서 원숭이들이 테스트에 참여하지 않기로 선택할 때에는 어떤 이유가 있었는데, 주로 자신의 기억을 믿을 수 없을 때 그런 선택을 했다.[38] 쥐를 대상으로 비슷한 테스트를 했을 때에도 비슷한 결과가 나왔다. 쥐는 의도적으로 참여를 선택한 테스트에서 가장 좋은 성적을 얻었다.[39] 다시 말해서, 마카크와 쥐는 자신이 있을 때에만 테스트에 자원했는데, 이것은 이들이 자신의 지식을 안다는 것을 시사한다.

두 번째 접근법은 정보 탐색과 관련이 있다. 예를 들면, 들여다보는 구멍 앞에 어치를 놓아두고 먹이(벌집나방 애벌레)를 숨기는 장면을 볼 기회를 준 뒤 그곳으로 들어가 먹이를 찾게 했다. 어치는 한 구멍을 통해 한 실험자가 열린 컵 네 개 중 하나에 애벌레를 집어넣는 걸 보거나 다른 구멍을 통해 다른 실험자가 뚜껑이 닫힌 컵 세 개와 열린 컵 한 개를 갖고 같은 행동을 하는 걸 볼 수 있었다. 두 번째 경우에는 애벌레가 어느 컵으로 들어갈지 명백했다. 벌레를 찾으러 들어가기 전에 어치는 첫 번째 실험자를 관찰하는 데 더 많은 시간을 보냈다. 어치는 이것이 자신에게 가장 필요한 정보임을 아는 것처럼 보였다.[40]

원숭이와 유인원을 대상으로 수평 방향의 여러 관 중 하나에 실험자가 음식물을 숨기는 장면을 보여줌으로써 같은 종류의 실험을 해보았다. 분명히 영장류는 실험자가 음식물을 어디다 숨겼는지 기억했고 자신 있게 정확한 관을 선택했다. 하지만 음식물을 몰래 숨길 경우에는 어느 관을 선택해야 할지 확신할 수 없었다. 이들은 한 관을 선택하기 전에 관 속을 들여다보았는데, 더 잘 보기 위해 몸을 아래로 굽히면서 들여다보았다. 이들은 성공하려면 더 많은 정보가 필요하다는 사실을 알았던 것이다.[41]

레서스원숭이는 네 관 중 하나에 음식물이 숨겨져 있다는 사실을 알지만, 어디에 들어 있는지는 모른다. 모든 관을 다 선택할 수는 없으며 오직 하나만 선택할 수 있다. 레서스원숭이는 먼저 몸을 굽혀 관들 속을 들여다봄으로써 자신이 모른다는 것을 안다는 것을 보여주는데, 이것은 메타인지 능력이 있음을 시사한다.

이 연구들의 결과로 이제 일부 동물은 자신이 지식을 추적하고 언제 그 지식이 부족한지 안다고 인정받게 되었다. 이 모든 것은 동물이 믿음과 기대, 그리고 어쩌면 의식까지 가지고 주변의 단서들을 능동적으로 처리하는 존재라는 톨먼의 주장과 맞아떨어진다. 이 견해에 대한 지지가 점점 높아지자 나는 동료인 로버트 햄프턴에게 이 분야의 진척 상황을 물어보았다. 우리 둘은 에모리 대학 심리학과의 같은 층에 연구실이 있다. 우리는 내 연구실에서 먼저 리살라가 큰 돌을 운반하는 비디오를 보았다. 진정한 과학자처럼 로버트는 즉각 견과와 도구가 놓인 장소를 변화시킴으로써 이 상황을 통제된 실험으로 바꿀 수 있는 방법을 생각하기 시작했다. 하지만 나는 이 전체 과정의 아름다움은 리살라의 자발적 행동에 있다고 보았다. 우리는 거기에 관여할 게 아무것도 없었다. 로버트는 깊은 인상을 받았다.

나는 로버트에게 메타인지에 관한 그의 연구가 돌고래 연구에서 영감을 받은 것이냐고 물었지만, 그는 이것을 수렴 관심 사례라고 보았다. 돌고래 연구가 먼저 나왔지만 그것은 로버트가 초점을 둔 기억에 관한 연구가 아니었다. 로버트는 세라 셰틀워스의 토론토 연구실에서 박사후 연구원으로 일하던 앨러스테어 인먼의 아이디어에서 영감을 얻었는데, 당시에는 로버트도 그곳에서 일했다. 앨러스테어는 어떤 것을 기억하는 데 드는 비용이 얼마나 되는지 궁금증을 느꼈다. 마음속에 정보를 보관하는 대가는 얼마일까? 그래서 비둘기의 기억력을 측정하는 실험을 설계했는데, 그것은 로버트가 개발한 원숭이의 메타인지 테스트와 비슷했다.[42]

엔델 툴빙이 정의를 바꿔가며 그런 것처럼 인간과 다른 동물들 사이에 확실하게 선을 긋는 사람들을 어떻게 생각하느냐고 묻자 로버트는 이렇게 외쳤다.

"툴빙! 그는 그렇게 하기를 좋아하지요. 그는 동물 연구 공동체에 큰 도움을 주었어요."

로버트는 툴빙이 그런 이야기를 하는 것은 기준을 높이 설정하기를 즐기기 때문이라고 믿는다. 툴빙은 다른 사람들도 같은 가치를 추구하리란 사실을 알기 때문에 더 훌륭한 실험들을 하라고 독려하는 것이다. 로버트는 원숭이에 관해 쓴 첫 번째 논문에서 자극을 준 데 대해 툴빙에게 고마움을 표시했다. 그로부터 얼마 후 한 학회에서 선배 과학자를 만났을 때, 툴빙은 로버트에게 "자네가 쓴 논문 보았네. 고맙네!"라고 말했다.

의식과 관련해 로버트에게 큰 질문은 우리에게 왜 그것이 실제로 필요한가 하는 것이다. 의식은 도대체 무엇에 쓸모가 있는가? 사실, 우리가 무의식적으로 할 수 있는 일도 많지 않은가? 예를 들면, 기억상실증 환자는 자신이 무엇을 배웠는지 몰라도 무엇을 배울 수 있다. 거울의 안내를 받아 좌우가 뒤집힌 그림 그리는 법을 배울 수도 있다. 이들은 여느 사람과 같은 속도로 손과 눈의 협응 기술을 습득하지만, 테스트할 때마다 이전에 그것을 해본 적이 한 번도 없다고 말한다. 그것은 이들에게 완전히 새로운 것이다. 하지만 이들의 행동에서는 그 과제를 해본 경험이 있으며, 필요한 기술을 습득했다는 것이 분명히 드러난다.

의식은 최소한 한 번은 진화한 게 확실하지만, 왜 그리고 어떤 조건에서 진화했는지는 불분명하다. 로버트는 의식을 아주 성가신 단어로 간주하여 그것을 사용하기를 꺼린다. 그는 "의식 문제를 해결했다고 생각하는 사람은 의식에 대해 충분히 면밀하게 생각하지 않은 것입니다"라고 덧붙인다.

의식

2012년에 유명한 과학자 집단이 '의식에 관한 케임브리지 선언'을 발표했을 때, 나는 의심을 품었다.[43] 언론에서는 이 선언을 인간이 아닌 동물들이 의식이 있는 존재임을 최종적으로 단언한 것이라고 보도했다. 동물 행동을 연구하는 대부분의 과학자들과 마찬가지로 나는 여기에 대해 뭐라고 말해야 할지 정말로 모른다. 의식의 정의 자체가 분명하지 않다는 사실을 감안할 때, 이것은 다수결로도 확인할 수 없고, 사람들이 "물론 그들도 의식이 있다. 그 눈을 보면 알 수 있다"라고 말한다고 해서 확인할 수 있는 것도 아니다. 주관적 느낌만으로는 원하는 목적을 달성할 수 없다. 과학은 구체적인 증거를 바탕으로 굴러간다.

그러나 실제 선언을 읽고 나서 나는 마음이 진정되었는데, 그것은 꽤 분별 있는 문서였기 때문이다. 사실 이 선언은 동물의 의식이 무엇이건 그런 것이 존재한다고 주장하지 않는다. 다만 인간과 뇌가 큰 나머지 종들의 행동과 신경계가 매우 비슷하다는 사실을 고려할 때, 오직 인간만이 의식이 있다는 개념에 집착할 이유가 없다고 말할 뿐이다. 그 문서의 표현을 빌리면 이렇다.

"압도적인 증거는 의식을 만들어내는 신경학적 기반을 가진 종이 인간

뿐만이 아님을 시사한다."

나는 이 정도는 감수할 수 있다. 이 장에서 보았듯이, 우리가 과거와 미래와 연결되는 방법처럼 인간의 의식과 관련이 있는 정신 과정들이 다른 종에서도 일어난다는 것을 뒷받침하는 증거가 상당히 많다. 엄밀하게 말하면, 이것이 의식의 존재를 증명하는 것은 아니지만, 과학은 점점 불연속성보다는 연속성 쪽으로 기울고 있다. 이것은 인간을 다른 영장류와 비교할 때 분명히 성립할 뿐 아니라 다른 포유류와 조류에게까지 확대할 수 있는데, 특히 새의 뇌는 이전에 생각한 것보다 포유류의 뇌를 많이 닮은 것으로 밝혀지고 있기 때문에 더욱 그렇다. 모든 척추동물의 뇌는 상동이다.

비록 의식을 직접 측정할 수는 없지만, 다른 종들은 전통적으로 의식의 지표로 간주되어온 바로 그 능력을 갖고 있다는 증거를 보여준다. 동물이 의식이 없는 상태에서 이런 능력을 갖고 있다고 주장하는 것은 불필요한 이분법을 도입하는 것이다. 이런 주장은 동물이 우리가 하는 것과 똑같은 일을 근본적으로 다른 방법으로 한다고 말하는 것이다. 진화의 관점에서 볼 때 이 주장은 비논리적이다. 그리고 논리는 우리가 자부하는 능력 중 하나이다.

제8장

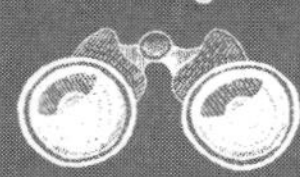

ARE WE SMART
ENOUGH
TO KNOW
HOW SMART
ANIMALS ARE?

거울과 병

펩시는 아시아코끼리를 대상으로 한 최근의 한 연구에서 스타가 되었다. 청소년기의 이 수컷 코끼리는 이마 왼편에 그린 흰색의 큰 X 자를 조심스럽게 만짐으로써 조슈아 플로트닉이 실시한 거울 테스트를 통과했다. 펩시는 보이지 않는 물감으로 오른쪽에 표시한 X 자에는 아무런 관심도 보이지 않았고, 초원 한가운데에 있는 거울 앞으로 걸어가기 전까지는 흰색 X 자는 만지지도 않았다. 다음 날, 우리는 보이는 X와 보이지 않는 X의 위치를 바꾸었는데, 펩시는 또다시 흰색 X 자만 그곳에 있는 걸 알아챘다. 그리고 코끝으로 문질러 물감 일부를 벗겨낸 뒤 입으로 가져가 맛을 보았다. 거울에 비친 모습을 보고서만 그 위치를 알 수 있었기 때문에 펩시는 거울에 비친 모습을 자신과 연결시킨 것이 분명했다. 펩시는 마치 그렇게 할 수 있는 방법이 마크 테스트만 있는 게 아님을 보여주려는 듯이 테스트가 끝날 무렵에 뒤로 한 발 물러서더니 입을 크게 벌렸다. 그리고 거울의 도움을 받아 입 안쪽을 깊숙이 들여다보았다. 유인원에게서도 흔히 볼 수 있는 이 동작은 거울의 도움을 받지 않는 한 자신의 혀와 이빨을 볼 방법이 없다는 사실을 감안하면, 이치에 맞는 행동이다.[1]

몇 년 뒤, 펩시는 거의 어른이 다 되어 나보다 키가 훨씬 커졌다. 하지만 성질이 매우 순해 부리는 사람의 지시에 따라 나를 들어 올리고 내려놓았다. 싱크엘러펀츠인터내셔널재단이 연구를 수행하는 골든트라이앵글(동남아시아에서 태국, 라오스, 미얀마 국경 주변의 삼각형 지역_옮긴이)의 그 캠프에 가기 위해 태국을 다시 방문한 나는 조슈아와 한 팀이 되어 열정적으로 일하는 젊은 조수들을 만났다. 그들은 매일 코끼리 두 마리를 데려와 실험을 한다. 거대한 코끼리들은 자신을 부리는 사람을 목 위에 높이 태운 채 거대한 정글 가장자리에 위치한 실험 장소로 느릿느릿 걸어온다. 코끼리 부리는 사람이 땅으로 내려와 뒤편에 쪼그려 앉으면, 코끼리는 단순한 과제를 몇 가지 수행한다. 코끼리는 코로 어떤 물체를 만진 다음 여러 물체 중에서 그것과 일치하는 것을 골라야 한다. 혹은 코를 뻗어 냄새로 두 물통의 차이를 알아내야 하는데, 그것은 학생이 물통 속에 무엇을 집어넣느냐에 따라 달라진다.[2]

코끼리가 똑똑하다는 사실은 누구나 알지만, 이를 뒷받침하는 데이터는 영장류와 까마귀, 개, 쥐, 돌고래 등에서 얻은 데이터와 비교하면 턱없이 적다. 우리가 코끼리에게서 얻은 데이터는 자발적인 행동뿐인데, 이것은 과학이 원하는 정밀성과 통제를 허용하지 않는다. 내가 목격한 것과 같

이마에 X 자가 표시된 채 거울 앞에 선 아시아코끼리. 마크 테스트를 통과하려면 거울에 비친 모습을 자신의 몸과 연결시키는 능력으로 몸에서 그 표시를 찾아야 한다. 이 테스트를 자발적으로 통과하는 종은 손가락을 꼽을 정도로 적다.

은 변별 과제는 좋은 출발점이다. 하지만 설사 코끼리의 마음이 진화인지 연구에서 다음번 개척 영역이라 하더라도, 코끼리는 대학 캠퍼스나 전통적인 연구실에서 아마도 유일하게 살아 있는 모습을 보기 힘든 육상 동물이라는 사실을 고려하면, 그것은 다루기가 아주 어려운 도전 과제가 될 것이다. 과학이 관리와 유지가 쉬운 종을 선호하는 태도는 충분히 이해할 수 있지만, 이런 태도에는 그 나름의 한계가 있다. 이런 연구 방식은 우리에게 동물인지에 대해 생각이 짧은 관점밖에 제공하지 못했고, 우리는 그것을 떨쳐내는 데 많은 어려움을 겪었다.

소리에 민감한 코끼리

동남아시아 사람들은 코끼리와 오래전부터 문화적 관계를 맺어왔다. 수천 년 동안 코끼리는 숲에서 힘든 일들을 했고, 왕족을 태우고 다녔으며, 사냥과 전쟁에 동원되었다. 하지만 그래도 코끼리는 여전히 야생 상태로 남아 있다. 코끼리는 유전적 의미에서 가축화되지 않았고, 놓아기르는 코끼리가 사육되는 코끼리와 교미하여 새끼를 낳는 경우가 여전히 많다. 당연히 코끼리는 가축화된 많은 동물들보다 그 행동을 예측하기가 훨씬 어렵다. 인간에게 적대적으로 변하기도 해 가끔 부리는 사람이나 관광객을 죽이는 일도 일어나지만, 대부분의 코끼리는 자신을 돌보는 사람과 평생 동안 유대를 이어간다. 열 살짜리 코끼리가 자기를 기르던 사람이 호수에 빠져 죽어가면서 내지른 소리를 1km 밖에서 듣고 달려와 구해준 이야기가 있다. 또 누구든지 가까이 오는 사람을 공격하는 다 자란 수컷 코끼리가 단 한 사람, 마을 장로의 아내만큼은 공격하지 않고 코로 쓰다듬었다는 이야기도 있다. 어린 코끼리가 사람들 사이에서 자라면 사람에게 아주 익숙해져서 목에 달린 나무 종에다 코로 풀을 집어넣어 소리가 나지 않도록 함으로써 사람을 속이기도 한다. 그러면 코끼리는 들키지 않고 마음대로 돌아다닐 수 있다.

이와는 대조적으로 아프리카코끼리는 인간의 통제를 받는 일이 드물다. 아프리카코끼리는 아시아코끼리와 비슷하면서도 자신만의 방식으로 살아가지만, 대규모 상아 거래 때문에 세상에서 크게 사랑받고 카리스마가 넘치는 이 동물이 이제 영영 사라질 위험에 처해 있다. 코끼리의 움벨트는 주로 소리와 냄새로 이루어져 있기 때문에 밀렵과 인간과의 갈등으로부터 야생 개체군을 보호하려면 시각 중심적 종인 우리가 금방 이해하기 어려운 방법들이 필요하다. 이 종의 기묘한 감각들에 초점을 맞춘 연구들이 진행되고 있다. 매우 건조한 나미비아에서 진행된 한 연구는 놓아기르는 코끼리들에게 GPS 목걸이를 채워 추적했다. 그 결과, 이들이 아주 먼 거리에서 천둥을 동반한 폭우가 쏟아진 것을 알아채고 실제로 그곳에 도착하기 전에 강수일에 맞춰 여행 경로를 조정한다는 사실이 발견되었다. 어떻게 그렇게 할 수 있을까? 코끼리는 인간의 가청 주파수보다 훨씬 낮은 초저주파 음을 들을 수 있다. 의사소통에도 사용되는 이 소리는 우리가 들을 수 있는 소리보다 훨씬 먼 거리까지 전달된다.[3] 코끼리가 수백 km 밖의 천둥과 빗소리를 듣는다는 게 가능할까? 이런 행동을 설명하는 방법은 이것밖에 없는 것처럼 보인다.

그런데 이것은 단지 지각의 문제가 아닐까? 하지만 인지와 지각은 분리할 수 없다. 이 둘은 서로 손을 맞잡고 함께 다닌다. 인지심리학의 아버지 울릭 나이서가 표현한 것처럼 "경험의 세계는 그것을 경험하는 사람이 만들어낸다".[4] 이제 고인이 된 나이서는 내 동료였기에 나는 인간 이외의 마음들이 그에게 가장 중요한 관심 대상이 아니었다는 사실을 알지만, 그래도 그는 동물을 단순한 학습 기계로 보기를 거부했다. 나이서는 행동주의자의 강령은 단지 우리뿐만이 아니라 모든 종에게도 들어맞지 않는다고 생각했다. 대신에 그는 지각을 강조했고, 그와 함께 감각 입력 중에서 주의를 기울여야 할 것을 선별하고, 그것을 처리하고 조직하는 방법을 선택함으로써 지각이 경험으로 전환되는 과정도 강조했다. 현실은 정신적 형성물이다. 코끼리와 박쥐, 돌고래, 문어, 별코두더지 등이 아주 흥미로운 존재인 이유는 바로 이 때문이다. 이들에게는 우리가 갖고 있지 않거나 훨씬 덜 발달된 형태로 갖고 있는 감각이 있어 우리로서는 가늠할 수 없는 방식으로 환경과 연결된다. 이들은 자기 나름의 현실을 만들어낸다. 우리는 단순히 너무나도 이질적이라는 이유로 별로 중요하지 않게 여길지 모르지만, 이 동물들에게는 이것이 아주 중요하다는 사실은 명백하다.

이 동물들은 우리에게 익숙한 정보를 처리할 때에도 코끼리가 인간의 언어를 구별하는 경우처럼 아주 다른 방식으로 처리할 수 있다. 이 능력은 아프리카코끼리에게서 처음 입증되었다.

케냐의 암보셀리국립공원에서 영국 동물행동학자 캐런 매콤은 서로 다른 인간 종족에 대한 코끼리의 반응을 연구했다. 소를 치는 마사이족은 자신의 힘을 보여주기 위해 혹은 방목지와 물웅덩이를 확보하기 위해 가끔 코끼리를 창으로 찌르며 공격한다. 당연히 코끼리는 특유의 빨간색 옷을 입고 다가오는 마사이족을 피해 달아나지만, 두 발로 걷는 다른 사람들은 피하지 않는다.[5] 코끼리는 어떻게 마사이족을 알아볼까? 매콤은 코끼리의 색각色覺에 초점을 맞추는 대신에 코끼리의 가장 예민한 감각으로 생각되는 청각에 초점을 맞춰 연구했다. 매콤은 마사이족과 같은 지역에서 살지만 코끼리에게 별로 간섭하지 않는 캄바족을 비교해보았다. 숨겨놓은 확성기를 통해 코끼리에게 마사이족 언어나 캄바족 언어로 "봐, 저길 봐!

코끼리 떼가 오고 있어"라는 인간의 말을 들려주었다. 여기서 각각의 단어가 중요한 역할을 한다고 보기는 어렵지만, 연구자들은 어른 남자, 어른 여자, 소년의 목소리를 각각 들려주면서 코끼리의 반응을 비교했다.

캄바족의 목소리보다는 마사이족의 목소리를 들었을 때, 코끼리들은 뒤로 물러나면서 무리를 지어 모이는(새끼들을 가운데에 두고 촘촘한 원형 대열을 이루는) 경우가 더 많았다. 그리고 마사이족 여자와 소년의 목소리보다 마사이족 남자의 목소리에 더 방어적인 반응을 보였다. 심지어 자연적인 목소리를 음향학적으로 변화시켜 남자의 목소리는 더 여자에 가깝게, 여자의 목소리는 더 남자에 가깝게 한 뒤에도 결과는 동일했다. 코끼리는 재합성한 마사이족 남자 목소리를 들을 때 특히 강한 경계심을 드러냈다. 이것은 놀라운 결과였는데, 변화된 목소리의 음이 반대 성의 성질을 지닌 것이었기 때문이다. 아마도 코끼리는 여자 목소리는 남자 목소리보다 더 음악적이고 '숨소리가 더 섞이는' 경향이 있는 것과 같은 특징을 통해 성별을 확인했을 것이다.[6]

경험도 어떤 역할을 하는 것이 분명한데, 나이 많은 가모장이 이끄는 무리는 변별력이 더 뛰어났기 때문이다. 스피커를 통해 사자의 포효 소리를 들려준 연구에서도 같은 차이가 발견되었다. 나이 많은 암컷 코끼리들은 스피커를 향해 돌진했는데, 마사이족의 목소리를 들려주었을 때 황급히 물러선 것과는 확연히 다른 반응이었다.[7] 창을 들고 다가오는 남자들을 무리 지어 공격하는 것은 성공할 가능성이 낮지만, 사자를 물리치는 것은 코끼리에게 어렵지 않은 일이다. 이렇게 몸집이 육중한데도 코끼리는 다른 위험들에 노출되어 있는데, 침을 쏘는 벌처럼 아주 작은 동물들도 코끼리에게는 큰 위협이 된다. 특히 눈 주위와 코가 벌의 침 공격에 취약하며, 어린 코끼리는 피부가 충분히 두껍지 않아 집단 공격으로부터 몸을 보호하기 어렵다. 코끼리는 인간과 벌을 만났을 때 경고의 소리로 낮게 웅웅거리지만, 이 두 가지 소리는 차이가 있는 게 분명한데, 녹음된 인간과 벌의 소리를 들려주었을 때 아주 다른 반응을 나타내기 때문이다. 예를 들어 스피커에서 벌이 윙윙거리는 소리가 흘러나오면 코끼리는 벌을 떨쳐내기 위해 머리를 좌우로 흔들면서 달아나지만, 인간의 소리에는 그런 반응을 보이지 않는다.[8]

요컨대, 코끼리는 우리를 언어와 나이와 성별에 따라 구별할 수 있을 정도로 잠재적 적을 아주 정교하게 구분한다. 어떻게 그렇게 하는지는 완전히 분명하게 밝혀지지 않았지만, 이것과 같은 연구들을 통해 우리는 지구에서 가장 불가사의한 마음 중 하나를 이해하려는 목표를 향해 다가가고 있다.

거울 속의 까치

거울에 비친 자신을 알아보는 능력은 흔히 절대적인 조건으로 간주된다. 이 분야를 개척한 고든 갤럽에 따르면 모든 종은 거울 마크 테스트를 통과하고 자기 인식 능력이 있든가, 아니면 거울 마크 테스트를 통과하지 못하고 자기 인식 능력이 없다.[9] 거울 마크 테스트를 통과하는 종은 극히 드물다. 아주 오랫동안 오직 인간과 대형 유인원만이 거울 테스트를 통과했는데, 심지어 대형 유인원 중에도 통과하지 못하는 종이 있다. 고릴라는 거울 마크 테스트에 흔히 실패했는데, 이 결과 때문에 이 불쌍한 종은 자기 인식 능력을 잃었을지 모른다는 이론들이 나왔다.[10]

하지만 진화과학은 흑백 논리식 구분을 불편하게 여긴다. 서로 관계가 가까운 종들의 집단 사이에서 일부 종들은 자기 인식 능력이 있는 반면에 다른 종들은 자기 인식 능력이 없다고 보기는 어렵다. 모든 동물은 자신의 몸을 주변 환경과 구별할 필요가 있으며, 주체성 감각(자신의 행동을 스스로 통제한다는 인식)을 느낄 필요가 있다.[11] 여러분은 건너뛰고자 하는 아래쪽 나뭇가지가 자신의 몸이 어떤 충격을 줄지 인식하지 못한 채 나무 위에서 살아가는 원숭이가 되고 싶지 않을 것이다. 또 동료 원숭이와 팔과 다리와 꼬리가 뒤엉킨 채 놀면서 멍청하게 자신의 발이나 꼬리를 깨물고 싶지는 않을 것이다! 원숭이들은 이런 실수를 결코 저지르지 않으며, 그렇게 뒤엉킨 상태에서도 항상 상대의 발이나 꼬리만 문다. 이들은 신체 소유감과 나와 남의 구분 감각이 아주 잘 발달되어 있다.

주체성 감각에 관한 실험은 거울 자기 인식 능력이 없는 종들이 자신의 행동을 남의 행동과 아주 잘 구별한다는 것을 보여준다. 컴퓨터 화면 앞에서 테스트를 할 때 이들은 자신이 조이스틱으로 조종하는 커서와 저절로 움직이는 커서를 아무 어려움 없이 구별한다.[12] 자기 주체성은 동물(어떤 동물이건)이 취하는 모든 행동의 일부를 차지하고 있다. 게다가 박쥐와 돌고래가 자신이 낸 소리의 메아리를 남이 낸 소리들 사이에서 포착하는 것처럼 일부 종은 나름의 특이한 종류의 자기 재인식self-recognition 능력이 있을지도 모른다.

인지심리학도 절대적 차이를 좋아하지 않지만, 좋아하지 않는 이유는 다르다. 거울 테스트의 문제점은 **잘못된** 절대적 차이를 도입한다는 데 있었다. 갤럽의 거울 테스트는 인간을 나머지 모든 동물(지금까지 본 것처럼 이 분야의 주인공들인)과 분명하게 분리하는 대신에 경계선을 살짝 옮겨 몇몇 종을 더 포함시켰다. 사람을 유인원과 한 덩어리로 묶어 사람상과라는 집단 전체를 나머지 동물계와는 정신 수준이 다른 존재로 격상시키려는 시도는 별로 성공을 거두지 못했다. 그런 시도는 인간의 특별한 지위를 희석시키는 결과를 낳았다. 지금도 우리 종 외에 자기 인식 능력을 가진 종이 있다는 주장에 경악하는 반응이 나오고 있으며, 거울 반응에 관한 논쟁은 험악한 분위기로 변하곤 한다. 게다가 많은 전문가들은 자신이 돌보는 동물들을 대상으로 거울 테스트를 실시할 필요성을 느꼈는데, 대개는 실망스러운 결과를 얻었다. 이 논쟁들을 보면서 나는 거울 자기 인식 능력을 대단하게 여기는 사람들은 그 능력이 있는 극소수 종들을 대상으로 연구하는 과학자들뿐인 반면, 나머지 사람들은 모두 그 현상에 대해 콧방귀를 뀐다는 냉소적인 결론을 내리게 되었다.

나는 거울에 비친 자신을 인식하는 동물과 인식하지 않는 동물을 모두 연구하며 또 이 동물들을 모두 높이 평가하기 때문에 가슴이 몹시 아프다. 나는 자발적인 자기 인식은 중요한 의미가 있다고 생각한다. 그것은 더 강한 자기 정체성을 시사하는 단서일 수도 있는데, 그런 자기 정체성은 역지사지 능력과 목표 지향적 도움에도 반영된다. 이런 능력들은 거울 테스트를 통과하는 동물들과 그 테스트를 통과하는 나이(대략 만 두 살)에 이른 어린이에게서 가장 두드러지게 나타난다. 이것은 "엄마, 나 좀 봐요!"라는 말처럼 어린이가 자신을 언급하는 것을 멈출 수 없는 나이이기도 하다. 선명해진 자신과 남의 구분 능력은 남의 견해를 받아들이는 데 도움이 된다고 한다.[13] 그럼에도 나는 다른 종이나 더 어린 아이에게는 자아 감각이 없다는 말을 믿을 수 없다. 자신의 거울상을 자신의 몸과 연결시키지 못하는 동물들은 이해하는 능력에서 분명히 큰 차이가 난다. 예를 들면, 작은 명금과 베타(투어鬪魚 또는 태국버들붕어라고도 함)는 자신의 거울상을 결코 극복하지 못해 그것을 보고 계속 구애 행동을 하거나 공격한다. 박새와 파랑새는 세력권을 지키는 데 가장 신경을 곤두세우는 봄철에 자동차 사이드미러에 이런 식의 반응을 보이며, 차가 떠난 뒤에야 이 행동을 멈춘다. 원숭이는 절대로 이런 행동을 하지 않으며, 그 밖의 많은 동물도 이런 행동을 하지 않는다. 만약 개와 고양이가 같은 반응을 보인다면 우리는 집 안에 거울을 둘 수 없을 것이다. 이 동물들은 자신을 인식하지 못할 수도 있지만 거울 때문에 완전히 당황하지도 않는다. 적어도 오랫동안은 그러지 않는다. 이들은 거울에 비친 자신의 모습을 무시하는 법을 터득한다.

어떤 종들은 한 걸음 더 나아가 거울의 기본 원리를 이해한다. 예를 들면, 원숭이는 거울에 비친 자신을 인식하지 못하는지는 몰라도 거울을 도구로 사용할 수 있다. 모퉁이 너머를 볼 수 있는 거울을 사용해야만 발견할 수 있는 곳에 음식물을 숨기더라도 원숭이는 별 어려움 없이 그것을 찾아낸다. 개들도 같은 일을 할 수 있다. 개 뒤에서 쿠키를 들고 있는 여러분의 모습을 개가 거울을 통해 본다면 개는 당연히 고개를 돌린다. 흥미롭게도 이들이 특별히 이해하지 못하는 것은 자기 몸과의 관계, 즉 거울에 비친 자신의 모습이다. 하지만 이 경우에도 레서스원숭이에게는 가르쳐서 알게 할 수 있다. 신체적 감각을 하나 추가하기만 하면 된다. 거울 속에서 볼 수 있으면서 몸으로도 그 감촉을 느낄 수 있는 표시가 있으면 된다. 예컨대 피부에 자극을 주는 레이저 빛이나 머리에 붙들어 맨 모자 같은 게 있으면 된다. 이것은 전통적인 마크 테스트 대신에 '**감촉** 마크 테스트felt mark test'라고 부르는 게 적절하다. 이런 조건에서만 원숭이는 거울에 비친 모습을 자신의 몸과 연결 짓는 법을 배울 수 있다.[14] 이것은 분명히 유인원이 오로지 시각에만 의존해 자발적으로 하는 행동과 같은 것은 아니지만, 그 기반이 되는 인지를 어느 정도 공유하고 있음을 시사한다.

비록 꼬리감는원숭이는 시각적 마크 테스트를 통과하지 못하지만, 우리는 이전에 아무도 시도해본 적이 없는(놀랍게도!) 방식으로 연구해보기로 결정했다. 우리의 목표는 이 원숭이들이 거울에 비친 자신의 모습을 정말로 '낯선 동물'로 오해하는지 확인하는 것이었다. 꼬리감는원숭이를 플렉시글라스 앞에 앉혀두고, 그 뒤에는 같은 무리의 구성원이나 같은 종의 낯선 원숭이나 거울을 놓아두었다. 거울이 특별하다는 것은 금방 명백하게 드러났다. 꼬리감는원숭이는 거울에 비친 자신의 모습을 실제 원숭이와는 아주 다르게 취급했다. 자신이 본 것이 무엇인지 보자마자 바로 판단했고, 몇 초도 지나지 않아 반응을 보였다. 낯선 원숭이에게는 등을 돌리고 거의 눈길도 주지 않았지만 자신의 모습과는 오랫동안 눈을 맞추었는데, 마치 자신을 보는 것에 크게 흥분한 것처럼 보였다. 낯선 원숭이로 오인했을 경우에 보일 것으로 예상된 소심한 모습은 전혀 내비치지 않았다. 예를 들면, 어미는 새끼들을 거울 앞에서 자유롭게 놀게 내버려두었지만, 낯선 원숭이 앞에서는 새끼들을 가까이에 있게 했다. 하지만 원숭이들은 유인원이 늘 그러는 것처럼 또는 코끼리 펩시가 그런 것처럼 거울에 비친 자신의 모습을 유심히 살펴보는 행동은 전혀 하지 않았다. 또 입을 크게 벌리고 그 안쪽을 살펴보지도 않았다. 따라서 꼬리감는원숭이는 자신을 인식하지 못하지만, 거울에 비친 자신의 모습을 다른 동물과 혼동하지도 않는다.

그 결과, 나는 점진주의자가 되었다.[15] 거울을 이해하는 데에는 완전한 혼란 단계에서부터 거울에 비친 이미지를 완전히 이해하는 단계까지 많은 단계가 있다. 이 단계들은 마크 테스트를 통과하기 훨씬 전부터 거울에 비친 자신의 모습에 호기심을 느끼는 어린아이에게서도 확인할 수 있다. 자기 인식은 어느 나이가 되었을 때 난데없이 나타나는 게 아니라, 양파처럼 한 층 한 층 쌓여가면서 발달한다.[16] 이런 이유 때문에 우리는 마크 테스트를 자기 인식을 검증하는 리트머스 시험으로 간주하는 태도를 버려야 한다. 그것은 의식을 가진 자아를 연구하기 위한 많은 방법 중 하나에 지나지 않는다.

그럼에도 불구하고 외부의 도움이 없이 이 테스트를 통과하는 종이 극소수밖에 없다는 사실은 여전히 흥미롭다. 사람상과를 제외하고 자발적인 자기 인식 능력이 관찰된 종은 코끼리와 돌고래뿐이다. 다이애나 라이스와

로리 메리노가 뉴욕아쿠아리움의 큰돌고래 몸에 점들을 그려 표시를 하자, 큰돌고래는 그것을 표시한 곳으로부터 상당히 멀리 떨어진 다른 풀장의 거울로 달려가 자신의 모습을 자세히 보려고 빙그르르 돌았다. 큰돌고래는 눈에 보이는 표시가 없을 때보다 표시가 있을 때 거울 가까이에서 몸을 확인하느라 더 많은 시간을 보냈다.[17]

새에게도 거울 테스트를 시도한 것은 당연한 수순이었다. 지금까지 대부분의 종들은 거울 테스트에 실패했지만 한 가지 예외가 있는데, 그 주인공은 바로 까치이다. 까치는 반사면 앞에 놓아두고서 관찰하기에 아주 흥미로운 종이다. 어릴 때 나는 찻숟가락처럼 작고 반짝이는 물체를 밖에 놓아두어서는 안 된다는 교훈을 얻었는데, 이 요란한 새가 부리로 집을 수 있는 것은 무엇이건 훔쳐 가려고 했기 때문이다. 로시니의 오페라 「도둑까치」는 민간에 전해오는 이 이야기에서 영감을 얻었다. 오늘날 이 견해는 생태학적으로 더 민감한 것으로 대체되었는데, 까치를 순진무구한 명금류의 둥지를 잔인하게 강탈하는 강도로 묘사한다. 어느 쪽이건 까치는 명백히 깡패로 간주된다.

하지만 까치를 멍청하다고 이야기한 사람은 아무도 없었다. 까치는 영장류의 월등한 인지 능력에 도전하기 시작한 까마귓과 동물이다. 독일 심리학자 헬무트 프리오어는 까치를 대상으로 거울 테스트를 했는데, 이것은 적어도 유인원과 아이를 대상으로 실시한 그 어떤 실험에도 뒤지지 않을 만큼 잘 통제된 실험이었다. 검은색 목털에 붙인 마크(작은 노란색 스티커)는 눈에 확 띄었지만, 까치는 거울의 도움을 받아야만 그것을 볼 수 있었다. 실험 대상이 된 까마귀는 훈련을 전혀 받지 않았는데, 이 점에서 오래전에 거울 연구의 신빙성을 떨어뜨리기 위해 고도의 훈련을 받고 투입된 비둘기와 중요한 차이가 있었다. 까치는 거울 앞에서 스티커가 떨어질 때까지 발로 계속 몸을 긁었다. 까치는 자신의 모습을 볼 수 있는 거울이 없을 때에는 이처럼 미친 듯이 몸을 긁는 행동을 하지 않았고, '가짜' 마크(검은색 목털에 붙인 검은색 스티커)는 무시했다. 그 결과, 자기 인식 능력이 있는 엘리트 동물 명단은 이제 최초의 조류까지 포함되면서 확대되었다. 다른 종들도 그 뒤를 따를지 모른다.[18]

다음번 개척 영역은 우리가 화장을 하고 머리를 손질하고 귀고리를 다는 등의 행동을 하는 것처럼 동물이 자신을 아름답게 꾸미는 행동을 할 만큼 거울에 비친 모습에 신경을 쓰는지 알아보는 것이다. 거울은 허영을 유발할까? 만약 그렇게 할 수만 있다면, 셀카를 찍으려고 하는 종이 우리 말고도 또 있을까? 이 가능성은 1970년대에 독일 오스나브뤼크동물원에서 암컷 오랑우탄의 행동을 관찰한 결과에서 처음 제기되었다. 위르겐 레트마테와 게르티 뒤커는 수마의 자기도취적 행동을 다음과 같이 기술했다.

> 수마는 샐러드와 양배추 잎을 모은 뒤, 각각의 잎을 흔들고는 차곡차곡 쌓았다. 그러다가 결국 잎 하나를 머리 위에 얹고 곧장 거울 앞으로 걸어갔다. 그리고 거울 앞에 앉아 거울 속에서 자신의 머리를 덮은 잎을 유심히 살펴보면서 손으로 그 위치를 바로잡는가 하면 손바닥으로 누르기도 하고, 잎을 이마 위에 올려놓고 위아래로 까닥

독일의 한 동물원에서 살던 오랑우탄 수마는 거울 앞에서 치장하기를 좋아했다. 이 그림은 수마가 상추 잎을 모자처럼 머리 위에 올려놓는 장면을 묘사한 것이다

이기 시작했다. 나중에 수마는 샐러드 잎을 손에 들고 바[거울이 서 있는 곳]로 와서 거울 속에서 자기 모습이 보이자 그것을 머리 위에 올려놓았다.[19]

연체동물의 마음

생물학도 시절에 내가 가장 좋아한 교과서는 《무척추동물》이었다. 현재의 내 관심 분야를 고려하면 이상한 선택처럼 보

일 수 있다. 그러나 나는 한 번도 들어보지 못하거나 상상조차 해보지 못한 온갖 기이한 생명체에 경외감을 느꼈는데, 그중 일부는 너무나도 작아서 현미경으로 봐야만 볼 수 있었다. 이 책은 전체 동물계의 97%를 차지하는 모든 무척추동물(원생동물과 해면동물에서부터 연충, 연체동물, 곤충에 이르기까지)을 아주 자세히 소개했다.[20] 인지 연구는 거의 전적으로 극소수 척추동물에만 초점을 맞추지만, 그렇다고 해서 나머지 동물들이 움직이고 먹고 짝짓기를 하고 싸우고 협력을 하지 못한다는 뜻은 아니다. 분명히 일부 무척추동물은 다른 무척추동물보다 훨씬 복잡한 행동을 하지만, 모든 무척추동물은 주변 환경에 주의를 기울이고 눈앞에 닥친 문제를 해결해야 한다. 이들 무척추동물이 거의 다 생식기관과 소화관을 갖고 있는 것과 마찬가지로, 인지 능력도 어느 정도 갖추고 있지 않으면 살아남을 수가 없다.

무척추동물 중에서 가장 똑똑한 종은 몸이 연하고 머리에 발이 붙어 있는 두족류頭足類의 한 종인 문어이다. 두족류란 이름은 아주 적절해 보이는데, 물컹한 신체가 머리 하나와 거기에 붙은 여덟 개의 다리로 이루어져 있는 반면, 몸통(외투막)은 머리 뒤쪽에 있기 때문이다. 두족강頭足綱은 육상 척추동물이 나타나기 훨씬 이전부터 존재했지만, 문어가 속한 집단은 비교적 최근에 갈라져 나왔다. 해부학적으로나 정신적으로나 우리는 문어와 공통점이 거의 없는 것처럼 보인다. 하지만 문어는 어린아이가 열 수 없는 뚜껑이 달린 약병을 열 수 있다고 보고되었다. 그러려면 뚜껑을 아래로 세게 누르는 동시에 돌리는 것이 필요하기 때문에 기술과 지능과 집요함

문어는 아주 놀라운 신경계를 갖고 있어 나사 뚜껑이 달린 유리병에서 탈출하는 것처럼 어려운 문제를 해결할 수 있다.

을 모두 갖추어야 한다. 일부 공공 아쿠아리움에서는 문어를 유리병에 넣고 나사 뚜껑을 돌려 그 속에 꽁꽁 가두는 방법으로 문어의 지능이 얼마나 높은지 보여준다. 진정한 탈출 마술사처럼 문어는 1분도 채 안 되어 안에서 발판으로 뚜껑을 꽉 붙들고 돌려서 연 뒤에 탈출한다.

하지만 투명한 병에 가재를 넣어 문어 앞에 갖다놓으면 문어는 아무 행동도 하지 않는다. 과학자들은 이 실험 결과에 의아해했는데, 좋아하는 먹이가 바로 눈앞에서 움직이는데도 문어가 아무 행동도 하지 않았기 때문이다. 문어는 밖에서 뚜껑을 여는 것은 잘하지 못하는 것일까? 하지만 이것은 인간의 오해로 드러났다. 문어는 비록 좋은 시력을 갖고 있긴 하지만 먹이를 사냥할 때 시각에 의존하는 경우가 드물다. 주로 촉각과 화학적 정보를 사용하며, 이런 단서들이 없으면 먹이를 잘 알아보지 못한다. 병 바깥쪽에 청어의 점액을 발라 병에서 물고기 맛이 나게 하자 비로소 문어는 행동에 들어가 뚜껑을 열었다. 그리고 가재를 재빨리 꺼내 먹어치웠다. 기술을 발달시킬 기회를 더 주자 그 과정은 일상적인 것이 되었다.[21]

사육 상태에서 문어는 의인화할 수밖에 없는 방식의 반응을 보인다. 한 문어는 날달걀을 좋아했다. 매일 달걀 하나를 받아 깨뜨려 내용물을 빨아먹었다. 그런데 하루는 우연히 썩은 달걀을 받았다. 이를 알아챈 문어는 냄새 고약한 내용물을 수조 가장자리 너머로, 자신에게 달걀을 준 사람에게 발사해 그 사람을 깜짝 놀라게 했다.[22]

문어가 사람을 아주 잘 구별한다는 사실을 감안하면, 아마도 문어는 이런 사건들을 기억할 것이다. 재인식 테스트에서 한 문어를 두 사람에게 노출시켰는데, 한 사람은 늘 먹이를 준 반면, 다른 사람은 막대 끝에 거센 털을 붙여 문어를 쿡쿡 쑤셨다. 처음에 문어는 두 사람을 구별하지 못했지만, 며칠이 지나자 두 사람이 동일한 파란색 작업복을 입었는데도 두 사람을 구별하기 시작했다. 문어는 혐오스러운 사람을 보면 뒤로 물러나면서 누두漏斗(낙지나 문어 따위가 물이나 먹 따위를 내뿜는 깔때기 모양의 관)를 통해 물을 내뿜었고, 눈에 어두운 막대 무늬(두려움과 짜증과 관련이 있는 색깔 변화)가 나타났다. 반면에 착한 사람에게는 물을 뿜으려는 시도를 전혀 하지 않고 가까이 다가왔다.[23]

문어의 뇌는 모든 무척추동물 중에서 가장 크고 복잡하지만, 그 비범한 기술의 비밀은 다른 데 있을지도 모른다. 문어는 문자 그대로 갇힌 틀 밖에서 생각한다. 문어는 빨판이 약 2000개나 있는데, 각각의 빨판마다 약 50만 개의 신경세포를 포함한 신경절이 있다. 그러니 뇌에 있는 신경세포 6500만 개 말고도 여분의 신경세포가 아주 많이 있는 셈이다. 게다가 다리를 따라 신경절들이 사슬을 이루며 늘어서 있다. 뇌는 이 모든 '미니 뇌'들을 연결시키며 미니 뇌들끼리도 서로 연결되어 있다. 우리처럼 하나의 중앙 지휘본부가 있는 대신에 두족류의 신경계는 인터넷과 비슷하다. 국지적 지휘소들이 광범위하게 뻗어 있는 것이다. 잘려나간 다리가 혼자서 꿈틀거리면서 심지어 먹이를 집기도 한다. 이와 비슷하게 새우나 작은 게를 마치 컨베이어벨트처럼 한 빨판에서 다음 빨판으로 건네면서 입 쪽으로 이동시킬 수 있다. 방어를 위해 피부색을 바꿀 때에는 중앙 지휘본부에서 결정이 내려올지 모르지만, 피부도 이 과정에 관여하는 것으로 보이는데, 두족류의 피부는 빛을 감지할 수 있기 때문이다. 이 모든 것은 다소 믿기 어려운 이야기처럼 들린다. 앞을 보는 피부와 각자 독립적으로 생각하는 여덟 개의 팔을 가진 동물이라니![24]

이러한 사실들이 알려지면서 문어는 바다에서 가장 지능이 높은 동물이자 지각이 있는 존재이기 때문에 우리가 문어를 먹어서는 안 된다는 다소 과장된 이야기가 퍼지게 되었다. 하지만 아주 큰 뇌를 가진 돌고래와 범고래를 간과해서는 안 된다. 비록 문어가 무척추동물 중에서는 군계일학처럼 빛난다 할지라도 도구 사용 능력은 제한적이며, 거울에 대한 반응은 작은 명금이 보이는 반응만큼 혼란스러운 수준에 머물러 있다. 문어가 대부분의 물고기보다 똑똑한지도 불분명하지만, 이런 비교 자체가 별 의미가 없다는 점을 강조하고 싶다. 인지 연구를 종들 간의 우열을 따지는 일종의 대회로 바꾸려고 하는 대신에, 우리는 사과와 오렌지를 나란히 놓고 그 우열을 취급하며 비교하는 식의 부적절한 생각을 버려야 한다. 분산된 신경계를 포함해 아주 특별한 감각과 해부학적 구조 덕분에 문어는 아주 독특한 존재이다.

독특성의 챔피언을 뽑으라고 한다면 문어야말로 모든 종들 중에서 가장 독특한 종일 것이다. 구조적으로 비슷한 신체 설계와 뇌를 가진 육상 척추동물의 긴 계통에서 유래한 우리 종과 달리 문어는 어떤 집단과도 비교를 거부한다.

문어는 생활사가 아주 특이하다. 대부분은 1~2년밖에 못 사는데, 이토록 뛰어난 지적 능력을 가진 동물치고는 아주 예외적인 경우이다. 문어는 포식 동물을 피하면서 빠른 속도로 자라 짝짓기 기회를 얻어 번식을 하고 나서는 금방 죽는다. 문어는 먹는 것을 멈추고 체중이 줄어들며 노쇠해진다.[25] 이것은 아리스토텔레스가 다음과 같이 묘사한 단계이다.

"새끼를 낳은 뒤…… 〔문어는〕 멍청해져서 물속에서 이리저리 휩쓸리는 것도 알아채지 못하는데, 사람들이 잠수를 해서 손으로 잡기 쉽다."[26]

수명이 짧고 혼자서 살아가는 문어는 내세울 만한 사회 조직이 전혀 없다. 그 생물학적 특성을 고려할 때 문어는 경쟁자와 배우자, 포식 동물, 먹이로서가 아니라면 서로에게 관심을 가져야 할 이유가 전혀 없다. 이들은 분명히 서로 친구나 파트너가 아니다. 문어가 물고기를 비롯해 많은 척추동물이 그러는 것처럼 남에게서 무엇을 배운다거나 행동과 관련된 전통을 퍼뜨린다는 증거는 전혀 없다. 사회적 유대와 협력이 부족하고 서로를 잡아먹는 습성까지 있는 두족류는 우리에게 매우 이질적인 존재로 보인다.

문어에게 가장 큰 염려는 잡아먹히는 것인데, 동족 외에도 해양 포유류에서부터 잠수해서 사냥하는 새, 상어, 물고기, 사람에 이르기까지 문어를 잡아먹으려는 동물이 사방에 널려 있기 때문이다. 몸집이 커지면 시애틀아쿠아리움에서 우연히 발견된 것처럼 문어 자신이 강력한 포식 동물이 된다. 사육사들은 상어가 들끓는 수조 속에 있는 문어를 몹시 염려하여 문어가 부디 잘 숨어 지내기를 바랐다. 하지만 그들은 곱상어(몸집이 작은 상어)가 한 마리씩 사라진다는 걸 눈치 챘는데, 놀랍게도 범인이 문어라는 사실을 알게 되었다. 무척추동물 중에서 놀이를 즐기는 종은 아마도 문어가 유일할 것이다. **아마도**라고 말한 이유는 '놀이' 행동을 정의하기가 거의 불가능하기 때문이지만, 문어는 새로운 물체를 보면 단순히 건드려 보거나 확인하는 데 그치지 않고 그 이상의 행동을 한다.

캐나다 생물학자 제니퍼 매더는 새로운 장난감을 주면 문어가 탐사("이건 뭐지?")에서 벗어나 반복적으로 활발한 움직임을 보이면서 그것을 이리저리 던진다는("이걸로 뭘 할 수 있을까?") 사실을 발견했다. 예를 들면, 물 위에 떠 있는 플라스틱 병을 향해 누두로 물줄기를 뿜어 수조 한쪽에서 반대쪽으로 이동하게 하는가 하면, 필터에서 나오는 물로 그것이 다시 자기에게 돌아오게 하는데, 그 모습은 마치 공을 통통 튀기는 것처럼 보인다. 분명한 목적도 없이 계속 반복되는 이러한 행동은 놀이를 시사하는 것

으로 간주되었다.[27]

문어의 위장 능력은 언제 잡아먹힐지 모른다는 큰 압박감과 밀접한 관련이 있다. 아마도 문어의 가장 놀라운 전문 기술인 이 능력은 문어를 연구하는 사람들에게 마르지 않는 '마법의 우물'을 제공한다. 문어는 몸 색깔을 아주 빨리 바꾸는데, 변하는 속도가 카멜레온을 훨씬 능가한다. 매사추세츠주 우즈홀에 있는 해양생물학연구소의 과학자 로저 핸런은 물속에서 문어의 활동을 촬영한 희귀 영상을 수집했다. 맨 처음에 보이는 것은 바위에 붙은 바닷말 덩어리뿐이지만, 그 사이에 큰 문어가 주변과 구별하기 어렵게 숨어 있다. 가까이 다가간 인간 잠수부가 문어를 위협하자 문어는 거의 하얗게 변하면서 바닷말 덩어리의 약 절반을 차지하는 자신의 몸을 드러낸다. 그리고 어두운 색의 먹물 구름을 내뿜으면서 황급히 도망치는데, 먹물은 문어의 두 번째 방어 수단이다. 그러고 나서 문어는 바다 밑바닥으로 내려가 다리를 모두 쫙 뻗고 그 사이로 피부를 팽팽하게 펼침으로써 몸집이 커 보이게 한다. 이렇게 상대를 위협하는 신체 팽창은 세 번째 방어 수단이다.

이 비디오 클립의 속도를 늦춰 뒤로 돌려보면 처음의 위장이 얼마나 훌륭한 것인지 알 수 있다. 큰 문어는 구조로나 색상으로나 자신을 완전히 바닷말로 뒤덮인 바위처럼 보이게 만들었다. 문어는 자신의 색소 함유 세포(피부에 있는 수백만 개의 색소 주머니로, 신경을 통해 조절되는)를 주변의 색과 일치시킴으로써 이렇게 감쪽같은 위장술을 발휘한다. 하지만 배경을 정확하게 모방하는(그것은 불가능하다) 대신에 우리의 시각계를 속이기에 충분할 정도로만 모방한다. 그리고 어쩌면 그것에 그치지 않을지 모르는데, 문어는 우리 시각계뿐만 아니라 다른 종들의 시각계도 고려해야 하기 때문이다. 사람은 편광이나 자외선을 보지 못하고 야간 시력도 좋지 못한 반면, 문어의 위장술은 이 모든 시각 능력을 속여야 한다. 그렇게 하면서 문어는 대기 모드로 지니고 있는 제한된 가짓수의 패턴에 의존한다. 이 '청사진' 패턴 중 하나를 켬으로써 문어는 순식간에 주변 배경과 섞인다. 그 결과는 착각을 일으키는 것으로 나타나는데, 문어의 목숨을 수백 번이나 살릴 수 있을 만큼 충분히 현실적인 방어 수단이 된다.[28]

가끔 문어는 돌이나 식물처럼 움직이지 않는 물체 흉내를 내는데, 너무나도 느리게 움직이기 때문에 그 모습을 본 사람은 전혀 움직이지 않는다고 단언할 정도이다. 탁 트인 공간을 지나가야 할 때 이렇게 하는데, 그 움직임이 적의 눈에 띄기 쉽기 때문이다. 식물 흉내를 낼 때 문어는 일부 다리를 몸 위로 들어 올려 흔들면서 나뭇가지처럼 보이게 만들고, 나머지 다리 서너 개로 살금살금 걸어간다. 이때 물의 움직임에 맞춰 발걸음을 아주 작게 떼면서 이동한다. 바다가 거칠 경우에 식물이 좌우로 심하게 흔들리는데, 이것은 문어가 같은 리듬으로 몸을 흔들면서 이동을 위장하는 데 도움을 준다. 반면에 파도가 치지 않고 잔잔한 날에는 움직이는 것이 거의 없으므로, 문어는 극도로 신중을 기할 필요가 있다. 다른 때라면 20초 만에 지나갈 곳도 20분이나 걸려 이동할 수 있다. 문어는 마치 그 자리에 붙박인 것처럼 행동하는데, 포식 동물이 일부러 시간을 내 아주 느릿느릿 나아가는 자신의 움직임을 관찰하지는 않으리라고 믿고서 이렇게 행동하

는 것이다.[29]

궁극적인 위장의 달인은 인도네시아 근해에서 살아가는 종인 흉내문어로, 다른 종의 흉내를 낸다. 흉내문어는 모양과 색뿐만 아니라 바닥 밑바닥 부근에서 굽이치듯이 헤엄치는 특유의 패턴까지 똑같이 흉내 내며 가자미처럼 행동한다. 흉내문어의 흉내 목록 중에는 쏠배감펭, 바다뱀, 해파리처럼 그곳에 사는 해양 동물 10여 종의 모습과 행동을 흉내 내는 것도 포함되어 있다.

우리는 문어가 어떻게 이토록 다양한 흉내를 내는지 정확하게 알지 못한다. 그중 일부는 자동적으로 일어날지 모르지만, 다른 동물들을 관찰하여 그 습성을 흉내 내는 학습도 어느 정도 역할을 할 것이다. 영장류인 우리는 이 놀라운 능력을 이해하기가 불가능하며 이것을 인지라고 불러야 할지 주저할 수도 있다. 우리는 무척추동물을 선천적 행동을 통해 해결책을 찾는 본능 기계로 간주하는 경향이 있다. 하지만 이러한 견해는 더 이상 유지할 수 없게 되었다. 문어의 가까운 친척인 갑오징어의 기만 술책을 포함해 놀라운 관찰 사실들이 너무나도 많다.

암컷을 유혹하는 수컷 갑오징어는 자신을 경계하지 않도록 경쟁자 수컷을 속일 수 있다. 구애 행동에 나선 수컷은 경쟁자를 향한 쪽의 몸을 암컷과 같은 색깔로 만들 수 있는데, 그래서 경쟁자는 눈앞에 있는 수컷이 암컷이라고 믿는다. 하지만 암컷을 향한 쪽의 몸은 원래의 색깔을 유지해 암컷의 관심을 계속 끈다. 이런 식으로 수컷은 은밀하게 암컷을 유혹한다. 이중 성 신호 전달dual-gender signaling이라 부르는 이 양면 전술은 연체동물이 아니라 영장류에게서나 기대할 만한 수준의 전술적 기술을 시사한다.[30] 두족류의 진실은 소설보다 훨씬 기이하다는 핸런의 주장은 옳다.

아마도 진화인지를 연구하는 사람들은 무척추동물에게서 관심을 끄는 문제를 많이 발견할 것이다. 해부학적으로는 척추동물과 아주 다르면서도 척추동물과 동일한 생존 문제에 많이 맞닥뜨리는 무척추동물은 수렴 인지 진화를 뒷받침하는 근거를 풍부하게 제공한다. 예를 들면, 절지동물 중에서 깡충거미는 다른 거미에게 자신의 거미줄에 몸부림치는 곤충이 걸렸다고 착각하게 만든다. 그래서 그 거미가 자신의 거미줄에 걸린 먹이를 죽이러 다가가는 순간, 그 자신이 깡충거미의 먹이가 되고 만다. 깡충거미는 거미줄에 걸린 곤충처럼 연기하는 법을 태어날 때부터 아는 것이 아니라 시행착오를 통해 터득하는 것처럼 보인다. 깡충거미는 다른 거미의 거미줄에서 더듬이다리와 다리를 사용해 거미줄을 퉁기고 진동시키는 방법을 다양하게 시도하면서 어떤 신호가 그 거미줄의 주인을 자신에게 다가오도록 유인하는 데 가장 효과가 있는지 주목한다. 가장 효과적인 신호들은 추후의 시도들에서 반복된다. 이 전술을 통해 깡충거미는 먹이 동물을 모방하는 자신의 행동을 미세 조정하는데, 이 때문에 거미학자들은 거미의 인지를 이야기하기 시작했다.[31]

하기야 거미라고 해서 인지가 없으란 법이 있는가?

로마에 가면

놀랍게도 침팬지는 동조주의자인 것으로 밝혀졌다. 자신의 이익을 위해 남의 흉내를 내는 것과 나머지 모든 구성원들과 똑같이 행동하기를 원하는 것은 질적으로 아주 다르다. 이것은 인간 문화의 기반을 이루는 속성이다. 이 경향은 비키 호너가 두 침팬지 집단에게 음식물을 두 가지 방법으로 얻을 수 있는 장비를 주었을 때 발견되었다. 침팬지들은 막대를 구멍 속으로 쑤셔 포도를 꺼내거나 같은 막대로 작은 문을 들어 올려 포도를 굴러 나오게 할 수 있었다. 침팬지들은 한 모델로부터 그 기술을 배웠는데, 그 모델은 사전에 훈련받은 같은 집단의 구성원이었다. 한 집단은 문을 들어 올리는 모델을 보았고 다른 집단은 쑤시는 모델을 보았다. 우리는 두 집단에게 동일한 실험 장치를 사용했는데도, 한 집단은 들어 올리는 방법을 배웠고 다른 집단은 쑤시는 법을 배웠다. 비키는 분명히 구별되는 두 문화를 만들어냈고 이를 '들어 올리는 문화'와 '쑤시는 문화'라고 불렀다.[32]

하지만 예외가 있었다. 몇몇 침팬지는 두 가지 기술을 모두 발견하거나 모델이 보여준 것과 다른 기술을 사용했다. 그러고 나서 두 달 뒤에 같은 침팬지들을 대상으로 다시 테스트를 하자 예외가 거의 다 사라졌다. 그것은 마치 모든 침팬지들이 "스스로 무엇을 발견했건 상관없이 나머지 구성원이 하는 대로 똑같이 따라 하라"라는 규칙을 따르면서 집단의 규범을 받아들이기로 결정한 것 같았다. 또래 압력이 나타난 적도 전혀 없었고 한 기술이 다른 기술보다 조금이라도 더 유리한 점이 없었기 때문에, 우리는 이러한 획일성의 원인이 **동조 편향** conformist bias에 있다고 보았다. 이러한 편향은 모방이 소속감뿐만 아니라 인간 행동에 대해 우리가 아는 것에 인도를 받아 일어난다는 내 개념과 명백히 일치한다. 우리 종의 구성원들은 궁극적인 동조주의자인데, 다수의 견해와 충돌할 경우 개인적 신념을 포기할 정도로 동조적 태도를 보인다. 남의 의견에 대한 우리의 열린 태도는 침팬지가 보여주는 것을 훨씬 넘어서지만, 그래도 서로 관련이 있는 것으로 보인다. 동조주의자라는 딱지가 붙은 것은 이 때문이다.[33]

수전 페리가 꼬리감는원숭이(흰얼굴카푸친)에 관한 야외 연구에서 그런 것처럼 이것은 갈수록 영장류 문화에 점점 더 많이 적용되고 있다. 페리의 원숭이들이 코스타리카 정글에서 마주치는 루에헤아 열매에서 씨를 빼내는 방법이 두 가지 있는데, 이 두 방법은 효율성이 거의 똑같다. 하나는 열매를 두들겨 깨는 것이고, 또 하나는 열매를 나뭇가지에 대고 문지르는 것이다. 꼬리감는원숭이는 내가 아는 채집 동물 중에서 가장 활발하고 열정적인 종이며, 대부분의 어른들에게는 둘 중 한 가지 기술이 발전하지만, 둘 다 발전하지는 않는다. 페리는 암컷들에게서는 동조성을 발견했지만 수컷들에게서는 발견하지 못했는데, 암컷들은 어미가 선호하는 방법을 그대로 받아들였다.[34] 잔가지로 흰개미를 낚아 올리는 법을 배우는 어린 침팬지들에게서도 발견되는 이러한 성차性差는 만약 사회 학습이 모델과의 동일시를 통해 촉진된다면 충분히 설명이 된다. 어미는 딸에게는 롤모델이 되지만, 아들에게는 반드시 그렇지는 않다.[35]

동조성은 야외 현장에서 입증하기가 어렵다. 한 개체가 다른 개체와 똑같이 행동하는 이유를 달리 설명할 수 있는 방법은 유전적 설명과 생태적 설명을 포함해 아주 많다. 이 문제들을 해결할 수 있는 방법은 미국 북서부 메인만의 혹등고래들을 대상으로 실시한 대규모 연구에서 발견되었다. 한 수컷 혹등고래는 공기 거품으로 물고기를 모는 거품 그물 사냥 외에 새로운 기술을 발명했다. 그것은 1980년에 처음 목격되었는데, 이 혹등고래는 꼬리지느러미로 수면을 쳐 큰 소리를 냄으로써 물고기들을 더 촘촘하게 모이게 만들었다. 시간이 지나면서 이렇게 꼬리로 수면을 치는 기술은 개체군 내에서 점점 더 널리 퍼져나갔다. 25년이 지나는 동안 연구자들은 개별적으로 아는 600마리의 혹등고래들 사이에서 이 기술이 어떻게 퍼져나가는지 면밀히 조사했다. 그 결과, 연구자들은 이 기술을 사용하는 혹등고래와 함께 어울리는 혹등고래 역시 이 기술을 사용할 가능성이 높다는 사실을 발견했다. 친족 관계는 영향을 미치는 요인에서 배제할 수 있었는데, 꼬리로 수면을 치는 기술을 그 어미가 사용하는지 여부는 별로 문제가 되지 않았기 때문이다. 모든 것은 물고기를 사냥할 때 누구를 만나느냐에 달려 있었다. 큰 고래는 실험동물로 사용하기에 부적합하기 때문에, 이것은 고래 사이에서 어떤 습성이 사회적으로 퍼져나가는 것을 입증하는 사례로 우리가 얻을 수 있는 것 중 최선의 것이 아닌가 싶다.[36]

야생 영장류의 경우 다른 이유들 때문에 실험 연구가 드물다. 첫째, 이들은 새것을 혐오하는 습성이 있는데, 밀렵꾼들이 설치하는 것을 포함해 인간의 장치들에 내재된 위험을 생각해보면 이런 습성은 충분히 이해가 된다. 둘째, 야외 연구자는 일반적으로 자신이 연구하는 동물을 인위적인 상황에 노출시키는 것을 싫어하는데, 가능하면 간섭을 최소화하면서 연구하는 걸 목표로 삼기 때문이다. 셋째, 야외 연구자는 어떤 개체를 실험에 참여시킬지, 그리고 얼마나 오랫동안 실험을 할지 통제할 방법이 전혀 없으며, 따라서 사육 상태의 동물에게 흔히 쓸 수 있는 종류의 테스트를 할 수 없다.

그렇게 때문에 야생 원숭이의 동조성에 관해 가장 우아한 실험 중 하나로 꼽히는 연구를 높이 평가하지 않을 수 없는데, 이것은 네덜란드 영장류학자 에리카 판 드 발(나하고는 아무 관계가 없다)이 했다.[37] 판 드 발은 문화 연구에서 원동력 역할을 한 앤디(앤드루의 애칭) 화이튼과 함께 팀을 이루어 남아프리카공화국의 한 동물 보호구역에서 버빗원숭이에게 열린 플라스틱 상자들을 주었는데, 그 안에는 옥수수가 들어 있었다. 검은 얼굴에 회색을 띤 이 작은 원숭이들은 옥수수를 좋아하지만, 여기에는 함정이 있었는데, 과학자들이 공급 방식을 조작했다. 상자는 항상 두 개가 있었고, 그 안에는 각각 파란색과 분홍색 옥수수가 들어 있었다. 한 가지 색의 옥수수는 먹는 데 아무 문제가 없었으나, 다른 색의 옥수수는 알로에가 섞여 있어 역겨운 맛이 났다. 어느 색의 옥수수가 먹기에 좋은가 나쁜가에 따라 학습을 통해 어떤 집단은 파란색 옥수수를 먹게 되었고, 어떤 집단은 분홍색 옥수수를 먹게 되었다.

이러한 선호는 연합 학습으로 쉽게 설명할 수 있다. 하지만 그러고 나서 연구자들은 옥수수에서 역겨운 맛을 내는 첨가물을 제거한 뒤, 새끼들이 태어나고 이웃 지역에서 새로운 수컷들이 옮겨 오기를 기다렸다. 그리고 맛에 아무 문제가 없는 두 가지 색의 옥수수를 공급하면서 여러 원숭이 집단을 관찰했다. 하지만 그래도 모든 어른은 자신들이 습득한 선호를 고수했고, 다른 색의 옥수수에서 개선된 맛을 결코 발견하지 못했다. 새로 태어난 새끼 27마리 중 26마리는 자기 집단이 선호하는 색깔의 옥수수만 먹도록 배웠다. 이들은 자유롭게 손에 넣을 수 있고 선호하는 색의 옥수수만큼 맛이 좋은데도, 어미와 마찬가지로 다른 색의 옥수수는 손도 대지 않았다. 개별적 탐구는 분명히 억압되었다. 심지어 어린 원숭이들은 퇴짜를 맞은 옥수수 상자 위에 앉은 채 선호하는 색의 옥수수를 행복하게 먹었다. 유일한 예외는 서열이 아주 낮은 탓에 배가 너무 고파 금지된 옥수수를 가끔 맛본 어미에게서 태어난 새끼였다. 따라서 모든 새끼는 어미의 섭식 습성을 그대로 따라 했다. 다른 집단에서 온 수컷들 역시 결국은 새 집단이 선호하는 색을 받아들였는데, 반대색을 선호하는 집단에서 온 경우에도 그랬다. 이들이 선호를 바꾸었다는 사실은 동조성을 강하게 시사하는데, 이 수컷들은 경험을 통해 다른 색의 옥수수도 충분히 먹을 만하다는 사실을 알고 있었기 때문이다. 이들은 "로마에 가면……"이라는 격언을 충실히 따랐다.

이 연구들은 모방과 동조의 큰 힘을 입증한다. 이것은 동물들이 사소한 이유 때문에 가끔 저지르는 사치에 불과한 것이 아니라(유감스럽게도 동물의 관습이 가끔 이런 식으로 조롱을 받지만), 광범위하게 일어나는 큰 생존 가치를 지닌 관행이다. 어떤 것을 먹고 어떤 것을 피해야 할지 어미의 모범을 따르는 새끼는 모든 것을 스스로 판단해서 결정하려고 하는 새끼보다 살아남을 확률이 더 높다. 동물들의 사회적 행동도 동물들 사이에 존재하는 동조성 개념을 뒷받침한다. 한 연구는 아이와 침팬지를 대상으로 관대함을 테스트했다. 실험 목적은 자신에게 아무 부담이 되지 않는 조건에서 같은 종의 구성원에게 기꺼이 호의를 베풀려고 하는지 알아보기 위한 것이었다. 아이와 침팬지는 실제로 호의를 베풀었는데, 전에 다른 구성원(단지 함께 테스트를 하는 상대뿐만 아니라 어느 누구라도)에게서 관대함을 경험한 적이 있는 경우에는 이런 경향이 더 증가했다. 친절한 행동은 전염성이 있을까? 우리는 사랑은 사랑을 낳는다고 말한다. 혹은 연구자들이 더 무미건조하게 표현한 것처럼 영장류는 개체군 내에서 가장 보편적으로 지각된 반응을 채택하는 경향이 있다.[38]

두 종의 마카크(레서스원숭이와 짧은꼬리마카크)를 섞어서 한 실험에서도 같은 결론이 나왔다. 두 종의 어린 원숭이들을 다섯 달 동안 밤낮으로 함께 지내게 했다. 두 종의 마카크는 기질이 서로 아주 다르다. 레서스원숭이는 걸핏하면 싸우려 하고 상대를 전혀 배려하지 않는 유형인 반면, 짧은꼬리마카크는 느긋하고 평화적이다. 나는 가끔 농담 삼아 이들을 마카크 세계의 뉴요커와 캘리포니아인이라고 부른다. 오랫동안 함께 지내자, 레서스원숭이에게서 짧은꼬리마카크와 비슷한 수준의 화해 기술이 발달했다. 레서스원숭이는 짧은꼬리마카크와 떨어진 뒤에도 싸우고 나서 더 친밀하게 재회하는 비율이 평상시보다 약 네 배나 증가했다. 이렇게 새롭게 변한 레서스원숭이는 동조의 힘을 확인해주었다.[39]

사회 학습(남에게서 배우는 것으로 정의되는)에서 아주 흥미로운 측면 하나는 보상의 2차적 역할이다. 개인적 학습은 펠릿 사료를 얻기 위해 레버를 누르는 법을 학습하는 쥐처럼 즉각적인 인센티브에 자극을 받는 반면, 사회 학습은 이런 식으로 작동하지 않는다. 때로는 동조가 심지어 보상을 **감소**시키기까지 한다. 사실, 버빗원숭이들은 얻을 수 있는 먹이 중 약 절반을 놓쳤다. 우리는 꼬리감는원숭이들에게 원숭이 모델이 제각각 색이 다른 세 상자 중 하나를 여는 장면을 지켜보게 하는 실험을 한 적이 있다. 상자 안에는 음식물이 들어 있을 때도 있고 없을 때도 있었다. 그것은 아무 문제가 되지 않았다. 보상이 있건 없건 상관없이 원숭이들은 모델의 선택을 그대로 모방했다.[40]

심지어 이익이 그 일을 한 당사자가 아니라 남에게 돌아가는 사회 학습 사례도 있다. 탄자니아의 마할레산맥에서 나는 한 침팬지가 다른 침팬지에게 다가가 자신의 손톱으로 등을 열심히 긁어주고 나서 털고르기를 해주는 모습을 자주 보았다. 털고르기를 하는 사이에 등을 긁어주는 일이 더 일어나기도 했다. 이 행동은 오래전부터 알려져왔으며 지금까지 다른 야외 연구 장소에서 보고된 사례는 단 한 곳뿐이었다. 이것은 지역적으로 학습된 전통이지만, 여기에는 주목할 점이 있다. 자신의 몸을 긁는 이유는 대개 가려움 때문인데, 이 행동은 즉각 가려움의 해소라는 이득을 가져다준다. 그런데 사회적 긁어주기 행동의 경우에는 긁어주는 당사자의 가려움이 해소되는 게 아니라 긁어주는 서비스를 받는 상대의 가려움이 해소된다.[41]

영장류는 가끔 남에게서 살아가는 데 도움이 되는 습성을 배운다. 어린 침팬지가 돌로 견과를 깨는 법을 배우는 것이 그런 예이다. 하지만 그런 경우에도 실제로 일어나는 일은 겉보기처럼 그렇게 단순한 게 아니다. 견과를 깨는 어미 옆에 앉아 있는 새끼는 완전히 얼뜨기에 불과하다. 새끼는 견과를 돌 위에 올려놓고, 견과 위에 또 돌을 올려놓고 그것들을 함께 밀고는, 다시 처음부터 쌓기를 반복한다. 새끼는 이 장난 같은 활동에서 아무것도 얻지 못한다. 손으로 견과를 치거나 발로 세게 밟기도 하지만 견과는 깨어지지 않는다. 기름야자 열매와 판다 열매는 어린 침팬지가 깨기에는 너무 단단하다. 어린 침팬지는 3년이나 헛된 노력을 기울인 뒤에야 한 쌍의 돌을 사용해 견과를 최초로 깰 만한 협응 능력과 힘이 생기고, 어른만큼 능숙한 기술 수준에 이르려면 6~7세가 될 때까지 기다려야 한다.[42] 어린 침팬지는 몇 년 동안이나 계속해서 이 과제를 해결하는 데 실패하기 때문에 음식물이 인센티브가 될 가능성은 낮다. 심지어 이들은 돌로 손을 찧는다든가 하는 부정적 결과를 경험할 수도 있다. 하지만 어린 침팬지는 연장자들의 본보기에 자극을 받아 아랑곳하지 않고 이 노력을 계속한다.

보상이 전혀 문제가 되지 않는다는 사실은 이익이 따르지 않는 습관에서도 분명히 드러난다. 우리 종의 경우, 야구 모자를 거꾸로 쓰거나 움직임에 지장을 초래할 만큼 바지를 내려 입는 등의 행동이 유행한다. 그런데 다른 영장류들에게서도 아무 쓸모 없어 보이는 유행과 습성을 볼 수 있다. 오래전에 내가 위스콘신영장류센터에서 관찰한 레서스원숭이 집단의 N 가족이 좋은 예이다. 이 모계 중심 가족은 늙어가는 가모장 노즈가 이끌었는데, 그 자식들의 이름은 너츠, 누들, 냅킨, 니나처럼 모두 N으로 시작했다. 노즈에게는 물웅덩이로 가서 팔을 겨드랑이까지 완전히 담근 뒤 손과 팔의 털을 핥으면서 물을 마시는 기묘한 습관이 있었다. 재미있는 것은 노즈의 자식들도 모두, 그리고 나중에는 손주들도 모두 정확하게 똑같은 기술을 물려받았다는 점이다. 이 집단의 다른 원숭이들은 물론이고 내가 아는 그 밖의 어떤 원숭이도 이런 식으로 물을 마시지 않았으며, 그렇다고 이 방법에 무슨 이점이 있는 것도 아니었다. 그렇게 물을 마신다고 해서 다른 원숭이들이 얻지 못하는 것을 N 가족이 얻는 것도 아니었다.

또 침팬지가 가끔 현지의 방언을 익히는 방식도 하나의 예가 될 수 있다. 맛있는 음식물을 먹을 때 기분이 좋아서 꿀꿀거리는 소리 같은 게 그런 경우이다. 이 소리는 집단마다 다를 뿐만 아니라 음식물의 종류에 따라서도 달라지는데, 예컨대 사과를 먹을 때에만 내는 특유의 꿀꿀거리는 소리가 있다. 에든버러동물원이 네덜란드의 한 동물원에서 데려온 침팬지들을 그곳 침팬지들과 합쳤을 때, 새로 온 침팬지들이 사회적으로 융화되는 데에는 약 3년이 걸렸다. 새로 온 침팬지들은 처음에는 사과를 먹을 때 꿀꿀거리는 소리를 다르게 냈지만, 결국에는 현지 침팬지들과 동일한 소리를 냈다. 이들은 현지 침팬지들의 소리와 비슷하게 자신들의 소리를 거기에 맞추었다. 언론은 이 발견을 네덜란드 침팬지들이 스코틀랜드어를 말하는 법을 배웠다고 말하면서 크게 과장해서 보도했지만, 실제로는 현지의 악센트를 받아들인 것에 더 가까웠다. 침팬지는 목소리의 유연성이 특별히 뛰어나지 않지만, 배경이 서로 다른 침팬지들 사이의 유대가 동조를 낳았다.[43]

분명히 사회 학습은 보상보다는 남들과 잘 어울리고 남들과 똑같이 행동하는 것과 더 관련이 있다. 동물 문화를 다룬 내 책의 제목을 《유인원과 초밥 장인》(우리나라에서는 '원숭이와 초밥 요리사'라는 제목으로 소개됨_옮긴이)으로 단 것은 이 때문이다. 이런 제목을 붙인 것은 우리에게 동물 문화라는 개념을 제공한 이마니시와 일본인 과학자들에게 경의를 표시하려는 뜻도 약간 있지만, 초밥 요리사가 되려는 견습생이 어떻게 그 기술을 배우는지 내가 들은 이야기 때문이기도 하다. 견습생은 초밥 장인의 그늘에서 밥의 차진 정도를 딱 맞추는 법, 재료를 정확하게 자르는 법, 일본 요리의 명성에 어울리게 보기 좋게 배열하는 법 등 초밥 만드는 기술을 노예처럼 열심히 배운다. 밥을 만들어 그것을 식초와 섞고 부채로 식혀가면서 신선한 초밥으로 뭉치려고 시도해본 사람이라면 그 기술이 얼마나 복잡한지 알 텐데, 여기까지는 전체 과정 중 일부에 지나지 않는다. 견습생은 대개 수동적인 관찰을 통해서 배운다. 설거지를 하고 마루를 닦고 손님들에게 절을 하고 재료들을 사오고, 그러는 와중에 절대로 질문을 하지 않으면서 곁눈질로 초밥 장인이 하는 일을 모두 세심하게 관찰해야 한다. 견습생은 3년 동안 식당 고객을 위해 실제로 초밥을 만드는 일은 전혀 하지 못하고 지켜보기만 하는데, 연습 없이 관찰만 하는 극단적 사례인 셈이다. 이렇게 최초의 초밥을 만들라는 지시가 떨어질 날만 간절히 기다리며 지내는데, 막상 그날이 되면 아주 능숙하게 일을 해낸다.

초밥 장인의 교육 방법에 관한 진실이야 무엇이건, 요점은 능숙한 모델을 반복적으로 관찰하면 일의 순서들이 머릿속에 단단히 뿌리박히게 되며, 나중에 같은 일을 해야 할 때가 되면 이것이 아주 큰 도움이 된다는 것이다. 서아프리카의 침팬지들이 견과를 깨는 것을 연구한 마쓰자와 데쓰로는 내가 '유대와 동일시 기반 관찰 학습BIOL'을 개발한 것과 똑같이 사회학습이 헌신적인 장인과 견습생의 관계에 기반을 두고 있다고 본다.[44] 두 견해는 인센티브에 초점을 맞춘 전통적인 견해를 거부하며, 사회적 연결에 초점을 맞춘 것으로 대체한다. 동물은 남들과, 특히 자신이 신뢰하고 가까움을 느끼는 남들과 똑같이 행동하려고 노력한다. 동조 편향은 이전 세대들이 축적한 습관과 지식의 흡수를 촉진함으로써 사회의 형태를 만든다. 이것은 그 자체만으로도 분명히 이롭기 때문에(비단 영장류에서만 그런 게 아니라), 동조가 즉각적인 이익을 좇아 일어나는 것이 아니라 하더라도, 생존에 도움을 줄 가능성이 높다.

이름에는 무엇이 있을까?

콘라트 로렌츠는 까마귓과 동물의 열렬한 팬이었다. 그는 빈 근처의 알텐베르크에 있던 자기 집 주위에서 늘 갈까마귀와 까마귀, 큰까마귀를 길렀고, 이들을 정신 능력이 가장 발달한 새들이라고 생각했다. 내가 학생 시절에 길들인 갈까마귀를 내 머리 위에서 날게 하면서 함께 산책을 한 것처럼 로렌츠는 자신이 오래 기른 큰까마귀이자 '가까운 친구'인 로아를 데리고 여행을 했다. 그리고 내 갈까마귀처럼 그 큰까마귀는 하늘에서 내려와 그 앞에서 꼬리를 좌우로 흔듦으로써 로렌츠를 따라오게 했다. 그것은 아주 재빠른 제스처여서 멀리서는 알아채기 어렵지만, 바로 눈앞에서는 놓치기 어렵다. 흥미롭게도 큰까마귀는 일반적으로 로렌츠가 금속성의 "크락크락크락"이라고 묘사한 낭랑하고 굵은 소리로 서로를 부르는 반면, 로아는 자신의 이름을 사용해 로렌츠를 불렀다. 로렌츠는 로아가 자신을 부르는 소리를 다음과 같이 기술했다.

> 로아는 뒤에서 나를 향해 돌진한 뒤 내 머리 위를 스치며 지나갔고, 꼬리를 흔들면서 다시 위로 치솟았는데, 그러면서 어깨 너머로 내가 따라오는지 살펴보았다. 이러한 일련의 동작과 함께 로아는 위에서 묘사한 서로를 부르는 소리를 내는 대신에 자신의 이름을 인간의 억양으로 말했다. 여기서 가장 특이한 점은 로아가 내게만 인간의 단어를 사용한다는 사실이었다. 자신과 같은 종을 부를 때에는 일상적으로 친밀하게 부르는 소리를 사용했다.[45]

로렌츠는 자신의 큰까마귀에게 이런 소리를 내도록 훈련시키지 않았다고 말했다. 어쨌든 그는 이를 위해 로아에게 보상을 제공한 적이 없다. 로렌츠가 자신을 부를 때 "로아!"라고 외쳤기 때문에, 로아는 반대로 자신이 똑같은 소리를 내도 마찬가지 효과가 있을 것이라고 추론을 한 것이 분명하다고 로렌츠는 생각했다. 이런 종류의 행동은 목소리를 통해 서로 접촉하고 게다가 모방을 잘하는 동물들에게서 나타날지 모른다. 나중에 보게 되겠지만, 이것은 돌고래에게서도 발견할 수 있다. 반면에 영장류의 경우에는 각 개체의 정체성이 대개 시각적으로 결정된다. 얼굴은 몸에서 가장 특징적인 부분이다. 따라서 얼굴 인식 능력이 크게 발달하는데, 원숭이와 유인원 모두에게서 다양한 방식으로 입증되었다.

하지만 이들이 주의를 기울이는 것은 얼굴뿐만이 아니다. 우리는 연구 중에 침팬지들이 서로의 엉덩이를 아주 잘 구분한다는 사실을 발견했다. 한 실험에서 침팬지들에게 먼저 같은 집단에 속한 동료의 엉덩이 사진을 한 장 보여주고, 곧이어 얼굴 사진 두 장을 보여주었다. 하지만 두 얼굴 사진 중에서 그 엉덩이의 주인은 한 장뿐이었다. 침팬지들은 터치스크린에서 어느 쪽 사진을 선택할까? 그것은 컴퓨터 시대 이전에 나디아 코트스가 발명한 것과 같은 종류의 전형적인 표본 대응 과제였다. 우리 침팬지들은 자신들이 본 엉덩이의 주인에 해당하는 얼굴 사진을 정확하게 골랐다. 하지만 이것은 개인적으로 아는 침팬지에 대해서만 성공했다. 낯선 침팬지 사진들에서 엉덩이 주인을 찾는 데 실패했다는 사실은 침팬지들이 색이나 크기 같은 사진의 어떤 요소를 바탕으로 판단을 내린 게 아님을 시사한다. 이들은 개인적으로 잘 아는 침팬지들의 전신 이미지를 갖고 있는 게 분명하며, 서로를 너무나도 잘 알아 신체 일부를 다른 신체 부위와 쉽게 연결할 수 있다.

마찬가지로 우리는 군중 속에서 뒷모습만 보고서도 친구와 친척을 쉽게 찾아낼 수 있다. 우리가 발견한 것을 '얼굴과 엉덩이Faces and Behinds'라는 선정적인 제목의 논문으로 발표하자, 모든 사람들은 유인원이 이런 일을 할 수 있다는 주장을 우스꽝스러운 것으로 생각했고, 우리는 이 연구로 이그노벨상IgNobel Prize을 받았다. 노벨상을 패러디한 이 상은 "먼저 사람들을 웃게 하고 나서 깊이 생각하게 만드는"[46] 연구에 수여된다.

나는 이 연구가 사람들을 생각하게 만들기를 바라는데, 개인 인식은 모든 복잡한 사회의 초석이기 때문이다.[47] 사람들은 동물이 이 능력을 갖고 있다는 사실을 자주 과소평가하는데, 사람들의 눈에는 주어진 종의 모든 구성원들이 다 똑같아 보인다. 하지만 동물들은 자기들 사이에서는 일반적으로 별로 힘들이지 않고 서로를 구별한다. 돌고래의 예를 살펴보자. 우리는 돌고래들을 일일이 구별하기 힘든데, 모두 똑같이 웃는 듯한 얼굴을 갖고 있는 것처럼 보이기 때문이다. 장비를 사용하지 않으면, 우리는 수중 음파의 형태로 전달되는 돌고래의 주요 의사소통 수단에 접근할 수 없다. 연구자들은 내가 이전에 내 제자였던 앤 위버와 함께 그런 것처럼 대개 물 위에서 배를 타고 돌고래를 따라다닌다. 앤은 플로리다주 보카시에가만 내륙대수로 후미에서 큰돌고래 약 300마리를 개별적으로 구별할 수 있다. 앤은 방대한 사진 앨범을 갖고 다니는데, 여기에는 앤이 이 지역에서 15년 이상 돌아다니면서 관찰한 모든 등지느러미의 클로즈업 사진들이 들어 있다. 앤은 소형 모터보트를 타고 거의 매일 보카시에가만을 방문해 수면 위로 떠올라 헤엄치는 돌고래들을 관찰한다. 등지느러미는 우리가 가장 쉽게 볼 수 있는 신체 부위로, 모두 조금씩 다르게 생겼다. 높고 튼튼한 것이 있는가 하면 한쪽으로 기울어진 것도 있고, 싸움이나 상어의 공격 때문에 일부가 떨어져나간 것도 있다.

이러한 신원 확인을 통해 앤은 일부 수컷들이 동맹을 이루어 항상 함께 돌아다닌다는 사실을 알아냈다. 이들은 일치된 동작으로 헤엄을 치며 함께 수면 위로 떠오른다. 서로 가까이 붙어 다니지 않을 때도 아주 드물게 있는데, 이때는 어떤 기회를 감지한 경쟁자와 문제가 생겼을 때이다. 암컷과 5~6세 이전의 새끼들도 함께 무리를 지어 다닌다. 그 외에는 돌고래 사회는 **분열-융합** 사회인데, 돌고래들이 일시적인 조합을 이루어 모이며, 이 조합은 시간에 따라 그리고 날에 따라 변한다는 뜻이다. 하지만 규칙적으로 물 밖으로 나오는 신체의 작은 일부를 봄으로써 누가 근처에 있는지 아는 것은 돌고래들이 서로를 알아보는 방법과 비교하면 다소 번거로운 기술이다.

돌고래들은 서로가 내는 소리를 안다. 이것은 그 자체로는 그렇게 특별한 것이 아닌데, 우리 역시 많은 동물들이 그러듯이 서로의 목소리를 알아보기 때문이다. 발성 기관(입, 혀, 성대, 폐활량)의 형태에는 큰 차이가 있는데, 이 때문에 우리는 소리의 높이와 크기와 음색으로 각자의 목소리를 구별할 수 있다. 나는 연구실에 앉아서 모퉁이 저편에서 들려오는 동료들의 목소리를 들으면, 직접 보지 않아도 그들이 누구인지 알 수 있다.

그런데 돌고래는 여기서 한 발 더 나아간다. 돌고래는 각자 고유한 억양을 지닌 고주파음인 '서명 휘파람signature whistle' 소리를 낸다. 이 고주파음은 전화벨 소리의 멜로디가 변하듯이 변한다. 여기서 특징적인 것은 목소리가 아니라 멜로디이다. 어린 돌고래는 첫해에 자신만의 휘파람 소리가 발달한다. 암컷은 동일한 멜로디를 평생 동안 유지하는 반면, 수컷은 가까운 친구들의 멜로디에 맞추어 이를 조절하는데, 그래서 동일한 수컷 동맹에 속한 수컷들이 내는 소리는 서로 비슷하게 들린다.[48] 돌고래는 특히 고립되었을 때 서명 휘파람 소리를 내지만(포획되어 외롭게 살아가는 돌고래는 항상 서명 휘파람 소리를 낸다), 바다에서 큰 무리로 모이기 전에도 낸다. 그런 순간에는 정체성을 자주 그리고 널리 방송하는데, 어두컴컴한 물속에서 분열-융합 사회를 이루어 살아가는 종에게는 적절한 행동으로 보인다. 휘파람 소리가 개인 식별에 사용된다는 사실은 이 소리를 수중 스피커를 통해 다시 들려줌으로써 입증되었다. 돌고래는 남보다는 가까운 친족의 소리에 더 많은 주의를 기울인다. 이것이 단지 목소리 인식이 아니라 소리의 특정 멜로디를 바탕으로 일어난다는 사실은 컴퓨터로 그 멜로디를 흉내 내 만든 소리(멜로디만 보존하고 목소리를 없앤 소리)를 들려줌으로써 입증되었다. 이 합성 소리는 원래의 소리와 동일한 반응을 이끌어냈다.[49]

돌고래는 친구들을 놀랍도록 잘 기억한다. 미국의 동물행동주의 심리학자 제이슨 브럭은 사육되는 돌고래가 번식 목적을 위해 한 장소에서 다른 장소로 자주 옮겨진다는 사실을 활용했다. 그는 오래전에 떠난 수족관 동료의 서명 휘파람 소리를 다시 들려주었다. 돌고래들은 익숙한 소리에 반응해 활기를 띠고 스피커로 다가와 응답하는 휘파람 소리를 냈다. 브럭은 돌고래가 과거에 함께 지낸 시간이 길었건 짧았건, 또 서로 본 지 얼마나 오래되었건, 이전의 수족관 동료를 아무 어려움 없이 인식한다는 사실을 발견했다. 이 연구에서 서로 떨어진 시간이 가장 길었던 사례는 베일리라는 암컷이 20년 전에 다른 곳에서 함께 살았던 암컷 돌고래 앨리의 휘파

람 소리를 알아본 것이었다.[50]

갈수록 점점 전문가들은 서명 휘파람 소리를 **이름**으로 간주하고 있다. 이 소리는 단순히 각자가 직접 만들어내는 식별자가 아니라, 때로는 남이 흉내 내기도 한다. 돌고래의 경우, 특정 동료를 그 동료의 서명 휘파람 소리로 부르는 것은 그 이름을 부르는 것과 같다. 로아는 자신의 이름을 사용해 로렌츠를 불렀지만, 돌고래는 가끔 다른 돌고래의 특징적인 소리를 모방해 상대의 주의를 끈다. 돌고래가 이런 행동을 한다는 사실은 관찰만으로는 입증하기가 분명히 힘들다. 따라서 이 문제는 또다시 녹음된 소리를 들려주는 방법을 사용해야 한다.

스테파니 킹과 빈센트 재닉은 세인트앤드루스 대학 근처의 스코틀랜드 앞바다에서 큰돌고래들을 대상으로 놓아기르는 돌고래들의 서명 휘파람 소리를 녹음했다. 그러고 나서 그 소리를 수중 스피커를 통해 여전히 그 부근에서 헤엄치고 있던, 그 소리를 낸 돌고래들에게 들려주었다. 돌고래들은 자신들의 특징적인 휘파람 소리에 같은 소리로 응답했고, 때로는 여러 차례 응답했는데, 마치 자신들을 부르는 소리를 들었음을 확인해주는 것 같았다.[51]

동물들이 서로를 이름으로 부른다는 사실은 큰 아이러니처럼 보이는데, 한때 과학자들이 자신들의 동물에게 이름을 붙이는 것은 금기로 여겨졌기 때문이다. 이마니시와 그 지지자들이 그렇게 했을 때 그들은 조롱을 받았으며, 구달이 자신의 침팬지들에게 데이비드 그레이비어드와 플로 같은 이름을 붙여주었을 때에도 그랬다. 반대자들이 내세우는 이유는 동물에게 이름을 붙이면 실험 대상을 인간화하게 된다는 것이었다. 그들은 실험 대상과 거리를 두고 객관적 태도를 유지하려고 해야 하고, 오직 인간만이 이름을 가진다는 사실을 잊어서는 안 된다고 주장했다.

하지만 이제 밝혀지고 있는 것처럼 이 문제에서는 일부 동물이 우리보다 앞섰는지도 모른다.

제9장

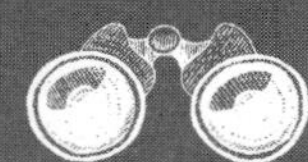

ARE WE SMART
ENOUGH
TO KNOW
HOW SMART
ANIMALS ARE?

진화인지

아무 일도 아니란 듯이 우리가 **동물**과 **인지**라는 단어를 얼마나 쉽게 결합해 사용하는지(심지어 마치 이 단어들이 한 **묶음**인 것처럼) 생각하면, 여기에 이르기까지 우리가 겪었던 온갖 역경을 상상하기란 쉽지 않다. 일부 동물은 학습 능력이 뛰어나거나 현명한 해결책을 찾도록 사전에 설계되어 있는 것으로 간주되었지만, 이들의 행동에 인지라는 단어를 사용하는 것은 너무 과분하다고 여겼다. 비록 많은 사람들이 동물의 지능을 자명하다고 여기지만, 과학은 어떤 것도 액면 그대로 믿지 않는다. 우리는 증거를 원하는데, 동물인지를 뒷받침하는 증거는 이제 압도적일 정도로 많다. 사실, 그 증거는 너무나도 많아서 우리가 극복해야 했던 막대한 저항은 이제 까맣게 생각도 나지 않을 정도이다. 내가 이 분야의 역사에 아주 많은 관심을 기울인 이유는 이 때문이다. 쾰러와 코트스, 톨먼, 여키스 같은 초기의 개척자들도 있었고, 멘젤과 갤럽, 벡, 세틀워스, 쿠머, 그리핀 같은 제2세대 학자들도 있었다. 그리고 내가 속한 제3세대 학자들 중에는 여기서 그 이름을 일일이 열거할 수 없을 정도로 진화인지 과학자들이 많이 포함되어 있지만, 우리는 그동안 매우 힘든 전투도 겪었다.

나는 영장류가 정치 전략을 따른다거나 싸우고 나서 화해를 한다거나 남에게 공감을 한다거나 자기 주변의 사회적 세계를 이해한다고 주장했다는 이유로 순진하다거나 낭만적이라거나 비과학적이라거나 의인관에 빠졌다거나 일화적이라거나 엉성한 학자라는 소리를 수도 없이 들었다. 영장류를 직접 맞닥뜨리면서 평생을 살아온 경험을 바탕으로 생각할 때, 이런 주장들 중 어떤 것도 특별히 과감한 것으로 보이지 않았다. 그러니 동물의 인식이나 언어 능력, 논리적 추론 능력을 주장한 과학자들에게 어떤 일이 일어났을지 충분히 상상할 수 있을 것이다. 그런 주장들은 모두 대안 이론들과 비교당하며 신랄한 비판을 받았는데, 대안 이론들은 스키너 상자의 한계 안에서 관찰한 비둘기와 쥐의 행동에서 유래했다는 사실을 감안하면 항상 훨씬 단순해 보였다.

실제로는 늘 그렇게 단순한 것은 아니었지만(연합 학습에 기초한 설명은 단순히 여분의 정신 기능을 가정한 설명에 비해 엄청나게 복잡할 수 있다), 그 당시에는 학습으로 모든 것을 설명할 수 있다고 생각했다. 물론 설명할 수 없는 경우는 제외하고 말이다. 후자의 경우에는 당면 문제를 충분히 오래 그리고 충분히 깊이 생각하지 않았거나 제대로 된 실험을 하지 못한 때문이라고 여겼다. 가끔 의심의 벽은 생물학자들이 창조론자들에게 느끼는 것과 비슷하게 과학적 이유에서 비롯된 게 아니라 이념적 이유에서 생겨난 것처럼 보였다. 우리가 내놓은 데이터가 아무리 그럴듯하더라도, 그것으로는 결코 충분하지 않았다. 《찰리와 초콜릿 공장》에서 윌리 웡카가 노래한 것처럼 모든 것은 믿는 대로 보이며, 뿌리 깊은 불신은 기묘하게도 증거 앞에서도 흔들리지 않는다. 동물인지의 '살해자들'은 그것에 마음을 열지 않았다.

이 별칭은 처음부터 그리핀의 인지동물행동학 횃불을 받아든 미국 동물학자 마크 베코프와 철학자 콜린 앨런이 만든 것이다. 두 사람은 동물인지에 대한 태도를 살해자, 회의론자, 지지자의 세 종류로 분류했다. 이 글을 처음 쓴 1997년 당시만 해도 살해자들이 여전히 많았다.

> 살해자들은 인지동물행동학에서 어떤 성공 가능성도 부정한다. 그들이 발표한 진술들을 분석하면서 우리는 그들이 가끔 엄밀한 인지동물행동학 연구의 어려움을 연구의 불가능성과 융합한다는 사실을 발견했다. 살해자들은 또한 인지동물행동학 연구에서 특정 세부 사항들을 자주 무시하며, 동물인지에 대해 무엇을 배울 가능성에서 철학적 이유로 반대 의견을 빈번하게 제기한다. 살해자들은 인지동물행동학의 접근법이 새롭고 검증 가능한 가설을 낳을 수 있고, 또 낳았다는 사실을 믿지 않는다. 그들은 연구하기가 가장 어렵고 접근하기도 가장 어려운 현상(예컨대 의식)을 골라 이 주제에 대해 자세한 지식을 거의 얻을 수 없기 때문에 다른 분야에서도 더 나은 결과

> 를 얻을 수 없다는 식의 결론을 내린다. 살해자들은 또한 동물 행동의 설명에서 절약의 원리에 호소하지만, 인지적 설명이 비인지적 대안보다 절약의 원리에 더 부합할 가능성을 일축하며, 경험적 연구를 이끄는 인지 가설의 효용성을 부인한다.[1]

에밀 멘젤은 자신을 매복 공격하려 했다가 오히려 궁지에 몰린 유명한 교수(살해자임이 분명한)에 관한 이야기를 할 때, 흥미로운 뒷이야기를 덧붙였다. 그 교수는 비둘기에게 존재하지 않는 능력 중 어떤 것을 유인원에게서 발견하기를 기대하느냐며 젊은 멘젤에게 공개적으로 도전장을 던졌다. 다시 말해서, 동물 지능이 거의 모든 종에 걸쳐 본질적으로 동일하다면, 왜 제멋대로 행동하고 통제하기 어려운 유인원에 시간을 낭비하느냐 하는 것이었다.

이것은 당시의 지배적인 태도였지만, 이 분야는 곧 진화론적 접근법으로 돌아섰는데, 이 접근법에서는 각 종마다 들려줄 만한 제 나름의 인지 이야기가 있다고 인정한다. 각각의 종은 제 나름의 생태와 생활 방식, 즉 자신만의 움벨트가 있으며, 이것이 살아가기 위해 알아야 할 것이 무엇인지를 좌우한다. 단 하나의 종이 나머지 모든 종의 모델이 될 수는 없으며, 더구나 비둘기처럼 작은 뇌를 가진 종은 그런 모델이 될 수 없다는 것은 확실하다. 비둘기는 상당히 똑똑하지만, 그래도 크기가 문제가 된다. 뇌는 가장 '값비싼' 기관이다. 뇌는 진정한 에너지 대식가로, 같은 무게의 근육 조직에 비해 스무 배나 많은 칼로리를 사용한다. 멘젤은 단순히 유인원 뇌는 비둘기 뇌보다 수백 배 무겁기 때문에 더 큰 인지적 도전 과제들에 맞닥뜨린다고 보는 게 합리적이라고 응수할 수도 있었을 것이다. 그렇지 않다면 어머니 자연은 충격적인 낭비에 탐닉하고 있는 게 분명한데, 자연은 그런 행동을 전혀 하지 않는 것으로 알려져 있다. 생물학의 공리주의적 관점에서 본다면 동물은 자신에게 필요한 뇌를 가지며, 필요 이상이나 이하의 뇌를 가지지 않는다. 심지어 **같은 종 안**에서도 뇌는 이것을 사용하는 방식에 따라 차이가 날 수 있다. 예를 들면, 명금의 뇌에서 노래와 관련된 부분들이 계절에 따라 팽창했다 수축했다 하는 일이 일어난다.[2] 인지와 마찬가지로 뇌는 생태학적 필요에 따라 적응한다.

하지만 우리는 두 번째 종류의 살해자도 만났는데, 이들은 동물의 행동 자체에 아무런 관심이 없기 때문에 상대하기가 훨씬 더 어려웠다. 이들이 관심을 가진 것은 오로지 우주에서 인간이 차지하는 위치인데, 코페르니쿠스 시대 이후로 과학은 그 위치를 계속 아래로 끌어내렸다. 하지만 이들의 투쟁은 다소 가망 없는 것이 되었는데, 인간의 인지와 동물의 인지 사이의 벽이 구멍이 숭숭 뚫린 스위스 그뤼에르 치즈처럼 변해가고 있는 것이 우리 분야의 전반적인 추세이기 때문이다. 우리는 우리 종을 나머지 동물과 구별하는 특징이라고 생각했던 능력이 동물에게도 있음을 계속 반복해서 입증했다. 인간의 독특성을 지지하는 사람들은 인간이 하는 일의 복잡성을 엄청나게 과대평가했거나 다른 종의 능력을 과소평가했을 가능성에 맞닥뜨리게 되었다.

두 가지 가능성 중 어느 쪽도 즐거운 것이 아닌데, 진화의 연속성이라는 더 심각한 문제가 있기 때문이다. 그들은 인간이 개량된 유인원이라는 개념을 참지 못한다. 앨프리드 러셀 월리스와 마찬가지로 그들은 진화가 인간의 머리는 제외한 게 틀림없다고 생각한다. 비록 이 견해는 현재 신경과학의 영향으로 자연과학에 점점 더 가까이 다가가고 있는 심리학에서 인기가 시들해지고 있지만, 인문학과 대부분의 사회과학 분야에서는 여전히 만연하고 있다. 전형적인 반응은 동물이 서로에게서 습관을 배우기 때문에 문화적 가변성을 보여준다는 압도적 증거에 대해 최근에 미국 인류학자 조너선 마크스가 보여준 것인데, 그는 "유인원의 행동을 '문화'라고 부르는 것은 단지 인간이 하는 행동에 대해 다른 단어를 찾을 필요가 있다는 것을 의미할 뿐이다"라고 말했다.[3]

스코틀랜드 철학자 데이비드 흄은 훨씬 참신한 견해를 밝혔다. 동물을 크게 존중한 흄은 "짐승도 인간과 동일한 사고와 이성을 부여받았다는 것보다 더 명백한 진리는 없는 것처럼 보인다"라고 썼다. 흄은 이 책 전체에 걸쳐 밝힌 내 견해와 맥을 같이하면서 자신의 견해를 다음의 원리로 요약했다.

> 동물의 외적 행동이 우리 자신의 외적 행동과 비슷하다는 사실로부터 동물의 내면도 우리의 내면과 비슷할 것이라고 판단하며, 동일한 추론의 원리를 한 발 더 나아가 적용하면, 우리의 내적 행동이 서로 닮았기 때문에 그것이 유래한 원인 역시 닮아야 한다고 결론내릴 수 있다. 따라서 인간과 짐승 모두에게 공통적인 어떤 정신 작용을

설명하기 위해 어떤 가설을 만든다면, 그 가설을 양쪽 모두에게 적용해야 한다.[4]

다윈의 이론이 나오기 100년도 더 전인 1739년에 기술된 흄의 시금석은 진화인지를 위해 완벽한 출발점을 제공한다. 근연종들 사이에서 행동과 인지의 유사성에 대해 우리가 내놓을 수 있는 가장 경제적인 가정은 거기에 공유된 정신 과정이 반영되었다는 것이다. 연속성은 적어도 모든 포유류에 대해서는 기본적인 가정이 되어야 하고, 어쩌면 조류와 그 밖의 척추동물에게까지 적용할 수 있을지도 모른다.

이 견해가 20여 년 전에 마침내 우세해지자 이를 뒷받침하는 증거가 사방에서 쏟아졌다. 이제 그것은 단지 영장류에서만 성립하는 게 아니고 개, 까마귀, 코끼리, 돌고래, 앵무새 등에서도 성립하게 되었다. 발견들이 멈추지 않고 쏟아졌고, 거의 매주 언론에 대서특필되었는데 미국의 풍자 언론 「디 어니언」은 한 기사에서 이런 경향을 패러디해 돌고래는 땅 위에서는 바닷속에서만큼 똑똑하지 않다고 주장하기까지 했다.[5] 농담을 빼고 생각한다면, 이것은 우리 분야의 주요 난제 중 하나로 꼽히는 해당 종에 적절한 테스트와 관련해 중요한 지적을 한 것이었다. 일반 대중은 다양한 주장들에 익숙해졌는데, 그중에는 **사고, 지각, 이성적** 같은 용어들을 자유롭게 사용하면서 동물에 관한 이야기를 다룬 뉴스와 블로그도 있었다.

그중 일부는 과장된 이야기이지만, 수년간 각고의 노력을 기울인 조사를 바탕으로 진지하게 기술된 내용과, 동료 심사까지 거친 연구 결과를 담은 수많은 보고서들이 제출되었다. 그 결과, 진화인지는 자리를 잡기 시작했고 유망한 주제에 달려들기 좋아하는 학생들이 이 분야에 점점 더 많이 모여들기 시작했다. 학생들은 새로운 개념을 중시하는 새 분야를 아주 좋아한다. 오늘날 동물의 행동을 연구하는 많은 과학자들은 자신의 연구에 관해 이야기할 때 **인지**라는 단어를 자랑스럽게 집어넣으며, 과학 학술지들도 최신 유행하는 이 용어를 자신의 이름에 집어넣는데, 행동생물학 분야에서 다른 어떤 용어보다 이 용어가 더 많은 독자를 끌어들인다는 사실을 알기 때문이다. 동물의 인지를 지지하는 견해가 결국 승리를 거둔 것이다.

하지만 가정은 어디까지나 가정일 뿐이다. 가정은 우리가 당면 문제들을 열심히 연구해야 하는 책무까지 면제시켜주지는 않는데, 그 문제들은 어떤 종이 발휘하는 인지 수준은 어느 정도나 되며, 그것이 그 종의 생태와 생활 방식에 얼마나 도움을 주느냐 하는 것이다. 어느 종의 인지 능력은 얼마나 되며, 그것은 생존과 어떤 관계가 있을까? 이 모든 것은 세가락갈매기 이야기로 돌아간다. 세가락갈매기 중 어떤 종은 자신의 새끼를 인식할 필요가 있는 반면, 어떤 종은 그럴 필요가 없다. 전자는 개체의 독자성에 주의를 기울여야 하지만, 후자는 그것을 무시하더라도 살아가는 데 아무 문제가 없다. 혹은 존 가르시아의 욕지기를 느끼는 쥐가 마치 독성 음식물을 기억하는 것이 어떤 막대를 누르면 펠릿을 얻는지 아는 것보다 훨씬 더 중요하다는 점을 강조해 보여주듯이 조작적 조건 형성이라는 규칙을 어떻게 깨뜨렸는지 생각해보라. 동물은 배울 필요가 있는 것을 배우고, 주변의 방대한 정보를 걸러내는 나름의 전문화된 방법이 있다. 동물은 정보를 적극적으로 찾고 모으고 저장한다. 동물은 음식물을 숨기고 기억하거나 포식 동물을 속이는 것처럼 한 가지 특정 과제에 놀랍도록 뛰어난 능력을 자주 보여주지만, 일부 종은 광범위한 문제들을 다룰 수 있는 지적 능력을 갖고 태어난다.

인지는 심지어 누벨칼레도니까마귀가 잎과 잔가지로 만든 도구에 의존하는 것처럼 신체의 진화를 특정 방향으로 나아가게 할 수도 있다. 누벨칼레도니까마귀는 다른 까마귀 종들보다 부리가 더 곧으며, 양 눈도 더 앞쪽을 향하고 있다. 부리 모양은 도구를 안정적으로 붙잡는 데 도움이 되며, 양안시(두눈보기)는 애벌레를 끄집어내는 틈 속을 깊숙이 들여다보게 해준다.[6] 따라서 인지는 단지 그 동물의 감각과 해부학적 구조와 지적 능력의 산물만이 아니라, 이 관계는 반대로도 작용한다. 신체적 특징이 그 동물의 인지 전문화에 적응하기도 한다. 인간의 손이 또 다른 예가 될 수 있는데, 나머지 손가락들과 완전히 마주 보는 엄지손가락과 함께 돌도끼에서부터 현대의 스마트폰에 이르기까지 개선된 도구들을 사용해야 할 필요에 부응하여 놀랍도록 다재다능한 움직임이 진화했다. 그래서 진화인지는 우리 분야에 붙이기에 완벽한 이름인데, 오직 진화론을 통해서만 생존과 생태, 해부학적 구조, 인지를 모두 이해할 수 있기 때문이다. 진화인지는 지구상의 모든 인지를 망라하는 일반 이론을 찾는 대신에 모든 종을 하나의 사례 연구로 다룬다. 물론 일부 인지 원리들은 모든 종들에 공통적으로 적용되지만, 우리는 돌고래와 딩고 또는 마코앵무와 원숭이처럼 서로 다른 생활 방식과 생태와 움벨트를 가진 종들 사이의 차이를 경시하지 않는다.

각 종은 자기 나름의 특별한 인지 문제들에 맞닥뜨린다.

비교심리학자들이 모든 종이 특별하며, 학습이 생물학적 특징에 좌우된다는 사실을 인식하기 시작하자, 그들은 점차 진화인지 영역으로 들어오기 시작했다. 비교심리학은 세심한 통제 실험을 해온 긴 역사와 인지적 성향을 지닌 많은 과학자들을 통해 진화인지에 크게 기여했다. 비록 이들 개척자는 대개 눈에 띄지 않게 연구했고 2류 학술지에 연구 결과를 발표해야 했지만, 그들이 학습 없이 일어난다고 느낀 '더 높은 정신 과정들'을 기술했다.[7] 그 당시 행동주의가 떨친 절대적인 지배력을 감안하면 인지를 학습에 반대되는 것으로 정의한 것은 일리가 있었지만, 나는 늘 이것을 실수라고 생각한다. 이러한 이분법은 유전과 환경을 대립시키는 것과 마찬가지로 잘못이다. 우리가 더 이상 본능에 대해 거의 이야기하지 않는 이유는 순수하게 유전적인 것은 아무것도 없기 때문이다. 항상 환경이 어떤 역할을 담당한다. 마찬가지로 순수한 인지는 상상이 만들어낸 허구이다. 학습 없이 인지 홀로 설 자리가 어디에 있겠는가? 어떤 종류의 정보 수집이 늘 인지의 일부를 차지한다. 심지어 동물인지 연구의 도래를 알린 쾰러의 유인원도 상자와 막대를 사용하는 사전 경험이 있었다. 따라서 인지 혁명이 학습 이론에 치명타를 가한 것으로 보아서는 안 된다. 그것은 오히려 양자 간의 결혼에 가깝다. 그 관계는 나름의 부침이 있었지만, 결국 학습 이론은 진화인지의 틀 안에서 살아남을 것이다. 사실, 학습 이론은 진화인지의 필수적 일부가 될 것이다.

동물행동학에 대해서도 똑같이 말할 수 있다. 동물행동학에서 행동의 진화에 관한 개념들은 결코 죽지 않았다. 그것은 동물행동학의 방법과 함께 많은 과학 분야에서 살아남았다. 행동의 체계적인 기술과 관찰은 어린이의 행동과 어머니와 아이의 상호작용, 비언어적 의사소통 등의 연구뿐만 아니라, 모든 동물 야외 연구에서 핵심을 차지하고 있다. 인간의 감정 연구는 얼굴 표정을 고정된 행동 패턴으로 취급하는 한편, 그것을 측정하기 위해 동물행동학의 방법에 의존한다. 이런 이유 때문에 나는 현재 진화인지의 융성을 과거와의 단절로 바라보지 않고, 약 100년 전부터 나타난 힘들과 접근법들이 시간 속에서 마침내 우위를 차지한 순간이라고 본다. 우리는 마침내 동물들이 정보를 모으고 조직하는 경이로운 방법들을 논의할 여지를 얻게 되었다. 동물인지 살해자들은 멸종되어가고 있는 반면, 나머지 두 범주(회의론자와 지지자)는 분명히 아직 살아 있으며, 둘 다 꼭 필요하다. 지지자인 나는 더 회의적인 동료들을 높이 평가한다. 그들은 우리가 긴장을 늦추지 않게 하며, 자신들의 질문에 답하기 위해 훌륭한 실험을 설계하도록 강요한다. 진전이 우리의 공통 목표인 한, 이것은 바로 과학이 작동하는 방법이다.

동물인지 연구가 '동물들이 생각하는 것'을 발견하려는 시도로 자주 묘사되지만, 정말로 추구하는 것은 그것이 아니다. 우리는 개개 동물의 상태와 경험을 알려고 하지 않는다. 언젠가 그것에 대해 더 많은 것을 아는 날이 온다면 더 바랄 것이 없겠지만 말이다. 지금 당장의 목표는 훨씬 더 겸허한 것이다. 우리는 관찰 가능한 결과를 측정함으로써 정신 과정을 정확하게 알아내고자 한다. 이런 의미에서 우리 분야는 진화생물학에서부터 물리학에 이르기까지 여타 과학 분야의 노력들과 다를 게 없다. 과학은 항상 가설로 시작하고, 그것이 예측하는 것을 검증하는 절차가 뒤따른다. 만약 동물이 미리 계획을 세운다면, 나중에 필요하게 될 도구를 계속 가지고 있을 것이다. 만약 동물이 인과 관계를 이해한다면, 함정이 설치된 관을 처음 만나더라도 함정을 피할 것이다. 만약 동물이 남이 아는 것을 자신도 안다면, 남이 무엇에 주의를 기울이는지 본 것을 바탕으로 자신의 행동을 바꿀 것이다. 만약 동물이 정치적 재능이 있다면, 경쟁자의 친구를 신중하게 대할 것이다. 이런 예측과 예측이 영감을 준 실험과 관찰 수십 가지를 논의하면서 나타난 연구 패턴은 명백하다. 일반적으로 특정 정신 기능을 지지하는 여러 갈래의 증거들이 더 많이 수렴할수록 그 입지가 더 튼튼해진다. 만약 훈련받지 않은 음식물 숨기기와 채집 선택에서뿐만 아니라 지연된 도구 사용 테스트에서 장래 계획 세우기가 일상적인 행동으로 분명하게 나타난다면, 우리는 적어도 어떤 종은 이런 능력이 있다고 주장하기에 상당히 유리한 위치에 서게 된다.

하지만 나는 우리가 아직도 마치 이런 것들에 대해 거창한 주장을 하는 것이 무엇보다 중요하다는 듯이, 마음 이론이나 자기 인식, 언어 같은 인지의 정점들에 지나치게 집착한다는 생각이 자주 든다. 이제 우리 분야는 서로 자기 종을 자랑하는 경쟁("내 까마귀가 네 원숭이보다 똑똑해!")과 그것이 초래하는 흑백 논리에서 벗어나야 할 때가 되었다. 마음 이론이 하나의 큰 능력이 아니라, 작은 능력들의 전체 집단에 기반을 두고 있다면 어떻게 될까? 자기 인식이 단계적 차이를 보이며 나타나면 또 어떻게 될까? 회의론자들은 우리가 의미하는 것이 정확하게 무엇이냐고 물음으로써 큰 정신적 개념을 더 잘게 쪼개라고 자주 촉구한다. 만약 우리가 의미하는 것이 우리가 주장하는 것보다 작다면, 그 현상을 더 축소되고 더 현실적인 형태로 기술하는 게 낫지 않느냐고 묻는다.

나는 여기에 동의하지 않을 수 없다. 우리는 더 높은 능력 뒤에 있는 과정에 초점을 맞추어야 할 것이다. 그런 과정은 광범위한 인지 메커니즘에 기반을 두고 있을 때가 많은데, 그중 일부는 많은 종들이 공유하고 있을지도 모르지만, 어떤 종들은 그런 메커니즘이 크게 제약되어 있을지 모른다. 우리는 처음에는 동물이 그것을 되갚기 위해 특정 호의를 기억하는 개념으로 생각되었던 사회적 호혜성을 논의할 때 이 모든 것을 검토했다. 많은 과학자들은 쥐는 말할 것도 없고 원숭이가 모든 사회적 상호작용을 계산한다는 가정을 받아들이려 하지 않았다. 이제 우리는 이것이 팃포탯의 필요조건이 아니며, 동물뿐만 아니라 인간도 장기적인 사회적 유대와 관련이 있는 더 기본적이고 자동적인 수준에서 호의를 자주 주고받는다는 사실을 알고 있다. 우리는 친구를 돕고 친구는 우리를 돕지만, 우리가 반드시 그 모든 것을 계산하는 것은 아니다.[8] 아이러니하게도 동물인지 연구는 우리가 다른 종들을 존중하는 마음을 더 높일 뿐만 아니라 우리에게 자신의 정신적 복잡성을 과대평가하지 말라는 교훈을 준다.

우리에게는 인지의 구성단위들에 초점을 맞춘 상향식 관점이 절실히 필요하다.[9] 이 접근법은 감정도 포함할 필요가 있을 것이다. 이것은 내가 거의 건드리지 않은 주제이지만 늘 내 마음에서 떠나지 않은 주제이며, 동등한 관심을 기울일 필요가 있는 주제이다. 정신적 능력을 이 모든 구성 요소들로 분해하면 주목을 덜 끄는 헤드라인을 낳을 수 있지만, 그 결과로 우리 이론들은 더 현실적이고 유익한 것이 될 것이다. 신경과학이 더 많이 개입할 필요도 있을 것이다. 현재 신경과학이 담당하는 역할은 다소 제한적이다. 신경과학은 어떤 일들이 뇌에서 일어나는 곳이 어디인지 말해줄지 모르지만, 이것은 새로운 이론을 만들거나 통찰력 있는 실험을 설계하는 데 별 도움이 되지 않을 것이다. 하지만 진화인지에서 가장 흥미로운 연구가 아직도 대부분 행동에 관련된 것에 머물러 있는 반면, 나는 여기에 변화가 일어날 것이라고 확신한다. 신경과학이 기여한 것은 지금까지는 수박 겉핥기 수준에 지나지 않았다. 앞으로 수십 년 안에 신경과학은 틀림없이 덜 기술적으로 변하면서 이론적으로 우리 분야와 더 밀접한 관련을 가진 분야가 될 것이다. 시간이 지나면, 이것과 같은 책에는 신경과학에 관한 내용이 아주 많이 실리면서 관찰되는 행동에 뇌의 어떤 메커니즘이 책임이 있는지 설명할 것이다.

이것은 연속성 가설을 검증하는 데 아주 훌륭한 방법이 될 텐데, 상동인 인지 과정들은 공통의 신경 메커니즘을 의미하기 때문이다. 원숭이와 인간의 얼굴 인식, 보상 과정, 기억에서 해마가 담당하는 역할, 모방에서 거울신경세포가 담당하는 역할 등에 관해 이미 그런 증거들이 쌓이고 있다. 공통의 신경 메커니즘을 뒷받침하는 증거가 더 많이 발견될수록 상동과 연속성을 지지하는 주장의 입지가 더 튼튼해질 것이다. 그리고 반대로, 만약 두 종이 비슷한 결과를 얻는 데 서로 다른 신경 회로를 사용한다면,

연속성 가설은 포기하고 수렴 진화를 바탕으로 한 가설 쪽으로 눈을 돌려야 할 것이다. 수렴 진화 역시 상당히 강력한 힘을 발휘하는데, 예컨대 영장류와 말벌 모두에게서 얼굴 인식 능력을 낳고, 영장류와 까마귓과 동물 모두에게서 유연한 도구 사용 능력을 낳았다.

동물 행동 연구는 가장 오래된 학문 분야 중 하나이다. 수렵 채집인으로 살아간 우리 조상은 먹이의 습관을 포함해 동물과 식물에 대해 자세히 알아야 할 필요가 있었다. 사냥꾼이 행사할 수 있는 통제력은 최소한이다. 사냥꾼은 동물의 움직임을 예상하면서 움직이며, 만약 동물이 탈출한다면 그 영리함에 깊은 인상을 받는다. 또, 자신을 잡아먹으려고 하는 종들에게도 신경을 써 등 뒤도 경계해야 할 필요가 있다. 이 시기에 인간과 동물의 관계는 다소 평등했다. 우리 조상이 농사를 짓고 식량을 얻고 근육의 힘을 이용하기 위해 동물을 길들이기 시작하면서 좀 더 실용적인 지식이 필요하게 되었다. 동물은 우리에게 의존해 살아가면서 우리의 의지에 복종하게 되었다. 이제 우리는 동물의 움직임을 예상하는 대신에 동물에게 지시를 내리기 시작했고, 성경들은 우리의 자연 지배를 당연한 것으로 이야기했다. 오늘날의 동물인지 연구에서 극단적으로 다른 이 두 가지 태도(사냥꾼의 태도와 농부의 태도)를 모두 볼 수 있다. 때로는 우리는 동물들이 스스로 무엇을 하는지 관찰하지만, 때로는 우리가 원하는 것 말고는 다른 것을 거의 할 수 없는 상황 속으로 동물을 몰아넣는다.

하지만 덜 인간 중심적인 지향성의 부상과 함께 두 번째 접근법은 하향 추세에 있거나 적어도 동물에게 상당한 수준의 자유를 주게 되었다. 동물에게는 자신의 자연적 행동을 표출할 기회를 주어야 한다. 우리는 동물의 가변적인 생활 방식에 더 큰 관심을 갖게 되었다. 우리의 도전 과제는 동물과 좀 더 비슷하게 생각하는 것인데, 동물이 맞닥뜨리는 특정 환경과 목표에 마음을 열고 동물의 입장에서 관찰하고 이해할 수 있도록 하기 위해서이다. 우리는 우리의 사냥 방식으로 돌아가고 있다. 사냥 본능에 의존하는 야생동물 사진사의 방식(즉, 죽이기 위한 것이 아니라 밝혀내기 위한)에 더 가까운 것이기는 하지만 말이다. 오늘날 실험들은 구애 행동과 먹이 채집 행동에서부터 친사회적 태도에 이르기까지 자연적 행동을 중심으로 일어날 때가 많다. 우리는 연구에서 생태학적 타당성을 추구하며, 다른 종을 이해하는 방법으로 인간의 공감을 권한 윅스퀼과 로렌츠, 이마니시의 충고를 따른다. 진정한 공감은 자기 지향적인 것이 아니라 타자 지향적이다. 인간성을 만물의 척도로 내세우는 대신에, 우리는 다른 종들을 **그들이** 실제로 어떤 존재인가로 평가할 필요가 있다. 그럼으로써 나는 우리가 아직은 우리의 상상력 밖에 있는 것들을 포함해 마법의 우물을 많이 발견할 것이라고 확신한다.

감사의 말

진화한 특성인 인지에 관한 관심은 동물행동학자로서 내가 지닌 특징이다. 나의 초기 경력에 영향을 미친 모든 네덜란드 동물행동학자들에게 감사드린다. 나는 네덜란드 흐로닝언 대학에서 니코 틴베르헌의 첫 번째 제자였던 헤라르트 바런츠 밑에서 대학원 과정을 밟았다. 그후 위트레흐트 대학에서 얼굴 표정과 감정에 관한 전문가인 얀 판 호프Jan van Hooff의 지도를 받아 영장류의 행동을 주제로 박사 학위 논문을 썼다. 동물 행동을 연구하는 또 다른 접근법인 비교심리학은 대부분 대서양을 건너간 뒤에 접했다. 두 학파에서 배운 지식은 진화인지라는 새 분야를 세우는 데 중요한 역할을 했다. 이 책은 진화인지가 동물 행동 연구의 최전선으로 서서히 나아가는 동안 이 분야에서 내가 겪었던 여행과 내가 이 분야에 관여한 일들을 들려준다.

동료와 협력자에서부터 학생들과 박사후 연구원에 이르기까지 이 여행에 동행했던 많은 사람들에게 감사드린다. 여기서는 지난 몇 년 동안 이 여행에 도움을 준 사람들의 이름만 언급하기로 한다. 세라 브로스넌, 킴벌리 버크Kimberly Burke, 매튜 캠벨Matthew Campbell, 데빈 카터Devyn Carter, 재나 클레이, 메리에타 댄포스Marietta Danforth, 팀 에플리Tim Eppley와 케이티 에플리Katie Eppley, 피에르 프란체스코 페라리Pier Francesco Ferrari, 핫토리 유코, 빅토리아 호너, 조슈아 플로트닉, 스테파니 프레스턴Stephanie Preston, 다비 프록터Darby Proctor, 테레사 로메로Teresa Romero, 말리니 서샥, 줄리아 왓젝Julia Watzek, 크리스틴 웨브Christine Webb, 앤드루 화이튼. 우리가 연구를 할 기회를 준 여키스국립영장류연구센터와 에모리 대학에, 그리고 연구에 참여하고 내 인생의 일부가 된 많은 원숭이와 유인원에게도 감사드린다.

이 책은 처음에는 영장류 인지 분야의 최신 발견들을 비교적 짧게 개관할 목적으로 쓰기 시작했지만, 금방 그 규모나 크기 면에서 지금과 같은 상태로 확대되었다. 다른 종들을 포함시키는 것이 무엇보다 중요했는데, 동물인지 분야는 지난 20년 동안 아주 다양해졌기 때문이다. 이 책의 개관적 서술은 분명히 불완전한 것이지만, 내가 추구하는 주 목적은 진화인지에 대한 열정을 전달하고, 이 분야가 어떻게 엄밀한 관찰과 실험을 바탕으로 어엿한 과학으로 성장했는지 보여주는 것이다. 이 책은 아주 많은 측면과 종을 다루기 때문에, 나는 동료들에게 일부를 읽고 검토해달라고 부탁했다. 그 결과로 소중한 피드백을 제공한 다음 사람들에게 고마움을 표시하고 싶다. 마이클 베런, 그레고리 번스, 르두안 브샤리, 재나 클레이, 해럴드 구줄스Harold Gouzoules, 러셀 그레이Russell Gray, 로저 핸런, 로버트 햄프턴, 빈센트 재닉, 카를리너 얀마트, 헤마 마르틴-오르다스, 제럴드 매시Gerald Massey, 제니퍼 매더, 케이틀린 오코넬, 아이린 페퍼버그, 보니 퍼듀, 수전 페리, 조슈아 플로트닉, 레베카 스나이더, 말리니 서샥.

나를 계속 지원해준 내 에이전트 미셸 테슬러Michelle Tessler와 비판적으로 원고를 교열해준 노턴 출판사의 담당 편집자 존 글러스먼John Glusman에게 감사드린다. 그리고 늘 그랬듯이 내 아내이자 1호 팬인 캐서린Catherine은 매일 내가 쓰는 원고를 열정을 가지고 읽으면서 문체를 가다듬는 데 도움을 주었다. 내 인생의 사랑인 그녀에게 감사드린다.

용어 설명

- **가르시아 효과:** 설사 오랜 시간 간격을 두고 일어난다 하더라도, 욕지기와 구토 같은 부정적 효과가 나타난 뒤에 생기는 특정 음식물에 대한 혐오감. ☞ 생물학적으로 준비된 학습.
- **거울 마크 테스트:** 동물이 오직 거울을 통해서만 볼 수 있는 자기 몸의 표시를 알아채는지 알아보는 실험.
- **과잉 모방:** 목적을 달성하는 데 도움이 되지 않는 것까지도 모델이 보여주는 행동을 전부 다 모방하는 것.
- **기능:** 그것이 가져다주는 이익으로 측정한 어떤 특성의 목적.
- **네 동물을 알라 규칙:** 어떤 종의 인지 능력에 관한 주장에 의문을 품는 사람은 그 종을 잘 알거나 자신의 반론을 입증하려는 노력을 기울여야 한다는 규칙.
- **대상 영속성:** 어떤 대상이 시야에서 사라진 뒤에도 그것이 계속 존재한다는 사실을 이해하는 것.
- **동물행동학:** 콘라트 로렌츠와 니코 틴베르헌이 동물과 인간의 행동을 연구하기 위해 도입한 생물학적 접근법. 종 특이적 행동을 자연 환경에 대한 적응으로 강조한다.
- **동조 편향:** 개인이 다수의 해결책과 선호를 따르려는 경향.
- **동종 접근법:** 동물을 테스트할 때, 인간의 영향을 줄이기 위해 같은 종의 모델이나 파트너와 함께 테스트하는 방법.
- **마법의 우물:** 어떤 동물의 전문화된 인지가 무한히 복잡하다는 비유.
- **마음 이론:** 지식과 의도, 믿음과 같은 남의 정신적 상태를 파악하는 능력.
- **만족 지연:** 나중에 더 큰 보상을 얻기 위해 눈앞의 보상을 거부하는 능력.
- **메타인지:** 자신이 아는 것을 알기 위해 자신의 기억을 점검하는 것.
- **모건의 공준:** 관찰된 현상을 낮은 인지 능력으로 설명할 수 있으면, 굳이 더 높은 인지 능력을 생각하지 말라는 조언.
- **목표 지향적 도움:** 한 개체가 상대방의 특정 상황과 필요를 판단하는 것과 같은 역지사지를 바탕으로 남에게 주는 도움.
- **문화:** 남들로부터 습관과 전통을 배우는 현상. 그 결과로 같은 종에 속한 집단들이 서로 다르게 행동하게 된다.

- **비교심리학:** 심리학의 한 분야. 동물과 인간 행동에 관한 일반적인 원리들을 찾으려고 하며, 더 좁게는 동물을 모델로 사용해 인간의 학습과 심리를 파악하려고 하는 분야이다.
- **비판적 의인관:** 객관적으로 검증 가능한 개념을 만들기 위해 문제의 종에 대한 인간의 직관을 사용하는 태도.
- **사회적 뇌 가설:** 비교적 큰 영장류의 뇌 크기는 그들 사회의 복잡성과 사회적 정보를 처리해야 하는 필요성으로 설명할 수 있다는 가설.
- **삼각관계 인식:** A가 자신과 B 사이의 관계, 자신과 C 사이의 관계뿐만 아니라, B와 C 사이의 관계도 아는 것.
- **상동:** 공통 조상에서 유래한 것으로 설명할 수 있는 두 종 간의 비슷한 특성.
- **상사:** 원래 종류가 다른 생물의 기관이 같은 환경에 적응하면서 각자 독자적으로 진화하여 구조적, 기능적으로 서로 비슷해지는 현상(예컨대 물고기와 돌고래의 유선형 형태).
- **생물학적으로 준비된 학습:** 그 종의 생태에 맞춰 생존을 돕기 위해 진화한 학습 능력과 성향. ☞ 가르시아 효과.
- **생태적 지위:** 생태계 내에서 개개의 종이 차지하는 지위나 역할.
- **서명 휘파람 소리:** 돌고래가 내는 각자 고유한 멜로디를 지닌 소리.
- **선택적 모방:** 다른 행동을 무시하면서 목표를 달성하는 데 도움이 되는 행동만 모방하는 것.
- **수렴 진화:** 서로 관련이 없는 종들이 비슷한 환경 압력에 반응하여 비슷한 특성이나 능력이 각자 독자적으로 진화하는 현상. ☞ 상사.
- **스칼라 나투라이:** 고대 그리스인이 모든 생물을 낮은 것에서부터 높은 것까지 순위를 매긴 자연의 척도. 인간은 천사에 가장 가까운 위치에 있다.
- **역지사지:** 상대방의 관점에서 상황을 바라보는 능력.
- **영리한 한스 효과:** 실험자가 의도하지 않고 제공한 단서가 겉보기에 인지적 기술처럼 보이는 것을 유도하는 현상.
- **움벨트:** 각 생물의 주관적 지각 세계.
- **유대와 동일시 기반 관찰 학습:** 주로 사회적 모델과 함께 소속되고 동조하고자 하는 욕망을 바탕으로 한 사회 학습.
- **의인관:** 인간 이외의 존재에게 인간의 정신적 특성을 (잘못) 부여하는 것.
- **의인화 부정:** 다른 동물에게 존재하는 인간의 특성이나 우리에게 존재하는 동물의 특성을 선험적으로 거부하는 것.
- **인간 중심주의:** 인간이 세계의 중심이며, 궁극적인 목적이라고 보는 세계관.

- **인지 물결 규칙:** 모든 인지 능력이 처음에 생각했던 것보다 더 오래되고 더 광범위하게 분포한다는 규칙.
- **인지:** 감각 입력 정보를 환경에 대한 지식으로 변환하고, 그 지식을 적용하는 능력.
- **인지동물행동학:** 인지를 생물학적으로 연구하는 분야에 대해 도널드 그리핀이 붙인 이름.
- **일화 기억:** 특정 과거 경험에 대한 개인의 기억. 해당 사건의 내용과 장소, 시간과 같은 것들을 포함한다.
- **자기 인식:** 자신을 의식하는 것. 어떤 사람들은 거울 마크 테스트를 통과한 동물만이 자기 인식 능력이 있다고 해석하는 반면, 다른 사람들은 자기 인식이 모든 생명체의 특징이라고 생각한다.
- **전위 행동:** 동기가 좌절되었을 때 혹은 싸우는 것과 도망치는 것처럼 상충되는 동기들이 동시에 일어나 충돌할 때, 갑자기 나타나는 엉뚱한 행동.
- **정신적 시간 여행:** 개인이 자신의 과거와 미래를 인식하는 능력.
- **지능:** 정보와 인지를 적용해 문제를 성공적으로 해결하는 능력.
- **진정한 모방:** 남의 방법과 목표까지 이해한 모방.
- **진화인지:** 인간과 동물을 포함해 모든 인지를 진화론적 관점에서 연구하는 분야.
- **체화된 인지:** 인지에서 몸(뇌를 벗어나서)과 몸과 환경 사이의 상호작용이 차지하는 역할을 강조하는 견해.
- **추론적 사고:** 직접 관찰할 수 없는 현실을 이용 가능한 정보를 사용해 구성하는 것.
- **통찰:** 새로운 문제에 대해 과거의 정보 조각들을 결합해 기발한 해결책을 갑자기 내놓는 것.
- **표본 대응:** 피험자가 표본을 인식하고 나서 둘 이상의 선택지 가운데에서 그것과 대응하는 것을 찾아야 하는 실험적 틀.
- **피그말리온 효과:** 주어진 종을 테스트하는 방법에 인지적 편견이 반영되는 경우가 많다. 구체적인 예를 들면, 비교 테스트는 우리 종에게 유리하다.
- **행동주의:** 심리학에서 스키너와 존 왓슨이 관찰 가능한 행동과 학습을 강조하면서 도입한 접근법. 가장 극단적인 형태의 행동주의는 행동을 학습된 연합으로 환원하며, 내부의 인지 과정을 부인한다.
- **협력적 당기기 패러다임:** 둘 이상의 개체가 혼자만 애써서는 성공할 수 없는 장비를 통해 자신 쪽을 향해 보상을 끌어당기는 실험 패러다임.
- **흄의 시금석:** 인간과 동물의 정신 작용에 동일한 가설을 적용해야 한다는 데이비드 흄의 주장.
- **흥을 깨는 설명:** 더 높은 정신 과정에 관한 어떤 주장을 겉보기에 더 간단해 보이는 대안 설명을 제안함으로써 폄하하는 주장.

주

프롤로그

1 Charles Darwin(1972[orig. 1871]), p. 105.
2 Ernst Mayr(1982), p. 97.
3 Richard Byrne(1995), Jacques Vauclair(1996), Michael Tomasello and Josep Call(1997), James Gould and Carol Grant Gould(1999), Marc Bekoff et al.(2002), Susan Hurley and Matthew Nudds(2006), John Pearce(2008), Sara Shettleworth(2012), and Clive Wynne and Monique Udell(2013).

제1장 마법의 우물

1 Werner Heisenberg(1958), p. 26.
2 Jakob von Uexküll(1957[orig. 1934]), p. 76. See also Jakob von Uexküll(1909).
3 Thomas Nagel(1974).
4 Ludwig Wittgenstein(1958[orig. 1953]), p. 225.
5 Martin Lindauer(1987), p 6, Karl von Frisch를 인용.
6 Donald Griffin(2001).
7 Ronald Lanner(1996).
8 Niko Tinbergen,(1953), Eugène Marais(1969), Dorothy Cheney and Robert Seyfarth(1992), Alexandra Horowitz(2010), and E. O. Wilson(2010).
9 Benjamin Beck(1967).
10 Preston Foerder et al.(2011).
11 Daniel Povinelli(1989).
12 Joshua Plotnik et al.(2006).
13 Lisa Parr and Frans de Waal(1999).
14 Doris Tsao et al.(2008).
15 Konrad Lorenz(1981), p. 38.
16 Edward Thorndike(1898) inspired Edwin Guthrie and George Horton(1946).
17 Bruce Moore and Susan Stuttard(1979).
18 Edward Wasserman(1993).
19 Donald Griffin(1976).
20 Victor Stenger(1999).
21 Jan van Hooff(1972), Marina Davila Ross et al.(2009).
22 Frans de Waal(1999).
23 Gordon Burghardt(1991).
24 Frans de Waal(2000), Nicola Koyama(2001), Mathias Osvath and Helena Osvath(2008).
25 William Hodos and C. B. G. Campbell(1969).
26 "Pigeon, rat, monkey, which is which? It doesn't matter." B. F. Skinner(1956), p. 230.
27 Konrad Lorenz(1941).

제2장 두 학파 이야기

1 Esther Cullen(1957).
2 Bonnie Perdue et al.(2011), Steven Gaulin and Randall Fitzgerald(1989).
3 Bruce Moore(1973), Michael Domjan and

Bennett Galef(1983).

4 Sara Shettleworth(1993), Bruce Moore(2004).

5 Louise Buckley et al.(2011).

6 Harry Harlow(1953), p. 31.

7 Donald Dewsbury(2006), p. 226.

8 John Falk(1958).

9 Keller Breland and Marian Breland(1961).

10 B. F. Skinner(1969), p. 40.

11 William Thorpe(1979).

12 Richard Burkhardt(2005).

13 Desmond Morris(2010), p. 51.

14 Anne Burrows et al.(2006).

15 George Romanes(1882), George Romanes(1884).

16 C. Lloyd Morgan(1894), pp. 53~54.

17 Roger Thomas(1998), Elliott Sober(1998).

18 C. Lloyd Morgan(1903).

19 Frans de Waal(1999).

20 René Röell(1996).

21 Niko Tinbergen(1963).

22 Oskar Pfungst(1911).

23 Douglas Candland(1993).

24 "The Remarkable Orlov Trotter," Black River Orlovs, www.infohorse.com/ShowAd.asp?id=3693.

25 Juliane Kaminski et al.(2004).

26 Gordon Gallup(1970).

27 Robert Epstein et al.(1981).

28 Roger Thompson and Cynthia Contie(1994), Emiko Uchino and Shigeru Watanabe(2014).

29 Celia Heyes(1995).

30 Daniel Povinelli et al.(1997).

31 Jeremy Kagan(2000), Frans de Waal(2009a).

32 Kinji Imanishi(1952), Junichiro Itani and Akisato Nishimura(1973).

33 Bennett Galef(1990).

34 Frans de Waal(2001).

35 Satoshi Hirata et al.(2001).

36 David Premack and Ann Premack(1994).

37 Josep Call(2004), Juliane Bräuer et al.(2006)

38 Josep Call(2006).

39 Daniel Lehrman(1953).

40 Richard Burkhardt(2005), p. 390.

41 Ibid., p. 370; Hans Kruuk(2003).

42 Frank Beach(1950).

43 Donald Dewsbury(2000).

44 John Garcia et al.(1955).

45 Shettleworth(2010).

46 Hans Kummer et al.(1990).

47 Frans de Waal(2003b).

48 Hans Kruuk(2003), p. 157.

49 Niko Tinbergen and Walter Kruyt(1938).

50 Frans de Waal(2007[orig. 1982]).

제3장 인지 물결

1 Wolfgang Köhler(1925). The German original, *Intelligenzprüfungen an Anthropoiden*, appeared in 1917.

2 Robert Yerkes(1925), p. 120.

3 Robert Epstein(1987).

4 Emil Menzel(1972). 멘젤은 2001년에 저자가 직접 만나 인터뷰했다.

5 Jane Goodall(1986), p. 357.

6 Frans de Waal(2007[orig. 1982]).

7 Jennifer Pokorny and Frans de Waal(2009).

8 John Marzluff and Tony Angell(2005), p.

24.
9 John Marzluff et al.(2010); Garry Hamilton(2012).
10 Michael Sheehan and Elizabeth Tibbetts(2011).
11 Johan Bolhuis and Clive Wynne(2009), see also Frans de Waal(2009a).
12 Marco Vasconcelos et al.(2012).
13 Jonathan Buckley et al.(2010).
14 Barry Allen(1997).
15 M. M. Günther and Christophe Boesch(1993).
16 Gen Yamakoshi(1998).
17. "도구 사용은 사용하는 동안이나 사용하기 직전에 사용자가 그 도구를 갖고 있거나 운반하고 있을 때, 그리고 그 도구의 적절하고 효율적인 방향을 책임지고 있을 때, 다른 물체나 다른 생물 또는 사용자 자신의 형태나 위치, 조건을 더 효율적으로 변화시키기 위해 환경 속에서 그것과 붙어 있지 않은 물체를 외적으로 사용하는 것이다." Benjamin Beck(1980), p. 10.
18 Robert Amant and Thomas Horton(2008).
19 Jane Goodall(1967), p. 32.
20 Crickette Sanz et al.(2010).
21 Christophe Boesch et al.(2009), Ebang Wilfried and Juichi Yamagiwa(2014).
22 William McGrew(2010).
23 Jill Pruetz and Paco Bertolani(2007).
24 Tetsuro Matsuzawa(1994), Noriko Inoue-Nakamura and Tetsuro Matsuzawa(1997).
25 Jürgen Lethmate(1982).
26 Carel van Schaik et al.(1999).
27 Thibaud Gruber et al.(2010), Esther Herrmann et al.(2008).
28 Thomas Breuer et al.(2005), Jean-Felix Kinani and Dawn Zimmerman(2015).
29 Eduardo Ottoni and Massimo Mannu(2001).
30 Dorothy Fragaszy et al.(2004).
31 Julio Mercader et al.(2007).
32 Elisabetta Visalberghi and Luca Limongelli(1994).
33 Luca Limongelli et al.(1995), Gema Martin-Ordas et al.(2008).
34 William Mason(1976), pp. 292~93.
35 Michael Gumert et al.(2009).
36 "Honey Badgers: Masters of Mayhem,"*Nature*, broadcast Feb. 19, 2014,Public Broadcasting Service.
37 Alex Weir et al.(2002).
38 Gavin Hunt(1996), Hunt and Russell Gray(2004).
39 Christopher Bird and Nathan Emery(2009), Alex Taylor and Russell Gray(2009), Sarah Jelbert et al.(2014).
40 Alex Taylor et al.(2014).
41 Natacha Mendes et al.(2007), Daniel Hanus et al.(2011).
42 Daniel Hanus et al.(2011).
43 Gavin Hunt et al.(2007), p. 291.
44 William McGrew(2013).
45 Alex Taylor et al.(2007).
46 Nathan Emery and Nicola Clayton(2004).
47 Vladimir Dinets et al.(2013).
48 Julian Finn et al.(2009).

제4장 말을 해봐

1 Bishop of Polignac, cited in Corbey(2005), p. 54.
2 Nadezhda Ladygina-Kohts(2002[orig.

1935]).
3 Herbert Terrace et al.(1979).
4 Irene Pepperberg(2008).
5 Michele Alexander and Terri Fisher(2003).
6 Norman Malcolm(1973), p. 17.
7 Jerry Fodor(1975), p. 56.
8 Irene Pepperberg(1999).
9 Bruce Moore(1992)
10 Alice Auersperg et al.(2012).
11 Ewen Callaway(2012).
12 Sarah Boysen and Gary Berntson(1989).
13 Irene Pepperberg(2012).
14 Irene Pepperberg(1999), p. 327.
15 Sapolsky(2010).
16 Evolution of Language International Conferences, www.evolang.org.
17 Frans de Waal(2007[orig. 1982], de Waal(1996), de Waal(2009a).
18 Dorothy Cheney and Robert Seyfarth(1990).
19 Kate Arnold and Klaus Zuberbühler(2008).
20 Toshitaka Suzuki(2014).
21 Brandon Wheeler and Julia Fischer(2012).
22 Tabitha Price(2013), Nicholas Ducheminsky et al.(2014).
23 Amy Pollick and Frans de Waal(2007), Katja Liebal et al.(2013), Catherine Hobaiter and Richard Byrne(2014).
24 Frans de Waal(2003a).
25 In 1980 Thomas Sebeok and the New York Academy of Sciences organized a conference entitled "The Clever Hans Phenomenon: Communication with Horses, Whales, Apes, and People."
26 Sue Savage-Rumbaugh and Roger Lewin(1994), p. 50, Jean Aitchison(2000).
27 Muhammad Spocter et al.(2010).
28 Sandra Wohlgemuth et al.(2014).
29 Andreas Pfenning et al.(2014).
30 Frans de Waal(1997), p. 38.
31 Robert Yerkes(1925), p. 79.
32 Oliver Sacks(1985).
33 Robert Yerkes(1943).
34 Vilmos Csányi(2000), Alexandra Horowitz(2009), Brian Hare and Vanessa Woods(2013).
35 Tiffani Howell et al.(2013).
36 Sally Satel and Scott Lilienfeld(2013).
37 Craig Ferris et al.(2001), John Marzluff et al.(2012).
38 Gregory Berns(2013).
39 Gregory Berns et al.(2013).

제5장 만물의 척도

1 Sana Inoue and Tetsuro Matsuzawa(2007), Alan Silberberg and David Kearns(2009), Tetsuro Matsuzawa(2009).
2 Jo Thompson(2002).
3 David Premack(2010), p. 30.
4 Marc Hauser interviewed by Jerry Adler(2008).
5 The Public Broadcasting Service entitled a 2010 series *The Human Spark*.
6 Alfred Russel Wallace(1869), p. 392.
7 Suzana Herculano-Houzel et al.(2014), Ferris Jabr(2014).
8 Katerina Semendeferi et al.(2002), Suzana Herculano-Houzel(2009), Frederico Azevedo et al.(2009).
9 Ajit Varki and Danny Brower(2013),

Thomas Suddendorf(2013), Michael Tomasello(2014).
10 Jeremy Taylor(2009), Helene Guldberg(2010).
11 Virginia Morell(2013), p. 232.
12 Robert Sorge et al.(2014).
13 Emil Menzel(1974).
14 Katie Hall et al.(2014).
15 David Premack and Guy Woodruff(1978).
16 Frans de Waal(2008), Stephanie Preston(2013).
17 Adam Smith(1976[orig. 1759]), p. 10.
18 J. B. Siebenaler and David Caldwell(1956), p. 126.
19 Frans de Waal(2005), p. 191.
20 Frans de Waal(2009a).
21 Shinya Yamamoto et al.(2009).
22 Yuko Hattori et al.(2012).
23 Henry Wellman et al.(2000).
24 Ljerka Ostojić et al.(2013).
25 Daniel Povinelli(1998).
26 Derek Penn and Daniel Povinelli(2007).
27 David Leavens et al.(1996), Autumn Hostetter et al.(2001).
28 Catherine Crockford et al.(2012), Anne Marijke Schel et al.(2013).
29 Brian Hare et al.(2001).
30 Hika Kuroshima et al.(2003), Anne Marije Overduin-de Vries et al.(2013).
31 Anna Ilona Roberts et al.(2013).
32 Daniel Povinelli(2000).
33 Esther Herrmann et al.(2007).
34 Yuko Hattori et al.(2010).
35 Allan Gardner et al.(2011).
36 Frans de Waal(2001), de Waal et al.(2008), Christophe Boesch(2007).
37 Nathan Emery and Nicky Clayton(2001).
38 Thomas Bugnyar and Bernd Heinrich(2005); 또는 "Quoth the Raven," *Economist*, May 13, 2004.
39 Josep Call and Michael Tomasello(2008).
40 Atsuko Saito and Kazutaka Shinozuka(2013), p. 689.
41 Brian Hare et al.(2002), Ádám Miklósi et al.(2003), Hare and Michael Tomasello(2005), Monique Udell et al.(2008, 2010), Márta Gácsi et al.(2009).
42 Miho Nagasawa et al.(2015).
43 Leslie White(1959), p. 5.
44 Edward Thorndike(1898), p. 50, Michael Tomasello and Josep Call(1997).
45 Michael Tomasello et al.(1993ab), David Bjorklund et al.(2000).
46 Victoria Horner and Andrew Whiten(2005).
47 David Premack(2010).
48 Andrew Whiten et al.(2005), Victoria Horner et al.(2006), Kristin Bonnie et al.(2006), Horner and Frans de Waal(2010), Horner and de Waal(2009).
49 Michael Huffman(1996), p. 276.
50 Edwin van Leeuwen et al.(2014).
51 William McGrew and Caroline Tutin(1978).
52 Frans de Waal(2001), de Waal and Kristin Bonnie(2009).
53 Elizabeth Lonsdorf et al.(2004)
54 Victoria Horner et al.(2010), Rachel Kendal et al.(2015).
55 Christine Caldwell and Andrew Whiten(2002).
56 Friederike Range and Zsófia

Virányi(2014).
57 Jeremy Kagan(2004), David Premack(2007).
58 Charles Darwin, Notebook M,1838, http://darwin-online.org.uk.
59 Lydia Hopper et al.(2008).
60 Frans de Waal(2009a), Delia Fuhrmann et al.(2014).
61 Suzana Herculano-Houzel et al.(2011, 2014).
62 Josef Parvizi(2009).
63 Robert Barton(2012).
64 Michael Corballis(2002), William Calvin(1982).
65 Natasja de Groot et al.(2010).
66. '인간 대 유인원 실험' 비디오는 http://bit.ly/1gbLiCm에서볼 수 있다.
67 Christopher Martin et al.(2014).
68 Frans de Waal(2007[orig. 1982]).
69 Benjamin Beck(1982).
70 Alaska governor Sarah Palin, policy speech, Pittsburgh, PA, October 24,2008.

제6장 사회성 기술

1 Frans de Waal(2007[orig. 1982]).
2 Donald Griffin(1976).
3 Hans Kummer(1971), Kummer(1995).
4 Jane Goodall(1971).
5 Christopher Martin et al.(2014).
6 Frans de Waal and Jan van Hooff(1981).
7 Frans de Waal(2007[orig. 1982]).
8 Marcel Foster et al.(2009)
9 Toshisada Nishida et al.(1992).
10 Toshisada Nishida(1983), Nishida and Kazuhiko Hosaka(1996).
11 Victoria Horner et al.(2011).
12 Malini Suchak and Frans de Waal(2012).
13 Hans Kummer et al.(1990), Frans de Waal(1991).
14 Richard Byrne and Andrew Whiten(1988).
15 Robin Dunbar(1998b).
16 Thomas Geissmann and Mathias Orgeldinger(2000).
17 Sarah Gouzoules et al.(1984).
18 Dorothy Cheney and Robert Seyfarth(1992).
19 Susan Perry et al.(2004).
20 Susan Perry(2008), p. 47.
21 Katie Slocombe and Klaus Zuberbühler(2007).
22 Dorothy Cheney and Robert Seyfarth(1986, 1989), Filippo Aureli et al.(1992).
23 Peter Judge(1991), Judge and Sonia Mullen(2005).
24 Ronald Schusterman et al.(2003).
25 Dalila Bovet and David Washburn(2003), Regina Paxton et al.(2010).
26 Jorg Massen et al.(2014a).
27 Meredith Crawford(1937).
28 Kim Mendres and Frans de Waal(2000).
29 Alicia Melis et al.(2006a), Alicia Melis et al.(2006b), Sarah Brosnan et al.(2006).
30 Frans de Waal and Michelle Berger(2000).
31 Ernst Fehr and Urs Fischbacher(2003).
32 Robert Boyd(2006), countered by Kevin Langergraber et al.(2007).
33 Malini Suchak and Frans de Waal(2012), Jingzhi Tan and Brian Hare(2013).
34 National Academies of Sciences and Engineering, Keck Futures Initiative

Conference, Irvine, CA, November 2014.

35 E. O. Wilson(1975).

36 Michael Tomasello(2008), Gary Stix(2014), p. 77.

37 Emil Menzel(1972).

38 Joshua Plotnik et al.(2011).

39 Ingrid Visser et al.(2008).

40 Christophe Boesch and Hedwige Boesch-Achermann(2000).

41. 두 사진은 Gary Stix(2014)에 실렸다.

42 Malini Suchak et al.(2014).

43 Michael Wilson et al.(2014).

44 Sarah Calcutt et al.(2014).

45 Hal Whitehead and Luke Rendell(2015).

46 Sarah Brosnan and Frans de Waal(2003). See also "Two Monkeys Were Paid Unequally," TED Blog Video, http://bit.ly/1GO05tz.

47 Sarah Brosnan et al.(2010), Proctor et al.(2013).

48 Frederieke Range et al.(2008), Claudia Wascher and Thomas Bugnyar(2013), Sarah Brosnan and Frans de Waal(2014).

49 Redouan Bshary and Ronald Noë(2003).

50 Redouan Bshary et al.(2006).

51 Alexander Vail et al.(2014).

52 Toshisada Nishida and Kazuhiko Hosaka(1996).

53 Jorg Massen et al.(2014b).

54 Caitlin O'Connell(2015).

제7장 시간이 지나야 알 수 있을 것이다

1 Robert Browning(2006[orig. 1896]), p. 113.

2 Otto Tinklepaugh(1928).

3 Gema Martin-Ordas et al.(2013).

4 Marcel Proust(1913), p. 48.

5 Karline Janmaat et al.(2014), Simone Ban et al.(2014).

6 Endel Tulving(1972, 2001).

7 Nicola Clayton and Anthony Dickinson(1998).

8 Stephanie Babb and Jonathon Crystal(2006).

9 Sadie Dingfelder(2007), p. 26.

10 Thomas Suddendorf(2013), p. 103.

11 Endel Tulving(2005).

12 Mathias Osvath(2009).

13 Lucia Jacobs and Emily Liman(1991).

14 Nicholas Mulcahy and Josep Call(2006).

15 Mathias Osvath and Helena Osvath(2008), Osvath and Gema Martin-Ordas(2014).

16 Juliane Bräuer and Josep Call(2015).

17 Caroline Raby et al.(2007), Sérgio Correia et al.(2007), William Roberts(2012).

18 Nicola Koyama et al.(2006).

19 Carel van Schaik et al.(2013).

20 Anoopum Gupta et al.(2010), Andrew Wikenheiser and David Redish(2012).

21 Sara Shettleworth(2007), Michael Corballis(2013).

22. 2011년, 프랑스 언론은 도미니크 스트로스-칸(Dominique Strauss-Kahn)을 '발정난 침팬지(chimpanzé en rut)'에 비유했다.

23 Richard Byrne(1995), p. 133, Robin Dunbar(1998a).

24 Ramona Morris and Desmond Morris(1966).

25 Philip Kitcher(2006), p. 136.

26 Harry Frankfurt(1971), p. 11, also Roy

Baumeister(2008).
27 Jessica Bramlett et al.(2012).
28 Michael Beran(2002), Theodore Evans and Beran(2007).
29 Friederike Hilleman et al.(2014)
30 Adrienne Koepke et al.(in press).
31 Walter Mischel and Ebbe Ebbesen(1970).
32 David Leavens et al.(2001).
33 Walter Mischel et al.(1972), p. 217.
34 Michael Beran(2015).
35 Sarah Boysen and Gary Berntson(1995).
36 Edward Tolman(1927).
37 David Smith et al.(1995).
38 Robert Hampton(2004).
39 Allison Foote and Jonathon Crystal(2007).
40 Arii Watanabe et al.(2014)
41 Josep Call and Malinda Carpenter(2001), Robert Hampton et al.(2004).
42 Alastair Inman and Sara Shettleworth(1999).
43 *The Cambridge Declaration on Consciousness*, July 7, 2012, Francis Crick Memorial Conference at Churchill College, University of Cambridge.

제8장 거울과 병

1 Joshua Plotnik et al.(2006). See also "Mirror Self-Recognition in Asian Elephants"(video), Jan. 11, 2015, http://bit.ly/1spFNoA.
2 Joshua Plotnik et al.(2014).
3 Michael Garstang et al.(2014).
4 Ulric Neisser(1967), p. 3.
5 Lucy Bates et al.(2007).
6 Karen McComb et al.(2014).
7 Karen McComb et al.(2011).
8 Joseph Soltis et al.(2014).
9 Gordon Gallup Jr.(1970), James Anderson and Gallup(2011).
10 Daniel Povinelli(1987).
11 Emanuela Cenami Spada et al.(1995), Mark Bekoff and Paul Sherman(2003).
12 Matthew Jorgensen et al.(1995), Koji Toda and Shigeru Watanabe(2008).
13 Doris Bischof-Köhler(1991), Carolyn Zahn-Waxler et al.(1992), Frans de Waal(2008).
14 Abigail Rajala et al.(2010), Liangtang Chang et al.(2015)
15 Frans de Waal et al.(2005).
16 Philippe Rochat(2003).
17 Diana Reiss and Lori Marino(2001).
18 Helmut Prior et al.(2008).
19 Jürgen Lethmate and Gerti Dücker(1973), p. 254.
20 Ralph Buchsbaum et al.(1987[orig. 1938]).
21 Roland Anderson and Jennifer Mather(2010).
22 Katherine Harmon Courage(2013), p. 115.
23 Roland Anderson et al.(2010).
24 Jennifer Mather et al.(2010), Roger Hanlon and John Messenger(1996).
25 Roland Anderson et al.(2002).
26 Aristotle(1991), p. 323.
27 Jennifer Mather and Roland Anderson(1999), Sarah Zylinski(2015).
28 Roger Hanlon(2007), Hanlon(2013).
29 Roger Hanlon et al.(1999).
30 Culum Brown et al.(2012).
31 Robert Jackson(1992), Stim Wilcox and Jackson(2002).

32 Andrew Whiten et al.(2005).

33 Edwin van Leeuwen and Daniel Haun(2013).

34 Susan Perry(2009); see also Marietta Dindo et al.(2009).

35 Elizabeth Lonsdorf et al.(2004).

36 Jenny Allen et al.(2013).

37 Erica van de Waal et al.(2013).

38 Nicolas Claidière et al.(2015).

39 Frans de Waal and Denise Johanowicz(1993).

40 Kristin Bonnie and Frans de Waal(2007).

41 Michio Nakamura et al.(2000).

42 Tetsuro Matsuzawa(1994), Noriko Inoue-Nakamura and Matsuzawa(1997).

43 Stuart Watson et al.(2015).

44 Tetsuro Matsuzawa et al.(2001), Frans de Waal(2001).

45 Konrad Lorenz(1952), p. 86.

46 Frans de Waal and Jennifer Pokorny(2008).

47 Frans de Waal and Peter Tyack(2003).

48 Stephanie King et al.(2013).

49 Laela Sayigh et al.(1999), Vincent Janik et al.(2006).

50 Jason Bruck(2013).

51 Stephanie King and Vincent Janik(2013).

제9장 진화인지

1 Marc Bekoff and Colin Allen(1997), p. 316.

2 Anthony Tramontin and Eliot Brenowitz(2000).

3 Jonathan Marks(2002), p. xvi.

4 David Hume(1985[orig. 1739]), p. 226, with thanks to Gerald Massey.

5 "Study: Dolphins Not So Intelligent on Land," Onion, Feb. 15, 2006.

6 Jolyon Troscianko et al.(2012).

7 Donald Dewsbury(2000).

8 Frans de Waal and Sarah Brosnan(2006).

9 Frans de Waal and Pier Francesco Ferrari(2010)

참고문헌

Adler, J. 2008. Thinking like a monkey. *Smithsonian Magazine*, January.

Aitchison, J. 2000. *The Seeds of Speech: Language Origin and Evolution*, Cambridge, UK: Cambridge University Press.

Alexander, M. G., and T. D. Fisher. 2003. Truth and consequences: Using the bogus pipeline to examine sex differences in self-reported sexuality. *Journal of Sex Research* 40:27~35.

Allen, B. 1997. The chimpanzee's tool. *Common Knowledge* 6:34~51.

Allen, J., M. Weinrich, W. Hoppitt, and L. Rendell. 2013. Network-based diffusion analysis reveals cultural transmission of lobtail feeding in humpback whales. *Science* 340:485~88.

Anderson, J. R., and G. G. Gallup. 2011. Which primates recognize themselves in mirrors? *Plos Biology* 9:e1001024.

Anderson, R. C., and J. A. Mather. 2010. It's all in the cues: Octopuses(*Enteroctopus dofleini*) learn to open jars. *Ferrantia* 59:8~13.

Anderson, R. C., J. A. Mather, M. Q. Monette, and S. R. M. Zimsen. 2010. Octopuses(*Enteroctopus dofleini*) recognize individual humans. *Journal of Applied Animal Welfare Science* 13:261~72.

Anderson, R. C., J. B. Wood, and R. A. Byrne. 2002. Octopus senescence: The beginning of the end. *Journal of Applied Animal Welfare Science* 5:275~83.

Aristotle. 1991. *History of Animals*, trans. D. M. Balme. Cambridge, MA: Harvard University Press.

Arnold, K., and K. Zuberbühler. 2008. Meaningful call combinations in a nonhuman primate. *Current Biology* 18:R202~3.

Auersperg, A. M. I., B. Szabo, A. M. P. Von Bayern, and A. Kacelnik. 2012. Spontaneous innovation in tool manufacture and use in a Goffin's cockatoo. *Current Biology* 22:R903~4.

Aureli, F., R. Cozzolinot, C. Cordischif, and S. Scucchi. 1992. Kin-oriented redirection among Japanese macaques: An expression of a revenge system? *Animal Behaviour* 44:283~91.

Azevedo, F. A. C., et al. 2009. Equal numbers of neuronal and nonneuronal cells make the human brain an isometrically scaled-up primate brain. *Journal of Comparative Neurology* 513:532~41.

Babb, S. J., and J. D. Crystal. 2006. Episodic-like memory in the rat. *Current Biology* 16:1317~21.

Ban, S. D., C. Boesch, and K. R. L. Janmaat. 2014. Taïchimpanzees anticipate revisiting high-valued fruit trees from further distances. *Animal Cognition* 17:1353~64.

Barton, R. A. 2012. Embodied cognitive evolution and the cerebellum. *Philosophical Transactions of the Royal Society B* 367:2097~107.

Bates, L. A., et al. 2007. Elephants classify human ethnic groups by odor and garment color. *Current*

Biology 17:1938~42.

Baumeister, R. F. 2008. Free will in scientific psychology. *Perspectives on Psychological Science* 3:14~19.

Beach, F. A. 1950. The snark was a boojum. *American Psychologist* 5:115~24.

Beck, B. B. 1967. A study of problem-solving by gibbons. *Behaviour* 28:95~109.

———. 1980. *Animal Tool Behavior: The Use and Manufacture of Tools by Animals*. New York: Garland STPM Press.

———. 1982. Chimpocentrism: Bias in cognitive ethology. *Journal of Human Evolution* 11:3~17.

Bekoff, M., and C. Allen. 1997. Cognitive ethology: Slayers, skeptics, and proponents. In *Anthropomorphism, Anecdotes, and Animals: The Emperor's New Clothes?* ed. R. W. Mitchell, N. Thompson, and L. Miles, 313~34. Albany: SUNY Press.

Bekoff, M., and P. W. Sherman. 2003. Reflections on animal selves. *Trends in Ecology and Evolution* 19:176~80.

Bekoff, M., C. Allen, and G. M. Burghardt, eds. 2002. *The Cognitive Animal: Empirical and Theoretical Perspectives on Animal Cognition.* Cambridge, MA: Bradford.

Beran, M. J. 2002. Maintenance of self-imposed delay of gratification by four chimpanzees(*Pan troglodytes*) and an orangutan(*Pongo pygmaeus*). *Journal of General Psychology* 129:49~66.

———. 2015. The comparative science of "self-control": What are we talking about? *Frontiers in Psychology* 6:51.

Berns, G. S. 2013. *How Dogs Love Us: A Neuroscientist and His Adopted Dog Decode the Canine Brain.* Boston: Houghton Mifflin.

Berns, G. S., A. Brooks, and M. Spivak. 2013. Replicability and heterogeneity of awake unrestrained canine fMRI responses. *Plos ONE* 8:e81698.

Bird, C. D., and N. J. Emery. 2009. Rooks use stones to raise the water level to reach a floating worm. *Current Biology* 19:1410~14.

Bischof-Köhler, D. 1991. The development of empathy in infants. In *Infant Development: Perspectives From German-Speaking Countries*, ed. M. Lamb and M. Keller, 245~73. Hillsdale, NJ: Erlbaum.

Bjorklund, D. F., J. M. Bering, and P. Ragan. 2000. A two-year longitudinal study of deferred imitation of object manipulation in a juvenile chimpanzee(*Pan troglodytes*) and orangutan(*Pongo pygmaeus*). *Developmental Psychobiology* 37:229~37.

Boesch, C. 2007. What makes us human? The challenge of cognitive crossspecies comparison. *Journal of Comparative Psychology* 121:227~40.

Boesch, C., and H. Boesch-Achermann. 2000. *The Chimpanzees of the TaïForest: Behavioural Ecology and Evolution*. Oxford: Oxford University Press.

Boesch, C., J. Head, and M. M. Robbins. 2009. Complex tool sets for honey extraction among chimpanzees in Loango National Park, Gabon. *Journal of Human Evolution* 56:560~69.

Bolhuis, J. J., and C. D. L. Wynne. 2009. Can evolution explain how minds work? *Nature* 458:832~33.

Bonnie, K. E., and F. B. M. de Waal. 2007. Copying without rewards: Socially influenced foraging decisions among brown capuchin monkeys. *Animal Cognition* 10: 283~92.

Bonnie, K. E., V. Horner, A. Whiten, and F. B. M. de Waal. 2006. Spread of arbitrary conventions among chimpanzees: A controlled experiment. *Proceedings of the Royal Society of London B* 274:367~72.

Bovet, D., and D. A. Washburn. 2003. Rhesus macaques categorize unknown conspecifics according to their dominance relations. *Journal of Comparative Psychology* 117:400~5.

Boyd, R. 2006. The puzzle of human sociality. *Science* 314:1555~56.

Boysen, S. T., and G. G. Berntson. 1989. Numerical competence in a chimpanzee(*Pan troglodytes*). *Journal of Comparative Psychology* 103:23~31.

———. 1995. Responses to quantity: Perceptual versus cognitive mechanisms in chimpanzees(*Pan troglodytes*). *Journal of Experimental Psychology: Animal Behavior Processes* 21:82~86.

Bramlett, J. L., B. M. Perdue, T. A. Evans, and M. J. Beran. 2012. Capuchin monkeys(*Cebus apella*) let lesser rewards pass them by to get better rewards. *Animal Cognition* 15:963~69.

Bräuer, J., et al. 2006. Making inferences about the location of hidden food: Social dog, causal ape. *Journal of Comparative Psychology* 120: 38~47.

Brä.uer, J., and J. Call. 2015. Apes produce tools for future use. *American Journal of Primatology* 77:254~63.

Breland, K., and M. Breland. 1961. The misbehavior of organisms. *American Psychologist* 16:681~84.

Breuer, T., M. Ndoundou-Hockemba, and V. Fishlock. 2005. First observation of tool use in wild gorillas. *Plos Biology* 3:2041~43.

Brosnan, S. F., et al. 2010. Mechanisms underlying responses to inequitable outcomes in chimpanzees. *Animal Behaviour* 79:1229~37.

Brosnan, S. F., and F. B. M. de Waal. 2003. Monkeys reject unequal pay. *Nature* 425:297~99.

———. 2014. The evolution of responses to(un)fairness. *Science* 346:1251776.

Brosnan, S. F., C. Freeman, and F. B. M. de Waal. 2006. Partner''s behavior, not reward distribution, determines success in an unequal cooperative task in capuchin monkeys. *American Journal of Primatology* 68:713~24.

Brown, C., M. P. Garwood, and J. E. Williamson. 2012. It pays to cheat: Tactical deception in a cephalopod social signalling system. *Biology Letters* 8:729~32.

Browning, R. 2006 [orig. 1896]. *The Poetical Works*. Whitefish, MT: Kessinger.

Bruck, J. N. 2013. Decades-long social memory in bottlenose dolphins. *Proceedings of the Royal Society B* 280: 20131726.

Bshary, R., and R. Noë. 2003. Biological markets: The ubiquitous influence of partner choice on the dynamics of cleaner fish–client reef fish interactions. In *Genetic and Cultural Evolution of Cooperation*, ed. P. Hammerstein, 167~84. Cambridge, MA: MIT Press.

Bshary, R., A. Hohner, K. Ait–El–Djoudi, and H. Fricke. 2006. Interspecific communicative and coordinated hunting between groupers and giant moray eels in the Red Sea. *Plos Biology* 4:e431.

Buchsbaum, R., M. Buchsbaum, J. Pearse, and V. Pearse. 1987. *Animals Without Backbones*: An *Introduction to the Invertebrates*. 3rd ed. Chicago: University of Chicago Press.

Buckley, J., et al. 2010. Biparental mucus feeding: A unique example of parental care in an Amazonian cichlid. *Journal of Experimental Biology* 213:3787~95.

Buckley, L. A., et al. 2011. Too hungry to learn? Hungry broiler breeders fail to learn a y–maze food quantity discrimination task. *Animal Welfare* 20: 469~81.

Bugnyar, T., and B. Heinrich. 2005. Ravens, *Corvus corax*, differentiate between knowledgeable and ignorant competitors. *Proceedings of the Royal Society of London B* 272:1641~46.

Burghardt, G. M. 1991. Cognitive ethology and critical anthropomorphism: A snake with two heads and hognose snakes that play dead. In *Cognitive Ethology: The Minds of Other Animals: Essays in Honor of Donald R. Griffin*, ed. C. A. Ristau, 53~90. Hillsdale, NJ: Lawrence Erlbaum Associates.

Burkhardt, R. W. 2005. *Patterns of Behavior: Konrad Lorenz, Niko Tinbergen, and the Founding of Ethology*. Chicago: University of Chicago Press.

Burrows, A. M., et al. 2006. Muscles of facial expression in the chimpanzee (*Pan troglodytes*): Descriptive, ecological and phylogenetic contexts. *Journal of Anatomy* 208:153~68.

Byrne, R. 1995. *The Thinking Ape*: *The Evolutionary Origins of Intelligence*. Oxford: Oxford University Press.

Byrne, R., and A. Whiten. 1988. *Machiavellian Intelligence*. Oxford: Oxford University Press.

Calcutt, S. E., et al. 2014. Captive chimpanzees share diminishing resources. *Behaviour* 151:1967~82.

Caldwell, C. C., and A. Whiten. 2002. Evolutionary perspectives on imitation: Is a comparative psychology of social learning possible? *Animal Cognition* 5:193~208.

Call, J. 2004. Inferences about the location of food in the great apes. *Journal of Comparative Psychology* 118:232~41.

———. 2006. Descartes' two errors: Reason and reflection in the great apes. In *Rational Animals*, ed. S. Hurley and M. Nudds, 219~234. Oxford: Oxford University Press.

Call, J., and M. Carpenter. 2001. Do apes and children know what they have seen? *Animal Cognition* 3:207~20.

Call, J., and M. Tomasello. 2008. Does the chimpanzee have a theory of mind? 30 Years Later. *Trends in Cognitive Sciences* 12:187~92.

Callaway, E. 2012. Alex the parrot's last experiment shows his mathematical genius. *Nature News Blog*, Feb. 20, http://bit.ly/1eYgqoD.

Calvin, W. H. 1982. Did throwing stones shape hominid brain evolution? *Ethology and Sociobiology* 3:115~24.

Candland, D. K. 1993. *Feral Children and Clever Animals: Reflections on Human Nature*. New York: Oxford University Press.

Cenami Spada, E., F. Aureli, P. Verbeek, and F. B. M. de Waal. 1995. The self as reference point: Can animals do without it? In *The Self in Infancy: Theory and Research*, ed. P. Rochat, 193~215. Amsterdam: Elsevier.

Chang, L., et al. 2015. Mirror-induced self-directed behaviors in rhesus monkeys after visual-somatosensory training. *Current Biology* 25:212~17.

Cheney, D. L., and R. M. Seyfarth. 1986. The recognition of social alliances by vervet monkeys. *Animal Behaviour* 34(1986): 1722~31.

———. 1989. Redirected aggression and reconciliation among vervet monkeys, *Cercopithecus aethiops. Behaviour* 110: 258~75.

———. 1990. *How Monkeys See the World: Inside the Mind of Another Species*. Chicago: University of Chicago Press.

Claidière, N., et al. 2015. Selective and contagious prosocial resource donation in capuchin monkeys, chimpanzees and humans. *Scientific Reports* 5:7631.

Clayton, N. S., and A. Dickinson. 1998. Episodic-like memory during cache recovery by scrub jays. *Nature* 395:272~74.

Corballis, M. C. 2002. *From Hand to Mouth: The Origins of Language*. Princeton, NJ: Princeton University Press.

———. 2013. Mental time travel: A case for evolutionary continuity. *Trends in Cognitive Sciences* 17:5~6.

Corbey, R. 2005. *The Metaphysics of Apes: Negotiating the Animal-Human Boundary.* Cambridge: Cambridge University Press.

Correia, S. P. C., A. Dickinson, and N. S. Clayton. 2007. Western scrub-jays anticipate future needs independently of their current motivational state. *Current Biology* 17:856~61.

Courage, K. H. 2013. *Octopus! The Most Mysterious Creature in the Sea*. New York: Current.

Crawford, M. 1937. The cooperative solving of problems by young chimpanzees. *Comparative Psychology Monographs* 14:1~88.

Crockford, C., R. M. Wittig, R. Mundry, and K. Zuberbühler. 2012. Wild chimpanzees inform ignorant group members of danger. *Current Biology* 22:142~46.

Csányi, V. 2000. *If Dogs Could Talk: Exploring the Canine Mind*. New York: North Point Press.

Cullen, E. 1957. Adaptations in the kittiwake to cliff-nesting. *Ibis* 99:275~302.

Darwin, C. 1982 [orig. 1871]. *The Descent of Man, and Selection in Relation to Sex*. Princeton, NJ: Princeton University Press.

Davila Ross, M., M. J. Owren, and E. Zimmermann. 2009. Reconstructing the evolution of laughter in great apes and humans. *Current Biology* 19:1106~11.

de Groot, N. G., et al. 2010. AIDS-protective HLA-B*27/B*57 and chimpanzee MHC class I molecules target analogous conserved areas of HIV-1/ SIVcpz. *Proceedings of the National Academy of Sciences*, USA 107:15175~80.

de Waal, F. B. M. 1991. Complementary methods and convergent evidence in the study of primate social cognition. *Behaviour* 118:297~320.

———. 1996. *Good Natured: The Origins of Right and Wrong in Humans and Other Animals*. Cambridge, MA: Harvard University Press.

———. 1997. *Bonobo: The Forgotten Ape*. Berkeley: University of California Press.

———. 1999. Anthropomorphism and anthropodenial: Consistency in our thinking about humans and other animals. *Philosophical Topics* 27:255~80.

———. 2000. Primates: A natural heritage of conflict resolution. *Science* 289:586~90.

———. 2001. *The Ape and the Sushi Master: Cultural Reflections by a Primatologist*. New York: Basic Books.

———. 2003a. Darwin's legacy and the study of primate visual communication. In *Emotions Inside Out: 130 Years After Darwin's* "The Expression of the Emotions in Man and Animals,"ed. P. Ekman, J. J. Campos, R. J. Davidson, and F. B. M. de Waal, 7~31. New York: New York Academy of Sciences.

———. 2003b. Silent invasion: Imanishi's primatology and cultural bias in science. *Animal Cognition* 6:293~99.

———. 2005. *Our Inner Ape*. New York: Riverhead.

———. 2007[orig. 1982]. *Chimpanzee Politics: Power and Sex Among Apes*. Baltimore: Johns Hopkins University Press.

———. 2008. Putting the altruism back into altruism: The evolution of empathy. *Annual Review of Psychology* 59:279~300.

———. 2009a. *The Age of Empathy: Nature's Lessons for a Kinder Society*. New York: Harmony.

———. 2009b. Darwin's last laugh. *Nature* 460:175.

de Waal, F. B. M., and M. Berger. 2000. Payment for labour in monkeys. *Nature* 404:563.

de Waal, F. B. M., C. Boesch, V. Horner, and A. Whiten. 2008. Comparing children and apes not so simple. *Science* 319:569.

de Waal, F. B. M., and K. E. Bonnie. 2009. In tune with others: The social side of primate culture. In *The Question of Animal Culture*, ed. K. Laland and B. G. Galef, 19~39. Cambridge, MA: Harvard University Press.

de Waal, F. B. M., and S. F. Brosnan. 2006. Simple and complex reciprocity in primates. In *Cooperation in Primates and Humans: Mechanisms and Evolution*, ed. P. M. Kappeler and C. van

Schaik, 85~105. Berlin: Springer.

de Waal, F. B. M., M. Dindo, C. A. Freeman, and M. Hall. 2005. The monkey in the mirror: Hardly a stranger. *Proceedings of the National Academy of Sciences USA* 102:11140~47.

de Waal, F. B. M., and P. F. Ferrari. 2010. Towards a bottom-up perspective on animal and human cognition. *Trends in Cognitive Sciences* 14:201~7.

de Waal, F. B. M., and D. L. Johanowicz. 1993. Modification of reconciliation behavior through social experience: An experiment with two macaque species. *Child Development* 64:897~908.

de Waal, F. B. M., and J. Pokorny. 2008. Faces and behinds: Chimpanzee sex perception. *Advanced Science Letters* 1:99~103.

de Waal, F. B. M., and P. L. Tyack, eds. 2003. *Animal Social Complexity: Intelligence, Culture, and Individualized Societies*. Cambridge, MA: Harvard University Press.

de Waal, F. B. M., and J. van Hooff. 1981. Side-directed communication and agonistic interactions in chimpanzees. *Behaviour* 77:164~98.

Dewsbury, D. A. 2000. Comparative cognition in the 1930s. *Psychonomic Bulletin and Review* 7:267~83.

———. 2006. *Monkey Farm: A History of the Yerkes Laboratories of Primate Biology, Orange Park, Florida*, 1930~1965. Lewisburg, PA: Bucknell University Press.

Dindo, M., A. Whiten, and F. B. M. de Waal. 2009. In-group conformity sustains different foraging traditions in capuchin monkeys(*Cebus apella*). *Plos ONE* 4:e7858.

Dinets, V., J. C. Brueggen, and J. D. Brueggen. 2013. Crocodilians use tools for hunting. *Ethology Ecology and Evolution* 27:74~78.

Dingfelder, S. D. 2007. Can rats reminisce? *Monitor on Psychology* 38:26.

Domjan, M., and B. G. Galef. 1983. Biological constraints on instrumental and classical conditioning: Retrospect and prospect. *Animal Learning and Behavior* 11:151~61.

Ducheminsky, N., P. Henzi, and L. Barrett. 2014. Responses of vervet monkeys in large troops to terrestrial and aerial predator alarm calls. *Behavioral Ecology* 25:1474~84.

Dunbar, R. 1998a. *Grooming, Gossip, and the Evolution of Language*. Cambridge, MA: Harvard University Press.

———. 1998b. The social brain hypothesis. *Evolutionary Anthropology* 6:178~90. Emery, N. J., and N. S. Clayton. 2001. Effects of experience and social context on prospective caching strategies by scrub jays. *Nature* 414:443~46.

———. 2004. The mentality of crows: Convergent evolution of intelligence in corvids and apes. *Science* 306:1903~7.

Epstein, R. 1987. The spontaneous interconnection of four repertoires of behavior in a pigeon. *Journal of Comparative Psychology* 101:197~201.

Epstein, R., R. P. Lanza, and B. F. Skinner. 1981. "Self-awareness"in the pigeon. *Science*

212:695~96.

Evans, T. A., and M. J. Beran. 2007. Chimpanzees use self-distraction to cope with impulsivity. *Biology Letters* 3:599~602.

Falk, J. L. 1958. The grooming behavior of the chimpanzee as a reinforcer. *Journal of the Experimental Analysis of Behavior* 1:83~85.

Fehr, E., and U. Fischbacher. 2003. The nature of human altruism. *Nature* 425:785~91.

Ferris, C. F., et al. 2001. Functional imaging of brain activity in conscious monkeys responding to sexually arousing cues. *Neuroreport* 12:2231~36.

Finn, J. K., T. Tregenza, and M. D. Norman. 2009. Defensive tool use in a coconut-carrying octopus. *Current Biology* 19:R1069~70.

Fodor, J. 1975. *The Language of Thought*. New York: Crowell.

Foerder, P., et al. 2011. Insightful problem solving in an Asian elephant. *Plos ONE* 6(8):e23251.

Foote, A. L., and J. D. Crystal. 2007. Metacognition in the rat. *Current Biology* 17:551~55.

Foster, M. W., et al. 2009. Alpha male chimpanzee grooming patterns: Implications for dominance "style." *American Journal of Primatology* 71:136~44.

Fragaszy, D. M., E. Visalberghi, and L. M. Fedigan. 2004. *The Complete Capuchin: The Biology of the Genus* Cebus. Cambridge: Cambridge University Press.

Frankfurt, H. G. 1971. Freedom of the will and the concept of a person. *Journal of Philosophy* 68:5~20.

Fuhrmann, D., A. Ravignani, S. Marshall-Pescini, and A. Whiten. 2014. Synchrony and motor mimicking in chimpanzee observational learning. *Scientific Reports* 4:5283.

Gácsi, M., et al. 2009. Explaining dog wolf differences in utilizing human pointing gestures: Selection for synergistic shifts in the development of some social skills. *Plos ONE* 4:e6584.

Galef, B. G. 1990. The question of animal culture. *Human Nature* 3:157~78.

Gallup, G. G. 1970. Chimpanzees: Self-recognition. *Science* 167:86~87.

Garcia, J., D. J. Kimeldorf, and R. A. Koelling. 1955. Conditioned aversion to saccharin resulting from exposure to gamma radiation. *Science* 122:157~58.

Gardner, R. A., M. H. Scheel, and H. L. Shaw. 2011. Pygmalion in the laboratory. *American Journal of Psychology* 124:455~61.

Garstang, M., et al. 2014. Response of African elephants(*Loxodonta africana*) to seasonal changes in rainfall. *Plos ONE* 9:e108736.

Gaulin, S. J. C., and R. W. Fitzgerald. 1989. Sexual selection for spatial-learning ability. *Animal Behaviour* 37:322~31.

Geissmann, T., and M. Orgeldinger. 2000. The relationship between duet songs and pair bonds in siamangs, *Hylobates syndactylus. Animal Behaviour* 60: 805~9.

Goodall, J. 1967. *My Friends the Wild Chimpanzees*. Washington, DC: National Geographic Society.

———. 1971. *In the Shadow of Man*. Boston: Houghton Mifflin.
———. 1986. *The Chimpanzees of Gombe: Patterns of Behavior*. Cambridge, MA: Belknap.
Gould, J. L., and C. G. Gould. 1999. *The Animal Mind*. New York: W. H. Freeman.
Gouzoules, S., H. Gouzoules, and P. Marler. 1984. Rhesus monkey(*Macaca mulatta*) screams: Representational signaling in the recruitment of agonistic aid. *Animal Behaviour* 32:182~93.
Griffin, D. R. 1976. *The Question of Animal Awareness: Evolutionary Continuity of Mental Experience*. New York: Rockefeller University Press.
———. 2001. Return to the magic well: Echolocation behavior of bats and responses of insect prey. *Bioscience* 51:555~56.
Gruber, T., Z. Clay, and K. Zuberbühler. 2010. A comparison of bonobo and chimpanzee tool use: Evidence for a female bias in the Pan lineage. *Animal Behaviour* 80:1023~33.
Guldberg, H. 2010. *Just Another Ape?* Exeter, UK: Imprint Academic.
Gumert, M. D., M. Kluck, and S. Malaivijitnond. 2009. The physical characteristics and usage patterns of stone axe and pounding hammers used by long-tailed macaques in the Andaman Sea region of Thailand. *American Journal of Primatology* 71:594~608.
Günther, M. M., and C. Boesch. 1993. Energetic costs of nut-cracking behaviour in wild chimpanzees. In *Hands of Primates*, ed. H. Preuschoft and D. J. Chivers, 109~29. Vienna: Springer.
Gupta, A. S., M. A. A. van der Meer, D. S. Touretzky, and A. D. Redish. 2010. Hippocampal replay is not a simple function of experience. *Neuron* 65:695~705.
Guthrie, E. R., and G. P. Horton. 1946. *Cats in a Puzzle Box*. New York: Rinehart.
Hall, K., et al. 2014. Using cross correlations to investigate how chimpanzees use conspecific gaze cues to extract and exploit information in a foraging competition. *American Journal of Primatology* 76:932~41.
Hamilton, G. 2012. Crows can distinguish faces in a crowd. National Wildlife Federation, Nov. 7, http://bit.ly/1IqkWaN.
Hampton, R. R. 2001. Rhesus monkeys know when they remember. *Proceedings of the National Academy of Sciences USA* 98:5359~62.
Hampton, R. R., A. Zivin, and E. A. Murray. 2004. Rhesus monkeys(*Macaca mulatta*) discriminate between knowing and not knowing and collect information as needed before acting. *Animal Cognition* 7:239~54.
Hanlon, R. T. 2007. Cephalopod dynamic camouflage. *Current Biology* 17: R400~4.
———. 2013. Camouflaged octopus makes marine biologist scream bloody murder(video). *Discover*, Sept. 13, http://bit.ly/1RScdid.
Hanlon, R. T., and J. B. Messenger. 1996. *Cephalopod Behaviour*. Cambridge: Cambridge University Press.

Hanlon, R. T., J. W. Forsythe, and D. E. Joneschild. 1999. Crypsis, conspicuousness, mimicry and polyphenism as antipredator defences of foraging octopuses on indo-pacific coral reefs, with a method of quantifying crypsis from video tapes. *Biological Journal of the Linnean Society* 66:1~22.

Hanus, D., N. Mendes, C. Tennie, and J. Call. 2011. Comparing the performances of apes(*Gorilla gorilla, Pan troglodytes, Pongo pygmaeus*) and human children(*Homo sapiens*) in the floating peanut task. *PLoS ONE* 6:e19555.

Hare, B., M. Brown, C. Williamson, and M. Tomasello. 2002. The domestication of social cognition in dogs. *Science* 298:1634~36.

Hare, B., J. Call, and M. Tomasello 2001. Do chimpanzees know what conspecifics know? *Animal Behaviour* 61:139~51.

Hare, B., and M. Tomasello. 2005. Human-like social skills in dogs? *Trends in Cognitive Sciences* 9:440~45.

Hare, B., and V. Woods. 2013. *The Genius of Dogs: How Dogs Are Smarter Than You Think*. New York: Dutton.

Harlow, H. F. 1953. Mice, monkeys, men, and motives. *Psychological Review* 60:23~32.

Hattori, Y., F. Kano, and M. Tomonaga. 2010. Differential sensitivity to conspecific and allospecific cues in chimpanzees and humans: A comparative eye-tracking study. *Biology Letters* 6:610~13.

Hattori, Y., K. Leimgruber, K. Fujita, and F. B. M. de Waal. 2012. Food-related tolerance in capuchin monkeys(*Cebus apella*) varies with knowledge of the partner's previous food-consumption. *Behaviour* 149:171~85.

Heisenberg, W. 1958. *Physics and Philosophy: The Revolution in Modern Science*. London: Allen and Unwin.

Herculano-Houzel, S. 2009. The human brain in numbers: A linearly scaled-up primate brain. *Frontiers in Human Neuroscience* 3(2009): 1~11.

———. 2011. Brains matter, bodies maybe not: The case for examining neuron numbers irrespective of body size. *Annals of the New York Academy of Sciences* 1225:191~99.

Herculano-Houzel, S., et al. 2014. The elephant brain in numbers. *Neuroanatomy* 8:10.3389/fnana.2014.00046.

Herrmann, E., et al. 2007. Humans have evolved specialized skills of social cognition: The cultural intelligence hypothesis. *Science* 317:1360~66.

Herrmann, E., V. Wobber, and J. Call. 2008. Great apes'(*Pan troglodytes, P. paniscus, Gorilla gorilla, Pongo pygmaeus*) understanding of tool functional properties after limited experience. *Journal of Comparative Psychology* 122:220~30.

Heyes, C. 1995. Self-recognition in mirrors: Further reflections create a hall of mirrors. *Animal Behaviour* 50: 1533~42.

Hillemann, F., T. Bugnyar, K. Kotrschal, and C. A. F. Wascher. 2014. Waiting for better, not for more: Corvids respond to quality in two delay maintenance tasks. *Animal Behaviour* 90: 1~10.

Hirata, S., K. Watanabe, and M. Kawai. 2001. "Sweet-potato washing" revisited. In *Primate Origins of Human Cognition and Behavior*, ed. T. Matsuzawa, 487~508. Tokyo: Springer.

Hobaiter, C., and R. Byrne. 2014. The meanings of chimpanzee gestures. *Current Biology* 24:1596~600.

Hodos, W., and C. B. G. Campbell. 1969. *Scala naturae*: Why there is no theory in comparative psychology. *Psychological Review* 76:337~50.

Hopper, L. M., S. P. Lambeth, S. J. Schapiro, and A. Whiten. 2008. Observational learning in chimpanzees and children studied through "ghost"conditions. *Proceedings of the Royal Society of London B* 275:835~40.

Horner, V., et al. 2010. Prestige affects cultural learning in chimpanzees. *Plos ONE* 5:e10625.

Horner, V., D. J. Carter, M. Suchak, and F. B. M. de Waal. 2011. Spontaneous prosocial choice by chimpanzees. *Proceedings of the Academy of Sciences, USA* 108:13847~51.

Horner, V., and F. B. M. de Waal. 2009. Controlled studies of chimpanzee cultural transmission. *Progress in Brain Research* 178:3~15.

Horner, V., A. Whiten, E. Flynn, and F. B. M. de Waal. 2006. Faithful replication of foraging techniques along cultural transmission chains by chimpanzees and children. *Proceedings of the National Academy of Sciences USA* 103:13878~83.

Horowitz, A. 2010. *Inside of a Dog: What Dogs See, Smell, and Know*. New York: Scribner.

Hostetter, A. B., M. Cantero, and W. D. Hopkins. 2001. Differential use of vocal and gestural communication by chimpanzees(*Pan troglodytes*) in response to the attentional status of a human(*Homo sapiens*). *Journal of Comparative Psychology* 115:337~43.

Howell, T. J., S. Toukhsati, R. Conduit, and P. Bennett. 2013. The perceptions of dog intelligence and cognitive skills(PoDIaCS) survey. *Journal of Veterinary Behavior: Clinical Applications and Research* 8:418~24.

Huffman, M. A. 1996. Acquisition of innovative cultural behaviors in nonhuman primates: A case study of stone handling, a socially transmitted behavior in Japanese macaques. In *Social Learning in Animals: The Roots of Culture*, ed. C. M. Heyes and B. Galef, 267~89. San Diego: Academic Press.

Hume, D. 1985 [orig. 1739]. *A Treatise of Human Nature*. Harmondsworth, UK: Penguin.

Hunt, G. R. 1996. The manufacture and use of hook tools by New Caledonian crows. *Nature* 379:249~51.

Hunt, G. R., et al. 2007. Innovative pandanus-folding by New Caledonian crows. *Australian Journal of Zoology* 55:291~98.

Hunt, G. R., and R. D. Gray. 2004. The crafting of hook tools by wild New Caledonian crows.

Proceedings of the Royal Society of London B 271:S88~S90.
Hurley, S., and M. Nudds. 2006. *Rational Animals?* Oxford: Oxford University Press.
Imanishi, K. *Man*. 1952. Tokyo: Mainichi-Shinbunsha.
Inman, A., and S. J. Shettleworth. 1999. Detecting metamemory in nonverbal subjects: A test with pigeons. *Journal of Experimental Psychology: Animal Behavior Processes* 25:389~95.
Inoue, S., and T. Matsuzawa. 2007. Working memory of numerals in chimpanzees. *Current Biology* 17:R1004~R1005.
Inoue-Nakamura, N., and T. Matsuzawa. 1997. Development of stone tool use by wild chimpanzees. *Journal of Comparative Psychology* 111:159~73.
Itani, J., and A. Nishimura. 1973. The study of infrahuman culture in Japan: A review. In *Precultural Primate Behavior*, ed. E. Menzel, 26~50. Basel: Karger.
Jabr, F. 2014. The science is in: Elephants are even smarter than we realized. *Scientific American*, Feb. 26.
Jackson, R. R. 1992. Eight-legged tricksters. *Bioscience* 42:590~98.
Jacobs, L. F., and E. R. Liman. 1991. Grey squirrels remember the locations of buried nuts. *Animal Behaviour* 41:103~10.
Janik, V. M., L. S. Sayigh, and R. S. Wells. 2006. Signature whistle contour shape conveys identity information to bottlenose dolphins. *Proceedings of the National Academy of Sciences USA* 103:8293~97.
Janmaat, K. R. L., L. Polansky, S. D. Ban, and C. Boesch. 2014. Wild chimpanzees plan their breakfast time, type, and location. *Proceedings of the National Academy of Sciences USA* 111:16343~48.
Jelbert, S. A., et al. 2014. Using the Aesop's fable paradigm to investigate causal understanding of water displacement by New Caledonian crows. *Plos ONE* 9:e92895.
Jorgensen, M. J., S. J. Suomi, and W. D. Hopkins. 1995. Using a computerized testing system to investigate the preconceptual self in nonhuman primates and humans. In *The Self in Infancy: Theory and Research*, ed. P. Rochat, 243~256. Amsterdam: Elsevier.
Judge, P. G. 1991. Dyadic and triadic reconciliation in pigtail macaques(*Macaca nemestrina*). *American Journal of Primatology* 23:225~37.
Judge, P. G., and S. H. Mullen. 2005. Quadratic postconflict affiliation among bystanders in a hamadryas baboon group. *Animal Behaviour* 69:1345~55.
Kagan, J. 2000. Human morality is distinctive. *Journal of Consciousness Studies* 7:46~48.
———. 2004. The uniquely human in human nature. *Daedalus* 133:77~88.
Kaminski, J., J. Call, and J. Fischer. 2004. Word learning in a domestic dog: evidence for fast mapping. *Science* 304:1682~83.
Kendal, R., et al. 2015. Chimpanzees copy dominant and knowledgeable individuals: Implications for

cultural diversity. *Evolution and Human Behavior* 36:65~72.

Kinani, J.-F., and D. Zimmerman. 2015. Tool use for food acquisition in a wild mountain gorilla(*Gorilla beringei beringei*). *American Journal of Primatology* 77:353~57.

King, S. L., and V. M. Janik. 2013. Bottlenose dolphins can use learned vocal labels to address each other. *Proceedings of the National Academy of Sciences USA* 110: 13216~21.

King, S. L., et al. 2013. Vocal copying of individually distinctive signature whistles in bottlenose dolphins. *Proceedings of the Royal Society* B 280:20130053.

Kitcher, P. 2006. Ethics and evolution: How to get here from there. In *Primates and Philosophers: How Morality Evolved*, ed. S. Macedo and J. Ober, 120~39. Princeton, NJ: Princeton University Press.

Koepke, A. E., S. L. Gray, and I. M. Pepperberg. 2015. Delayed gratification: A grey parrot(*Psittacus erithacus*) will wait for a better reward. *Journal of Comparative Psychology*. In press.

Köhler, W. 1925. *The Mentality of Apes*. New York: Vintage.

Koyama, N. F. 2001. The long-term effects of reconciliation in Japanese macaques(*Macaca fuscata*). *Ethology* 107:975~87.

Koyama, N. F., C. Caws, and F. Aureli. 2006. Interchange of grooming and agonistic support in chimpanzees. *International Journal of Primatology* 27:1293~309.

Kruuk, H. 2003. *Niko's Nature: The Life of Niko Tinbergen and His Science of Animal Behaviour*. Oxford: Oxford University Press.

Kummer, H. 1971. *Primate Societies: Group Techniques of Ecological Adaptions*. Chicago: Aldine.

———. 1995. *In Quest of the Sacred Baboon: A Scientist's Journey*. Princeton, NJ: Princeton University Press.

Kummer, H., V. Dasser, and P. Hoyningen-Huene. 1990. Exploring primate social cognition: Some critical remarks. *Behaviour* 112:84~98.

Kuroshima, H., et al. 2003. A capuchin monkey recognizes when people do and do not know the location of food. *Animal Cognition* 6:283~91.

Ladygina-Kohts, N. 2002 [orig. 1935]. *Infant Chimpanzee and Human Child: A Classic* 1935 *Comparative Study of Ape Emotions and Intelligence*, ed. F. B. M. de Waal. Oxford: Oxford University Press.

Langergraber, K. E., J. C. Mitani, and L. Vigilant. 2007. The limited impact of kinship on cooperation in wild chimpanzees. *Proceedings of the Academy of Sciences USA* 104:7786~90.

Lanner, R. M. 1996. *Made for Each Other: A Symbiosis of Birds and Pines*. New York: Oxford University Press.

Leavens, D. A., F. Aureli, W. D. Hopkins, and C. W. Hyatt. 2001. Effects of cognitive challenge on self-directed behaviors by chimpanzees(*Pan troglodytes*). *American Journal of Primatology* 55:1~14.

Leavens, D., W. D. Hopkins, and K. A. Bard. 1996. Indexical and referential pointing in chimpanzees(*Pan troglodytes*). *Journal of Comparative Psychology* 110(1996): 346~53.

Lehrman, D. 1953. A critique of Konrad Lorenz's theory of instinctive behavior. *Quarterly Review of Biology* 28:337~63.

Lethmate, J. 1982. Tool-using skills of orangutans. *Journal of Human Evolution* 11:49~50.

Lethmate, J., and G. Dücker. 1973. Untersuchungen zum Selbsterkennen im Spiegel bei Orang-Utans und einigen anderen Affenarten. *Zeitschrift für Tierpsychologie* 33:248~69.

Liebal, K., B. M. Waller, A. M. Burrows, and K. E. Slocombe. 2013. *Primate Communication: A Multimodal Approach*. Cambridge: Cambridge University Press.

Limongelli, L., S. Boysen, and E. Visalberghi. 1995. Comprehension of causeeffect relations in a tool-using task by chimpanzees(*Pan troglodytes*). *Journal of Comparative Psychology* 109:18~26.

Lindauer, M. 1987. Introduction. In *Neurobiology and Behavior of Honeybees*, ed. R. Menzel and A. Mercer, 1~6. Berlin: Springer.

Lonsdorf, E. V., L. E. Eberly, and A. E. Pusey. 2004. Sex differences in learning in chimpanzees. *Nature* 428:715~16.

Lorenz, K. Z. 1941. Vergleichende Bewegungsstudien an Anatinen. *Journal für Ornithologie* 89(1941): 194~294.

———. 1952. *King Solomon's Ring*. London: Methuen, 1952.

———. 1981. *The Foundations of Ethology*. New York: Simon and Schuster.

Malcolm, N. 1973. Thoughtless brutes. *Proceedings and Addresses of the American Philosophical Association* 46:5~20.

Marais, E. 1969. *The Soul of the Ape*. New York: Atheneum.

Marks, J. 2002. *What It Means to Be 98% Chimpanzee: Apes, People, and Their Genes*. Berkeley: University of California Press.

Martin, C. F., et al. 2014. Chimpanzee choice rates in competitive games match equilibrium game theory predictions. *Scientfic Reports* 4:5182.

Martin-Ordas, G., D. Berntsen, and J. Call. 2013. Memory for distant past events in chimpanzees and orangutans. *Current Biology* 23:1438~41.

Martin-Ordas, G., J. Call, and F. Colmenares. 2008. Tubes, tables and traps: Great apes solve two functionally equivalent trap tasks but show no evidence of transfer across tasks. *Animal Cognition* 11:423~30.

Marzluff, J. M., et al. 2010. Lasting recognition of threatening people by wild American crows. *Animal Behaviour* 79:699~707.

Marzluff, J. M., and T. Angell. 2005. *In the Company of Crows and Ravens*. New Haven, CT: Yale University Press.

Marzluff, J. M., R. Miyaoka, S. Minoshima, and D. J. Cross. 2012. Brain imaging reveals neuronal circuitry underlying the crow's perception of human faces. *Proceedings of the National Academy of Sciences USA* 109:15912~17.

Mason, W. A. 1976. Environmental models and mental modes: Representational processes in the great apes and man. *American Psychologist* 31:284~94.

Massen, J. J. M., A. Pašukonis, J. Schmidt, and T. Bugnyar. 2014. Ravens notice dominance reversals among conspecifics within and outside their social group. *Nature Communications* 5:3679.

Massen, J. J. M., G. Szipl, M. Spreafico, and T. Bugnyar. 2014. Ravens intervene in others' bonding attempts. *Current Biology* 24:2733~36.

Mather, J. A., and R. C. Anderson. 1999. Exploration, play, and habituation in octopuses(*Octopus dofleini*). *Journal of Comparative Psychology* 113:333~38.

Mather, J. A., R. C. Anderson, and J. B. Wood. 2010. Octopus: *The Ocean's Intelligent Invertebrate*. Portland, OR: Timber Press.

Matsuzawa, T. 1994. Field experiments on use of stone tools by chimpanzees in the wild. In *Chimpanzee Cultures*, ed. R. W. Wrangham, W. C. McGrew, F. B. M. de Waal, and P. Heltne, 351~70. Cambridge, MA: Harvard University Press.

———. 2009. Symbolic representation of number in chimpanzees. *Current Opinion in Neurobiology* 19:92~98.

Matsuzawa, T., et al. 2001. Emergence of culture in wild chimpanzees: education by master-apprenticeship. In *Primate Origins of Human Cognition and Behavior*, ed. T. Matsuzawa, 557~74. New York: Springer.

Mayr, E. 1982. *The Growth of Biological Thought*. Cambridge, MA: Harvard University Press.

McComb, K., et al. 2011. Leadership in elephants: The adaptive value of age. *Proceedings of the Royal Society B* 274:2943~49.

McComb, K., G. Shannon, K. N. Sayialel, and C. Moss. 2014. Elephants can determine ethnicity, gender and age from acoustic cues in human voices. *Proceedings of the National Academy of Sciences USA* 111:5433~38.

McGrew, W. C. 2010. Chimpanzee technology. *Science* 328:579~80.

———. 2013. Is primate tool use special? Chimpanzee and New Caledonian crow compared. *Philosophical Transactions of the Royal Society B* 368:20120422.

McGrew, W. C., and C. E. G. Tutin. 1978. Evidence for a social custom in wild chimpanzees? *Man* 13:243~51.

Melis, A. P., B. Hare, and M. Tomasello. 2006a. Chimpanzees recruit the best collaborators. *Science* 311:1297~300.

———. 2006b. Engineering cooperation in chimpanzees: Tolerance constraints on cooperation. *Animal Behaviour* 72:275~86.

Mendes, N., D. Hanus, and J. Call. 2007. Raising the level: Orangutans use water as a tool. *Biology*

Letters 3:453~55.

Mendres, K. A., and F. B. M. de Waal. 2000. Capuchins do cooperate: The advantage of an intuitive task. *Animal Behaviour* 60: 523~29.

Menzel, E. W. 1972. Spontaneous invention of ladders in a group of young chimpanzees. *Folia primatologica* 17:87~106.

———. 1974. A group of young chimpanzees in a one-acre field. In *Behavior of Non-Human Primates*, ed. A. M. Schrier and F. Stollnitz, 5:83~153. New York: Academic Press.

Mercader, J., et al. 2007. 4,300-year-old chimpanzee sites and the origins of percussive stone technology. *Proceedings of the National Academy of Sciences USA* 104:3043~48.

Miklósi, Á., et al. 2003. A simple reason for a big difference: Wolves do not look back at humans, but dogs do. *Current Biology* 13:763~66.

Mischel, W., and E. B. Ebbesen. 1970. Attention in delay of gratification. *Journal of Personality and Social Psychology* 16:329~37.

Mischel, W., E. B. Ebbesen, and A. R. Zeiss. 1972. Cognitive and attentional mechanisms in delay of gratification. *Journal of Personality and Social Psychology* 21:204~18.

Moore, B. R. 1973. The role of directed pavlovian responding in simple instrumental learning in the pigeon. In *Constraints on Learning*, ed. R. A. Hinde and J. S. Hinde, 159~87. London: Academic Press.

———. 1992. Avian movement imitation and a new form of mimicry: Tracing the evoluting of a complex form of learning. *Behaviour* 122:231~63.

———. 2004. The evolution of learning. *Biological Review* 79:301~35.

Moore, B. R., and S. Stuttard. 1979. Dr. Guthrie and *Felis domesticus* or: Tripping over the cat. *Science* 205:1031~33.

Morell, V. 2013. *Animal Wise: The Thoughts and Emotions of Our Fellow Creatures*. New York: Crown.

Morgan, C. L. 1894. *An Introduction to Comparative Psychology*. London: Scott.

———. 1903. *An Introduction to Comparative Psychology*, new ed. London: Scott. Morris, D. 2010. Retrospective: Beginnings. In *Tinbergen's Legacy in Behaviour: Sixty Years of Landmark Stickleback Papers*, ed. F. Von Hippel, 49~53. Leiden, Netherlands: Brill.

Morris, R., and D. Morris. 1966. *Men and Apes*. New York: McGraw-Hill.

Mulcahy, N. J., and J. Call. 2006. Apes save tools for future use. *Science* 312:1038~40.

Nagasawa, M., et al. 2015. Oxytocin-gaze positive loop and the co-evolution of human-dog bonds. *Science* 348:333~36.

Nagel, T. 1974. What is it like to be a bat? *Philosophical Review* 83:435~50.

Nakamura, M., W. C. McGrew, L. F. Marchant, and T. Nishida. 2000. Social scratch: Another custom in wild chimpanzees? *Primates* 41:237~48.

Neisser, U. 1967. *Cognitive Psychology*. Englewood Cliffs, NJ: Prentice-Hall.

Nielsen, R., et al. 2005. A scan for positively selected genes in the genomes of humans and chimpanzees. *Plos Biology* 3:976~85.

Nishida, T. 1983. Alpha status and agonistic alliances in wild chimpanzees. *Primates* 24:318~36.

Nishida, T., et al. 1992. Meat-sharing as a coalition strategy by an alpha male chimpanzee? In *Topics of Primatology*, ed. T. Nishida, 159~74. Tokyo: Tokyo Press.

Nishida, T., and K. Hosaka. 1996. Coalition strategies among adult male chimpanzees of the Mahale Mountains, Tanzania. In *Great Ape Societies* ed. W. C. McGrew, L. F. Marchant, and T. Nishida, 114~34. Cambridge: Cambridge University Press.

O'Connell, C. 2015. *Elephant Don: The Politics of a Pachyderm Posse*. Chicago: University of Chicago Press.

Ostojić, L., R. C. Shaw, L. G. Cheke, and N. S. Clayton. 2013. Evidence suggesting that desire-state attribution may govern food sharing in Eurasian jays. *Proceedings of the National Academy of Sciences USA* 110:4123~28.

Osvath, M. 2009. Spontaneous planning for stone throwing by a male chimpanzee. *Current Biology* 19:R191~92.

Osvath, M., and G. Martin-Ordas. 2014. The future of future-oriented cognition in non-humans: Theory and the empirical case of the great apes. *Philosophical Transactions of the Royal Society B* 369:20130486.

Osvath, M., and H. Osvath. 2008. Chimpanzee(*Pan troglodytes*) and orangutan (*Pongo abelii*) forethought: Self-control and pre-experience in the face of future tool use. *Animal Cognition* 11:661~74.

Ottoni, E. B., and M. Mannu. 2001. Semifree-ranging tufted capuchins(*Cebus apella*) spontaneously use tools to crack open nuts. *International Journal of Primatology* 22:347~58.

Overduin-de Vries, A. M., B. M. Spruijt, and E. H. M. Sterck. 2013. Longtailed macaques(*Macaca fascicularis*) understand what conspecifics can see in a competitive situation. *Animal Cognition* 17:77~84.

Parr, L., and F. B. M. de Waal. 1999. Visual kin recognition in chimpanzees. *Nature* 399:647-48.

Parvizi, J. 2009. Corticocentric myopia: Old bias in new cognitive sciences. *Trends in Cognitive Sciences* 13:354~59.

Paxton, R., et al. 2010. Rhesus monkeys rapidly learn to select dominant individuals in videos of artificial social interactions between unfamiliar conspecifics. *Journal of Comparative Psychology* 124:395~401.

Pearce, J. M. 2008. *Animal Learning and Cognition: An Introduction*, 3rd ed. East Sussex, UK: Psychology Press.

Penn, D. C., and D. J. Povinelli. 2007. On the lack of evidence that non-human animals possess anything remotely resembling a "theory of mind." *Philosophical Transactions of the Royal Society* B 362:731~44.

Pepperberg, I. M. 1999. *The Alex Studies: Cognitive and Communicative Abilities of Grey Parrots*. Cambridge, MA: Harvard University Press.

———. 2008. *Alex and Me*. New York: Collins.

———. 2012. Further evidence for addition and numerical competence by a grey parrot(*Psittacus erithacus*). *Animal Cognition* 15:711~17.

Perdue, B. M., R. J. Snyder, Z. Zhihe, M. J. Marr, and T. L. Maple. 2011. Sex differences in spatial ability: A test of the range size hypothesis in the order Carnivora. *Biology Letters* 7:380~83.

Perry, S. 2008. *Manipulative Monkeys: The Capuchins of Lomas Barbudal*. Cambridge, MA: Harvard University Press.

———. 2009. Conformism in the food processing techniques of white-faced capuchin monkeys(*Cebus capucinus*). *Animal Cognition* 12:705~16.

Perry, S., H. Clark Barrett, and J. H. Manson. 2004. White-faced capuchin monkeys show triadic awareness in their choice of allies. *Animal Behaviour* 67:165~70.

Pfenning, A. R., et al. 2014. Convergent transcriptional specializations in the brains of humans and song-learning birds. *Science* 346:1256846.

Pfungst, O. 1911. *Clever Hans(The Horse of Mr. von Osten): A Contribution to Experimental Animal and Human Psychology*. New York: Henry Holt.

Plotnik, J. M., et al. 2014. Thinking with their trunks: Elephants use smell but not sound to locate food and exclude nonrewarding alternatives. *Animal Behaviour* 88:91~98.

Plotnik, J. M., F. B. M. de Waal, and D. Reiss. 2006. Self-recognition in an Asian elephant. *Proceedings of the National Academy of Sciences USA* 103:17053~57.

Plotnik, J. M., R. C. Lair, W. Suphachoksakun, and F. B. M. de Waal. 2011. Elephants know when they need a helping trunk in a cooperative task. *Proceedings of the Academy of Sciences USA* 108:516~21.

Pokorny, J., and F. B. M. de Waal. 2009. Monkeys recognize the faces of group mates in photographs. *Proceedings of the National Academy of Sciences USA* 106:21539~43.

Pollick, A. S., and F. B. M. de Waal. 2007. Ape gestures and language evolution. *Proceedings of the National Academy of Sciences USA* 104:8184~89.

Povinelli, D. J. 1987. Monkeys, apes, mirrors and minds: The evolution of self-awareness in primates. *Human Evolution* 2:493~509.

———. 1989. Failure to find self-recognition in Asian elephants(*Elephas maximus*) in contrast to their use of mirror cues to discover hidden food. *Journal of Comparative Psychology* 103:122~31.

———. 1998. Can animals empathize? *Scientific American Presents: Exploring Intelligence* 67:72~75.

———. 2000. *Folk Physics for Apes: The Chimpanzee's Theory of How the World Works*. Oxford:

Oxford University Press.

Povinelli, D. J., et al. 1997. Chimpanzees recognize themselves in mirrors. *Animal Behaviour* 53:1083~88.

Premack, D. 2007. Human and animal cognition: Continuity and discontinuity. *Proceedings of the National Academy of Sciences USA* 104:13861~67.

———. 2010. Why humans are unique: Three theories. *Perspectives on Psychological Science* 5:22~32.

Premack, D., and A. J. Premack. 1994. Levels of causal understanding in chimpanzees and children. *Cognition* 50: 347~62.

Premack, D., and G. Woodruff. 1978. Does the chimpanzee have a theory of mind? *Behavioral and Brain Sciences* 4:515~26.

Preston, S. D. 2013. The origins of altruism in offspring care. *Psychological Bulletin* 139:1305~41.

Price, T. 2013. *Vocal Communication within the Genus Chlorocebus: Insights into Mechanisms of Call Production and Call Perception*. Unpublished thesis, Univerity of Göttingen, Germany.

Prior, H., A. Schwarz, and O. Güntürkün. 2008. Mirror-induced behavior in the magpie(Pica pica): Evidence of self-recognition. *Plos Biology* 6:e202.

Proctor, D., R. A. Williamson, F. B. M. de Waal, and S. F. Brosnan. 2013. Chimpanzees play the ultimatum game. *Proceedings of the National Academy of Sciences USA* 110: 2070~75.

Proust, M. 1913~27. *Remembrance of Things Past*, vol. 1, *Swann's Way and Within a Budding Grove*. New York: Vintage Press.

Pruetz, J. D., and P. Bertolani. 2007. Savanna chimpanzees, *Pan troglodytes verus*, hunt with tools. *Current Biology* 17:412~17.

Raby, C. R., D. M. Alexis, A. Dickinson, and N. S. Clayton. 2007. Planning for the future by western scrub-jays. *Nature* 445:919~21.

Rajala, A. Z., K. R. Reininger, K. M. Lancaster, and L. C. Populin. 2010. Rhesus monkeys(*Macaca mulatta*) do recognize themselves in the mirror: Implications for the evolution of self-recognition. *Plos ONE* 5:e12865.

Range, F., L. Horn, Z. Viranyi, and L. Huber. 2008. The absence of reward induces inequity aversion in dogs. *Proceedings of the National Academy of Sciences USA* 106:340~45.

Range, F., and Z. Virányi. 2014. Wolves are better imitators of conspecifics than dogs. *Plos ONE* 9:e86559.

Reiss, D., and L. Marino. 2001. Mirror self-recognition in the bottlenose dolphin: A case of cognitive convergence. *Proceedings of the National Academy of Sciences USA* 98:5937~42.

Roberts, A. I., S.-J. Vick, S. G. B. Roberts, and C. R. Menzel. 2014. Chimpanzees modify intentional gestures to coordinate a search for hidden food. *Nature Communications* 5:3088.

Roberts, W. A. 2012. Evidence for future cognition in animals. *Learning and Motivation* 43:169~80.

Rochat, P. 2003. Five levels of self-awareness as they unfold early in life. *Consciousness and Cognition*

12:717~31.

Röell, R. 1996. *De Wereld van Instinct: Niko Tinbergen en het Ontstaan van de Ethologie in Nederland(1920-1950)*. Rotterdam: Erasmus.

Romanes, G. J. 1882. *Animal Intelligence*. London: Kegan, Paul, and Trench.

———. 1884. *Mental Evolution in Animals*. New York: Appleton.

Sacks, O. 1985. *The Man Who Mistook His Wife for a Hat*. London: Picador.

Saito, A., and K. Shinozuka. 2013. Vocal recognition of owners by domestic cats*(Felis catus). Animal Cognition* 16:685~90.

Sanz, C. M., C. Schöning, and D. B. Morgan. 2010. Chimpanzees prey on army ants with specialized tool set. *American Journal of Primatology* 72:17~24.

Sapolsky, R. 2010. Language. May 21, http://bit.ly/1BUEv9L.

Satel, S., and S. O. Lilienfeld. 2013. *Brain Washed: The Seductive Appeal of Mindless Neuroscience*. New York: Basic Books.

Savage-Rumbaugh, S., and R. Lewin. 1994. *Kanzi: The Ape at the Brink of the Human Mind*. New York: Wiley.

Sayigh, L. S., et al. 1999. Individual recognition in wild bottlenose dolphins: A field test using playback experiments. *Animal Behaviour* 57:41~50.

Schel, M. A., et al. 2013. Chimpanzee alarm call production meets key criteria for intentionality. *Plos ONE* 8:e76674.

Schusterman, R. J., C. Reichmuth Kastak, and D. Kastak. 2003. Equivalence classification as an approach to social knowledge: From sea lions to simians. In *Animal Social Complexity*, ed. F. B. M. de Waal and P. L. Tyack, 179~206. Cambridge, MA: Harvard University Press.

Semendeferi, K., A. Lu, N. Schenker, and H. Damasio. 2002. Humans and great apes share a large frontal cortex. *Nature Neuroscience* 5:272~76.

Sheehan, M. J., and E. A. Tibbetts. 2011. Specialized face learning is associated with individual recognition in paper wasps. *Science* 334:1272~75.

Shettleworth, S. J. 1993. Varieties of learning and memory in animals. *Journal of Experimental Psychology: Animal Behavior Processes* 19:5~14.

———. 2007. Planning for breakfast. *Nature* 445:825~26.

———. 2010. Q&A. *Current Biology* 20: R910~11.

———. 2012. *Fundamentals of Comparative Cognition*. Oxford: Oxford University Press.

Siebenaler, J. B., and D. K. Caldwell. 1956. Cooperation among adult dolphins. *Journal of Mammalogy* 37:126~28.

Silberberg, A., and D. Kearns. 2009. Memory for the order of briefly presented numerals in humans as a function of practice. *Animal Cognition* 12:405~7.

Skinner, B. F. 1938. *The Behavior of Organisms*. New York: Appleton- Century-Crofts.

———. 1956. A case history of the scientific method. *American Psychologist* 11:221~33.

———. 1969. *Contingencies of Reinforcement*. New York: Appleton-Century-Crofts.

Slocombe, K., and K. Zuberbühler. 2007. Chimpanzees modify recruitment screams as a function of audience composition. *Proceedings of the National Academy of Sciences USA* 104:17228~33.

Smith, A. 1976 [orig. 1759]. *A Theory of Moral Sentiments*, ed. D. D. Raphael and A. L. Macfie. Oxford: Clarendon.

Smith, J. D., et al. 1995. The uncertain response in the bottlenosed dolphin(*Tursiops truncatus*). *Journal of Experimental Psychology: General* 124:391~408.

Sober, E. 1998. Morgan's canon. In *The Evolution of Mind*, ed. D. D. Cummins and Colin Allen, 224~42. Oxford: Oxford University Press.

Soltis, J., et al. 2014. African elephant alarm calls distinguish between threats from humans and bees. *Plos ONE* 9:e89403.

Sorge, R. E., et al. 2014. Olfactory exposure to males, including men, causes stress and related analgesia in rodents. *Nature Methods* 11:629~32.

Spocter, M. A., et al. 2010. Wernicke's area homologue in chimpanzees(*Pan troglodytes*) and its relation to the appearance of modern human language. *Proceedings of the Royal Society B* 277:2165~74.

St. Amant, R., and T. E. Horton. 2008. Revisiting the definition of animal tool use. *Animal Behaviour* 75:1199~208.

Stenger, V. J. 1999. The anthropic coincidences: A natural explanation. *Skeptical Intelligencer* 3:2~17.

Stix, G. 2014. The "it" factor. *Scientific American*, Sept., pp. 72~79.

Suchak, M., and F. B. M. de Waal. 2012. Monkeys benefit from reciprocity without the cognitive burden. *Proceedings of the National Academy of Sciences USA* 109:15191~96.

Suchak, M., T. M. Eppley, M. W. Campbell, and F. B. M. de Waal. 2014. Ape duos and trios: Spontaneous cooperation with free partner choice in chimpanzees. *PeerJ* 2:e417.

Suddendorf, T. 2013. *The Gap: The Science of What Separates Us from Other Animals*. New York: Basic Books.

Suzuki, T. N. 2014. Communication about predator type by a bird using discrete, graded and combinatorial variation in alarm call. *Animal Behaviour* 87:59~65.

Tan, J., and B. Hare. 2013. Bonobos share with strangers. *Plos ONE* 8:e51922.

Taylor, A. H., et al. 2014. Of babies and birds: Complex tool behaviours are not sufficient for the evolution of the ability to create a novel causal intervention. *Proceedings of the Royal Society B* 281:20140837.

Taylor, A. H., and R. D. Gray. 2009. Animal cognition: Aesop's fable flies from fiction to fact. *Current Biology* 19:R731~32.

Taylor, A. H., G. R. Hunt, J. C. Holzhaider, and R. D. Gray. 2007. Spontaneous metatool use by

New Caledonian crows. *Current Biology* 17:1504~7.

Taylor, J. 2009. *Not a Chimp: The Hunt to Find the Genes That Make Us Human*. Oxford: Oxford University Press.

Terrace, H. S., L. A. Petitto, R. J. Sanders, and T. G. Bever. 1979. Can an ape create a sentence? *Science* 206:891~902.

Thomas, R. K. 1998. Lloyd Morgan's Canon. In *Comparative Psychology: A Handbook*, ed. G. Greenberg and M. M. Haraway, 156~63. New York: Garland.

Thompson, J. A. M. 2002. Bonobos of the Lukuru Wildlife Research Project. In *Behavioural Diversity in Chimpanzees and Bonobos*, ed. C. Boesch, G. Hohmann, and L. Marchant, 61~70. Cambridge: Cambridge University Press.

Thompson, R. K. R., and C. L. Contie. 1994. Further reflections on mirror usage by pigeons: Lessons from Winnie-the-Pooh and Pinocchio too. In *Self-Awareness in Animals and Humans*, ed. S. T. Parker et al., 392~409. Cambridge: Cambridge University Press.

Thorndike, E. L. 1898. Animal intelligence: An experimental study of the associate processes in animals. *Psychological Reviews, Monograph Supplement 2*.

Thorpe, W. H. 1979. *The Origins and Rise of Ethology: The Science of the Natural Behaviour of Animals*. London: Heineman.

Tinbergen, N. 1953. *The Herring Gull's World. London*: Collins.

———. 1963. On aims and methods of ethology. *Zeitschrift für Tierpsychologie* 20:410~40.

Tinbergen, N., and W. Kruyt. 1938. Über die Orientierung des Bienenwolfes(*Philanthus triangulum* Fabr.). III. Die Bevorzugung bestimmter Wegmarken. *Zeitschrift für Vergleichende Physiologie* 25:292~334.

Tinklepaugh, O. L. 1928. An experimental study of representative factors in monkeys. *Journal of Comparative Psychology* 8:197~236.

Toda, K., and S. Watanabe. 2008. Discrimination of moving video images of self by pigeons(*Columba livia*). *Animal Cognition* 11:699~705.

Tolman, E. C. 1927. A behaviorist's definition of consciousness. *Psychological Review* 34:433~39.

Tomasello, M. 2014. *A Natural History of Human Thinking*. Cambridge, MA: Harvard University Press.

———. 2008. Origins of human cooperation. Tanner Lecture, Stanford University, Oct. 29~31.

Tomasello, M., and J. Call. 1997. *Primate Cognition*. New York: Oxford University Press.

Tomasello, M., A. C. Kruger, and H. H. Ratner. 1993. Cultural learning. *Behavioral and Brain Sciences* 16:495~552.

Tomasello, M., E. S. Savage-Rumbaugh, and A. C. Kruger. 1993. Imitative learning of actions on objects by children, chimpanzees, and enculturated chimpanzees. *Child Development* 64:1688~705.

Tramontin, A. D., and E. A. Brenowitz. 2000. Seasonal plasticity in the adult brain. *Trends in Neurosciences* 23:251~58.

Troscianko, J., et al. 2012. Extreme binocular vision and a straight bill facilitate tool use in New Caledonian crows. *Nature Communications* 3:1110.

Tsao, D., S. Moeller, and W. A. Freiwald. 2008. Comparing face patch systems in macaques and humans. *Proceedings of the National Academy of Sciences USA* 105:19514~19.

Tulving, E. 2005. Episodic memory and autonoesis: Uniquely human? In *The Missing Link in Cognition*, ed. H. Terrace and J. Metcalfe, 3~56. Oxford: Oxford University Press.

———. 1972. Episodic and semantic memory. In *Organization of Memory*, ed. E. Tulving and W. Donaldson, 381~403. New York: Academic Press.

———. 2001. Origin of autonoesis in episodic memory. In *The Nature of Remembering: Essays in Honor of Robert G. Crowder*, ed. H. L. Roediger et al.,17~34. Washington, DC: American Psychological Association.

Uchino, E., and S. Watanabe. 2014. Self-recognition in pigeons revisited. *Journal of the Experimental Analysis of Behavior* 102:327~34.

Udell, M.A.R., N. R. Dorey, and C.D.L. Wynne. 2008. Wolves outperform dogs in following human social cues. *Animal Behaviour* 76:1767~73.

———. 2010. What did domestication do to dogs? A new account of dogs'sensitivity to human actions. *Biological Review* 85:327~45.

Uexküll, J. von. 1909. *Umwelt und Innenwelt der Tiere*. Berlin: Springer.

———. 1957 [orig. 1934]. A stroll through the worlds of animals and men. A picture book of invisible worlds. In *Instinctive Behavior*, ed. C. Schiller, 5~80. London Methuen.

Vail, A. L., A. Manica, and R. Bshary. 2014. Fish choose appropriately when and with whom to collaborate. *Current Biology* 24:R791~93.

van de Waal, E., C. Borgeaud, and A. Whiten. 2013. Potent social learning and conformity shape a wild primate's foraging decisions. *Science* 340:483~85.

van Hooff, J. A. R. A. M. 1972. A comparative approach to the phylogeny of laughter and smiling. In *Non-Verbal Communication*, ed. R. A. Hinde, 209~41. Cambridge: Cambridge University Press.

van Leeuwen, E. J. C., K. A. Cronin, and D. B. M. Haun. 2014. A group-specific arbitrary tradition in chimpanzees(*Pan troglodytes*). *Animal Cognition* 17:1421~25.

van Leeuwen, E. J. C., and D. B. M. Haun. 2013. Conformity in nonhuman primates: Fad or fact? *Evolution and Human Behavior* 34:1~7.

van Schaik, C. P., L. Damerius, and K. Isler. 2013. Wild orangutan males plan and communicate their travel direction one day in advance. *Plos ONE* 8:e74896.

van Schaik, C. P., R. O. Deaner, and M. Y. Merrill. 1999. The conditions for tool use in primates:

Implications for the evolution of material culture. *Journal of Human Evolution* 36:719~41.

Varki, A., and D. Brower. 2013. *Denial: Self-Deception, False Beliefs, and the Origins of the Human Mind*. New York: Twelve.

Vasconcelos, M., K. Hollis, E. Nowbahari, and A. Kacelnik. 2012. Pro-sociality without empathy. *Biology Letters* 8:910~12.

Vauclair, J. 1996. *Animal Cognition: An Introduction to Modern Comparative Psychology*. Cambridge, MA: Harvard University Press.

Visalberghi, E., and L. Limongelli. 1994. Lack of comprehension of cause- effect relations in tool-using capuchin monkeys(*Cebus apella*). *Journal of Comparative Psychology* 108:15~22.

Visser, I. N., et al. 2008. Antarctic peninsula killer whales(*Orcinus orca*) hunt seals and a penguin on floating ice. *Marine Mammal Science* 24:225~34.

Wade, N. 2014. *A Troublesome Inheritance: Genes, Race and Human History*. New York: Penguin.

Wallace, A. R. 1869. Sir Charles Lyell on geological climates and the origin of species. *Quarterly Review* 126:359~94.

Wascher, C. A. F., and T. Bugnyar. 2013. Behavioral responses to inequity in reward distribution and working effort in crows and ravens. *Plos ONE* 8:e56885.

Wasserman, E. A. 1993. Comparative cognition: Beginning the second century of the study of animal intelligence. *Psychological Bulletin* 113:211~28.

Watanabe, A., U. Grodzinski, and N. S. Clayton. 2014. Western scrub-jays allocate longer observation time to more valuable information. *Animal Cognition* 17:859~67.

Watson, S. K., et al. 2015. Vocal learning in the functionally referential food grunts of chimpanzees. *Current Biology* 25:1~5.

Weir, A. A., J. Chappell, and A. Kacelnik. 2002. Shaping of hooks in New Caledonian crows. *Science* 297:981~81

Wellman, H. M., A. T. Phillips, and T. Rodriguez. 2000. Young children's understanding of perception, desire, and emotion. *Child Development* 71:895~912.

Wheeler, B. C., and J. Fischer. 2012. Functionally referential signals: A promising paradigm whose time has passed. *Evolutionary Anthropology* 21:195~205.

White, L. A. 1959. *The Evolution of Culture*. New York: McGraw-Hill.

Whitehead, H., and L. Rendell. 2015. *The Cultural Lives of Whales and Dolphins*. Chicago: University of Chicago Press.

Whiten, A., V. Horner, and F. B. M. de Waal. 2005. Conformity to cultural norms of tool use in chimpanzees. *Nature* 437:737~40.

Wikenheiser, A., and A. D. Redish. 2012. Hippocampal sequences link past, present, and future. *Trends in Cognitive Sciences* 16:361~62.

Wilcox, S., and R. R. Jackson. 2002. Jumping spider tricksters: Deceit, predation, and cognition.

In the *Cognitive Animal: Empirical and Theoretical Perspectives on Animal Cognition*, ed. M. Bekoff, C. Allen, and G. Burghardt, 27~33. Cambridge, MA: MIT Press.

Wilfried, E. E. G., and J. Yamagiwa. 2014. Use of tool sets by chimpanzees for multiple purposes in Moukalaba-Doudou National Park, Gabon. *Primates* 55:467~42.

Wilson, E. O. 1975. *Sociobiology: The New Synthesis*. Cambridge, MA: Belknap Press.

———. 2010. *Anthill: A Novel*. New York: Norton.

Wilson, M. L., et al. 2014. Lethal aggression in Pan is better explained by adaptive strategies than human impacts. *Nature* 513:414~17.

Wittgenstein, L. 1958 [orig. 1953]. *Philosophical Investigations*, 2nd ed. Oxford: Blackwell.

Wohlgemuth, S., I. Adam, and C. Scharff. 2014. FOXP2 in songbirds. *Current Opinion in Neurobiology* 28:86~93.

Wynne, C. D., and M. A. R. Udell. 2013. *Animal Cognition: Evolution, Behavior and Cognition*. 2nd. ed. New York: Palgrave Macmillan.

Yamakoshi, G. 1998. Dietary responses to fruit scarcity of wild chimpanzees at Bossou, Guinea: Possible implications for ecological importance of tool use. *American Journal of Physical Anthropology* 106:283~95.

Yamamoto, S., T. Humle and M. Tanaka. 2009. Chimpanzees help each other upon request. *Plos One* 4:e7416.

Yerkes, R. M. 1925. *Almost Human*. New York: Century.

———. 1943. *Chimpanzees: A Laboratory Colony*. New Haven, CT: Yale University Press.

Zahn-Waxler, C., M. Radke-Yarrow, E. Wagner, and M. Chapman. 1992. Development of concern for others. *Developmental Psychology* 28:126~36.

Zylinski, S. 2015. Fun and play in invertebrates. *Current Biology* 25:R10~12.

찾아보기

ㅂ

ㅅ

ㅇ

ㅈ

ㅊ

ㅋ

ㅌ

ㅍ

ㅎ

동물의 생각에 관한 생각

지은이 프란스 드 발
옮긴이 이충호
펴낸이 박숙정
펴낸곳 세종서적(주)

주간 정소연
편집 이진아 김하얀
디자인 전성연 전아름
마케팅 임종호
경영지원 홍성우
인쇄 천광인쇄

출판등록 1992년 3월 4일 제4-172호
주소 서울시 광진구 천호대로132길 15, 세종 SMS 빌딩 3층
전화 경영지원 (02)778-4179, 마케팅 (02)775-7011
팩스 (02)776-4013
홈페이지 www.sejongbooks.co.kr
네이버 포스트 post.naver.com/sejongbook
페이스북 www.facebook.com/sejongbooks
원고 모집 sejong.edit@gmail.com

초판 1쇄 발행 2017년 7월 25일
9쇄 발행 2023년 7월 15일

ISBN 978-89-8407-633-4 03490

• 잘못 만들어진 책은 바꾸어드립니다.
• 값은 뒤표지에 있습니다.